Water Quality Criteria of China Watershed

水体污染控制与治理科技重大专项"十三五"成果系列丛书
重点行业水污染全过程控制技术系统与应用(流域水质目标
管理及监控预警技术标志性成果)

中国水环境
质量基准方法

中国环境科学研究院
环境基准与风险评估国家重点实验室

科学出版社
北 京

内 容 简 介

　　本书是在原《中国水环境质量基准绿皮书 2014》基础上，将"十二五"以来水体污染控制与治理科技国家重大专项课题及环境保护公益性行业科研专项课题的有关我国流域地表水质量基准方法技术研究方面的重要成果补充纳入，简要阐述我国流域水环境基准方法技术体系的主要成果，着重介绍保护我国流域地表水环境中的水生生物基准、沉积物基准、水生态学基准、人体健康水质基准等方法技术内容，提出了部分典型污染物的我国流域水环境质量基准阈值研究案例，以期为我国新的流域地表水质量标准的制（修）订及相关水环境监控管理提供技术参考支持。

　　本书主要为从事水环境基准与标准领域的科技工作者、管理人员及相关从事污染物环境风险监管评估学科的人员提供技术参考。

图书在版编目（CIP）数据

中国水环境质量基准方法 / 中国环境科学研究院，环境基准与风险评估国家重点实验室编著 . —北京：科学出版社，2020.10
（水体污染控制与治理科技重大专项"十三五"成果系列丛书）
ISBN 978-7-03-066310-8

Ⅰ.①中…　Ⅱ.①中…②环…　Ⅲ.①水环境质量评价–方法研究–中国
Ⅳ.①X824

中国版本图书馆 CIP 数据核字（2020）第 190989 号

责任编辑：刘　超 / 责任校对：樊雅琼
责任印制：吴兆东 / 封面设计：无极书装

科 学 出 版 社 出版
北京东黄城根北街 16 号
邮政编码：100717
http://www.sciencep.com
北京厚诚则铭印刷科技有限公司印刷
科学出版社发行　各地新华书店经销
*
2020 年 10 月第　一　版　开本：787×1092　1/16
2024 年 5 月第二次印刷　印张：20
字数：450 000
定价：268.00 元
（如有印装质量问题，我社负责调换）

学术顾问与编写人员名单

学术顾问 吴丰昌 刘鸿亮 赵进东 魏复盛 陈荷生 王治江

任官平 周 维 夏 青 谢 平 樊元生 席北斗

李发生 于红霞 臧文超 彭双清 郑明辉 陈会明

郑丙辉 陈艳卿 鄂学礼

Dale J. Hoff(美国)   Joseph E. Tietge(美国)

John P. Giesy(加拿大)   Kevin Jones(英国)

李 红(英国)   党志超(荷兰)

主　　编 刘征涛

副 主 编 朱 琳 闫振广 王晓南 祝凌燕 王遵尧 李正炎

编　　委 孙 成 周俊丽 黄 云 杨绍贵 张 远 霍守亮

钟文珏 冯剑丰 郑 欣 李 霁 姚庆祯 高士祥

李 梅 张爱茜 刘红玲 葛 刚 张亚辉 王尚洪

白英臣 赵晓丽 余若祯 陈良燕 崔益斌 杨小南

李 冰 台培东 雷 坤 冯承莲 张彦峰 武江越

高祥云 范俊韬 赵玉洁 王星皓 梁 峰

自 序

环境保护是生态文明建设的主阵地，探索环境保护新路是推进生态文明建设的有效路径，其核心要求在于处理好环境保护与经济发展的关系，关键在于加快实现环境管理战略转型，根本目的在于改善环境质量。环境质量基准为推进环境管理战略转型提供了坚实基础，是开展主要污染物总量容量控制、生态质量控制和环境风险控制的重要前提。

随着工农业经济的持续发展，我国地表水环境的污染逐渐呈现出复合型、结构型、累积型的特点，急需加强水污染防治与整治工作。从"十一五"时期开始，我国的水环境管理战略从污染物的目标总量控制向容量总量控制转变，从点源污染控制向面源污染控制转变，从单纯的水质污染控制向水生态系统安全保护的方向转变，这迫切要求进一步发展和完善现有的水环境质量标准体系。

水环境质量基准是确定水环境管理标准的科学基础，也是开展水环境风险监控及评估管理的科学依据。水环境基准与标准共同构成水环境管理的重要准绳。欧美等一些发达国家早在20世纪初就开始水质基准的相关研究。五十年代至七十年代，这些国家在政府层面就陆续发布了水环境质量基准的技术指导文件。半个多世纪以来，美国陆续出版国家水环境质量基准的《绿皮书》《蓝皮书》《红皮书》《金皮书》等，以及政府主管部门出台相关的系列水质基准/标准指导文件。欧盟及一些发达国家也相继发布保护自然水生态系统和人群饮用水安全的水环境质量基准或标准技术指南及基准限值等文件，在水环境保护和管理中发挥了重要作用。

长期以来，我国水环境基准研究基础相对薄弱，尚未对水环境质量标准的制修订提供有效支撑，我国现行水质标准主要参照发达国家的水环境基准或标准成果制定，对我国水环境生态系统及饮用水水源安全保护的科学性有较大限制。为此，国家环境保护"十二五"规划提出，要积极推进环境基准科技专项立项与实施，探索建立适合我国国情的环境基准体系的需求。在"水体污染控制与治理科技重大专项""国家重点基础研究发展计划""国家环境保护公益性行业科研专项"等重大科研计划中专门设立了一系列重要项目课题，支持我国地表水环境基准研究，标志着我国开始系统性地推进水环境基准体系研究。

中国环境科学研究院环境基准与风险评估国家重点实验室联合国内优势科研单位，积极学习借鉴国外环境基准/标准领域的先进经验和成果，"十一五"、"十二五"及"十三五"以来在我国水环境质量基准研究领域取得重要进展。针对我国流域地表水环境的保护水生物基准、水生态学基准、营养物基准、沉积物基准及水质人体健康基准等水环境基准的主要技术需求，研究突破了一批我国本土水环境质量基准的关键技术方法，取得了重要阶段性进展，基本形成了我国流域水环境基准技术方法体系，填补了国内技术空白，实现了我国流域水环境基准"从无到有"的技术跨越，可为我国《地表水环境质量标准》和《环境保护法》的修订提供技术支持。

《中国水环境质量基准绿皮书 2014》出版于 2014 年，本书在其基础上，将"十二五"以来主要参加水体污染控制与治理科技重大专项课题及国家环境保护公益性行业科研专项课题的有关流域水环境质量基准方法技术研究方面的重要成果进行发展补充，主要介绍流域地表水环境基准制定、流域区域水质基准校验及基准向标准转化等全过程的我国水环境基准"制定–校验–转化"方法框架体系，为建立完善我国水环境质量基准与标准体系提供重要的技术基础。本书是我国水环境基准与标准方法技术体系研究领域取得显著进展的很好展示，可以为新时期我国水环境风险管理及制修订新的水环境标准提供良好的科学依据，也将为推进生态文明、探索环境保护新路提供技术支撑。

环境基准研究是一项基础性工作。当前的研究探索是一个良好开端，还需要持续不断的研究投入，以揭示和构建我国水环境基准与标准领域的机制体制，让科研成果更好地服务于我国环境保护事业和生态文明建设。

编著者

2019 年 4 月

出 版 说 明

　　保护水环境质量安全是我国水生态安全管理的基本理念，是贯彻落实国家水污染防治行动计划和生态环境保护标准领域"十三五"发展规划的重点任务之一。国务院印发的《水污染防治行动计划》中针对环境质量改善提出了明确的国家目标和具体行动措施，要求健全环境质量标准、污染物排放（控制）标准、环境监测规范等各类环保标准及重点工作的支撑配套技术。生态环境部在《国家环境保护标准"十三五"发展规划》中明确提出：继续推动水环境质量标准修订，要求结合我国流域环境特征及最新科研成果，修订《地表水环境质量标准》（GB 3838—2002），提高各功能水体与水质要求的相关性，明确环境质量保护目标，加强环境风险防范。水环境质量基准是制定水环境标准的科学依据和理论基础，经过几十年的发展，我国虽已初步建立了水质标准体系，但现行水质标准主要是参照国外水质基准或标准制定，由于缺乏体现我国流域水环境特征的本土水质基准的系统性研究支撑，可能会出现"过保护"或"欠保护"的现象，这对我国水生态环境安全与人体健康用水的保护具有较多局限性。鉴于目前我国水环境污染现状及水质标准在水环境管理中的实际需求，迫切需要依据我国水生态环境的具体情况，构建我国特色的水环境质量基准方法技术体系，为高质量制定国家水环境标准，支撑生态环境保护战略目标的实现提供科学技术基础。

　　《国家环境保护"十一五"科技发展规划》明确将环境标准、基准与风险评估等环境管理关键技术列入环境科技创新发展的优先领域，提出了"科学确定基准"的目标。自"十一五"和"十二五"以来，我国在"水体污染控制与治理国家重大科技专项""国家重点基础研究发展计划""国家环境保护公益性行业科研专项"中设立了一系列科研课题，启动了我国流域水环境基准理论方法与应用技术的系统研究。中国环境科学研究院联合教育部高校、环境科研部门及中国科学院研究所等相关科研单位，依托环境基准与风险评估国家重点实验室、污染控制与资源化研究国家重点实验室、教育部环境污染过程与基准重点实验室、国家环境保护化学品生态效应与风险评估重点实验室等，开展了系列研究工作。经过不懈努力，流域地表水环境基准方法技术研究取得了重要进展，基本建立了具有中国特色的流域地表水环境基准方法体系，主要提出了保护水生生物、水生态系统完整性、底泥沉积物及人体健康等流域地表水环境质量基准系列方法技术，期待为构建和完善我国水环境质量基准与标准技术体系提供重要的技术基础。本书是在原《中国水环境质量基准绿皮书 2014》的基础上，将"十二五"以来主要参加国家重大水专项课题及环保公益专项课题的有关我国流域地表水环境质量基准方法技术研究方面的主要发展成果纳入，简要阐述我国流域水环境基准方法技术体系框架的主要内容，提出了部分典型污染物的我国流域水环境质量基准阈值，以期为我国新的流域地表水质量标准的制修订及相关水环境监控管理提供技术支持。

　　本书的出版得到了国家水体污染控制与治理科技重大专项课题"流域水环境质量基准与标准技术研究"（2008ZX07526-003）、"重点流域优控污染物水环境质量基准研究"（2012ZX07501003）、"流域水环境基准及标准制定方法技术集成"（2017X07301002）、"我国湖泊营养物基准和富营养化控制标准研究"（2009ZX07106001），以及国家环境保护公益性行业科研专项重大项目"我国环境基准框架体系及典型案例预研究"（201009032）等的大力支持，一并感谢。

　　由于我国环境基准研究基础相对薄弱，现阶段环境基准领域研究主要借鉴发达国家与国际组织的先进经验，开始从无到有建立我国特色的环境基准方法技术体系。本书提出的流域地表水环境质量基准方法技术体系在我国仍属创建阶段尚需发展，现着重介绍保护我国自然流域地表水环境中的水生生物基准、沉积物基准、水生态学基准、营养物基准、人体健康水质基准等方法体系的主要内容，有诸多不足之处有待进一步完善，敬请广大读者批评指正。

编著者

2019 年 4 月

目　　录

1

水环境质量基准研究概况

1.1　环境管理对水环境质量基准的重大需求

我国水环境污染态势较严峻，水环境质量标准在水环境保护管理中发挥着重要的作用。我国环境水质标准发布于 20 世纪 80 年代，经过多年的发展，已逐渐形成水环境标准体系。我国环境水质标准主要由国家的地表水环境质量标准、海水水质标准、渔业水质标准、农田灌溉水质标准和地下水质量标准等组成。其中，作为综合性标准的流域地表水环境质量标准，从 1983 年开始颁布以来，迄今已修订 3 次，并按照不同水域功能管理属性共执行 5 类标准值。

环境基准的研制水平是一个国家环境领域科技水平和创新能力的重要体现，水环境质量基准则是制订水环境质量标准的基本科学依据。我国现行水环境标准主要是参照美国、苏联、欧盟等国家和地区的水质基准值或标准值来确定，国内水质基准研究相对滞后，主要缺乏各类水环境污染物的本土水生生物毒理学、污染生态学及相关水环境人体健康效应的有效基准数据，生态生物区系资料也不够完整，尚未完善建立适合于我国生态环境保护的环境基准技术体系，且对环境基准在环境标准管理中的科学支撑作用尚缺乏重视。由于不同地区水环境中水生生物、水化学–物理特征等自然生态系统要素具有明显的生态地域性差异，其他国家或地区的水质基准或标准不一定能准确反映我国本土水生生物与实际水体生态功能保护的要求，所以完全参照采用外国的水质基准或标准值来制定我国的水环境保护标准，不仅降低了我国水质标准制定的科学实践性，而且还可能导致水环境管理中的"欠保护"或"过保护"风险问题。

在水环境基准方法研究和实践管理应用领域，美国是目前领先的国家。美国环保局（USEPA）在其相关文件中明确规定，只能用分布在北美（美国）的水生态环境中的代表性生物作为试验物种，来试验推导保护美国淡水和海洋生态系统的水环境基准值，有关人体健康水质基准的制订也要充分考虑北美地区的人体特征、消费习惯及实际生态学暴露途径等要素来调查试验并推导健康基准值。当前，国内外在污染生态效应、环境毒理学及健康风险评估等研究领域，正经历由关注单一物质污染向关注多个物质联合污染毒性的转变，由单一作用生物靶分子、细胞或器官向多靶位点的生物组学、个体或生态种群、群落及食物链水平的毒理机制探究，由简单环境介质行为向生态系统多介质复合作用过程的方向发展。因此，现阶段我国的环境标准，由于尚未有较成熟的环境基准研究作为基础支持，其科学准确性和管理适用性方面还有欠缺，这需要国家环境保护主管部门与相关研究单位长期持续努力来构建完善我国的环境基准技术体系能力，进一步科学制定环境标准，为生态环境管理提供重要的技术支撑。

鉴于我国对水环境基准的重大需求，2005 年国务院发布了《国务院关于落实科学发展观加强环境保护的决定》(国发〔2005〕39 号)，明确提出：完善环境技术规范和标准体系，科学确定环境基准，努力使环境标准与环保目标相衔接；2006 年在《国家环境保护"十一五"科技发展规划》中，将环境标准与基准及风险评估等环境综合管理关键科学技术研究列入了环境科技创新的优先领域，提出了科学确定基准的目标；2011 年在《国家环境保护"十二五"科技发展规划》中，将环境基准和标准列入 11 个主要研究领域之一，指出要加强环境基准研究，若基准确定不科学，环境标准就无法真实反映客观规律，环境保护难以明确工作任务和目标，也就难以达到理想的效果；2014 年完成修订的《中华人民共和国环境保护法》，基于我国水环境基准研究取得的重要进展，在第二章第十五条加入了"国家鼓励开展环境基准研究"的条款，大力推动我国水环境基准研究进程。

借鉴发达国家及国际组织已有的先进经验和科学成果，根据我国生态保护战略目标和污染物控制与治理的需求，确立我国水环境质量基准研究的优先方向和环境优先控制污染物，构建具有中国特色的流域水环境基准方法技术体系十分必要，进而为国家水环境管理标准的制修订提供科学基础支持。

1.2 水环境质量基准发展历程

水环境质量基准，简称水环境基准或水质基准，是指为保护水生态环境的特定用途，对水体中某物质存在水平的客观定量或定性限制；通常表述为水环境中某物质对特定生物对象不产生有害影响的最大剂量（或无作用剂量）或浓度，主要考虑自然水生态系统特征的保护，并主要基于毒理学及污染生态学试验的客观记录和科学推论，是制定水环境质量标准的科学依据，不具有法律效力。水环境质量标准简称水环境标准或水质标准，是以水质基准为依据，在考虑自然环境和国家或地区的社会、经济、技术等因素的基础上，经过综合分析制定，由国家相关管理部门颁布的具有法律效力的限值或限制，是进行环境评价、环境监控等环境管理的执法依据，具有法律强制性。水质基准和水质标准共同组成了水环境管理的重要尺度。

1.2.1 国外发展历程

19 世纪末，俄国卫生学家尼基京斯基在研究石油制品对鱼类的影响时，提出了环境质量基准的概念；国际上，美国最早开展水质基准相关实验研究，且目前环境基准技术体系建设相对较完善先进。美国的水质基准研究始于 20 世纪初，起初只是针对一些污染物对鱼类等生物的毒性效应研究。据统计 1905～1934 年，美国民间研究机构发表了约114种物质的水生生物的毒性试验值,主要规范了金鱼、大型溞等模式试验生物的毒理学试验方法。政府层面上,1952年加利福尼亚州发布了第一部"水质基准",美国第一个国家水质基准(《绿皮书》)由美国内政部国家技术顾问委员会于1968年发布。USEPA与美国国家科学院和国家工程学院合作,在1974年发布了水质基准《蓝皮书》。1976年,应《联邦水污染控制法案修正草案》的要求,USEPA又发布了水质基准《红皮书》,该文件推荐了53个物质的水质基准值,包含金属、非金属无机物、农药,以及其他有机物等,涉及的水体功能有饮用水供应、农业灌溉用水、休闲娱乐用水,以及水生生物繁殖用水等。1986年发布的《金皮书》是对前期水质基准相关文件的升级;此后,USEPA分别在1999年、2002年、2004年、2009年、2013年及2016年(表1-1),主要针对人体健康和水生生物的保护发布了相关国家水质基准值的系列修补升级版本文件,相信随着研究认识的深入及管理的不断需求,一般每3~5年将有相关水环境基准的修订升级版本文件发布。美国现行的国家水质基准值体系主要包括:保护水生生物与物种生态完整性的水生态安全水质基准值和保护人体接触用水与食用水生物安全的人体健康水质基准值两大类,基本组成由水生物基准、水生态学基准、人体健康基准、底泥沉积物基准等四种主要类型。其中保护水生生物安全的水质基准又分为淡水急性与慢性(毒性)、海水急性与慢性(毒性)等四类水质基准阈值,生态学基准包括水体藻类控制营养物基准与保护水生态系统生物完整性基准;保护人体健康的水质基准又可分为人体接触或食用水及水生生物和只食用水生生物、人体感官及病原微生物等基准阈值,近年来发布了121项物质的相关人体健康(含保护水生生物)的水质基准值,58项污染物的水生物基准值,另外还发布了27项涉及人体感官及病原微生物的保护人体健康的基准值;共约修订发布206项水环境基准值。

表1-1 美国国家水质基准发展历程

时间	基准文件	内容
1968年	国家水质基准《绿皮书》	是当时最全面的水质基准文件,用于各种功能水体,作为污染防治部门研究水质和制定水质标准的主要依据
1972年	水质基准《蓝皮书》	包含铝、锑、溴、钴、氟、锂、钼、铊、铀、钒等基准值
1976年	水质基准《红皮书》	53项基准值,包含金属、非金属无机物、农药,以及其他有机物等
1986年	水质基准《金皮书》	94项基准值,包括重金属、有机物,以及溶解氧(DO)、pH等
1999年	国家水质基准《白皮书》	188项水质基准限值,120项优控污染物,45项非优控污染物,23项人体感官基准限值
2002年	国家水质基准	188项水质基准限值,120项优控污染物基,45项非优控污染物,23项人体感官基准值,更新部分物质的基准值
2004年	国家水质基准	更新15个物质的人体健康基准,包括只消费生物、消费水和生物;主要涉及氰化物、异狄氏试剂、林丹、铊、甲苯和氯苯等
2009年	国家水质基准	190项水质基准限值,120项优先污染物、47项非优控污染物,23项人体感官基准值,更新部分物质的基准值

时间	基准文件	内容
2013 年	国家水质基准	206 项水质基准限值，有水生生物基准和人体健康基准（含人体感官基准）两大类三部分。涉及保护水生生物安全的基准值 58 项，保护人体健康的基准值 121 项及保护人体感官健康的基准值 27 项
2016 年	国家水质基准	更新多个物质的水质基准限值

随着环境基准文件的发布，水质基准的表现形式也在不断发生变化。国际上早期制订的水质基准只有一个值，一般采用经验性安全系数法，即用典型水生生物的急性或慢性毒性试验值乘以相应的应用安全系数所得到的浓度值，作为不允许超过的阈值或限值。由于环境中污染物对不同生物的急性毒性和慢性毒性作用效应差别很大，且同一物质对同种生物体的毒理学不同反应终点或对不同物种的同类反应终点都可能在毒理学机制或敏感性反应效应等方面有大的差异；同时，实际污染物的排放浓度是随生产和处理过程中的变化而波动的，有时生物物种在不超过一定限度的较高浓度毒物中的短期暴露，并不会对生物体产生不可逆转的毒性效应，即生物体对有些急性毒性效应可以自身消解并得到恢复，同样对有些极低浓度的毒物的长期暴露也有无害化的自代谢适应性的可能。因此，如果在任何时间都将可能的污染物浓度控制在很低浓度水平，就会造成环境管理的"过保护"；同理，如果不适当地简单应用急性毒性浓度或不敏感的生物毒性终点将可能的污染物浓度控制在较高浓度水平，就会造成环境管理的"缺保护"；有可能导致社会管理或生产、使用、处置等过程成本费用的失误问题。因此，USEPA 在《绿皮书》中开始采用源于生态毒理学的物种敏感性分布（species sensitivity distribution，SSD）的数理统计排序法对水生生物基准进行推导，对一般污染物质规定用两种限值作为其保护水生生物的水环境基准值，即基准最大浓度（criteria maximum concentration，CMC），主要表述急性短期（暂时性）暴露产生的急性毒性控制限值；基准连续浓度（criterion continuous concentration，CCC），主要表述慢性长期（累积性）暴露产生的慢性毒性控制限值。发展至今，环境污染物质的双值基准已成为美国水质基准普遍的表现形式，一般美国各州或部落保护地主要依据发布的国家水质基准，结合考虑本地区水体特征的实际情况，大多直接采用或校验应用国家基准值作为州或保护地的水环境标准开展管理应用。

欧盟国家的水质基准发展也经历了由简单到成熟的过程，欧盟成立之前的 20 世纪六七十年代，欧共体国家对单独的一些污染物发布了有关环境水质标准的指导文件；至八九十年代以来随着欧盟组织的正式成立与成员组织及其水环境政策的发展，以 1996 年颁布的污染防治综合指令（IPPC 指令，96/61/EC）和 2000 年颁布的水框架指令（WFD，2000/60/EC）为代表的环境政策指导文件，对各成员水环境质量标准的制定起到了发展和促进作用。水框架指令建立了欧洲水资源管理的框架，并对已有的水质指令做了补充，是针对水环境质量基准或标准体系制定的指导性文件。欧盟在水框架指令中提出不应注重单一化学污染物的控制，而是要关注所有水环境风险胁迫因子的综合影响，以水体的"良好生态状态"为保护目标，并建议所有签约方都需在 2015

年达到这一目标。另一方面，由于水环境管理现状的客观需求，现阶段水框架指令依然要对环境优先控制污染物设置单独的水质管理目标。一般保守采用水生生物的慢性毒性进行物种敏感性分布（species sensitivity distribution，SSD）法或安全系数法推导保护水生生物的水质基准。

荷兰于 2001 年颁布了"推导环境风险限度的技术导则"，将基准值分为 3 个不同层次：对生态系统严重危险浓度（ecosystem serious risk concentration，ESRC）、最大允许浓度（maximum permissible concentration，MPC）和可忽略浓度（negligible concentration，NC）。当某物质的环境浓度高于 ESRC 时，需要实施有效净化措施；MPC 是指能够保护水生生物免受不利影响的物质浓度，当某有害物质的浓度超过 MPC 时，需要加强对该有害物质的排放管理；NC 可以简单地用 MPC 除以一个经验性安全评估因子（一般为 10 ~ 1000，常用 100）得到值，表示某一物质浓度对生态系统所产生的效应可以忽略不计，即无危害效应浓度。导则同样推荐使用较科学的物种敏感性分布（SSD）法或经验性的安全评估因子（AF）法推导水生生物基准或化学物质的环境风险安全控制阈值。

其他国家如加拿大、澳大利亚等分别制定了相应的水生生物基准推导方法。加拿大 1999 年颁布的"保护淡水水生生物的指导纲领"考虑了水生态系统的所有组成部分，目的是保护水生生物的整个生命周期。加拿大可使用最低可观察效应浓度（lowest observed effect concentration，LOEC）和评估因子法推导水质基准。澳大利亚和新西兰于 2000 年颁布了"鱼类和海洋水质的指导文件"，文件中采用了高可靠性阈值（high reliability trigger values，HRTVs）、中可靠性阈值（moderate reliability trigger values，MRTVs）和低可靠性阈值（low reliability trigger values，LRTV）分别对水生生物进行不同层次的保护，当前阶段，发达国家的环境基准值主要基于 SSD 方法，对本土生物种有效的急、慢性毒理学试验数据进行数理推导获得。

目前国际上大多数国家主要以美国的基准/标准体系为参考，美欧等发达国家或组织常以国家层面（如 USEPA）颁布的优控污染物水质基准推荐值为主要依据，以保护水体中水生生物、水生态系统的正常生长和发展，及人群一般可安全利用水体中的水（通常的生产、生活用水）与水生物资源（可食用的水生生物等）为基本水体功能目标，国家内部各州或其他行政单位等相关部门再依据国家基准值，颁布可执行的水质标准限值；除一些地方的特殊需求应科学说明并调整国家基准推荐值外，大多数情况是地方部门直接采用国家基准推荐值作为本地区水环境质量标准值来使用，且依据环境风险管理的反降级原则（USEPA），一般州或地方执行的标准限值不应低要求于国家推荐的基准或标准阈值水平。

现今国际环境基准的主流定值方法，主要是基于生态系统中生物物种对目标物质的敏感性特征，同时以保护自然生态系统结构与功能的完整性及人体健康为目标，方法包括 3 类：①基于毒理学风险评估的经验性"评估因子法"；②基于物种敏感性分布统计的"数理推导法"；③基于生物或生态暴露效应模型分析的"模型推导法"，如推导铜、锌等重金属的保护水生生物水质基准推荐采用生物配体模型法（biotic ligand model，BLM）。该三类方法都需要生态学代表性强、毒理学终点明确的有效性生物种测试数据。其中，评价因子法更依赖于敏感生物种的毒性数据，较多应用于工业化学品的毒性风险评估管理；数理推导法主要基于本土生态物种敏感性分布（SSD）理论，依赖于获得生态系统中大部分生物（保护95%的生物）的毒性数据，有时为纠正方法的不确定性，也可用评估因子给予补充；模型推导法目前在理论方法及实际应用技术上都还有待成熟发展，现USEPA发布了仅采用生物配体模型并只用于金属铜的水生生物基准值的推导文件。三类方法中，以基于本土生物种的个体水平毒理学试验数据，用SSD法数理推导获得的基准值最被接受常用。

当前水环境基准的基础研究方面，主要缺乏种群、群落和生态系统等尺度上对污染物的生态学暴露数据及基准数据推导转换的方法学研究，尤其在复合污染条件下，目标污染物在多个环境介质中迁移转化过程的联合作用机制尚不清楚，在基于污染物联合毒性的水质基准方法学上有待重大突破和创新，因此在水环境基准研究领域尚需进一步加强国际合作和研究，以建立相对完善的符合各国水生态环境特征和管理需求的适用性环境基准/标准体系。

1.2.2　国内发展历程

环境与生态毒理学效应研究是水质基准研究的基础。1949年以来，我国学者陆续进行了水环境生态毒理学及相关污染物生态效应的研究。从20世纪60年代初开始，有关学者开展了污染物对大型溞、鱼卵、鱼苗的毒理学实验研究；70年代以来是我国水环境生态毒理学发展的重要时期。1972年我国参加了在瑞典斯德哥尔摩召开的第一次联合国人类环境会议；1973年我国召开了第一届全国环境保护会议，成立了国务院环境保护领导小组，标志着我国环境保护事业的正式启动；80年代以来，我国相继建立了环境与生态毒理学相关的研究团队，如1981年国内有关学者翻译出版了《水质评价标准》（美国水质基准《红皮书》），首次将国外水环境基准技术体系文件引入国内；1982年成立了国家环境保护局，1983年首次发布了《地面水环境质量标准》，是我国第一个水环境质量标准；1986年国内学者翻译了英国的《淡水鱼类的水质标准》一书，对英国水环境基准研究进行了介绍。90年代后，相关学者翻译出版了《水质标准手册》，介绍了美国制定水质基准体系中有关水生生物基准的原则方法等，有采用USEPA的相关方法探讨了丙烯腈、硫氰酸钠等物质的水生生物基准推导在环评中的应用。直至21世纪初，我国的水环境基准研究基本以学者零散的技术介绍性探讨为主，尚未开展国家层面的系统性水环境基准技术方法体系的研发。

1.3　水环境质量基准研究现状

1.3.1　国外研究现状

1.3.1.1　水质基准类别

国际上水环境质量基准与标准研究及实践应用相对先进与成熟的国家或组织是美国、

欧盟及国际经济合作与发展组织（Organization for Economic Co-operation and Development, OECD）的主要成员，国家层面的水质基准体系建设主要以发达国家的成果经验为主导，发展至今已较为成熟。如美国现行水质基准可以分为两大类（表1-2），一类以保护水生生物及水生态系统安全为目标，另一类以保护人体健康为目标。前者包括水生生物基准、水生态学基准（含营养物基准）及底泥沉积物基准等；后者主要指保护人体从直接饮用水和摄食水生物的途径不引起健康危害的水体中污染物限值，应用中还包括保护从人体直接接触水体的途径不产生健康危害的污染物水质基准限值，如娱乐用水基准、微生物（病原体）基准及感官基准等。在发展至今的环境管理标准应用实践中，以水生生物基准和人体健康基准为主要实施依据。

表1-2　水质基准类别

水质基准类别	应用形式
保护水生生态系统的基准	水生生物基准
	沉积物基准
	水生态学基准/含营养物基准
保护人体健康的基准	人体健康基准
	娱乐用水基准
	微生物（病原体）基准人体感官基准

水环境质量基准制定的科学依据主要是基于毒理学和生态学原理。水生态学基准值是用于描述满足指定水体用途正常，具有浮游生物、底栖生物、鱼类、昆虫、植物等生态类群的水生态系统结构和功能完整的描述型语言或数值。就目前的营养物基准而言，N、P 等营养物质的主要危害并不是因为它们对水生生物具有大的毒性效应，而主要是它们能够促进某些浮游藻类物种优势性疯长，水生态系统平衡受损而造成的"水华"现象，使得水体内一些物种或水生态系统的结构与功能的完整性受到危害影响。因此，营养物基准在分类上可以作为水生态学基准的一部分来探究。

（1）水生生物基准

USEPA 在技术指南中规定了水生生物基准生态毒理学试验数据的筛选范围及质量要求，以及如何根据试验数据确定 4 个最终值：最终急性值（final acute value，FAV）、最终慢性值（final chronic value，FCV）、最终植物值（final plant value，FPV）和最终残留值（final residue value，FRV），利用 4 个最终值推导水生生物基准的程序和方法。

指南规定水生生物基准以两个浓度表示：基准最大浓度（CMC）和基准连续浓度（CCC）。保护水生生物的基准阈值由三种因素组成，即数值、暴露时间和频率。数值指污染物的可接受浓度；暴露时间是污染物对生物维持一段持续暴露的时间度量，如 CMC 定义为最高 1 小时平均暴露浓度，在此浓度下，化学物质不会导致对水生动物的不可接受效应，CCC 则为最高 4 天平均暴露浓度，在此浓度下长期暴露不会导致对水生动物的不可接受效应；频率指一定浓度的污染物可以何种暴露时间频率超过基准值时，而保证水生生物有足够的时间从暂时偏离水生生物基准的水体中恢复正常。指南文件中规定 CMC 和 CCC 在三年的周期中被超过基准阈值的频率不得多于一次。USEPA 还正在开发新的风险评价方法用于水质基准的有效推导，如主要将毒物动力学模型与物种反应模型相结合，以便更有效评价水体中目标污染物的风险状况。

（2）人体健康基准

通常保护人体健康的水质基准由国家主导制定，用来保护人体健康免受致癌物和非致癌物的毒性作用，主要考虑人体食用水生生物及饮水带来的健康影响及可食用水生生物本身的健康安全，包括人体健康基准、感官基准、细菌学（病原物）基准等。2000 年 USEPA 颁布了《推导保护人体健康的水质基准技术指南》，规定了推导基准的主要内容，如暴露情景分析、污染物动态分析、毒理学分析和基准推导等。对于已证实的致癌物，需估算本地人群致癌概率的增量；对于非致癌物，估算不对人体健康产生有害影响的污染物水环境浓度。

致癌物的数值基准主要基于暴露、致癌潜力，以及风险水平的判断评估。USEPA 指南提供了制定基准值的有关信息，规定风险水平的控制范围是 10^{-5}、10^{-6} 和 10^{-7}。而美国大部分的州和行政单位选择的风险水平为 10^{-5} 或 10^{-6}，即在 10 万或 100 万暴露者中会增加一例癌症患者。

非致癌物的水质基准基于污染物对人体健康毒性效应，根据调查实验的参考剂量和推荐的暴露模型计算推导获得。其中参考剂量值可采用动物毒性试验结果，再经安全系数校正得出。安全系数是从动物试验数据外推到人体的不确定性系数，根据动物试验数据的质量和数量，安全系数一般可采用 10～1000。

USEPA 1986 年发布了《细菌环境水质基准》，提供了指示生物、采样频率和基准风险的信息，主要用于美国各州和部落保护地制定有关人体健康的娱乐用水的水质标准。该基准采用的指示生物是肠道球菌和大肠杆菌，建立了肠道球菌和大肠杆菌的测定方法，并考虑建立非肠道病原体的指示方法，计划改进细菌监测方案。

（3）营养物基准

营养物是水生生物生长、维持水生态系统正常功能的主要物质基础，但过多的营养负荷会导致藻类或水生杂草植物过度生长，引起溶解氧损耗，并可能导致鱼类、无脊椎动物等水生生物的死亡，破坏水生态系统平衡及完整性。为了评价和控制水体中的营养物，USEPA 于 20 世纪 90 年代制定了《国家营养物基准战略》，认为营养物基准应建立在一定生态区域的基础上，提出了制定湖库、河流、湿地和近海水域营养物基准指南的计划。2000 年，USEPA 发布了这四类水体的营养物基准制定指南文件，根据影响营养物负荷的主要因素如日照、气候、物理扰动、沉积物负荷、基岩类型和海拔高度等，将全美划分为 14 个生态区域，建立了评价水体营养状态和制定生态区域营养物基准的技术方法；还陆续颁布了控制湖库、河流和湿地富营养化的营养物基准，主要控制湖库的总磷、总氮、叶绿素 a、透明度等指标，并在指南文件中规定主要由全国的州或保护地依据各地区湖库水体生态区特征制定相应的营养物控制标准。

（4）沉积物质量基准

沉积物是水生生态系统中不可忽视的组成部分，是许多污染物的最终归宿，同时也是多种底栖生物的生存基质，保护沉积物质量已成为水质保护的必要延伸。沉积物质量基准是为了保护底栖生物免受沉积物中的污染物造成的急、慢性危害影响。如美国沉积物质量基准的制定主要是为了促进各州建立特定污染物的质量标准和污染物排放削减许可证（NPDES）的限值，同时在建立沉积物修复目标和水道疏浚评价项目中也可发挥重要作用。在沉积物基准实践方法中，相平衡分配法是 USEPA 推荐使用的方法之一，主要应用于均匀基质型沉积物中非离子型有机物的质量基准阈值推导。对于重金属污染物，由于其在沉积物–水系统中的化学行为和生物效应远比非离子型有机物复杂，应用此方法建立沉积物重金属质量基准的研究尚在发展之中。生物效应法（又称 NSTP 方法）是目前国际上最被广泛接受的沉积物质量基准推导方法。1990 年，美国国家海洋与大气管理局开展了国家状况与发展趋势课题（national status and trends program，NSTP）研究，提出了基于生物效应建立沉积物质量基准的方法。该方法通过整理和分析大量水体沉积物中重金属含量及其生物效应的数据，确定了沉积物中引起生物毒性等负效应的重金属基准阈值。相关研究成果表明，生物效应法在制定水体沉积物重金属质量基准方面更有优势。迄今，加拿大、美国、澳大利亚、新西兰和中国香港等已用生物效应法建立了沉积物中若干污染物的沉积物质量基准。

（5）水生态学基准

水生态学基准是指维持水生态系统中种群、群落及系统等生物组成的结构平衡合理、生态学功能完整安全所需要的某种污染物浓度或相关生态学指标的限制阈值。美国《清洁水法》规定国家与州及部落保护地共同致力于保护和恢复地表水体生态系统的生物学完整性。为了更充分地保护水生态资源，USEPA 规定州和其他行政单位应明确水体与水生生物相关的生态功能，建立生物学（完整性）基准（biological criteria），即水生态学基准，来保护这些功能。水生态学基准可用文字或数值进行表述，并采用水生生物群落组成、生物多样性等指标，主要描述自然水体中水生生物的生态学完整性及健康正常状态。

1.3.1.2 水质基准方法学

水质基准在各国水环境管理中具有重要作用，不同国家和国际组织对水质基准有不同的描述和分级，提出的概念也具有等同性或相似性，主要以美国的基准及相关风险评估指南文件为参考，制定适合本国特点的相关基准或标准文件。如澳大利亚和新西兰使用阈值（trigger values），加拿大使用指导值（guidelines），美国、丹麦和南非等国家使用基准值（criteria），荷兰使用环境风险限值（environmental risk limits），欧盟在水环境质量管理中使用环境质量标准（environmental quality standards），由欧盟、美国、日本、澳大利亚等发达国家及地区联合成立的经济合作与发展组织（OECD）则建议使用最大可耐受浓度（maximum tolerance concentrations，MTC）等。确定水质基准的核心是水质基准方法学，即基准阈值的推导方法。针对主要的水质基准（水生生物基准和人体健康基准等），以美国为代表的发达国家或国际组织颁布了相应的指南文件。

（1）水生生物基准方法学

推导水生生物基准的主流方法主要包括评估因子法与模型推导法。评估因子法采用可获得的最低生物毒性值与评估（外推）因子的比值推导水质基准值。评估因子的取值范围较大，通常为 10~1000，主要依赖于可获得毒性数据的数量、种类和质量等。评估因子法计算较为简单，推导依据主要为经验公式，评估因子的确定有较大的经验主观性，不确定性较高，一般仅在可获得的毒性数据较少时的初级评估中采用，现阶段主要用于污染化学品的风险评估。

数理推导法的主要理论依据为 20 世纪 70 年代发展的用于生态风险评估的 SSD 技术方法。SSD 理论认为不同种类的生物，由于生活习性、生理构造、行为特征和地理分布等的不同而产生物种差异，这些差异体现在毒理学上反映为不同物种对相同污染物的同一毒理学效应终点具有不同的反应敏感性，即剂量-效应关系，即不同生物物种对同一污染物的敏感性具有差异性，而这些差异可以遵循正态分布或对数分布等数理模型。应用 SSD 方法推导水质基准的理论基础为：通过最大似然估计或其他方法，将污染物对生物的毒性效应浓度拟合为未知参数的频数分布模型，如对数-正态（log-normal）、对数-逻辑斯蒂分布（log-logistic）、对数-三角函数（log-triangle）等。在分布模型中，污染物对生物的毒性效应浓度大于或等于危害浓度（hazardous concentration，HC）的概率为 p，在 HC_p 浓度下，生境中（100-p）% 的生物是相对安全的。在应用模型推导法进行水质基准推导时，发达国家或组织对 "最少毒性数据需求（minimum toxicity data requirement，MTDR）" 和拟合分布函数方面的要求不尽相同。USEPA 发布的保护水生生物水质基准的推导方法中采用对数-三角函数分布为拟合函数，欧盟国家如荷兰的国家卫生健康与环境研究院（RIVM）导则中推荐对数-正态函数分布，部分国家也采用对数-逻辑斯蒂函数分布拟合，而同属 OECD 组织的澳大利亚和新西兰则采用类似的 BurrⅢ 函数拟合。

USEPA 推荐的水生生物基准方法可称之为物种敏感度分布排序法（species sensitivity distribution rank，SSD-R），主要技术途径是把所获得生物种属的毒性数据按从小到大的顺序进行排列，然后按公式 $P = R/(N+1) \times 100$ 进行计算，P 为水生生物被污染物胁迫的比例，R 是某物种毒性数据在序列中的位置，N 是所获得的毒性数据量，根据系列公式就可得出 5% 的水生生物被胁迫所对应的污染物浓度，该浓度即最终急性值 FAV，短期暴露的急性基准浓度最大值 CMC = FAV/2。推导最终慢性值（FCV）的技术方法有两种：一种是等同 FAV 的计算过程，但一般需要较多的本土水生物种的慢性毒性数据值；另一种方法是利用水生生物的最终急慢性毒性比率（final acute/chronic ratio，FACR），从急性数据外推至慢性数据，此法在慢性数据不足时可参考使用。一般长期暴露的慢性基准值（CCC）可在最终动物慢性值、最终植物毒性值和最终生物残留值中选择最小值或综合均值得出。

与评价因子法相比，数理推导法的优势在于推导水质基准时有数理统计的理论模式或生态毒理学暴露模型支持，在科学性上要强于经验性的评价（外推）安全因子法。主要国家或组织在建立环境水质基准时一般都以数理推导法为首选方法。当然，数理推导法也存在一定的不确定性待完善，这主要体现在两方面：其一为本土生物毒理学数据不足，且即使针对同一受试生物，不同的生物毒性终点指标、试验时间及个体生理差异等因素均会影响毒性数据的 "真实性"；其二为数理模型的实际应用不确定性，由于实际毒性数据集的分布不会完全吻合某种数理统计分布，因此选用数据和拟合函数不同，得出的水质基准值会有差异。对于生态模型推导法，其优势是对主要暴露因子进行了考虑，但目前的模型由于对环境暴露过程的假设和推导还不够充分，不同因子相关度的不确定性较大，导致实际管理应用不多，尚需进一步研究完善。

水生生物基准推算时的"最少毒性数据需求"是水质基准技术的重要要求，各国及国际组织可有不同的规定。表1-3所示，以美国对物种毒性数据的要求比较全面，物种的选择对水生态系统的代表性也较强。

表1-3　主要国家水质基准推算的"最少毒性数据需求"

基准类别	最少毒性数据需求
美国国家水质基准	3门8科水生动物、一种藻类或植物的急或慢性数据
荷兰最大可接受浓度	4种不同生物类群的无观察效应浓度（NOECs）
加拿大环境指导值	3种鱼类（2慢性值）、2种无脊椎动物（1慢性值）、1种藻类或植物
英国水质基准	鱼类、无脊椎动物、植物或藻类（3~5种生物）的急慢性数据

（2）人体健康基准方法学

USEPA在早期发布的水质基准《红皮书》中，提出了人体健康基准的推导方法。如铜在饮用水中的含量超过1.0mg/L时可能会产生令人讨厌的气味，结合铜可以作为营养元素的作用，确定铜的饮用水基准为1.0mg/L。有些污染物的水质健康基准是由实验结果结合一定的实际应用参数来确定，如异狄氏剂的最低效应或无长期效应的最高含量是1.0mg/kg食物，或单位人体体重每日摄入量为0.02mg/kg，假设总的人体安全摄入量为无效应水平的1/500，且污染物总摄入量的20%来自饮用水，人体平均体重为70kg，每人每天平均饮水量为2L，如通过公式（0.02×20%×70×1/500）×1/2，可计算得出保护人体健康的基准值。

USEPA在《一致性法令水质基准文件的健康效应评价使用指南和方法学草案》（1980）中叙述了保护人体健康的水质基准推导方法。该方法主要描述了三类毒性：非致癌、致癌和感官效应。考虑动物试验的剂量–效应关系并结合人体流行病学资料，该方法用于评估人体在接触水环境污染物后所导致的健康危害风险。在推导致癌物的人体健康水质基准时，推荐采用线性多级模型，从高剂量到低剂量外推致癌效应，并依据动物数据对危害性进行风险评估；非致癌物的基准推导基于预测不对人体产生有害影响的浓度值（predicted no effect concentration，PNEC），主要依据每日允许摄入量和动物实验所得的无可见有害效应浓度（no observe adverse effect concentration，NOAEC）来推导。1998年，USEPA制定了《水质基准方法学草案：人体健康》。2000年发布了现行的《推导保护人体健康环境水质基准的方法学》。在致癌风险评价中，定量化致癌风险的低剂量外推法取代了线性多级模型。在非致癌风险评价中，USEPA倾向使用更多的统计模型推导保护人体健康的安全参考剂量，如基准剂量法和分类回归法等。其中在暴露评估中，假设人体对鱼类消耗量为17.5g/d为基数来评估人体食用鱼类的暴露风险，同时还采用生物累积系数评价水生生物或食物链对污染物的富集效应，改进了前期方法学中仅考虑人体饮用水直接吸收污染物的生物富集效应，且制定了相关评价生物累积系数的技术指南文件。

1.3.1.3 水质基准区域性差异

由于区域水环境特征的差异性，USEPA 在颁布国家水质基准的同时，还规定各州也可以对国家基准进行修订，并且推荐了 3 种修订方法即：重新计算法、水效应比值法和本地物种法。重新计算法是利用实验室的配制水和本地物种进行毒性试验，然后分析毒性数据以获得保护本地种的水质基准值，关注的是生态区域之间物种的差异；水效应比值法是利用规定的生态区域性试验物种对本地区水域原水和实验室配制水进行平行毒性暴露试验，用污染物在原水中的毒性终点值除以污染物在配制水中的同种毒性试验的终点值，得到水效应比；生态区域的特异性基准值等于州基准值与水效应比的乘积，关注的是特定区域的水质差异；本地物种法是利用本地水与本地物种进行毒性试验，然后分析数据获得基准值，同时关注本地生态区域的物种差异和水质差异。实践中，各州制订州基准时一般采用重新计算法校正或修订国家基准。USEPA 规定，如果州内物种的毒性数据无法满足 3 门 8 科生物的要求，至少也需要 4 科的水生生物的毒性数据，少于 4 个科的水生生物数据则不能推导州基准。在进一步制订州内特殊生态区域（如某一河段等）的特异性基准/标准时，因为特殊小生态区域内水质可能相对均一，一般采用水效应比法。可见目前美国水质基准体系至少可以分为国家和地方或特异性生态区域的 2 级水质基准或标准，目前实践中，美国的基准值与标准值基本相同，且地方标准值一般不应降级低于国家基准值的要求。

1.3.2 国内研究现状

如前所述，21 世纪以前，我国部分学者主要在介绍国外发达国家水质基准技术方法的基础上，较零散地开展了对一些典型污染物水质基准阈值的研究尝试。基于前期国内水质基准研究的系统性与科学性都较有限，尚无法对我国水质标准制修订提供管理应用上的支持。鉴于我国严峻的水环境污染态势及水质基准/标准在水环境管理中的重要作用，主要从 2007 年开始，我国政府陆续在国家重大科技水专项、"973" 计划，以及环保公益性行业科研专项中设置了基准相关的科研项目，启动了国家层面上系统的流域水环境质量基准方法体系的研究，经过国内优势科研院所及大专院校的不懈努力，在水质基准的方法技术、支撑技术平台、本土物种筛选、基准方法及阈值研究等诸多方面取得了显著进展，基本建立了我国水环境质量基准的技术方法体系，为进一步发展并完善建立具有我国特色的水环境质量基准与标准技术体系奠定了良好的科学基础。

2

我国流域水环境质量基准研究进展

近年来，通过开展系统的水质基准研究，我国水质基准研究主要在以下几个方面取得了阶段性进展。

2.1 研究水环境质量基准方法体系

我国研究构建了主要水质基准及标准相关技术方法的导则规范，包括流域水环境特征污染物筛选技术、流域水生生物基准技术、流域水生态学基准技术、流域水环境沉积物基准技术、人体健康水质基准技术和流域水质风险评估技术等；利用建立的针对不同水生态受体保护的水质基准技术方法，研究提出了我国典型流域水环境中镉、铬、氨氮、硝基苯、毒死蜱等约 30 种特征污染物及部分湖泊的 4 类营养物基准阈值，并通过与国内外同类水质基准或标准值的对比分析，结合我国流域水环境的具体状况，对我国相关污染物水质标准的修订提出了有益建议；通过有机整合以上各项流域水环境质量基准技术的研究成果，初步构建了我国流域水环境质量基准方法体系（图 2-1）。研究成果为《中华人民共和国环境保护法》的修订提供了重要的参阅资料。

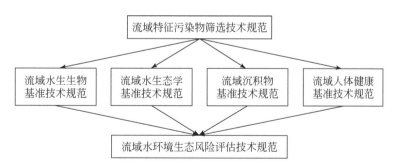

图 2-1　流域水环境质量基准方法体系

2.2 构建水环境质量基准研究平台

主要在"水体污染控制与治理科技重大专项"等项目推动下，研究团队围绕污染物在水环境中的迁移转化过程、生态毒理学机制，以及水环境基准理论方法学开展了基础应用研究。

2.2.1 提出我国"3门6科"最少毒性数据需求原则

针对我国水生生物分布区系状况，基于物种的生态学代表性，本书提出在流域水质基准"最少毒性数据需求"中"3门6科"的水生动物类别（表2-1），为我国水质基准研究确定了基本的数据规范原则。

表 2-1 我国流域水质基准"最少毒性数据需求"原则

项目	美国（3门8科）	中国（3门6科）
脊椎动物门	鲑科鱼类	鲤科鱼类
	非鲑科硬骨鱼类（最好暖水鱼）	非鲤科硬骨鱼类（冷水鱼优先）
	两栖类或硬骨鱼类	两栖类或任一其他门
节肢动物门	浮游甲壳类	浮游甲壳类
	底栖甲壳类	
	一种昆虫	一种昆虫
其他门动物	轮虫、环节或软体任一	轮虫、环节或软体任一
	昆虫或任一其他门	
植物类	藻类或其他水生植物	藻类或其他水生植物

2.2.2 提出我国"10类50种"本土基准受试水生生物名单

基于提出的我国保护水生生物水质基准制定的"3门6科"水生动物最少毒性数据需求原则，本书筛选提出我国"10类50种"本土基准受试生物名单（表2-2），为我国水质基准研究中生态毒理受试物种筛选提供了良好借鉴。

表 2-2 我国"10类50种"水质基准受试生物

序号	物种名称	学名（拉丁名）	门	纲	目	科	属
1	鲤鱼	*Cyprinus carpio*	脊索动物门	硬骨鱼纲	鲤形目	鲤科	鲤属
2	草鱼	*Ctenopharyngodon idellus*	脊索动物门	硬骨鱼纲	鲤形目	鲤科	草鱼属
3	鲢鱼	*Hypophthalmichthys molitrix*	脊索动物门	硬骨鱼纲	鲤形目	鲤科	鲢属
4	鳙鱼	*Aristichthys nobilis*	脊索动物门	硬骨鱼纲	鲤形目	鲤科	鳙属
5	鲫鱼	*Carassius auratus*	脊索动物门	硬骨鱼纲	鲤形目	鲤科	鲫属
6	麦穗鱼	*Pseudorasbora parva*	脊索动物门	硬骨鱼纲	鲤形目	鲤科	麦穗鱼属
7	泥鳅	*Misgurnus anguillicaudatus*	脊索动物门	硬骨鱼纲	鲤形目	鳅科	泥鳅属
8	黄颡鱼	*Pelteobagrus fulvidraco*	脊索动物门	硬骨鱼纲	鲇形目	鲿科	黄颡鱼属

续表

序号	物种名称	学名（拉丁名）	门	纲	目	科	属
9	黄鳝	*Monopterus albus*	脊索动物门	硬骨鱼纲	合鳃鱼目	合鳃鱼科	黄鳝属
10	鳜鱼	*Siniperca chuatsi*	脊索动物门	硬骨鱼纲	鲈形目	真鲈科	鳜属
11	蛇鮈	*Saurogobiodabryi*	脊索动物门	硬骨鱼纲	鲤形目	鮈亚科	蛇鮈属
12	哲罗鲑	*Huchotaimen*	脊索动物	硬骨鱼纲	鲑形目	鲑科	哲罗鱼属
13	鳗鲡	*Anguilla japonica*	脊索动物门	硬骨鱼纲	鳗鲡目	鳗鲡科	鳗鲡属
14	泽蛙	*Rana limnocharis*	脊索动物门	两栖纲	无尾目	蛙科	蛙属
15	棘胸蛙	*Quasipaaspinosa*	脊椎动物门	两栖纲	无尾目	蛙科	蛙属
16	中国林蛙	*Rana chensinensis*	脊椎动物门	两栖纲	无尾目	蛙科	林蛙属
17	透明溞	*Daphnia hyaline*	节肢动物门	甲壳纲	双甲目	溞科	溞属
18	锯顶低额溞	*Simocephalus serrulatus*	节肢动物门	甲壳纲	双甲目	溞科	低额溞属
19	模糊网纹溞	*Ceriodaphnia dubia*	节肢动物门	甲壳纲	双甲目	溞科	网纹蚤属
20	蚤状钩虾	*Gammarus pulex*	节肢动物门	甲壳纲	端足目	钩虾科	钩虾属
21	淡水钩虾	*Gammarus lacustrid*	节肢动物门	甲壳纲	端足目	钩虾科	钩虾属
22	日本沼虾	*Macrobrachium nipponnense*	节肢动物门	软甲纲	十足目	长臂虾科	沼虾属
23	中华绒螯蟹	*Eriocheir sinensis*	节肢动物门	软甲纲	十足目	弓蟹科	绒螯蟹属
24	正颤蚓	*Tubifex tubifex*	环节动物门	寡毛纲	颤蚓目	颤蚓科	颤蚓属
25	苏氏尾鳃蚓	*Branchiura sowerbyi*	环节动物门	寡毛纲	单向蚓目	颤蚓科	尾鳃蚓属
26	尾盘虫	*Dero sp.*	环节动物门	寡毛纲	颤蚓目	仙女虫科	尾盘虫属
27	仙女虫	*Nais sp.*	环节动物门	寡毛纲	颤蚓目	仙女虫科	仙女虫属
28	黄翅蜻	*Brachythemis contaminata*	节肢动物门	昆虫纲	蜻蜓目	蜻科	黄翅蜻属
29	四节蜉	*Baetis rhodani*	节肢动物门	昆虫纲	蜉蝣目	四节蜉科	四节蜉属
30	扁蜉	*Heptagenia sulphurea*	节肢动物门	昆虫纲	蜉蝣目	扁蜉科	扁蜉属
31	放逸短沟蜷	*Semisulcospira libertina*	软体动物门	腹足纲	中腹足目	锥蜷科	短沟蜷属
32	静水椎实螺	*Lymnaea stagnalis*	软体动物门	腹足纲	有肺目	椎实螺科	椎实螺属
33	河蚬	*Corbicula fluminea*	软体动物门	瓣鳃纲	真瓣鳃目	蚬科	蚬属
34	萼花臂尾轮虫	*Brachionus calyciflorus*	轮虫动物门	单巢纲	游泳目	臂尾轮虫科	臂尾轮虫属
35	四齿腔轮虫	*Lecane quadridentata*	轮虫动物门	单巢纲	单巢目	腔轮科	腔轮属
36	螺形龟甲轮虫	*Keratella cochlearis*	轮虫动物门	单巢纲	单巢目	臂尾轮科	龟甲轮属
37	褐水螅	*Hydraoligactis*	刺胞动物门	水螅纲	螅形目	水螅科	水螅属
38	绿水螅	*Hydraviridis*	刺胞动物门	水螅纲	螅形目	水螅科	水螅属
39	普通水螅	*Hydra vulgaris*	刺胞动物门	水螅纲	螅形目	水螅科	水螅属
40	日本三角涡虫	*Dugesia japonica*	扁形动物门	涡虫纲	三肠目	三角涡虫科	三角涡虫属
41	莱茵衣藻	*Chlamydomonas reinhardtii*	绿藻门	绿藻纲	团藻目	衣藻科	衣藻属
42	近头状伪蹄形藻	*Pseudo-kirchneriella subcapitata*	绿藻门	绿藻纲	绿球藻目	小球藻科	伪蹄形藻属
43	舟型藻	*Navicula pellicula*	硅藻门	羽纹纲	舟形藻目	舟形藻科	舟形藻属

序号	物种名称	学名（拉丁名）	门	纲	目	科	属
44	尖头栅藻	*Scenedesmus acutus*	绿藻门	绿藻纲	绿球藻目	栅藻科	栅藻属
45	浮萍	*Lemna minor*	被子植物门	单子叶植物纲	天南星目	浮萍科	浮萍属
46	紫萍	*Spirodela polyrrhiza*	被子植物门	单子叶植物纲	天南星目	浮萍科	紫萍属
47	槐叶苹	*Salvinia natans*	蕨类植物门	薄囊蕨纲	槐叶苹目	槐叶苹科	槐叶苹属
48	菹草	*Potamogeton crispus*	被子植物门	单子叶植物纲	沼生目	眼子菜科	眼子菜属
49	黑藻	*Hydrilla verticillata*	被子植物门	单子叶植物纲	沼生目	水鳖科	黑藻属
50	金鱼藻	*Ceratophyllum demersum*	被子植物门	双子叶植物纲	毛茛目	金鱼藻科	金鱼藻属

2.2.3 突破水质基准关键技术，构建基准研究平台

为有效利用发达国家水质基准研究成果，在生态区域性水质基准推导制定过程中，结合水效应比（water effect ratio，WER）技术，本书初步提出利用"生物效应比（biological effect ratio，BER）"技术进行水质基准外推研究，并经实践验证基本可行；同时针对我国流域复合型污染的特点，结合流域污染物生态风险评估方法的探索，积极研究污染物"联合毒性基准方法"，并取得一定成果；近年来，随着相关课题的实施，较系统开展的我国流域水环境质量基准关键理论技术方法的研究和突破有效地推动了我国水质基准技术体系的建立。2003 年，"国家环境保护化学品生态效应与风险评估重点实验室"经国家环保部批准在中国环境科学研究院建设，2007 年，"环境污染过程与基准教育部重点实验室"经教育部批准在南开大学环境科学与工程学院建设，2012 年，"环境基准与风险评估国家重点实验室"经科技部批准在中国环境科学研究院建设，基本形成我国水环境基准实验研究平台。

2.3 研究典型污染物水环境质量基准阈值

针对典型流域水环境特征污染物，结合实验研究与实地验证，并经与国外发达国家同类水质基准、标准比对分析，研究提出 4 大类约 30 种我国流域水环境特征污染物及部分湖泊的 4 项营养物的基准阈值，如表 2-3 和表 2-4 所示。这些水体污染物基准阈值的提出为我国《地表水环境质量标准》（GB 3838—2002）的修订提供了有力支持。

表 2-3 我国 4 大类约 30 种特征污染物的水质基准阈值

水质基准类别	污染物名称/单位	水质基准阈值	
		短期基准	长期基准
水生生物基准	Hg^{2+}/（μg/L）	2.69	0.68
	Pb^{2+}/（μg/L）	65.75	1.21
	Cu/（μg/L）	1.39	0.78

续表

水质基准类别	污染物名称/单位	水质基准阈值	
		短期基准	长期基准
水生生物基准	As/(μg/L)	264	151
	2,4-DCP/(μg/L)	798	82
	2,4,6-TCP/(μg/L)	268	30
	PCP/(μg/L)	25	0.12
	林丹/(μg/L)	8.99	0.87
	全氟辛烷磺酸(PFOS)/(μg/L)	32.24	4.56
	马拉硫磷/(μg/L)	0.48	0.03
	乐果/(μg/L)	1.39	0.67
	甲基对硫磷/(μg/L)	0.24	0.09
	敌敌畏/(μg/L)	0.08	0.05
	对硫磷/(μg/L)	0.16	0.03
	菲/(μg/L)	34.2	12.3
	苯并芘/(μg/L)	0.73	0.19
	三氯生/(μg/L)	9	2

水质基准类别	基准指标/单位	水质基准阈值	
		太湖流域	辽河流域
水生态学基准	浮游植物多样性(H)/(μg/L)	3.32~3.65	2.72
	浮游动物多样性(H)/(μg/L)	3.41	3.44
	氨氮/(mg/L)	1.03	0.24
	总氮/(mg/L)	2.53	1.38
	总磷/(mg/L)	0.09	0.08
	叶绿素 a/(μg/g)	6.7	4.6
	溶解氧/(mg/L)	3(3 天)	3(3 天)
	COD(锰法)/(mg/L)	6	5

水质基准类别	污染物名称/单位	水质基准阈值	
		短期基准	长期基准
沉积物基准	林丹/(μg/g)	0.065	0.006
	五氯苯酚/(μg/g)	9.42	1.84
	菲/(μg/g)	13.9	8.11
	芘/(μg/g)	31.5	24.1
	六氯苯/(μg/g)	20.3	8.02

水质基准类别	污染物名称/单位	水质基准阈值	
		TEL	PEL
沉积物基准	Cu/(μg/g)	56.2	141
	Cd/(μg/g)	2.58	19.6
	Pb/(μg/g)	47.3	200
	Zn/(μg/g)	79.9	461
	Ni/(μg/g)	35.4	78.6

水质基准类别	污染物名称/单位	水质基准阈值		
		W 基准	F 基准	W+F 基准
人体健康基准	Cd/（μg/g）	4	0.7	0.6
	Ni/（μg/g）	131	880	376
	Zn/（μg/g）	9827	13201	5633
	DEHP/（μg/g）	2.34	0.22	0.2
	硝基苯/（μg/g）	13	167	12

表 2-4 云贵湖区营养物基准阈值

项目	叶绿素 a/（μg/L）	总磷/（μg/L）	总氮/（μg/L）	透明度
基准阈值	2.0	10	200	5.5m（深水湖）；2.2m（浅水湖）

2.4 提出典型污染物应急水质标准建议值

针对我国缺乏应用于突发性环境污染事故的应急水质标准的需求，先以重金属污染物为例，研究试验并筛选了 6 种典型重金属（镉、铜、铅、锌、汞和六价铬）的我国本土水生生物急性毒性值，采用基于推导保护水生生物的水质基准 SSD 方法及风险评估的相关理论技术，初步提出流域应急水质标准方法。将受污染物暴露胁迫的水生生物比例为 5%、15%、30% 和 50%，最高浓度急性暴露平均时间不超过 1 小时，且 3 年周期中被超过标准阈值的频率不多于一次，对应水生态系统的风险级别分别设定为Ⅰ级（基本无急性风险）、Ⅱ级（轻度风险）、Ⅲ级（中度风险）和Ⅳ级（高度风险），通过数值拟合，推导了六种重金属的我国流域应急水质标准限值（表 2-5），为突发性水环境重金属污染事故的应急处置提供技术参考。

表 2-5 六种重金属流域应急水质标准建议值

标准等级	风险描述	受胁迫生物比例/%	应急水质标准建议值/（μg/L）					
			镉	铜	铅	锌	汞	六价铬
Ⅳ	高度风险	≥50	233	40.1	524	365	7.80	3084
Ⅲ	中度风险	≤30	82.9	16.2	174	162	3.1	814
Ⅱ	轻度风险	≤15	26.4	6.7	92.6	111	1.1	157
Ⅰ	基本无风险	≤5	5.2	1.5	77.3	55.9	0.3	13.7

3
流域水环境质量基准制定技术方法

随着我国社会和经济的快速发展，针对环境保护的严峻形势，我国开始加强对于水质基准的研究。由于我国水环境基准研究从 20 世纪 80 年代开始，起步较晚，前期零星研究成果不系统、不成熟，无法支持我国水质标准制（修）订工作。现行的水质标准基本是参照发达国家或国际组织的水质基准或标准成果而制定，无法满足我国水环境科学保护的需求。

"十一五"期间，我国启动了水体污染控制与治理科技重大专项"流域水质基准与标准技术体系研究"、"湖泊营养物基准与富营养化控制标准研究"课题，环保公益性行业科研专项项目"我国环境基准框架体系及典型案例预研究"，以及国家重点基础研究发展计划（"973"计划）项目"湖泊水环境质量演变与水环境基准研究"等课题，对流域水环境污染物的水环境基准进行了较系统研究，围绕我国典型流域水体特征，探索水环境毒理学与污染物生态学效应的识别指标与优选方法，提出了一些流域特征污染物的水生生物、生态学及沉积物、营养物质等的水质基准阈值；研究确立了流域污染物的环境毒理学与水生态风险表征方法，基本建立了我国流域水环境质量基准方法体系框架。

经过对国际先进水环境基准技术的比较研究与实践，改进采用 USEPA 推荐的基于 SSD 理论的 SSR 物种敏感性发布排序双值基准方法更加适合我国流域水生态特征与水环境管理需求，可以作为我国水环境基准制定的主要技术方法。基于以上认识，我国目前在水生生物基准、水生态学（完整性）基准、沉积物基准、营养物基准，以及流域特征污染物筛选、水质基准本土受试生物筛选等技术方法研究上取得了重要的阶段性进展，实现了我国基准方法技术零的突破，基本建立了我国水环境基准方法技术框架体系。

在开展水环境基准推导方法研究中，质量保证是重要原则之一。基准制定过程的全面质量管理，包括人员与资源管理、采样、样品分析、数据统计、参照点选择，以及基准计算等，都需按照国家标准方法或者参照 USEPA 及 OECD 等颁布的标准方法进行，相关的测试仪器和人员应该具有对应的资质以确保基准推导的质量，当前本方法所指流域水环境主要指地表淡水水环境。

3.1 水生生物基准推导方法

3.1.1 概述

本技术方法的目的是介绍推导保护流域水生生物安全的水质基准方法，以保障特定流域多数物种和重要物种安全为原则，确保污染物的环境效应不会危害流域生物区系的各个营养级生物，不会改变水生生物物种的存活、繁殖性状，以及水生生物群落的结构和功能特征，为此提供具有我国特色的水生生物基准制订程序、技术框架和方法。本技术方法适用于污染物，其保护对象是流域水生生物。本方法所建议的基准推导过程的实施，需要充分考虑特定流域水生态系统特点与功能、生物多样性水平与保护目标、被保护水生生物暴露耐受与恢复能力，以及长期暴露所导致的慢性效应等。

3.1.2 水生生物基准制定流程

水生生物基准的制定流程如图 3-1 所示，其关键是通过与基准相适应的生物测试物种辨析、生物测试方法建立、数值推导模型选择制订水生生物基准。制定水生生物基准的核心是基于风险评估的基准值推导。

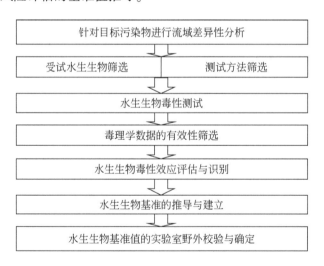

图 3-1 水生生物基准制定流程

3.1.2.1 流域代表性水生生物筛选技术

我国幅员辽阔，不同流域水环境生态特征、水环境承载力等因素差异很大。水生生物的区系分布具有很强的地域性，不同流域水环境中分布的水生生物及其代表物种的组成与结构存在较大差异；同时，由于不同流域水环境污染状况具有不同特征，各流域不同类型的水生生物对水体中各种污染物的敏感性和耐受性也存在差异。因此，在制定具有流域特征性的水环境质量水生生物基准时，需要根据各流域水环境生物区系特点，选择适当的本土代表性物种用于水生生物基准的推导，以使得基于流域水环境代表性水生生物而得出的基准推导值可以为大多数生物提供适当保护。

用于水质基准推导的水生生物物种的选择需要综合考虑流域水生生物种类分布及其特点、水生生物营养级构成与特征、本土代表生物物种类型与分布规律等诸多因素。根据不同流域水环境水生生物分布调查与资料记载，筛选出 3 门 6~8 科的我国流域本土生物作为水生生物基准推导的代表生物，用于目标污染物对水生生物剂量–效应关系的建立。经研究比较分析，目前我国流域水环境中分布的水生生物种类数量在有效物种试验数据较少、所选择的物种类型对于流域水环境具有充分的代表性时，用于我国保护水生生物水质基准推导的水生动物物种数量可以最少为 3 门 6 科。

3.1.2.2 流域水生生物毒理学数据获取技术

流域水生生物毒理学数据获取技术包括目标物质（污染物）对水生生物毒性测试方法的确定与标准化、流域水生生物毒理学效应关键指标识别与优选方法、流域水环境水生生物基准指标体系构建等。

在选择了水质基准推导所需要的代表性水生生物的基础上，确定针对不同受试生物的毒理学终点指标，从相关文献资料中筛选符合要求的毒性数据，或选择适当的生物测试方法开展目标物质对代表性受试水生生物的毒性测试，用于基准值的计算与推导。

毒性测试方法可参照中华人民共和国国家标准、OECD 化学品毒性测试技术导则、USEPA 推荐方法等规范性文件。对于尚未建立标准方法的毒性测试，需要在基准值计算推导相关的方法学中详细描述。

3.1.2.3 水生生物基准值的计算推导技术

水环境质量水生生物基准值的计算推导技术包括毒理学数据分析、基准值推导、基准值校正与验证等过程。水质基准的推导与制定是一个复杂的过程，需要涉及生态毒理学与污染生态学的许多方面，包括目标物质对本土代表性水生生物的毒性效应数据，以及生物累积与生物降解代谢等污染生态效应的相关资料。本方法推荐应用美国物种敏感度排序法（species sensitivity rank，SSR）进行水生生物基准值的计算和推导。

在获得足够的目标物质对本土水生动物急性毒性数据之后，可以估算最大急性耐受限值 1 小时平均浓度，在此浓度 3 年不超过一次，有害物质短期暴露不会导致对水生动物的不可接受效应。污染物对水生动物慢性毒性数据用于估算最大慢性耐受限值 4 天平均浓度，在此浓度 3 年不超过 1 次，有害物质长期连续暴露不会导致对水生动物的不可接受效应。

污染物对水生植物的毒性数据用于确定对水生植物物种不造成有害效应的浓度范围，对水生生物的生物累积数据用于确定是否可能在可食用的水生生物体内残留，以及其残留量是否可能对食物链消费者产生危害。在获得足够数据后，可对目标物质的水生生物基准值进行推导。

3.1.3 基准数据筛选规范

3.1.3.1 水生生物毒性数据的筛选

(1) 基准指标筛选和毒性测试原则

针对流域水环境特征、目标物质（污染物）和相关环境因子的种类，以及对环境生物的暴露水平和暴露方式，依据我国现有的相关测试方法标准，推荐借鉴 USEPA、OECD 等制订的相关测试标准方法，根据目标物质对水生生物的毒性特征筛选确定基准的毒理学终点指标。

水生生物基准一般采用基于生物个体或物种水平的毒理学指标，包括对水生生物（动物和植物）个体或物种的急性和亚慢性/慢性毒性及生殖、发育等毒性终点指标，适用于所有类型目标物质（污染物）或环境胁迫因子的基准推导。

基准数据筛选原则主要包括：弃用一些有问题或有疑点的数据，如非本土物种数据或非表述水环境属性生物数据（淡水或海水物种），试验未设立对照组的、对照组的试验生物表现不正常的、稀释用水为蒸馏水的、试验用化合物的理化状态不符合要求或测试无化学物质浓度监控的，或试验生物曾经暴露于污染物中的，类似的试验数据都不应采用，或至多用来提供辅助的信息。将不符合水质基准计算要求的试验数据剔除，其中包括非我国地表水物种的试验数据、实验设计不科学或者不符合要求的试验数据等。如果可同时获取同一物种不同生命阶段（如卵、幼体和成体）的毒性数据，应选择最敏感生命阶段数据。数据筛选要求具体如下。

1) 文献检索的毒性数据属性确认。淡水物种（FW），暴露方式选择静态法（S）、半静态法（R）、流水式（F），所有毒性数据都要求有明确的测试终点、测试时间及对测试阶段或指标的描述，急性和慢性效应测试方法应选择有公认依据的标准方法（国家标准、ISO、OECD、USEPA 等相关标准），以便可进行科学比对分析。

2) 随着检测技术不断提高，毒性数据也在不断更新，应尽量选择较新的毒性数据。

3) 将不符合水生生物毒理学基准计算要求的试验数据剔除，其中包括实验设计不科学或者不符合要求的试验数据、同物种数据中的显著不敏感值。

4) 去除一些有问题或有疑点的数据，如未设立对照组的、对照组的试验生物表现不正常的、试验用化合物的理化状态不符合要求的或试验生物曾经暴露于污染物中或未采用公认性推荐测试方法等可能明显影响数据科学质量的因素。

5) 毒性数据按急性和慢性测试指标分类，分别对急性、慢性毒性测试终点值进行数据筛选，去除同一物种的同一测试指标的异常值，即偏离平均值 $1 \sim 2$ 个数量级的视为离群数据，进行删减。

6) 急性毒性指标保留数据通常为 96 小时或 48 小时 LC_{50}（EC_{50}）毒性测试终点值；当同一文献数据有 2 个以上可选择时，选择 96 小时 LC_{50}（EC_{50}）为最恰当的数据值，其他值舍去。

7）慢性毒性指标保留数据为 14 天以上 LC_{50}（EC_{50}）毒性测试终点值及 NOEC 和 LOEC 慢性毒性测试终点值。因慢性毒性测试较少，当慢性毒性数据量较少时，增加 7 天 LC_{50}（EC_{50}）毒性测试终点值作为保留数据。EC_{50} 主要也应是生物个体或物种水平的效应终点值。

8）为保证生物物种数据推导的科学有效性和可比性，减少一些毒理学效应终点及技术方法的不确定性等误差，通常不应采用单细胞生物、个体水平以下或体外试验终点数据；也不应采用仅依据主观经验性模式计算获得的推测性毒性数据，如仅以已知甲物质数据比较推算与甲物质结构类似的未知乙物质数据的交叉推算法（read-cross）及不考虑实际暴露过程，用一组物质的分子结构理化参数模式来推算未知类似物质的毒性效应数据的构效相关方法（定量构效相关，quantitative structure-activity relationship，QSAR）。

9）进行生物急性毒性试验，推荐试验用水溞的溞龄一般为 12~48 小时，试验用摇蚊幼虫应是 2~3 龄，温热带鱼苗一般为 1~3 克/条或孵化后 1~3 周。急性毒性试验过程一般不能喂食。

10）稀释用水的总有机碳或颗粒物质量浓度应小于 5mg/L。

11）如果一个重要物种的种平均急性值（species mean acute value，SMAV）比计算的 FAV 还低，前者将替代后者以保护该重要物种。

为了使所推导的基准阈值不确定性最小化，应选用符合相关质量要求的数据来开展分析推导，毒性和理化数据必须来自依照公认的标准方法和准则所进行的测试或研究，包括测试方式、试验用水的温度、pH、硬度、盐度或电导率、溶解氧等理化特征及目标化学物质的亨利常数、水中溶解度或辛醇/水分配系数 K_{ow} 等的规定，必要时推荐首先采用公共认可实验室（如 GLP 合格实验室）的测试数据或结合野外样品的校验性实验数据。

（2）水生生物毒性指标

溞类或其他枝角类及摇蚊幼虫的急性毒性试验指标通常是 48 小时 LC_{50} 或亚慢性 14~21 天 EC_{50} 生殖发育毒性；鱼类及其他生物是 96 小时 LC_{50} 或亚慢性毒性测试 14~28 天，测试终点 EC_{50} 指标包括多种繁殖、生长抑制及死亡，慢性毒性试验时间通常在 1~3 个月或以上，最终确定目标受试物质对试验生物的无可见有害作用浓度（NOEC 或 NOAEC）和最低有害作用浓度（LOEC）。水生生物的胚胎和幼鱼是对污染物最敏感的生活阶段，可以通过早期生命阶段的短期亚慢性试验获取毒性数据，替代 3 个月以上慢性毒性试验的毒性数据。藻类可采用 72 小时生长抑制效应。

在污染物最大可接受组织浓度可以获得的情况下，需要该受试物质的至少 1 种淡水物种的生物浓缩因子（bioconcentration factor，BCF）或生物积累因子（bioaccumulation factor，BAF）。生物积累因子的测定可以选择浮游动物、浮游植物、水生维管束植物、鱼类、水生底栖动物等进行。

（3）水生生物物种

根据物种拉丁文、英文名等检索物种的中文名称，以及区域分布情况，去除非我国物种的数据。对明显的只在欧洲、美洲等地分布而我国没有的物种的数据予以剔除。

如美国旗鱼、美洲白鲑和白鲤、日本青鳉、黑呆头鱼等的数据。

对于我国自然水域内没有明确存在的公开报道,只在实验室或养殖场引进养殖的外来生物物种数据一般予以剔除,如黑头软口鲦等生物。

对于我国国内自然水域是否明确存在分布不详的生物物种,如在我国渔业养殖业已有较大规模生产的物种,在本土物种的毒性数据缺少时,且当数据放入公式计算推导得到的基准值较不采用小于2倍时,可有条件分析使用。

3.1.3.2 流域水环境代表物种筛选技术

(1)流域地理特征与水生生物区系分布特征分析

我国水生生物区系分布具有很强的地域性,需要选择适当的水生态物种用于水环境中保护水生生物基准的推导。以我国淡水鱼类为例,主要包括东北的耐寒冷水鱼类,西北高原的耐旱、耐碱鱼类,长江中下游的江河平原区系鱼类、我国东南部的亚热带/热带鱼类,以及西北高原和西南部交界处的怒澜区系鱼类。用于水质基准推导的生物物种的选择需要综合考虑流域水生生物种类分布生物学特点、生物营养级特征、本地物种类型与分布规律等诸多因素。由于我国不同水环境流域水生生物区系分布的相关信息记录尚不完备,在进行水质基准推导时,需要了解相关流域水生生物的区系分布特征,可通过查阅已有文献资料或实际调查而获得。

(2)水生生物基准制定中代表性物种选择原则

为反映目标物质(污染物)对流域水环境中水生生物的实际影响状况,水生生物基准值制定中的代表性水生生物应选择在流域水水环境中有生态学代表性,对生态系统结构和功能的维持具有较大影响且有一定经济价值的本地物种,应考虑其生物学特性较清楚,较易开展实验室养殖和标准化试验,对目标物质的作用敏感性较好等特征。可通过文献调研收集有效资料和进行相关毒性测试,以对缺乏的数据进行补充及校验,用于基准值的推导。

在水生生物基准制定中需要特别关注的是,流域区域的水生生物区系分布中是否存在对目标物质(污染物)特别敏感的地方物种,或在水生生态系统中是否具有特殊生态或经济重要性的地方物种,这些物种也应作为基准制定时考虑的保护物种。同时需要关注在特定流域范围内,是否分布有国家、省、市等各级自然保护区的保护物种。这些物种通常不作为受试生物进行毒性测试,但需要收集国内外相关文献资料,考虑说明目标物质对这些保护物种的不利效应风险不会显著高于那些用于毒性评估的受试物种,以保证水质基准的制定可以使得这些物种得到适当的保护。

(3)本土代表性水生生物试验物种推荐

根据保护水生生物及其用途的水质基准推导的最少数据原则,选择的水生生物测试种一般至少涵盖3个生态学营养级的生物如:藻类/初级生产者、浮游甲壳类/初级消费者,鱼类/捕食者或次级消费者。在水生生物急、慢性毒性参数收集中,选择的水生动物物种应涵盖至少3门6科;水生生物的急慢性比需要至少3个科的水生动物物种数据,需要至少1种淡水植物(如藻类)的毒性数据,至少选用1种淡水物种来确定生物富集系数。

6~8 个生物分类单元（科）的淡水水生生物分别如下。

1）硬骨鱼纲中的鲤科，如我国最为常见的四大家鱼等。

2）硬骨鱼纲中的第 2 个科，要求非鲤科，冷水鱼优先，如鲑科等。

3）脊索动物门中的第 3 个科，两栖动物或硬骨鱼纲物种。

4）浮游甲壳类生物，如枝角类等。

5）底栖甲壳类生物，如虾、蟹等。

6）节肢动物门和脊索动物门以外的任意一个科。

7）节肢动物门的一种昆虫。

8）一种水生植物。

水生生物的急、慢毒性性比需要至少 3 个科的水生动物物种：至少 1 种是鱼类，1 种是无脊椎动物，1 种是敏感的淡水种。还需要至少 1 种水生植物毒性数据，如藻类或者维管束植物，如浮萍的毒性测试结果。如果植物是水生生物中对于受试物质最敏感的，则需要另 1 个门的植物测试结果。在最大可接受组织浓度可以获得的情况下，需要受试目标物质的至少 1 种淡水物种的生物浓缩因子 BCF。可以选择藻类、水生维管束植物等水生植物进行生物浓缩因子 BCF 的测定和计算，也可以应用浮游动物、鱼类、底栖生物等测试获得 BCF。

3.1.4 水生生物基准推导方法

3.1.4.1 基准数值表征

水生生物基准分为短期和长期基准浓度两种方式。短期（急性）基准是指短期相对高浓度目标物质（污染物）暴露，不会对水生生物产生显著急性毒性负效应的最大浓度，是为了防止高浓度污染物短期作用对水生生物安全造成的危害，通过流域生态系统中代表性水生生物的急性毒性试验确定的水生生物安全的短期基准阈值，用基准最大浓度（CMC）表示，可用于制定应急性水质标准。长期（慢性）基准是为了防止目标物质低浓度长期作用对水生生物造成的慢性累积性毒性效应，一般通过目标物质对水生生物的慢性毒性试验确定的保护水生生物安全的长期基准阈值，用基准连续浓度（CCC）表示，可用于制定常规性水质标准。水生生物基准值确定的技术路线框架见图 3-2。

3.1.4.2 基准计算方法

基准计算采用物种敏感性分布法（SSD），该方法假设毒性数据是从整个生态系统中随机选取的，且假设生态系统中不同物种的毒性数据符合一定的概率函数，即"物种敏感分布"。利用所得到的毒性数据，运用数学模型（log-normal，log-logistic，Burr Ⅲ 等）进行拟合，通常采用 5% 物种受危险的浓度，即 HC_5 表示，或者称作 95% 保护水平的浓度获得基准值。急性数据用于短期基准的推导，慢性毒性数据用于长期基准的推导。一般来说，由于慢性毒性试验周期长，需要消耗更多的财力物力，数据一般较少。当数据量较小（<10）时，可以采用急慢性比值进行推导。

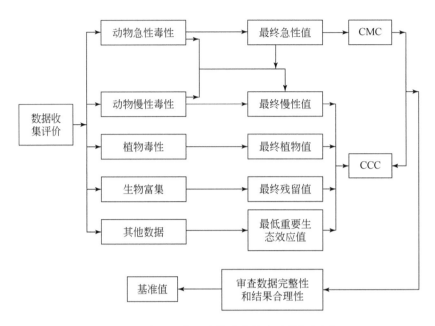

图 3-2 水生生物基准值确定技术路线框架图

推荐采用物种敏感性分布排序法（SSD-R 法），具体方法步骤为根据实验数据确定 4 个实验终点值：①最终急性值（FAV）——主要根据对鱼类和无脊椎动物的急性毒性数据，并考虑受试物种的数量和相对敏感性导出。②最终慢性值（FCV）——根据试验对动物的慢性毒性数据导出，也可根据急慢性比和最终急性值计算得出。③最终植物值（FPV）——选择最低的植物毒性数据推导得其值。④最终残留值（FRV）——至少根据一个物种的生物富集系数和一个最大允许生物物种的组织浓度计算得出。

计算过程大概为，把所获得的至少"3 门 6 科"的生物毒性数据，按属的毒性数据从小到大排列，累积概率按公式 $P=R/(N+1)$ 进行计算，其中 R 是毒性数据在序列中的位置，N 是所获得的毒性数据量，根据下面公式，得出排序百分数 5% 处所对应的浓度，该浓度为 FAV，一般短期急性基准最大浓度值（CMC）= FAV/2。慢性数据充足时，FCV 依照 FAV 的计算方法获得，数据不充足时，也可采用公式 FCV = FAV/FACR 获得。其中 FACR 等于至少 3 种生物物种的 ACR 的几何平均值。FRV 的计算通过以下方法：求生物富集因子（BCF），BCF = 生物组织中某化学物质浓度/水体中某化学物质浓度。通常生物富集试验应持续到明显的目标物质在生物体和水体中的浓度达到稳定状态，一般鱼体的富集试验至少需 7～28 天；残余值 = 最大生物组织允许浓度/BCF。最大生物组织允许浓度是由美国 FDA 给出的限量标准或最大允许日摄入量推导，其中取残余值的最低值为 FRV。一般在没有其他数据证明有更低数值可以使用的情况下，长期慢性基准值等于最终动物慢性值、最终植物毒性值和最终生物残留值中的最小值，也就是取 FCV、FPV 和 FRV 中的最低值作为 CCC；若毒性与水质特性有关，可在最终动物慢性值、最终植物毒性值和最终生物残留值中选择一个或综合均值得出 CCC。

根据上述数据筛选原则和水生生物毒性试验得到的毒性结果数据，可以推导出 4

个最终值，进而得出水生生物基准值。主要具体步骤如下所示。

（1）最终急性值

通过急性毒性试验获得最终急性值（FAV），根据鱼类和无脊椎动物的急性毒性试验数据，可推导出最终急性值（FAV），FAV有两种推导方法。

方法一，适用于急性毒性试验数据与水质特性不相关的情况。

第1步，计算物种平均急性值（SMAV）。对每个物种而言，至少可获取一个急性值，物种平均急性值（SMAV）应根据毒性试验结果的几何平均值进行推导。若无法获得这种数据，则可利用流水式或半静态试验结果和基于初始浓度的静态试验和半静态试验的急性值，计算几何平均值得出SMAV值。

第2步，计算生物属平均急性值（GMAV）。若在一个生物属内可得到多个物种SMAV值，则应当计算属平均急性值（GMAV）作为该属的SMAV几何平均值。

第3步，将GMAV由高到低进行排序。

第4步，排号R。把GMAV从低到高排序，分别计为数字1到N。如果有两个或多个GMAV相同，则将它们任意连续排列即可。按$P=R/(N+1)$，计算每个GMAV的累积概率（P）。

第5步，选出累积概率接近0.05的4个GMAV值。

第6步，用选出的GMAV和P，按下式得出最终急性值。

$$S^2 = \frac{\sum \ln\text{GMAV}^2 - (\sum \ln\text{GMAV})^2/4}{\sum P - (\sum \sqrt{P})^2/4} \tag{3-1}$$

$$L = [\sum \ln\text{GMAV} - S(\sum \sqrt{P})]/4 \tag{3-2}$$

$$A = S(\sqrt{0.05}) + L \tag{3-3}$$

$$\text{FAV} = e^A \tag{3-4}$$

方法二，适用于急性毒性试验数据与水质特性相关的情况。

如果有足够的数据表明两个或多个物种的急性毒性与水质特性相关，就应对这种关系加以考虑。

第1步，计算物种急性毒性值的几何平均值（W）和水质特性值的几何平均值（X）。

第2步，按下式计算水质特性选定值Z的每一物种SMAV的对数值（Y）。

$$Y = \ln W - V(\ln X - \ln Z) \tag{3-5}$$

第3步，计算每一物种的SMAV值，$\text{SMAV} = e^Y$。

第4步，按方法一中的第2步～第6步或方法二中第5步，推导出最终急性值。

第5步，最终急性方程为

$$最终急性值 = e^{V[\ln(水质特性)] + \ln A - V[\ln Z]} \tag{3-6}$$

式中，V为合并急性斜率，A为选定值Z的最终急性值。V、A、Z已知，根据任一水质特性选定值可计算出最终急性值。

（2）最终慢性值

根据水生动物的慢性毒性数据可导出最终慢性值（FCV），FCV有两种推导方法。

方法一，适用于慢性毒性试验数据与水质特性不相关的情况，方法一包括两种推导方式。

方式一，计算每一物种慢性毒性值（SMCV）的几何平均值，并计算属的平均慢性值，可按最终急性值方法一的第2步~第6步推导出最终慢性值。

方式二，根据急性-慢性比和最终急性值计算出该值，计算公式为

$$FCV = FAV/FACR$$

式中，FAV为最终急性值，FACR为最终急性-慢性比。根据已知数据，可通过4种方式推导出最终急性慢性比。

方法二，适用于慢性毒性试验数据与水质特性相关的情况。

第1步，计算每一物种慢性毒性值的几何平均值（M）和水质特性值的几何平均值（P）。

第2步，按下式计算水质特性选择值Z的每一物种的平均慢性值的对数值（Q）。

$$Q = \ln M - L(\ln P - \ln Z) \tag{3-7}$$

第3步，计算每一物种的平均慢性值，$SMCV = e^Q$。

第4步，按最终急性值方法一中的第2步~第6步或最终慢性值计算方法二第5步，推导出最终慢性值。

第5步，最终慢性值表达式为

$$FCV = e^{(L[\ln(\text{水质特性})]+\ln S - L[\ln Z])} \tag{3-8}$$

式中，L为合并慢性斜率；S为基于Z的最终慢性值。由于L、S和Z已知，所以可根据任一水质特性选定值计算出最终慢性值。

（3）最终植物值

测定水生植物毒性是为了比较水生动、植物的相对敏感性。植水生物试验结果通常表述可对水生动物及其用途起到保护作用的基准，也可能对水生植物及其用途进行保护。最终植物值（FPV）一般是用藻类96小时生长抑制试验或水生维管植物慢性毒性试验结果，选择试验得到的最小慢性值（ChV）作为最终植物值（FPV）。

（4）最终残留值

最终残留值（FRV）主要旨在保护以水生态食物链的较高营养级的捕食生物如肉食性鱼、水鸟、两栖类或哺乳类生物及人群等免受有害影响，可根据水生态食物链动物的慢性摄食研究结果得出的最大允许组织浓度和生物富集系数或生物累积系数计算出该值，其计算公式为

$$FRV = MPTC/BCF(\text{或 } BAF) \tag{3-9}$$

式中，MPTC为水生生物组织中的最大允许组织浓度，它可以是鱼类和贝壳类动物可食部分的安全阈值，也可以是在水生态食物链动物的饲养观测或长期实际生态食性特征的调查研究，评估分析得出的最大允许摄入量；BCF为生物浓缩或富集系数，主要说明直接来自水体的净摄入量，一般在实验室中进行测定获得；BAF为生物蓄积或积累系数，旨在说明实际情况下来自食物链或水体的净摄入量。BAF基本上由野外调查或水生态微宇宙试验测得，在野外现场中，捕食者直接从水体或通过捕食对受控污染物质进行生物积累，而被捕食者本身也通过食物及水体暴露对受控污染物物质进行了生物富集。

3.1.4.3 基准值的比对与校验

推导得出的目标物质水质基准初值需要通过多个实验室或相关机构的比对或校验试验，其内容至少包括：对基准推导中选用的生物种类与数量，以及生态相关属性进行检验；目标物质对代表性物种毒理学数据的有效筛选获取与数据的试验校验过程；基准阈值的规范性计算与推导的方法学过程的审核等。在对实验研究得出的水质基准计算与推导数值应在进一步试验比对和校验分析的基础上，确定目标物质（指定污染物）的保护水生生物基准建议值，关注基准制定的可靠性和适用性。

3.1.5 水生生物基准毒性试验规范

3.1.5.1 受试生物的驯养与敏感性考察

在进行代表性水生生物的毒性测试时，为保证毒性试验数据的准确性和可重复比对性，需要对筛选的土著生物进行实验室驯养和繁殖研究，选择生物遗传学特性稳定明确，实验室易推广养殖的物种，确定其对污染物敏感且毒性反应稳定的试验条件，包括生物的年龄、个体大小、培养水温、光照等，选择其对受试化学物质敏感的生命阶段进行毒性测试。

3.1.5.2 受试生物来源、批次与合格性的规定

对于同一系列目标污染物的毒性测试，同一实验室建议尽量选用同一背景来源的生物，同一批测试所采用的生物最大个体与最小个体差异应小于50%；毒性测试所用的生物个体应健康无受污染史。用于毒性测试的受试生物应通过合适的采集工具和采集方法进行采集或转移，在采集和运输过程中避免受试生物受到损伤或环境胁迫，运输或驯养过程中受试生物的死亡率应小于10%。受试生物实验开始时，应先进行观察检验，确认其个体未受污染且未感染疾病，然后在实验条件下一般需进行一周（7天）的驯化养殖，驯化期内要求受试生物死亡率小于10%。出于对受试生物福利的考虑，应设计尽量减少毒性测试过程的受试生物数量，并尽可能减轻受试生物的痛苦。

3.1.5.3 毒性试验方法与实验操作的规定

受试生物的毒性测试应按照标准化的测试方法进行，对受试生物来源和驯养条件、测试条件，以及测试操作过程的质量控制均制定相应规范，进行毒性测试的实验操作人员必须通过培训审核，进行毒性测试的实验室质量体系一般应经过考核认证，以保证生物毒性测试结果的科学可靠性。

3.1.5.4 毒性试验干扰因素的消除

受试生物的年龄、发育阶段、性别、季节等因素均会造成其对污染物敏感性发生改变；进行水生生物毒性测试的具体实验条件，如试验水温、光照、pH、溶解氧、电

导率/硬度及生物量负载、受试物质及助溶剂浓度的稳定性等因素的变换会导致毒性测试结果出现大的差异；实验室仪器设备运行状况、测试人员的操作、判断，以及所用的统计与分析方法等因素也是导致毒性测试结果出现差异的重要原因，一般同一生态毒理学试验样品数值误差控制在 20% 以内。在进行基准值计算和推导时，需要采用规范性或标准化的生物测试终点指标方法，在进行毒性数据收集和筛选时应剔除不规范实验条件得出的可疑数据。

3.1.5.5 生物毒性测试相关标准方法和技术指南

水质基准的推导和制定中应尽量选取已有国家标准方法或有一致性驯养试验规范的本地代表性水生物物种，如选择尚无驯养和测试规范的物种，需要在基准值推导过程中对受试生物的选取、驯养和生物测试方法加以说明。目前我国建立的水生生物毒性测试标准方法主要有针对藻类、溞类、鲤科斑马鱼等的急/慢性和生物富集等多项生物测试终点指标，其他水生生物毒性测试指标主要可以参照 OECD 或 USEPA 等发布的生态毒理学测试推荐方法实施，对于尚无标准方法或规范性技术文件的生物测试方法，需要在基准值制定中特别说明。相关水生态毒理学测试方法主要源自 USEPA 及 OECD 组织发布的测试方法指南或导则文件，我国有关部门也相应参照国外文件编辑发布了相关标准测试方法，主要规范性文件参考如下所示。

（1）中国有关部门发布的生态毒理学相关测试方法

中国有关部门发布的生态毒理学相关测试方法列举如下。

1）中华人民共和国国家标准《水质物质对溞类（大型溞）急性毒性测定方法》（GB/T 13266—91）；

2）中华人民共和国国家标准《水质物质对淡水鱼（斑马鱼）急性毒性测定方法》（GB/T 13267—91）；

3）中华人民共和国国家标准《化学品藻类生长抑制试验》（GB/T 21805—2008）；

4）中华人民共和国国家标准《化学品鱼类胚胎和卵黄囊仔鱼阶段的短期毒性试验》（GB/T 21807—2008）；

5）中华人民共和国国家标准《化学品鱼类延长毒性 14 天试验》（GB/T 21808—2008）；

6）中华人民共和国国家标准《化学品大型溞繁殖试验》（GB/T 21828—2008）；

7）中华人民共和国国家标准《化学品鱼类早期生活阶段毒性试验》（GB/T 21854—2008）；

8）中华人民共和国国家标准《化学品生物富集半静态式鱼类试验》（GB/T 21858—2008）；

9）中华人民共和国国家标准《化学品生物富集流水式鱼类试验》（GB/T 21800—2008）；

10）中华人民共和国国家标准《化学品鱼类幼体生长试验》（GB/T 21806—2008）。

（2）OECD 发布的相关化学品毒性测试技术导则

OECD 发布的相关化学品毒性测试技术导则列举如下。

1）藻类生长抑制测试：参见 *OECD Guidelines for the Testing of Chemicals*，*Test No. 201*：*Freshwater Alga and Cyanobacteria*，*Growth Inhibition Test*；

2）潘类急性毒性测试：参见 *OECD Guidelines for the Testing of Chemicals*，*Test No. 202*：*Daphnia sp.*，*Acute Immobilisation Test*；

3）鱼类急性毒性测试：参见 *OECD Guidelines for the Testing of Chemicals*，*Test No. 203*：*Fish*，*Acute Toxicity Test*；

4）鱼类延长毒性测试：参见 *OECD Guidelines for the Testing of Chemicals*，*Test No. 204*：*Fish*，*Prolonged Toxicity Test*：*14-day Study*；

5）鱼类早期生命阶段毒性测试：参见 *OECD Guidelines for the Testing of Chemicals*，*Test No. 210*：*Fish*，*Early-life Stage Toxicity Test*；

6）大型潘繁殖测试：参见 *OECD Guidelines for the Testing of Chemicals*，*Test No. 211*：*Daphnia magna Reproduction Test*；

7）鱼类胚胎发育阶段短期毒性测试：参见 *OECD Guidelines for the Testing of Chemicals*，*Test No. 212*：*Fish*，*Short-term Toxicity Test on Embryo and Sac-fry Stages*；

8）鱼类幼体生长测试：参见 *OECD Guidelines for the Testing of Chemicals*，*Test No. 215*：*Fish*，*Juvenile Growth Test*；

9）鱼类短期繁殖测试：参见 *OECD Guidelines for the Testing of Chemicals*，*Test No. 229*：*Fish Short Term Reproduction Assay*。

（3）USEPA 等有关部门发布的生态毒性测试技术指南

USEPA 等有关部门发布的生态毒性测试技术指南列举如下。

1）水样和废水的鱼类、大型无脊椎动物和两栖动物急性毒性测定标准导则：参见 *ASTM E729-96*（2007）*Standard Guide for Conducting Acute Toxicity Tests on Test Materials with Fishes*，*Macroinvertebrates*，*and Amphibians*；

2）微藻类静态毒性测定标准导则：参见 *ASTM E1218-04 Standard Guide for Conducting Static Toxicity Tests with Microalgae*；

3）大型潘生命周期毒性测定标准导则：参见 *ASTM E1193-97*（2004）*Standard Guide for Conducting Daphnia magna Life-Cycle Toxicity Tests*；

4）大型潘慢性毒性测试；参见 *US EPA 712-C-96-120 850.1300 Daphnid Chronic Toxicity Test*。

3.2 水生态学基准推导方法

3.2.1 概述

水生态学基准推导方法适用于基于生态功能分区的河流、湖泊（水库），以及河口水环境生态学基准（water ecological criteria 或 USEPA-biology criteria）的制定。水生态学基准是以保护流域水环境生态系统完整性（ecological integrity，EI）为目的，用于描述满足指定水生生物用途，并具有生态完整性的水生态系统的结构完整和功能正常的描述型语言或数值。流域水环境的生态完整性包括三方面要素符合正常状态：生物完整性、物理完整性和化学完整性。本方法所建议的水环境生态学基准推导方法主要基于的流域自然水体而建立相关的区域性水生态学基准的理念，主要依据 USEPA 水环境质量的生物学基准及相关营养物基准的推导技术提出我国适用的水生态学基准推导技术方法。

3.2.2　基准制定流程

流域水生态学基准的制定主要包括参考状态（参照区）的选择、基准指标体系的确定、基准指标的调查、基准计算推导，以及基准建议值的校验与评价等几个方面。

3.2.2.1　流域水环境参考状态（参照区）的选择

选择合适的水环境自然生态参照状态是确定水环境生态学基准的关键，要明确流域水环境自然生态系统的分区或分类规则，以及水环境生态参照区（点）的选择方法，建立河流、湖泊（水库），以及河口的分类基本规则及水生态参照区（点）选择的技术方法。

3.2.2.2　流域水生态学基准指标体系的建立

流域水生态学基准的科学建立有赖于合适的水生态学基准参数指标的选择。要在水生态参照状态选择的基础上，筛选出河流、湖泊（水库）、河口等的水生态学基准建议指标体系。

3.2.2.3　流域水生态学基准参数指标的调查、试验获取

流域水生态学基准参数指标包括生物、化学和物理指标，这些指标的调查主要依据国家或国际组织相关的水环境生物和水质等的调查规范或方法指南进行。

3.2.2.4　流域水生态学基准推导

根据调查或实验室试验的数据结果，选择合适的方法（综合指数法和频数分布法）计算得到生态学基准阈值或描述结果。

3.2.2.5　流域水生态学基准建议值的校验与评价

通常如果水生态基准阈值设置太高，流域实际水生态特征就会较多地不符合阈值要求，可能需要投入大量资源去管理；如果基准阈值设置得太低，则又不能保证实际流域的水生态完整性，不具有管理的指导作用。因此有必要对初步推导的基准阈值结果进行野外和实验室检验、校正，分析评价获得的流域水生态学基准建议值的合理性。

流域水生态学基准的制定流程如图 3-3 所示。

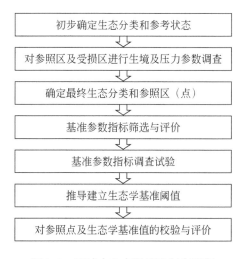

图 3-3 流域水生态学基准制定流程

3.3 基准制定关键技术方法

3.3.1 流域水环境参考状态选择方法与技术

自然水生态参照状态用以描述流域内不受损害或受到极小损害水体的水生态学特征，体现了水体在不受人类干扰情况下的"自然"状态。选择合适的水环境参考（照）状态是进行确定水生态学基准的关键。

3.3.1.1 流域水环境分类方法

一般不同生态区域特征的水环境应具有不同的生态学基准，因此首先需要对目标流域水环境进行合理的分类或分区，从而建立针对不同水生态类型的生态参照区（点）。通过专业性生态分类，可以减少生物信息的复杂度，降低生物学调查结果的物种敏感性差异和统计误差的不确定性。对水体进行分类或分区有两种方法：先验分类法和后验分类法。先验分类法基于预设信息与理论概念，如运用水文学和生态区域特征来进行分类。后验分类法基于单纯从数据角度采用判别分析方法（如聚类分析）进行分类。应用中可以结合这两种方法对实际水体进行合理准确的分类。

对水体的分类或分区可以在地理区域、流域及生境特征等不同的空间尺度上进行。可以先根据气候、地貌等特征将水体划分为不同的地理区域，在此基础上考虑土壤类型、地质基础等特征划分不同的流域，最后可以基于具体的生境特征及水体可能承受的主要污染损害压力等因素，将流域划分为不同的水体（水生态系统）类型。在具体水生态系统分类过程中可以根据水体的水文特征如水量大小、汛期及水量季节变化、含沙量与流速等，以及水环境生态特征及污染损害压力特性如温度、pH、透明度、溶解氧、浊度、盐度、深度、叶绿素、物种多样性、营养元素、污染物等，对水体进行分类。对已经确定的分类可以进行统计学分析检验，分类的单因素检验包括所有两个或更多个组之间的统计学检验：t 检验、方差分析、符号检验、威氏秩次检验等。这些方法是用来检验各组间的明显差异，从而确定或拒绝分类。准确的分类有利于参照点和水生态学基准的建立，分类应该是一项重复性的评估过程，这个评估过程应该包含多个量度来评判水生态区域分类的结果。

3.3.1.2 流域水环境参考状态的选择方法

针对不同的流域水体都需要选择合适的水生态参照状态。参照状态的确定主要有以下 4 种技术方法：①历史数据估计；②参照点调查采样；③生态模型预测；④专家咨询。每种方法都有其优点及缺点（表 3-1），因此常常需要联合使用这几种方法。

表 3-1 建立参考状态的 4 种方法比较

特点	历史数据估计	参照点调查采样	生态模型预测	专家咨询
优点	反映生境的历史状态信息	当前状态的最好描述；适用于任何集合或群落	适用于较少的调查和历史数据量；适合于水质的预测	适用于生物集合的分类；融入常识和经验
缺点	因当时调查目的不同，历史数据不一定完全适用	所有地点均受到人类干扰；退化的参考地点导致得到的生态基准较低	种群和生态系统模型的可靠性较低；外推的风险较大	专家的主观判断；定性描述

参照区（点）被用来确定水体类型的参照状态，从而制定出保护水环境质量的生态学基准值，因此参照区（点）的选择必须谨慎。参照区（点）指不受污染损害或受到极小损害且对该水体或邻近水体的生态学完整性具有代表性意义的具体地点；通常水生态参照点应选择目标类型的流域水体中最接近自然状态的区域或点位。在参照点的选择过程中应遵循两条原则：①受人类的干扰最小（minimal impairment）原则。参照点因选取未受人为活动干扰或压力的地点，但在具体的水体中真正未受干扰的参照点很难找到，因此实际上常常选取受到人类干扰最小的地点作为参照点。②具有代表性（representativeness）原则。所选择的参照点可以代表目标水生态类型的良好（背景）状况。

当没有合适的自然参照点可以选择时，可以采用生态模型的模拟参考的方法。确定参照区（点）状态的技术路线如图 3-4 所示。

3.3.2 河流的分类与参考状态的选择方法

3.3.2.1 河流的分类

河流的分类一般可以参照水生态分区的划分结果。生态分区的最基本目标是描绘出生态学基本组分相对同质性较强的区域。有相似物理、化学及生物学特征，如地势、气温、基本物种等景观地形相对一致的生态区域。对河流进行生态分类的过程中可以

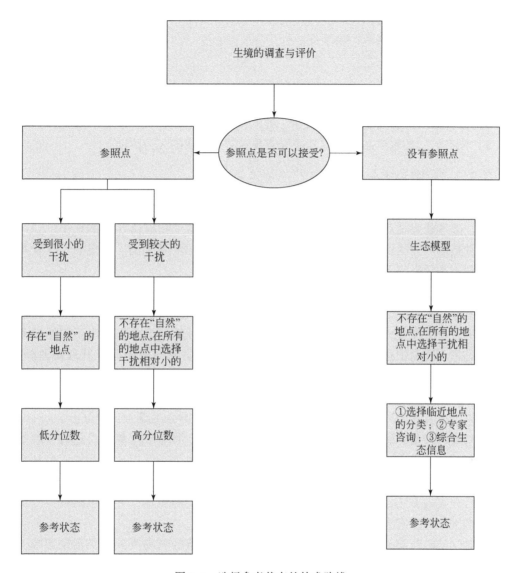

图 3-4　选择参考状态的技术路线

使用的信息包括：控制因子，如气候、地形和矿物可利用性；响应因子，如植被和土地利用状况。在实际河流分区时，应综合使用多个因子，不同因子之间的相互作用也要考虑进去。

3.3.2.2　河流参考状态选择方法

由于绝对的未受人类干扰或压力的水生境几乎是不存在的，因此可以接受遭受一定干扰的地点作为参照区（点）。具有代表性且受影响程度最小的参照区（点）的选择应包括多种影响因素的信息，这些信息包括以前的调查资料，以及对于人为干扰情况的现状调查了解。选择参照区的信息按重要性顺序大致如下。

1）没有较大的污水排放口。

2）没有其他污染物的排放。

3）没有已知的泄漏或污染事件。

4）较低的人口密度。

5）较少的农业活动。

6）道路或高速公路密度较低。

7）最低限度的非点源污染（农业、城市、砍伐、采矿、饲养、酸沉降）。

8）没有已知的水产品养殖或其他可能改变群落组成的人为活动。

3.3.2.3 湖泊的分类与参考状态的选择方法

在生态评价和生态学基准制定过程中，关键的一步就是参考状态的建立。对于湖泊来说，参考状态是对没有受到人为干扰和污染压力的生物群落状况的期望。但这些期望通常是以可能受到人为影响的参照区（点）的状况为基础的。理想的情况就是参照点受到人类污染和干扰的程度达到最小。

（1）湖泊的分类

为了解释生物群落的区域性差异或由于生境（生态系统）的结构不同引起的差异，应将湖泊进行分类或分区，并根据不同类型或生态分区的湖泊科学提出不同的参考状态。通过将不同湖泊进行分类，使得同一类别湖泊的生物调查与监控管理误差降低。湖泊的分类要最大可能地按照生态系统的自然属性特征，确定具有类似的水生物群落的湖泊组。通常对湖泊生态系统的分类主要取决于区域（当地）湖泊生态变化的历史研究成果，以及现阶段区域湖泊之间的生物相似性和差异性的调查比较分析。

主要有两种基本的分类方法，即演绎法和推溯法。演绎法是基于目标对象观察的特征模式，由分类方法中的逻辑规则组成。一般根据水生态区组成、区域面积和最大水深等指标进行的湖泊分类属于演绎法的范畴。推溯法是一种利用其他地区的生态学数据进行分类的方法，这种分类局限于数据库中的点位和变量，一般包括聚类分析等方法。推溯法对于有大量数据集的分析是较有效的方法。

在对湖泊进行演绎性分类方法中，如果某些湖泊特征容易受到人类活动影响，或易对物理或化学条件产生反应，一般不应选择作为湖泊水生态分类的参考指标，这些特征可能包括营养状况、叶绿素浓度和营养物浓度等。此种情况下的分类依据是水生态区的划分基本指标，而营养状况则是对生态区的一种响应指标；同时如果单纯用水体的营养状况作为水生态分类的参数指标，可能会导致区域生态分类或评价的不正确结果。

一个完整的生态分类或分区系统要表现出层次性。该步骤是从高层次上（如地理学）对湖泊分类，然后继续在各分类层中再分类并达到一个合理的点。应当简化分类结果，以避免对评价没有意义的冗杂的分类或分区的产生。较科学适用的分类系统中常包括 1~2 个相关的等级。现推荐的分类系统适用于天然湖泊及水库。

地理区域。地理区域（如生态区域、自然地理领域）确定生态系统景观水平的功能，如气候、地势、区域地质学和土壤、生物地理学和水体及土壤使用方式等。生态区（域）是基于地质学、土壤学、地貌学、水文学、土地利用类型和天然动、植物分布来划分的，并且可用来解释不同区域的水质和水生生物区系的差异性。生态区包括了可以被当作生态分类参数的指标。如水质特征（如酸碱度）就由区域基岩和土壤所决定。在实际应用中，可能仅利用像湖泊盆地形态学（如深度、面积、发展比例等）去分类有时就可符合要求，一般人为建立的水库和其他人工湖泊不具有"自然"的参考状态，因此在建立参考状态时要将水库和天然湖泊区分开。

水域特征。水域特征影响湖泊水文参数、沉积物特性、营养物负荷、酸碱度，以及溶解性固体等基本因子。通常可以被用作生态系统分类或分区的水域特征指标包括以下5个方面。

1）湖泊排水系统类型（如流动、排水、渗流和水库类别等）。

2）土壤或沉积物用途。

3）水域/湖泊的区域生态比例（尤其是水库）。

4）斜坡特征（尤其是水库）。

5）土壤和地形学（土壤侵蚀性）。

湖泊形态学特征。湖泊盆地形态学特征可以影响湖泊水动力学和湖泊对污染的响应，一些水库的特征指标随时间，尤其是区域浅水作用和受到高泥沙承载量的水库的淤积而改变。湖泊形态学指标一般包括以下6个方面。

1）深度（平均值，最大值）。

2）表面积。

3）湖底类型和沉积物。

4）岸线比例（岸线长度：等面积圆的周长）。

5）水库的建立时间。

6）变温层/均温层（水库）。

湖泊水文学特征。湖泊水文学特征是水质的基础，水体中营养物和溶解氧含量受到水体混合和环流动力学模式的影响。水文因素一般包括以下4个方面。

1）水动力停留时间。

2）水体成层和混合。

3）水体环流。

4）水位变化。

水质特征。根据水域特征可将湖泊分为不同种类，如泥灰岩湖泊、碱湖、雨养沼泽湖泊等。在同一生态区域，尽管由于水域、流域的不同和水文特征的影响，但可能水质量特征是相对统一的。水质分类的主要参数包括以下7个。

1）碱度。

2）盐度。

3）电导率。

4）浊度（透明度）。

5）水温。

6）溶解氧。

7）溶解性碳。

（2）湖泊参考状态选择方法

湖泊参照点的选择一般包括以 4 种方法：专家咨询法、参照区（点）评价法、历史数据分析法、模型预测法。

Ⅰ. 专家咨询法

专家可以对其他途径获得的信息和资料进行信息平衡比较和全面评估。在进行所有其他步骤之前推荐成立一个专家小组，来指导整个参照区（点）的选择。建议应包括有应用经验的水生物学、水文学、地理学、生态毒理学及渔业生产和自然资源管理等领域的专家。

Ⅱ. 参照区（点）评价法

参照区（点）的确定应经过讨论选择，将会被作为基准参考点，用来比较其他各目标生态区的状况。参照点的条件应该代表目标生态区域内受人类影响程度最小的条件范围，这些条件可以适用于同一地区的相似湖泊。一般"受人类影响最小"的程度应有一个基本规范，用来进行参照点的选择，当受影响较小的生态区域已严重退化，就需在更广阔的区域寻找合适的点位，选择参照区（点）的要求要与现实相结合，反映可达到的目标。如土地利用和天然植被，由于天然植被对水质产生积极影响，且对河网有水文响应，应考虑参考区中的天然植被在流域水生态中占一定的比例；湖岸带，由于湖岸和河网的天然植被区可以稳定湖岸线免受侵蚀，并可以通过异地输入增加水生食物来源，通过吸收和中和营养物、污染物来减少非点源污染，应考虑参考区有一定比例的天然岸植物带；污染物排放，参考区应规定禁止或允许排放到表面水域的污染物最低水平。如果一个固定的参考状态的定义被认为过于严格或不切实际，一般需要依靠实地调查和专家经验来修正。例如，由于水库的自然条件无法定义，最好是用现在的条件来代替，这种方法同样也适用于少量或没有植被覆盖的生态区域。通常应对流域湖泊的生态区做代表性的调查分析，来确定合适的生态参考点位。选定的湖泊参照区应该是某种良好生态类型的代表，然后对足够数量的参照点进行采样，以确定每个等级的特征。一般的优化抽样量的经验是每种类型选取 10~30 个参照点。如果一个地区的所有湖泊都受人类影响，那就在每类（如生态区）中选取 10~30 个相对影响较小的参照点，"最好"的参照点应选择受人为干扰和影响程度最小的地方，而不是依据最理想的生物群落分布选择。在未受人类影响的湖泊参照点数量较大的地区，可采用分层随机抽样（在某种类型的湖泊中随机抽样），以统计产生参考状态的无偏估计。

如果不存在或无法找到足够的受损程度最小的参照点，就要扩大调查区域选取参考状态。

Ⅲ. 历史数据分析法

一些湖泊有大量的历史数据可参考使用，这些数据包括水质、浮游藻类、浮游动物和鱼类。应注意历史数据不一定能代表未被干扰的自然条件或某种生态类型，因为可能是由于一些特定原因选择这些湖泊，如唯一的湖、靠近实验室或者水源地等。应该认真检查这些生物学数据，以及其附加的历史信息，以保证其代表的条件优于目前的调查结果条件。

IV．模型预测法

可以利用一些成熟较公认的模拟模型方法，作为参照状态的模拟开展比较分析。通常由于模型参数及应用的不确定性，可能产生不确定的预测结果；统计模型在构建上一般是较简单的参数相关的经验性统计结果，一般需要大量数据来建立预测关系，得出湖泊参考状态。

3.3.2.4 河口的分类与参考状态的选择方法

（1）河口的分类

河口分类有助于不同河口生态系统之间的比较与管理，生态分类或分区过程一般从传统的河口生境类型划分着手，可根据景观特征将河口划分为平原海岸型、潟湖及沙坝型、峡湾型、构造型等；也可基于物理化学特征实施分类，可依次考虑咸淡水混合、层化与环流、水力停留时间（如淡水停留时间）、径流、潮汐及波浪等因素进行分类；也有对不同影响因子作用下河口的营养物敏感性进行分析，生态系统对营养物敏感性特征相似的河口进行归类。

I．一级分类

根据地貌特征可将河口分为溺谷型河口、峡湾型河口、潮流河口、三角洲前缘河口、构造型河口、海岸潟湖河口。

溺谷型河口由早期河谷填充而成，这类河口存在于高地貌的海岸线，典型区域早期被认为是海岸平原型河口，但其能量水动力学特征与溺谷型河口一致而与海岸平原型河口不同。

峡湾型河口主要形成于第四纪海平面变化时，在高地貌区域由冰川侵蚀形成。低浅峡湾是低地貌、浅水体、温带峡湾河口。典型峡湾型河口具有形态狭长、深度大、两岸陡峭等特点。作为深度最大的一种河口类型，峡湾型河口一般具有冰川侵蚀形成的 U 形峡谷。

潮流河口与大河体系联系在一起、受潮汐影响且在口门处通常存在未发育完全的盐度锋。

三角洲前缘河口存在于受潮流作用或者受盐水入侵影响的三角洲区域。由于河流输送的泥沙在近岸水体的积累比再分配（如波浪、潮流）导致的扩散快从而形成了三角洲。

构造型河口形成于构造过程，如构造作用、火山作用、冰后构造回弹及地壳均衡这些更新世以来发生的构造过程。

海岸潟湖河口是内陆浅的水体，通常与海岸平行由障岛沙洲与海洋分离开来，其通过一个或多个小的潮流通道与海洋相通。这些潟湖相对于河流过程来说更易受到海洋过程的影响而发生改变。这类河口通常也被称为沙坝型河口。

II．二级分类

在一级分类的基础上，将潮汐的变化考虑在内，可将河口分成三类：弱潮河口，中潮河口，强潮河口。

弱潮河口，由风与波浪作用决定，潮汐只在口门有效。中潮河口，潮流作用占优势，如美国西部、东南部中潮地区的河口。强潮河口，潮流作用占绝对优势。

Ⅲ. 河口内部分区

在河口分类的基础上，针对单个河口生态系统，根据实际需要和自然特征，可选择性地开展河口内部分区，分区主要考虑因素为盐度（S）、环流、水深、径流特征等。河口分区在一定程度上能增加实践管理中的可操作性。

按盐度一般将河口划分为 3 个区：感潮淡水区（$S<0.5$），混合区（$0.5<S<25$）和海水区（$S>25$）。

如我国渤海表层盐度年平均值为 29.0~30.0，因此可将大辽河口按盐度分为两个区：感潮淡水区（$S<0.5$）和混合区（$0.5<S<30$）。感潮淡水区的水生态基准按流域方法制定，此处介绍混合区水生态学基准的确定方法。

（2）河口参考状态选择方法

河口生态学基准参考状态的确定主要有 4 种方法：历史数据估计；参照点调查采样；生态模型预测；专家咨询。每种方法都有其优缺点，有时需几种方法联合使用。

很多情境历史数据对于描述历史的生物物种或生境状况是有用的，在生态学基准建立过程中应用历史数据评估河口及近岸生态系统历史的生物群落结构是必要的，对历史数据的分析总结也有助于参照采样点的确定。但在实际应用这些数据时应小心选择，因为一些生物调查应研究目标的差异可能采用了不当的站位、不合适的采样方法、不合适或不严格的质量控制过程，历史数据一般不能单独用于确定明细的参考状态。

应用参照点的生物量作为参考条件指标与常规监测点做对比。河口与近岸海水参照点要远离污染点源或无点源污染的区域，且适用于区域的不同监测点的比较。不论参照点还是监测点都会存在自然原因导致的时空变化，应取多个参照点的中间值的方法，并考虑考虑自然的不确定性及变化，常规监测点的状态通过与参照点的对比来进行分类。

Ⅰ. 选择参照点

参照点的选择应根据水生态系统中物理、化学及物种条件，如没有污染物质、流域自然植被占有较大比例、很少或无污染点源、很少或无城镇污水排放或农业等非点源污染。监测点应该选择有一个或多个人为干扰存在的地点。选择参照点的目的是通过其来描述自然的生态系统特征，监测点或评估的目标生态区域可通过与生态参照点的对比来确定是否有受损风险。理想参照点的主要特征包括以下 5 个方面。

1）沉积物及水体不存在大量污染物。

2）自然的水深。

3）自然的环流及潮汐作用。

4）代表未受破坏的河口及近岸岸线（一般覆盖有植被，岸线未受侵蚀）。

5）水体自然的颜色及气味。

应用该方法，单一的未受损的调查点不能代表一类生态区域或参照点的生物量，面源或点源的污染物可被潮汐或水流传输到很广的区域，因此基于多个参照点确定的参考条件才有生态学统计代表性，且对于推导定量的生物基准阈值是重要的。

在每个明确的生态类型中确定代表性的参照点，调查的参照点点应该达到一定数量使之能足够代表该生态类型区域存在的条件。一般要求每一类生态系统的调查参照点不应能少与 10 个，30 个参照点比较合适。如某个区域存在较多生物量未受破坏的参照点，则采取分层随机采样方法可避免产生偏差的参考条件。

Ⅱ. 应用参照点来确定参考条件

参照点测定的生态参数条件将代表目标生态区域几乎未受人为活动影响的自然河口与近岸水体的状况。人为活动主要包括：流域生产活动、栖息地改变（航道疏浚、污泥处置、海岸线变化）、非点源污染输入、大气沉降及渔业活动等。人类活动可能是有害的如排污，也可能是有益的如资源保护或修复。无论哪种情况，管理者在建立生物基准时必须评估这类活动对生物资源和物种栖息地的影响。通常最小人为受损及生态类型代表性是选择基准参照点时首先要考虑的，一般应避免参照点含有本地独特的生物条件。

由于河口及近岸水体的复杂性，参考条件的确定方法差别很大，需根据具体情况具体分析，主要有以下 4 种情况。

第 1 种，河口生态环境情况完好，参照点容易确定。由于参照点受环境影响较小，理论上认为参照点不存在负趋势性变化，参照点各指标值的频率分布曲线中值可以较好地表达受"最低负影响"的参考状态。这种情况需大量时空数据支持，参考状态一般取参照点相应指标的频率分布曲线的中值。

第 2 种，河口生态环境部分退化，但参照点可寻。实际条件下难以存在基本未受影响的参照点，受到营养物影响程度较小的部分地域被认为具备"参考状态的环境质量"，可作为参照点。可以取参照点营养物指标频率分布曲线的上 25 个百分点对应值或所有观测点营养物指标频率分布曲线的下 25 个百分点对应值。

第 3 种，河口生态环境严重退化，参照点不可寻。这种情况主要通过分析历史变化过程来识别参考状态，是当不存在参照点时的替代方法。可通过三类途径实现，一是历史记录分析（包括历史营养物数据、水文数据、浮游及鱼类、底栖生物数据等）；二是柱状沉积物采样分析；三是模型回顾分析。历史记录分析的实现首先要求具备充足的有效数据；其次，分析者应具有丰富的实践经验，能够进行敏锐、科学的判断，在复杂历史情况中去伪存真；再次，需要选择相对稳定的时间、空间段；最后，要求在相似理化特征的生态区域中开展分析（如同一盐度区）。若历史变化过程较清晰，主要借助回归曲线来识别参考状态。若历史变化过程模糊，存在较多无法评估和剔除的干扰影响时，可对历史数据及现状调查数据进行综合比较评估，借助频率分布曲线法来完成。柱状沉积物分析法则较适用于受外界扰动小的沉积区域，尤其是营养物浓度远低于现状的历史状态分析。对于较浅的河口，一般难有良好沉积区，不宜使用该方法。模型回顾分析法存在很多的科学不确定性，如计算机软件回顾模拟过程中，数据难以量化时则无法校正历史营养状态、水文状态，因而颇具争议。诚然，当前两类途径无法实现时，仍可考虑采用模型预测方法。

第 4 种，河口生境严重退化，且历史数据不足。此种情况主要基于流域生态系统分析的途径，通过建立营养物负荷-浓度响应关系模型，使各指标的参考负荷直接对应于水生态系统参考状态的浓度值。若河口的上游流域基本未受干扰，则流域的营养物负荷代表着较好的自然状态,可设为参照负荷。若上述条件不满足,而河口上游流域存在一些开发程度低、受影响小的子流域或流域片区,则可以通过子流域、流域片区的营养负荷推算整个流域的最小营养负荷。但后者的采用必须考虑整个流域地理相似性,判断能否足以支持将参照子流域推广到整个流域。如若不能,则须找出第二类甚至第三类典型子流域来做推算。此外,运用该方法的前提条件还包括流域内大气沉降作用稳定、原始营养负荷水平相似(如用单位面积生物量来衡量)等,通常海岸地区污染负荷相对于上游流域而言可忽略,地下水对河口影响不显著。

3.3.2.5 流域水环境生态学基准变量指标体系的筛选及建立

(1) 流域水环境生态学基准变量指标的筛选原则

对于选定的生态参考地点,应筛选合适的参数来构成生态学基准的指标体系。所选参数指标应该符合作用敏感性原则,即所选参数变量指标应该对人类的干扰易做出响应,并且随人类干扰强度的变化而变化(升高或降低),指标数值上的变化可以反映人类的干扰程度的变化。

图 3-5 解释了基准参数指标的筛选原则。随着人类干扰强度的降低,指标 A 表现出升高的趋势,而指标 B 则没有明显的变化趋势,因此指标 A 对于人类干扰具有敏感性,而指标 B 则不具敏感性。因此指标 A 可以作为构成生态学基准指标体系的变量。

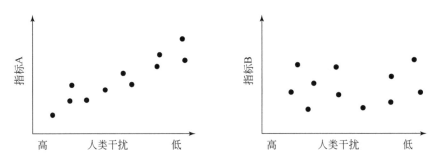

图 3-5 指标 A 和指标 B 随人类影响的变化

选择的生态学基准指标应该体现生态系统的以下特征:群落的复杂性,如多样性或丰富度;生物群落组成的单一性或优势度;对干扰的耐受性;生态系统内不同营养层级食物链的作用关系。

(2) 流域水环境生态学基准变量指标

流域生态学基准指标体系可由生物物种完整性指标,以及主要水环境影响因子如水中营养物总磷、总氮与污染物质的综合化学需氧量(COD)、水中溶解氧(DO)等指标构成,如图 3-6 所示。

Ⅰ. 浮游植物完整性指标

人类的干扰会造成浮游植物种类和数量的变化,蓝藻、绿藻及硅藻是河流、湖泊中的常见藻类,并会对人类的胁迫压力做出响应,因此可以将这些藻类所占比例的变化作为基准变量指标。另外可以选择浮游植物种类数、浮游植物多样性指数、优势度指数,以及生物量或初级生产力的变化作为浮游植物的基准变量指标。各个基准变量

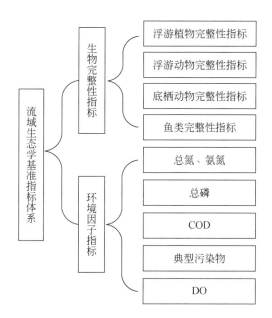

图 3-6　流域水环境生态学基准指标体系

指标，以及对压力的响应关系如表 3-2 所示。

表 3-2　河流、湖泊浮游植物完整性基准变量指标

指标	选择依据
蓝藻（cyanobacteria）百分比	富营养化状态下比例增加
绿藻（green）百分比	富营养化状态下比例增加
硅藻（diatoms）百分比	富营养化状态下比例降低
种类数	随压力增加而降低
多样性指数（H）	随压力增加而降低
优势度指数（D）	随压力增加而升高
叶绿素营养状态指数 TSI（chl）	随营养物质浓度的增加而增加
藻类生长潜力（AGP）	随营养物质浓度的增加而增加

Ⅱ. 浮游动物完整性指标

浮游动物是河流、湖泊生态系统中非常重要的一个生态类群，在淡水生态系统中有着承上启下的作用。在人类的干扰下，浮游动物类群的数量和结构也会发生变化。可以选择作为浮游动物集合的基准变量指标如表 3-3 所示。

表 3-3　河流、湖泊浮游动物完整性基准变量指标

指标	选择依据
轮虫百分比	随捕食压力增加而降低
种类数	随压力增加而降低

指标	选择依据
优势度指数（D）	随压力增加而升高
多样性指数（H）	随压力增加而降低
丰富度指数（d）	随压力增加而降低
浮游动物摄食率	随压力增加而降低

Ⅲ. 底栖动物完整性指标

一般底栖动物类群是局地环境状况良好的指示生物。许多大型底栖动物以着生模式生活，或者其迁移方式有限，因而特别适于评价特定点位所受的影响。底栖动物敏感的生活期可以对胁迫产生快速的响应，可以反映短期环境变化的效应。另外，构成底栖动物类群的物种，有较广的营养级和污染耐受性，由此能够为解释累积效应提供有力的信息。通常大型底栖动物的采样比较容易，所需人手较少且花费低廉，并且对当地生物区系的影响极小。可纳入底栖动物完整性指数的基准变量指标如表3-4所示。

表3-4　河流、湖泊底栖生物完整性基准变量指标

指标	选择依据
总物种数	随干扰增加而降低
优势物种占比	随干扰增加而升高
Shannon-Weiner多样性指数	随干扰增加而降低

Ⅳ. 鱼类完整性指标

相对浮游类等小微型水生生物，一般鱼类生命周期较长，且有较大的水生态区域活动性，是长期效应和大范围生境状况的良好指示生物。由藻、溞、鱼等所包含的一系列水生物种群，可代表水生态系统不同的生态食物链营养级，尤其鱼类不同物种群之间的结构状况有时可以反映水环境的整体安全特性。鱼类位于水生态食物网的顶端，并为人类所消费，经济价值较高，因而对于污染物的评价十分重要。在实践活动中，鱼类也比较易于采集和鉴定至物种水平，建议可纳入鱼类完整性指数的基准变量指标如表3-5。

表3-5　河流、湖泊鱼类完整性基准变量指标

指标	选择依据
鱼类物种总数	随环境退化而降低
个体数	随干扰增加而降低
Shannon-Weiner多样性指数	随干扰增加而降低

Ⅴ. 营养物基准指标

河流、湖泊（水库）的营养物基准变量指标如表3-6所示。

表 3-6　河流、湖泊（水库）营养物基准变量指标

指标	选择依据
总磷（TP）	磷是控制藻类生长的关键营养元素。但当氮磷比较低，或者自然水体中的磷含量较高
总氮（TN）	时，氮就变成了关键因素。在河流中，氮作为限制因子比在湖泊中的作用更明显
叶绿素 a（chl a）	与营养元素具有很强的相关性
溶解氧（DO）	水华现象发生时会引起溶解氧短时间内的巨大变化
化学耗氧量（COD）	反映了水中受还原性物质污染的程度

3.3.2.6　流域水环境生态学基准参数指标调查方法

（1）流域水环境生物学基准变量指标调查方法

流域水环境生物学指标调查方法按照相关国家规范进行，这些规范包括：

1）《海洋调查规范 第 6 部分：海洋生物调查》（GB/T 12763.6—2007）；

2）《海洋调查规范 第 9 部分：海洋生态调查指南》（GB/T 12763.9—2007）；

3）《水质湖泊和水库采样技术指导》（GB/T 14581—93）；

4）《环境监测 分析方法标准制修订技术导则》（HJ 168—2010）。

（2）流域水环境物理、化学指标调查方法

每个站位的理化指标都应该进行测定，方法见表 3-7。测定的常规理化指标包含温度、pH、DO、盐度、表面辐射及深度。这些参数推荐可通过温盐深仪（CTD）或水质分析仪现场测定。样品一般可采用 Niskin 采水器采集，水样采集后，立即经 0.45μm 醋酸纤维滤膜（预先用 1∶1000 的 HCl 浸泡 24 小时，并用 Milli-Q 水洗至中性）过滤，滤液分装于两个 100ml 聚乙烯瓶（预先用 1∶5 HCl 浸泡 24 小时，并用去离子水洗至中性）中，一份于下冷冻保存用于磷酸盐（PO_4^{3-}-P）、硝酸盐（NO_3^--N）、亚硝酸盐（NO_2^--N）、氨氮（NH_4^+-N）、溶解态总磷（DTP）、溶解态总氮（DTN）的测定；另一份加入固定剂氯仿后常温保存用于硅酸盐（SiO_3^{2-}-Si）的测定。另取一份水样用聚醚砜膜过滤，滤膜于下冷冻保存用于颗粒态磷（PP）、颗粒态氮（PN）的测定。重金属样品可采用聚碳酸酯膜过滤。

石油烃类用专用采水器采集，装于玻璃瓶中，用 1∶3 的 H_2SO_4 固定。

表 3-7　各种指标的分析方法

指标	分析方法	参考文献及标准
pH（海水）	pH 计	《海洋调查规范 第 4 部分：海水化学要素调查》（GB/T 12763.4—2007）
pH（淡水）	玻璃电极法	《水质 pH 值的测定 玻璃电极法》（GB/T 6920—1986）
DO（海水）	碘量滴定法	《海洋调查规范 第 4 部分：海水化学要素调查》（GB/T 12763.4—2007）
DO（淡水）	电化学探头法	《水质 溶解氧的测定 电化学探头法》（HJ 506—2009）
盐度	盐度计	《海洋调查规范 第 4 部分：海水化学要素调查》（GB/T 12763.4—2007）
SPM	重量法	《海洋调查规范 第 4 部分：海水化学要素调查》（GB/T 12763.4—2007）
COD（海水）	碱性高锰酸钾法	《海洋调查规范 第 4 部分：海水化学要素调查》（GB/T 12763.4—2007）

指标	分析方法	参考文献及标准
COD（淡水）	快速消解分光光度法	《水质 化学需氧量的测定 快速消解分光光度法》（HJ/T 399—2007）
硝酸盐（海水）	Cu-Cd 还原法	Grasshoff et al., 1999
硝酸盐（淡水）	紫外分光光度法	《水质 硝酸盐氮的测定 紫外分光光度法（试行）》（HJ/T 346—2007）
亚硝酸盐（海水）	重氮偶氮法	Grasshoff et al., 1999
亚硝酸盐（淡水）	分光光度法	《水质 亚硝酸盐氮的测定 分光光度法》（GB/T 7493—1987）
氨氮（海水）	水杨酸钠法	Grasshoff et al., 1999
氨氮（淡水）	水杨酸分光光度法	《水质 氨氮的测定 水杨酸分光光度法》（HJ 536—2009）
DON	碱性过硫酸钾氧化法	Grasshoff et al., 1999
PN	碱性过硫酸钾氧化法	Grasshoff et al., 1999
磷酸盐	磷钼蓝法	Grasshoff et al., 1999
DOP	碱性过硫酸钾氧化法	Grasshoff et al., 1999
PP	碱性过硫酸钾氧化法	Grasshoff et al., 1999
硅	硅钼蓝法	Grasshoff et al., 1999
石油烃	紫外法	《海洋调查规范 第4部分：海水化学要素调查》（GB/T 12763.4—2007）
Cu	原子吸收或 ICP-MS	Grasshoff et al., 1999 《水质 铜、锌、铅、镉的测定 原子吸收分光光度法》（GB/T 7475—1987）
Pb	原子吸收或 ICP-MS	Grasshoff et al., 1999 《水质 铜、锌、铅、镉的测定 原子吸收分光光度法》（GB/T 7475—1987）
Zn	原子吸收或 ICP-MS	Grasshoff et al., 1999 《水质 铜、锌、铅、镉的测定 原子吸收分光光度法》（GB/T 7475—1987）
Cd	原子吸收或 ICP-MS	Grasshoff et al., 1999 《水质 镉的测定双硫腙分光光度法》（GB/T 7471—1987）
Cr	原子吸收或 ICP-MS	《海洋调查规范 第4部分：海水化学要素调查》（GB/T 12763.4—2007） 《水质 六价铬的测定 二苯碳酰二肼分光光度法》（GB/T 7467—1987）
Hg	原子荧光法	《海洋调查规范 第4部分：海水化学要素调查》（GB/T 12763.4—2007） 《水质 汞的测定冷原子荧光法》（HJ/T 341—2007）
叶绿素	荧光法	《海洋调查规范 第4部分：海水化学要素调查》（GB/T 12763.4—2007） 《淡水生物调查技术规范》（DB43/T 432—2009）
浮游植物	显微镜计数	《海洋调查规范 第4部分：海水化学要素调查》（GB/T 12763.4—2007） 《淡水生物调查技术规范》（DB43/T 432—2009）
浮游动物	显微镜计数	《海洋调查规范 第4部分：海水化学要素调查》（GB/T 12763.4—2007） 《淡水生物调查技术规范》（DB43/T 432—2009）
底栖动物	分拣鉴定	Barbour et al., 1999
鱼类	野外调查	Barbour et al., 1999

3.3.2.7 流域水环境生态学基准推导方法

（1）流域水环境生态学基准表征方法

可分为描述性生态学基准（narrative ecocriteria）和数值型生态学基准（numeric

ecocriteria），前者是采用描述性的语言对应满足指定水生生物物种用途或水生态系统功能正常健康的流域水环境的生态完整性进行定性描述，后者是采用数值的方法对应满足指定水生物物种用途或水生态系统功能正常健康的流域水环境的生态完整性进行定量描述。

（2）流域水环境生态学基准推导方法

综合指数法和频数分布法是计算推导流域水环境生态学基准的两种主要方法。如果有大量的实验室与野外生物和理化指标的试验调查数据，推荐使用综合指数法来计算生态学基准值。

Ⅰ. 综合指数法

综合指数法来源于 USEPA 提出的水环境生物学基准和营养物基准的制定方法，综合指数法计算流域水环境生态学基准的流程如图 3-7 所示。

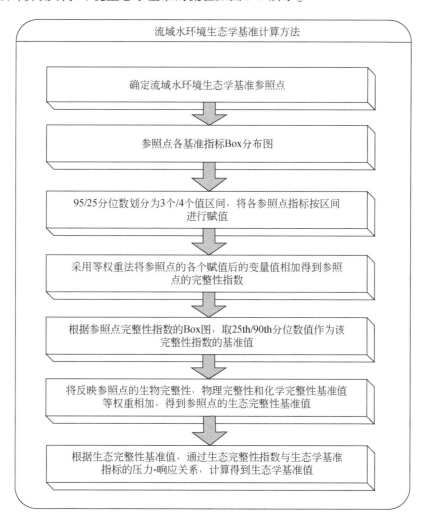

图 3-7　计算流域水环境生态学基准的综合指数法

第1步，得到所确定的生态参照区（点）的每个基准指标或参数变量的 Box 分布图，采用 95th/25th 分位数划分 3/4 个区间，将参照点的监测值同 Box 图比较得到该参照点每个基准变量的隶属区间，得到相应的值。

可分别采用 95th 分位数或者 25th 分位数为划分边界对参照点的分布区建进行划分（图 3-8）。当选择的参照点的受损害较小或比较接近自然状态时，可以选择 25th 分位数作为划分边界，当选择的参照点与自然状态差距较远或包括受损害较大时，可以选择 95th 分位数作为划分边界。

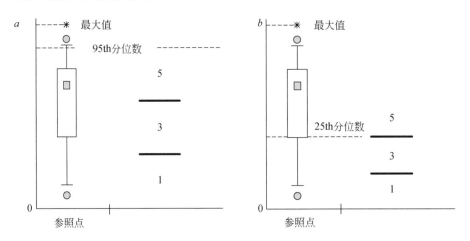

图 3-8　以 95th 或 25th 分位数对参照点的分布区间进行分区

对参照点分布区域的划分包括三分法、四分法和标准分位数法（图 3-9）。

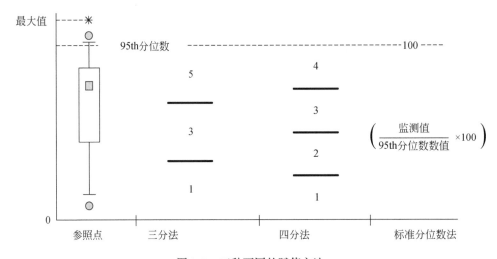

图 3-9　三种不同的赋值方法

三分法是将参照点的分布区间划分为三部分，分别进行赋值 1、3 和 5，表示水体的生态完整性为"差、中和好"。四分法是将参照点的分布区间划分为四部分，分别进行赋值 1、2、3 和 4，表示水体的生态完整性为"差、一般、良好和优秀"。标准分位数法则是将监测值与95th分位数所对应的参照点的值进行相除得到的比值，比值越大，说明与参照点的状态越接近。

第2步，将每个参照点的基准变量的赋值进行等权重相加，得到该参照点的完整性指数。

每个参照点的所有基准变量都可以通过与所有参照点的Box分布图进行对比后可得到赋值，采用等权重相加，可以得到每个参照点的一个综合完整性指数值。例如，浮游植物的基准变量指标通过相加后可以得到反映浮游植物完整性的数值。

第3步，根据参照点完整性指数的Box分布图，取25th/90th分位数值作为该完整性指数的基准值。

第4步，将反映参照点的生物完整性，物理完整性和化学完整性基准值等权重相加，得到生态完整性指数的基准值。

生态学完整性指数包括生物完整性、物理完整性和化学完整性，因此理论上应该分别得到这三方面完整性的基准参考值，然后通过等权重相加得到生态完整性指数的基准值。

第5步，根据生态完整性基准值，通过生态完整性指数与生态学基准指标的压力–响应关系，计算得到生态学基准值。

首先根据全流域监测点的生态完整性指数与生态学基准指标的监测结果，建立二者之间的压力–响应关系模型，然后通过第4步得到的生态完整性指数，通过压力–响应关系，外推计算得到生态学基准值。

Ⅱ. 频数分布法

频数分布法是对目标生态区域的总数据按某种规范进行分组，统计出各个组内含物种的个数，再将各个类别及其相应的频数列出并排序的方法。运用频数分布法推导生态学基准值时，先选取参照点和基准参数指标，再结合流域水生态状况，得出最佳的水环境生态学基准值。

流域生态学基准的频数分布技术方法主要包括3个部分：计算流域所有生态学数据和参照点的频数分布百分率；选取适宜基准参数指标的频数分布的百分点位作为参考状态；确定基准指标的生态学基准值，其流程如图3-10所示。方法的关键是选取参数指标适宜的频数分布的百分点位作为基准指标的参考状态。

应用频数分布法进行基准值推导时，一般选取参考状态的上25%频数的数值和流域点位的下25%频数的数值，合并作为基准建议值，如图3-11阴影部分所示。

在实际应用中，并不固定使用25%频数的数值，根据流域的生态特性和参照点的状况，以及不同参数指标在流域中实际作用分布状况，可以有所变化。

Ⅲ. 流域水环境生态学基准建议值的提出

生态类型的参考条件确定以后，根据实际情况，依据参考条件分析提出基准推荐值，基准推荐值提出以后一般需组织相关专家进行综合讨论分析。包括分析各参数指标与推荐基准值的匹配状况，若出现压力指标浓度高、响应指标浓度低等不相匹配的问题，将由相关专家进行综合诊断及决策。推荐的基准值需要提交专家组进行评价、确定和解释。基准验校可结合由政府应用部门，根据实际状况组织开展。

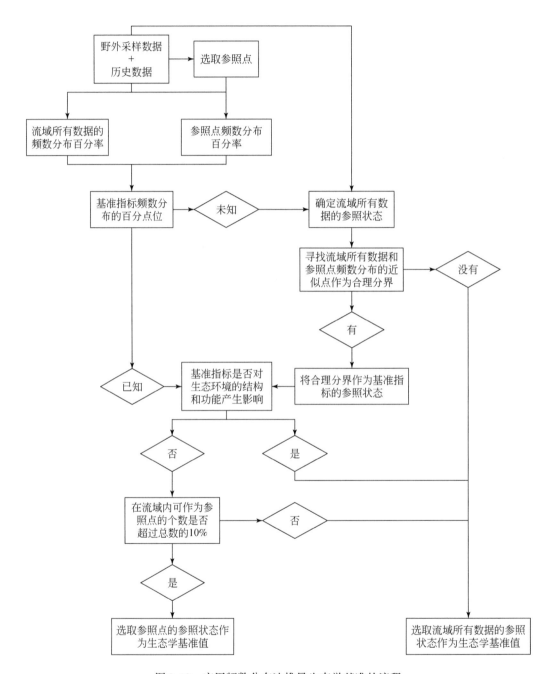

图 3-10　应用频数分布法推导生态学基准的流程

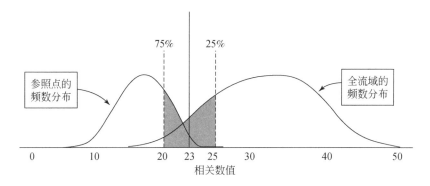

图 3-11　应用频数分布法推导基准建议值的一般方式

3.3.3　沉积物基准推导方法

3.3.3.1　概述

水环境沉积物质量基准一般指目标物质（污染物）在水体表层底泥沉积物中，不对底栖生物或其他相关水体功能产生危害负效应的限制阈值。以保护流域自然水体中底栖生物的安全为主要目标，提供具有我国特色的沉积物质量基准制定的技术框架和方法具有重要意义。基准制定的目标主要是保护流域水体中具有生物分类学意义、对群落结构稳定有较大作用或有一定经济价值的底栖生物免受沉积物中污染物的危害，并确保沉积物中目标物质（污染物）的生物累积或食物链迁移效应不会危害水生态系统食物链营养级的其他生物及水体的其他生态功能。

3.3.3.2　基准制定流程

沉积物质量基准制定的技术流程见图 3-12。一般沉积物质量基准制定的技术框架整体包括：①流域典型底栖生物筛选：不同流域水环境中分布的底栖生物种类存在较大差异，沉积物质量基准的制定需要根据流域水环境生物区系特点，选择适当的典型底栖生物物种用于沉积物基准值推导，为大多数底栖生物提供适当保护。其中当采用相平衡法推算沉积物质量基准时，首先需要获得目标物质（污染物）的保护水生生物的水质基准值。②流域底栖生物基准指标获取：在筛选确定流域典型底栖生物物种的基础上，要明确针对目标物质的生物毒性试验终点指标，选择标准化的生物测试方法，开展目标物质的生物毒性测试获得有效的毒性数据；也可从相关文献资料中筛选符合要求的毒性数据，用于基准值的计算推导。毒性测试方法可参照中国的相关国家标准、OECD 化学品毒性测试技术指南、USEPA 标准方法等规范性文件。对于尚未建立标准方法的毒性检测，需要在基准值计算推导中详细描述。③基准值推导：包括基准值推导方法、基准值校正等。沉积物质量基准的推导方法多种多样，大致可分为两大类，即数值型质量基准和响应型质量基准。数值型基准的推导方法包括背景值法、相平衡法、水质基准法等，又称为化学–化学方法。响应型质量基准推导方法包括生物检测法、生物效应法、表观效应阈值法等,又称为化学-生物混合方法。数值型沉积物质量基准易于比较、定量化和模型化;响应型沉积物质量基准更真实地反映了实际污染沉积物的生物效应。

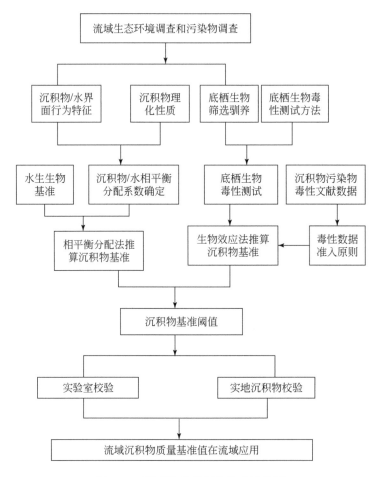

图 3-12　沉积物基准制定技术流程图

目前发达国家的大多采用基于底栖生物实验数据的生物效应法来推导沉积物基准值,在实际环境中可结合具体情况,往往需要联合应用。可根据实际水体底泥沉积物生态学特征,考虑采用相平衡法推算数值型沉积物质量基准或生物效应法推算响应型沉积物质量基准,并对两种方法推算的基准值进行校验,提出最终沉积物质量基准指导值,若本土底栖生物的有效毒性数据可获得,建议优先采用生物效应法推算沉积物质量基准阈值。

3.3.3.3　基准制定关键技术方法

(1)流域典型底栖生物筛选技术

Ⅰ.底栖生物调查

底栖生物对环境变化反应敏感,当水体受到污染时,底栖生物群落结构及多样性将会发生改变，因此是能够反应水质状况的指示生物。为了能够更全面地了解流域底栖生物分布情况、确定毒性效应测试受试生物种类提供依据，应进行大量的文献调研，结合底栖生物的现场采集和鉴定，确定流域典型底栖生物种类。

Ⅱ. 受试生物选择的一般要求

为反映特定化学品在典型流域底栖生物的实际影响状况，沉积物质量基准值制定中的受试生物应主要选择本地物种进行毒性测试，或收集相关资料和数据用于基准值的计算与推导。

通常生态毒理学试验中，受试生物物种的选择可遵循以下几点：①应具有较丰富的生物学背景资料、遗传生活史及生理代谢等生物学特性清楚；②对试验物质具有较高的敏感性；③具有广泛的地理分布和足够的数量，对生态系统结构与功能有影响等有生态学代表性，可全年在某一地域范围内获得并易于鉴别；④能够在沉积物-水界面环境条件下生长繁育，实验过程较简单可控；⑤适合所评价的毒理学暴露途径和测试终点，反应个体或物种水平的试验终点的稳定性及可靠性高；⑥在实验室条件易于培养和繁殖；⑦受沉积物的理化性质（如沉积物颗粒大小、总有机碳含量等）的影响较小；⑧对于试验毒物的反应能够较易被测定，具有标准化的测定方法技术；⑨具有较好的经济价值或人文旅游价值。虽然很少有生物能满足所有的要求，但设计实验时还是要评估多方面的影响因素，其中有两点应该是必须考虑的：受试生物对目标物质的敏感性终点和暴露方式。

为获得科学可靠、适宜我国流域生态特征的沉积物质量基准，在数据收集方面应尽可能涵盖水体生态系统各营养级涉及底栖生物的毒性数据。可以在借鉴发达国家沉积物基准受试生物的基础上，确定我国流域水环境沉积物质量基准制定的受试生物物种。受试物种应选择本土或本地物种，也可以包括已在我国自然水体有广泛分布生长的外来物种。

在基准制定中需要特别关注，研究流域水体底栖生物中是否存在对目标污物质敏感的地方物种，或在水生生态系统中具有特殊代表性的地方物种，这些物种可作为基准制定的受试物种。同时需要关注流域水环境中是否分布有国家、省、市等各级自然保护物种。这些物种通常不作为受试生物进行毒性测试，但需要收集相关文献资料或补充必要实验数据，说明目标物质对这些保护物种的不利效应不会显著高于那些用于毒性评估的受试生物，以保证沉积物质量基准的制定可以使得这些物种得到适当的保护。对于承担着养殖功能的流域水体，受试生物中可包括当地重要的底栖养殖种类，以保证制定的沉积物质量基准能够保护这些养殖生物，并确保不会通过食物链的富集或转移放大作用而危害到其他生物物种。

Ⅲ. 受试生物毒性测试要求

根据毒理学试验暴露时间长短，沉积物毒性试验可以分为急性毒性试验、亚慢性毒性试验和慢性毒性试验，不同试验方法具有不同的试验终点。毒性试验一般选择敏感生物物种的公认性敏感试验终点来进行。依据实际具体状况，底栖生物的毒性试验可以选择多种生物组合方案和试验终点进行。如目前应用较多的生物毒性试验为端足类（Amphipod）动甲壳动物青虾的存活、生长或繁殖试验，双壳类动物（Bivalve）胚胎存活和生长试验，棘皮类（Echinoderm）动物发育和胚胎幼体成活试验，还有昆虫类的摇蚊属（Chironomus）和环节动物类的颤蚓属（Tubifex）等。USEPA 提供了系列水体沉积物毒性测试方法，该类方法选用了分布比较普遍的三种底栖生物包括端足虫（Hyalella azteca）、摇蚊（Chironomus tentans）和颤蚓（Lumbriculus variegatus）作为主要测试生物，测试终点有 10d 短期毒性测试、生命周期毒性测试和 28d 富集评价等。选择典型底栖生物进行毒性测试，推荐测试方法可参照 USEPA、OECD、欧共体组织等国家和地区提供的标准沉积物毒性测试方法进行。

（2）流域沉积物质量基准指标

针对典型流域水环境特征、目标物质和相关环境胁迫因子的种类，以及对环境生物暴露途径方式，依据现有的环境生物监测国家标准，或参照 USEPA、OECD 等发达国家或国际组织制订的生物测试标准方法，根据目标物质对水环境底栖生物的毒性特征确定沉积物基准指标。目前该类基准指标主要是基于生物个体水平的毒理学试验终点指标，包括对生物个体的急性和亚慢性/慢性毒性和繁殖毒性，适用于所有结构类型的污染物或环境胁迫的基准推导。

Ⅰ. 急性毒性指标

急性毒性测试时间一般为 24 ~ 96 小时，测试指标为死亡或生物体主要功能受抑制，一般用 LC_{50}（半数致死浓度）或 EC_{50}（半数效应浓度）表示。

Ⅱ. 亚慢性/慢性毒性指标

短期亚慢性毒性测试时间一般为 7 ~ 28 天，测试终点可为生长、繁殖抑制及死亡，一般用 LC_{50} 或 EC_{50} 表示。通常水生生物的慢性毒性试验时间为 1 ~ 3 个月或以上，结果可用 EC_{50} 表达。也可以选择生物物种的敏感生活史阶段如胚胎期、早期生长阶段，繁殖产卵期等进行毒性终点试验，通过短期亚慢性试验获取有效的物种毒性数据，替代一些长时期的慢性毒性数据用于基准值的计算推导。

（3）底栖生物毒性测试和数据筛选方法

适用于我国流域水环境沉积物基准值制定的受试底栖生物应是我国自然水体中存在的本土生物，可包括水产养殖业等有较大经济价值的物种。通常依据国家或组织发布的标准测试方法，主要针对单一污染物质对单一生物物种进行毒性测试而获得个体物种水平的毒性数据；且在毒性测试中应设置符合要求的对照组与重复组；同时针对每个受试生物个体应依据物种自身的生物学特性，在实验室养殖和试验期间，要为受试生物设计保持适当正常的水生态生存空间以获得有效的试验数据。根据目标污染物质和受试生物的特征选择适当的生物毒性测试方式，如对于易挥发或易降解的污染物，或针对某些适应于自然界流水环境中生存的生物物种，推荐使用流水式毒性试验方式以获得高质量的试验数据。当污染物的生物毒性与水体中硬度、pH、温度等水质理化参数相关时，应在最终毒性数据报告中分析阐述相关试验条件的影响程度。

在完成用于水体底泥沉积物基准值推导的相关毒理学数据获取后，再通过对数据的评价分析，弃用一些有疑点的数据。如未设立对照组、对照组的试验生物表现不正常、实验条件及助溶剂影响或计算方法存在偏差、受试目标物质的理化状态不符合方法要求，或试验生物曾有污染物暴露史等可疑试验数据都不能采用，或当物种数据缺少时用来提供辅助参考分析。将不符合水体沉积物质量基准计算要求的试验数据剔除，其中包括非我国物种的试验数据、试验方法非标准化或实验设计、过程不科学使数据结果不可重复等。如果可获取受试物种不同生命史阶段的毒性数据的，一般可选试验物种的敏感生命阶段的试验数据用于基准推导。

（4）沉积物质量基准推导方法

沉积物质量基准推导方法推荐利用相平衡法分别计算目标物质：重金属和非离子有机物的数值型沉积物质量基准。推荐利用生物效应法计算目标物质：污染物的响应型沉积物质量基准。

Ⅰ. 沉积物相平衡分配法

相平衡分配法是由 USEPA 于 1985 年提出的，该方法以热力学动态平衡分配理论为基础，主要适用于匀质型沉积物中的非离子型有机化合物的基准值推导，且一般要求 $\text{Log}K_{\text{ow}}>3.0$，并建立在如下假设基础上：

1）化学物质在沉积物/间隙水相间的交换快速而可逆，处于热力学的平衡状态，因而可用分配系数 K_P 描述这种平衡。

2）沉积物中化学物质的生物有效性与间隙水中该物质的游离浓度（非络和态的活性浓度）呈良好的相关关系，而与总浓度不相关。

3）底栖生物与沉积物表层的上覆水生物具有相近的敏感性，因而可将水质基准应用于沉积物质量基准中。

根据相平衡分配法的基本理论，当水中某污染物浓度达到水质基准值时，此时沉积物中该污染物的含量为该污染物的沉积物基准值（SQC），可用下式表示：

$$C_{\text{SQC}} = K_P \times C_{\text{WQC}} \tag{3-10}$$

式中，K_P 为有机物在表层沉积物固相—水相之间的平衡分配系数，它反映了沉积物的机械组成、吸附特性等，受环境因素如 pH、电位（Eh）、温度（T）等的影响。因此建立沉积物基准的关键在于 K_P 的获得。C_{WQC} 一般为水生生物基准值推算中的最终慢性值（FCV）或最终急性值（FAV）。

由于对沉积物中非离子型有机污染物的沉积物质量基准研究开展得较早，大多研究表明，沉积物表层的上覆水对有机污染物在沉积物上的吸附影响极小，沉积物中的总有机碳（TOC）是吸附这类污染物的主要成分，而只有当有机物包含极性基团或者沉积物中的有机碳含量很少的时候，沉积物的其他成分才会对吸附起作用。因此以固体中有机碳为主要吸附相的单相吸附模型得到了广泛的应用，将 K_P 转化为有机碳的分配系数，当沉积物中有机碳的干重大于 0.2% 时，此时污染物的沉积物质量基准浓度（C_{SQC}）修正为

$$C_{\text{SQC}} = K_{\text{OC}} \times f_{\text{OC}} \times C_{\text{WQC}} \tag{3-11}$$

式中，K_{OC} 为固相有机碳分配系数，即其在沉积物有机碳和水相中的浓度的比值；f_{OC} 为沉积物中有机碳的质量分数。

K_{OC} 可以通过沉积物毒性实验获得，也可以由非极性有机物的 K_{OC} 与其辛醇/水分配系数 K_{ow} 之间的关系得到。K_{ow} 与 K_{OC} 之间的回归方程建立在大量的数据之上，适于大量的化合物及粒子类型，因此得到了广泛应用，其关系如下：

$$\lg K_{OC} = 0.00028 + 0.983 \lg K_{ow} \qquad (3\text{-}12)$$

定义有机碳标准化质量基准 SQC_{OC} 为 C_{SQC}/f_{OC}，则有

$$SQC_{OC} = K_{ow} \times C_{WQC} \qquad (3\text{-}13)$$

以上公式为基本理论模型公式。利用该模型就能够导出大多数非极性化合物的沉积物基准值。

目标化学物质在沉积物与间隙水相间的分配平衡可以表述为

$$C_d + S_j \xrightleftharpoons{} CS_j \qquad (3\text{-}14)$$

$$K_{p,j} = [CS_j]/[C_d][S_j] \qquad (3\text{-}15)$$

式中，C_d，$[C_d]$ 分别为化学物质及其游离态的浓度，S_j，$[S_j]$ 分别为沉积物中第 j 个吸附相及其百分浓度，CS_j，$[CS_j]$ 分别为结合在第 j 个吸附相中的化学物质及其浓度，$K_{p,j}$ 为化学物质在第 j 个吸附相–水体系中的平衡常数。化学物质在沉积物中的总浓度为

$$[CS_T] = \sum_1^j K_{p,j}[C_d][S_j] \qquad (3\text{-}16)$$

根据底栖生物与沉积物中上覆水生物敏感性相同的假设，上式可变为

$$C_{SQC} = \sum_1^j K_{p,j}[S_j] \times C_{WQC} \qquad (3\text{-}17)$$

式中，C_{SQC} 为该化学物质的沉积物质量基准；C_{WQC} 为水质基准。

当与沉积物处于匀相平衡的间隙水中第 i 种重金属的浓度达到水质基准（WQC_i）时，它在沉积物中的浓度可视为其沉积物质量基准（SQC_i），即

$$C_{SQC_i} = K_P \times C_{WQC_i}$$

$$K_P = C_S / C_{IW}$$

式中，K_P 为第 i 种重金属在表层沉积物固相–水相之间的平衡分配系数，C_S 和 C_{IW} 分别为该重金属在沉积物固相、间隙水相中的浓度。

沉积物原生矿物中含有的重金属（即残渣态重金属，$[Me_i]_r$）通常并不与水相重金属保持平衡且一般不具生物有效性，所以沉积物中的重金属并非全部都与间隙水中的重金属处于平衡状态；可用酸可挥发性硫化物（AVS）含量来表示这一部分重金属。

因此，在以平衡分配法建立沉积物中重金属的质量基准时，计算公式可修正为

$$C_{SQC_i} = K_P \times C_{WQC_i} + [Me_i]_r + [AVS-Me_i]_{max}$$

式中，$[Me_i]_r$ 为沉积物中第 i 种重金属的残渣态含量，$[AVS-Me_i]_{max}$ 为沉积物中 AVS 能结合第 i 种重金属的最大量。修正公式可推荐为建立重金属的沉积物质量基准（SQC/Metal）的基本模型公式。其中求算重金属在沉积物—水相之间的平衡分配系数 K_P 是建立 SQC 的关键。K_P 是一系列复杂因素，包括沉积物自身性质和组成（如粒径分布、其他地球化学性质和表面性质等）、沉积物–水界面环境条件（如 pH、Eh 和 T 等）的函数，即

$$K_P = f(沉积物组成和性质，pH，Eh，T，\cdots)$$

K_P 有两类求算方法，一类是利用流域水体现场或实验室测得的数据直接计算 K_P，另一类是利用数理模式和实验模拟试验相结合间接计算 K_P。

利用现场或实验室模拟试验测得的沉积物和间隙水中各种重金属的浓度算出 K_P

值。这种利用沉积物和间隙水中目标物质重金属的浓度计算平衡分配系数的方法较客观、简便，可信度较高，可避免模型参数复杂计算及其主观选择带来的科学不确定性。

获得 K_P 值需要测定 C_{iw} 和 C_s，C_{iw}（μg/L），可根据 USEPA 的推荐获得；C_s（mg/kg）指金属元素在沉积物固相中的含量。在计算中可使用的数据是将冻干的沉积物样品用硝酸、高氯酸及氢氟酸消解后得到的金属元素的总量，以 C_T 表示。由于沉积物中残渣态的金属并不参与非均相体系的平衡反应，故在计算中扣除了这一部分含量，即

$$C_S = C_T - C_T \times A\% = C_T \times (1 - A\%)$$

式中，A 表示以残渣态形式存在的金属含量占重金属总量的百分比。可采用重金属顺序提取法（BCR）对沉积物重金属元素有效结合态进行提取分析；使用比色法对 AVS 和 SEM 进行测试。

Ⅱ. 生物效应法

本方法适用于建立基于底栖生物毒理学效应的目标物质（污染物）的沉积物质量基准。生物效应法通过整理和分析大量的水体沉积物中污染物含量及其生物效应数据，以确定沉积物中引起生物毒性与其他负面生物效应的污染物浓度阈值。为保证数据库内部数据的可靠性和一致性，还需要对收集的数据进行标准归一化筛选，并不断进行有效性更新。

生物效应法的优点主要体现在：①基于目标污染物的毒性与污染生态效应试验数据；②适用多种类型沉积物及污染物；③有利于污染生态效应的暴露过程分析。其局限性主要在：①需要大量的底栖生物物种效应数据支持；②试验数据的筛选及统计分析有一定的不确定性；③不同类型流域沉积物需要独立的数据库。应用生物效应法建立沉积物质量基准的具体步骤包括以下三方面。

1）流域沉积物有效生物效应数据获得。

2）沉积物质量基准值推导。分析数据，以确定产生流域底栖生物负效应的目标物质的基准阈值浓度水平（threshold effect level，TEL）或可能负效应浓度水平（probable effect level，PEL）。

3）对 TEL 和 PEL 值进行校验。

尽可能全面地收集流域水体的化学与生物数据。包括利用沉积物/水平衡分配模型计算所得的生物毒性效应数据；流域沉积物质量评价研究中得到的生物效应数据；实验室中沉积物生物毒性试验数据；沉积物野外实地生物毒性试验数据和底栖生物群落野外实地调查数据。所有符合数据筛选规范要求的数据都可采用。对于单一化合物要计入的信息包括：目标污染物在实际环境中浓度，目标流域特征，试验规范方法过程记录等，如暴露时间、生物物种特征及其生活阶段、生物效应终点等。可将所收集的数据按照作用终点的浓度大小进行排序。所包括的生物效应主要有：沉积物毒性实验中观察到的底栖生物的急性毒性值、慢性毒性值，表观效应阈值法确定的临界浓度，平衡分配法计算得出的基准阈值，现场调查中观察到的污染物与生物效应之间有明显一致的数据等。所有标记为有负生物效应的数据构成生物效应数据列，其他数据则构成无生物效应数据列，无毒性或者无效应的样本资料可假设为自然背景条件。

通常对试验物种的负生物效应数据列中第 15 个百分点的值计为效应数据列低值

（effects range-low，ER-L），负生物效应数据列中第 50 个百分点的值计为效应数据列中值（effects rang-median，ER-M），有负生物效应数据列中第 85 个百分点计为效应数据列高值（effect range-high，ER-H）；无生物效应数据列中第 50 个百分点的值计为无效应数据列中值（no effect range-median，NER-M）；无生物效应数据列中第 85 个百分点计为无效应数据列高值（no effect range-high，NER-H）；阈值效应浓度水平 TEL =（ER-L×NER-M）$^{1/2}$；可能效应浓度水平 PEL =（ER-M×NER-H）$^{1/2}$。

当沉积物中目标物质的浓度低于 TEL 值时，对底栖生物的危害性负生物效应不会发生；高于 PEL 值时，危害性的不良生物效应可能发生；介于两者之间，则表明不良生物效应可能偶尔发生。TEL 和 PEL 可以作为初步建立的沉积物质量基准。

需要对 TEL 和 PEL 进行可比性、可靠性和可预测性三方面的检验校正。

1）评价用不同的方法和程序得到的沉积物质量基准值的可比性。

2）用比较分析发达国家或组织的公开数据如美国 NSTP 数据库中的有关流域沉积物中化学物质浓度和生物效应数据的一致性，来分析评价获得的水环境沉积物质量基准阈值的可靠性。

3）用其他地区的独立毒理学试验数据或高质量实验室比对试验数据、野外实地样品试验数据来分析校正获得的目标流域沉积物质量基准阈值的可适用预测性。

3.3.4 营养物基准推导方法

3.3.4.1 概述

水环境质量的营养物基准的概念是基于营养物在湖泊、水库、河流和湿地等水体中的变化产生生态负效应危及水体功能或用途而提出，水质营养物基准是指对水生态系统不产生危及其功能或用途的水中营养物浓度或水平，可以体现受到人类开发活动影响程度最小的地表水体富营养化情况，实践中主要指不产生地表水体中浮游藻类生物的过量生长的"水华"现象，而导致危害该水生态系统结构或功能的水体中营养物质的安全阈值。一般氮和磷是水体富营养化的最主要因素，并且是营养物基准的主要变量，但是生物反应变量在说明水体富营养化的结果时也十分重要。从科学角度说，营养物基准旨在涵盖原因变量和反应变量（如氮或磷的浓度），以及水生态营养级多个群落反应参数，但国外早期阶段及我国现阶段主要研究针对湖库水体中氮、磷物质影响藻类种群疯长的水环境"水华"现象，尚未从水生态系统食物链营养级多个水生物种群对氮、磷等营养物质的需求平衡角度开展深入推究，如我国当前在湖泊水质营养物标准方面主要指标为藻类叶绿素 a、总磷、总氮等几种参数指标，还需进一步从水体生态系统多物种完整性的角度研究水环境中总氮、总磷等营养物质的需求平衡，来深入完善确定水环境的营养物基准及标准值。现介绍的水质营养物基准在生态学理念上基本属于水生态学基准的范畴。

3.3.4.2 基准制定流程

通常流域水环境中有关水生态的营养物基准制定流程见图 3-13。

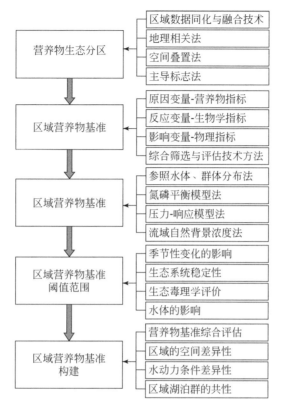

图 3-13　营养物基准制定流程

3.3.4.3　基准制定关键技术方法

（1）营养物生态分区技术方法

一级分区采用"自上而下"原则，利用主导因素叠置法，以地貌类型和水热条件指标为主导因素，分别采用地貌类型+气候带（纬向、经向）的空间叠置方法进行一级分区进行划分。具体步骤是以各指标区划而成的结果制成专题图，进行叠置后综合各专题图的区划结果。现阶段可借助相关分析方法软件（如 ArcGIS 软件）的空间分析功能，对湖泊营养物生态分区专题图进行空间叠置分析，以相重合的网格界限或它们之间的平均位置作为区域单位的界限。运用叠置法进行区划，并非机械地搬用空间图层，而是要在充分分析比较各要素空间特征基础上，依据主导因素来确定区域单位的界限，为湖泊营养物生态分区提供依据。

运用主导标志法，通过综合分析选取反映生态区域分异主导因素的参数或指标，作为划定区界的主要依据，在进行一级分区时，可按照统一的指标规则划分。可运用地理相关法，通过各种专业地图、文献资料和统计资料对区域多种自然要素之间的关系进行相关分析，进而明确生态区域主导因素，并结合专家讨论判断，最终确定目标生态区划类型的边界。

二级生态分区主要考虑与大尺度下的地形和地貌格局及与之相对应的气候情形，在一级生态区内划分出由于区域尺度的湖泊流域地貌、植被、土壤、土地利用等自然环境条件的影响所造成的湖泊生态系统形态及其生境条件的差异性，消除形态与生境条件不同所造成的水生态系统类型的差异性。二级分区从管理目的出发，分区采用"自下而上"方法，以湖泊流域为最小分区单元，以地形、土壤、植被、土地利用、水文等特征等富营养化驱动因子为分区指标，通过地理空间信息单元理论则将类型单元和区划单元联系起来，可根据事物"物以类聚"的基本原理，按其相似性的大小进行聚合，以生态区域环境要素和含湖泊类型单元为基础，通过地理空间信息单元分析将类型单元和区划单元联系起来，并考虑空间异质性特征，最终得到湖泊营养物分区单元。

综合采用主成分分析、聚类分析、判别分析、空间自相关和空间融合等技术，根据分区原理对多种方法进行有机结合。运用主成分分析的方法对参数指标可进行降维综合处理；根据各生态区域指标值，结合聚类模型可初步将湖泊流域分类，再利用判别分析完成非湖泊流域的类别判别，结合运用空间自相关分析等方法，比较分析零散分类区块在空间地域分布上的关联和差异，根据关联结果可实现湖泊营养物生态分区。

（2）营养物基准指标建立

选择的营养物基准参数指标应可用于衡量水质、评价或预测水体的营养状态或富营养化程度，是构成水生态区域或特定水体营养物基准的基础。这些参数主要可包括：营养物浓度（如 TN、TP 浓度）、水生植物（藻类或大型植物）的生物量（如有机碳、叶绿素 a 等）及流域地貌特征（如土地利用）等。USEPA 推荐两个原因变量参数（TP、TN）和两个早期响应参数（藻类生物量、透明度），其他参数如溶解氧、大型植物的生长量，以及动植物群落的变化等也可参考使用。这些参数都可能用于制定基准的指标，以解释水体富营养化问题，但是只有几个参数是早期预警指标的候选参数。其中 TN、TP、藻类生物量和透明度指标是保护指定用途最合适的，可作为水体营养物基准制定的基本参数指标；且叶绿素 a 和透明度是主要的水生态富营养化响应参数，这是由于水体中营养浓度的增加直接导致藻类大量生长和水体透明度下降。某些参数也可作为营养物富集的参考指标，但常由于收集的数据和理论支持的科学性依据不足（如藻类物种组成等）而不正式采用。

（3）参照水体生态区（点）筛选技术方法

参照水体（湖泊）生态区是指未受人类影响或受人类影响非常小且维持正常自然生态结构与功能用途的代表性湖泊水生态系统，可代表某类水体（湖泊）自然水生态系统的生物学、物理学和化学的完整性。参照水体生态区（点）的状态应代表某类水体区域内可预测的类似水体（湖泊）中受人为影响最小状态的条件范围。一般会选择受人类影响最小的湖泊水体作为参照水体（湖泊）生态区。参照水体生态区是确定水体参照状态的重要方法之一，也是确定该类水体（湖泊）恢复到自然正常结构与功能状态的基本要求。

Ⅰ. 选择参照生态区域

根据文献资料或经专家判断，结合参照生态区域的选择规范要求，确定高质量水生态参照区域；一般参照生态区域尽量选择在同类型水体生态分区范围内。

Ⅱ. 确定参照水体生态区（点）

从选择的参照水体生态区域中再选择可能的具体参照水生态区（点），确保参照区（点）分布在目标类型水体的范围之内，利用水体生态系统的土地利用数据和专业判断筛选出参照生态点位，如果流域内土地利用强度大，可考虑人为影响小的水体作为参照生态区（点）。对筛选出的参照水体生态区（点）进行现场调查，收集基础数据，获取大范围的人为干扰和土地利用等人类活动信息，分析水体受人类扰动情况，结合水质和水生态数据，以及专家判断，对筛选的参照水体（湖泊）生态区进行综合评价并可排序分析，确定实际的参照水体（湖泊）生态区（点）。

目前国际上尚未形成统一的量化筛选参照水体（湖泊）的标准方法，一般是根据定性和定量指标筛选确定参照水体（湖泊）生态区，筛选参照水体生态区的指标选择是参照水体确定的关键，根据参照水体（湖泊）筛选步骤大致可以将筛选指标归为粗筛指标和细筛指标两大类。水质粗筛指标主要是在流域大尺度上确定筛选指标，主要包括常年性湖泊水体、水岸特点、土地利用、道路密度、人口密度、污染物点源及面源、矿山开发、养殖场等指标。在粗筛选出可能的参照水体的基础上进行细筛，细筛选指标主要包括水生态压力指标和生物学指标等。

（4）营养物基准参照状态确定的技术方法

Ⅰ. 统计学方法建立参照状态

1）参照水体（湖泊）法。将已确定的参照水体（湖泊）的现有数据和/或新收集的数据做出频数分布，数值范围的上限值代表参照状态的最低阈值，而参照水体数值的下限值则代表一种高质量状态，这种状态可能是不必要达到的或者是一种理想的生境状态。一般在参数分布图中表示为上 25 个百分点代表安全的正常合适边界（透明度采用分布图），添加到最低阈值中，作为该类水体生态系统的参照状态。这可排除不合逻辑的离群数据的影响，作为充分保护值的推荐值，可最大限度地保护自然营养水体（湖泊）类型的多样性。

2）群体分布法。水体（湖泊）群体分布法是以选择某类生态区域类型的水体（湖泊）群体为样本，即水体的代表性样本是取自同生态区域类型的水体（湖泊）群体，采用所有数据或随机选择可利用的样本数据进行分析（已知遭受严重损害的水体可排除在样本之外）。将每个指标频数分布的最佳四分之一（一般为频数分布的下 5% ~ 25%）作为该类型水体营养物基准的参照值。如利用水体透明度或营养物指标描述，用其分布图的相对两端，选择分布高质量端的 25%，则这个参照值是"合理"的上限（群体分布中的非正常值除外）。以上两种方法的营养物浓度示意图如图 3-14 所示。

3）三分法。三分法是指在群体分布法的基础上建立的水体参照状态的确定方法，与水体群体分布法类似，三分法的样本为某类型水体营养物生态分区内的全体水体（湖泊），差别在于三分法选择水质最佳的三分之一作为受影响很小的水体，然后将这三分之一数据的中位数（频数分布的 50% 点位）作为该分区类型水体的参照状态，该

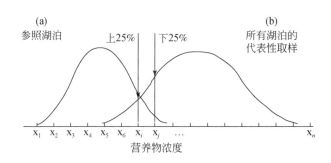

图 3-14　建立参照状态值的参照水体（湖泊）法和水体群体分布法

方法适合受人类影响不大的区域。

Ⅱ. 古湖沼学重建法

古湖沼学重建法又可称历史反演法，是指运用古湖沼学方法或称沉积物示踪反演的方法重建水体（湖泊）营养状态的演化历史，揭示目标水体的营养物本底值，从而建立水体参照状态。对于历史数据稀缺的水体，在综合分析目标水体沉积物受上覆水体扰动规律的基础上，现场采集该类水体的沉积物柱芯样品，通过地球化学和生物学分析，选取水体沉积物中有效营养物代用指标，建立水体（湖泊）富营养化自然历史发展序列，对水体（湖泊）富营养化进行历史推演和趋势预测。

主要内容包括：①通过^{137}Cs、^{210}Pb同位素与沉积物中碳球粒的综合分析，确定出沉积年代及不同时段水体环境的变化和人类活动对湖泊环境影响的时间特征；②建立水体营养物质（C、N、P、Si）及同位素（δ^{15}N、δ^{18}O）环境数据库，进行多种生物学和地球化学代用指标分析，结合同位素记录与营养物质关系模型，重现典型水体固有营养状态水平、富营养化过程和历史。

Ⅲ. 营养物模型推导法

根据流域的自然条件和人类经济社会活动情况，以营养物输入-水体营养状态动态响应关系研究成果为基础，通过相关水生态模型模拟水体中营养物的产生、输移过程，综合运用水质、水动力、水生态耦合模型，建立水体富营养化反演模型，并以流域水体历史序列数据对模型进行校准，定量分析自然过程和人类活动或经济社会发展对目标水体富营养化进程的影响，推算出水体在不同时期的营养状态水平，重现目标水体的富营养化进程，推导受人类活动影响较小条件下的水体营养物的背景值，为目标流域水体营养物的参照状态，为确定水环境营养物基准提供依据。

Ⅳ. 压力-响应模型法

压力-响应模型是利用目标水体类型的大量调查数据，分析营养物压力指标（如TP、TN）与藻类初级生产力（如叶绿素a）之间的响应关系，建立拟合曲线，依据给定的与水体使用功能有关的叶绿素a阈值，推断得到营养物的基准阈值浓度。该类模型能够定量描述藻类生物量（叶绿素a）与水体营养物之间的响应关系，较适用于受到人类活动影响的湖泊水体营养物基准的制定。同时，压力-响应关系模型通过叶绿素a将营养物浓度和水体的使用功能连接起来，能够制定不同功能水体的营养物基准。常用的压力-响应关系模型有两种：单一线性回归模型和多元线性回归模型。单一线性回归模型是响应参数与单一解释性参数（TN 或 TP）建立的压力响应模型（图 3-15）。在给定的叶绿素 a 阈值条件下，根据可利用数据建立的回归曲线，推断得到 TP 或 TN 的浓度范围，并拟定此浓度范围为研究水生态区域营养物的基准阈值范围。多元线性回归模型是简单线性回归模型的延伸，是响应参数与两个或两个以上预测参数建立的压力响应关系。

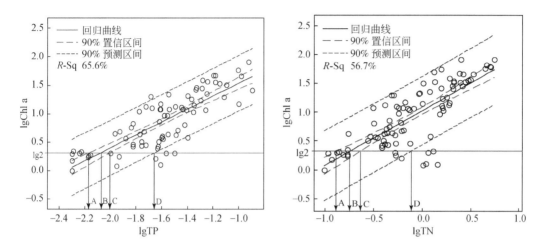

图 3-15　TP-Chl a 及 TN-Chl a 建立的压力–响应关系模型（以云贵湖区为例）

压力–响应关系模型的主要不足是许多因素会影响水体中藻类对营养物的生物响应关系，如水体深度、流域面积、矿化度、色度、悬浮颗粒物及有机质含量等，因此在建立模型之前应该对这些因素进行分析识别，以提高压力–响应关系模型的可靠性，保证推测流域水环境质量的营养物基准阈值的准确性。

Ⅴ. 参照状态向基准转化技术方法

水环境营养物基准必须建立在一个相对科学的理论基础上，一般需经过三个阶段或步骤。第一，通过查阅水生态系统的水质历史记录及相关沉积物调查证据，了解目标水体得历史状况和演化规律；将已建立的参照状态与水生态分区的信息进行比较，必要的时候可以借助适当的模型。第二，应围绕已建立的水生态参照状态，经专家分析讨论确定水体营养物水质指标参数，将其作为需推导的营养物基准指标。第三，对初步推导的基准阈值进行评价和校验，判断该基准阈值是否满足在没有人为影响的情况下，该类水体的营养物状态在目标水生态系统中平衡良好，水体生态结构与功能正常。研究推荐不同水体的营养物基准制定指标见表 3-8，可通过野外现场采样调查与实验室对比试验对基准阈值进行验证和校正。水体（湖泊）水质营养物基准值的最终确定是根据基准参数的参照状态贡献，以及富营养化发生的营养物阈值水平，通过统计学分析方法和模型推断法来推导水体营养物基准值范围；还应综合考虑保护水体和参照状态的反降级政策、水体特定用途、保护濒危物种，以及对下游等的影响确定。具体的基准可以是数字型或叙述型，以及二者相结合。

表 3-8　不同水体基准制定指标

基准	基准指标/单位	太湖流域	辽河流域(辽河口)	基准	基准指标/单位	云贵湖区
水生态学基准	叶绿素 a/(μg/L)	4.6	6.2(12)	湖泊营养物基准	总磷/(mg/L)	0.01
	氨氮/(mg/L)	0.24	1.03(0.75)			
	总磷/(mg/L)	0.08	0.09(0.07)		总氮/(mg/L)	0.2
	总氮/(mg/L)	1.38	2.53/(2.50)		叶绿素 a/(μg/L)	2
	浮游植物多样性(Hp)	2.72	3.48		透明度/m	5.5(深水湖)
	浮游动物多样性(Ha)	3.44	3.41			
	溶解氧/(mg/L)	3	3			2.2(浅水湖)
	COD$_{Mn}$/(mg/L)	5	6			

3.3.5　人体健康基准推导方法

3.3.5.1　概述

人体健康水质基准的制定包括：仅摄入水源地水体中饮用水的水质基准（W）、同时摄入饮用水和水体中鱼虾贝类（$W+F$）等水生生物的水质基准、仅摄入鱼虾贝类（F）等水生生物的水质基准，涉及基准相关的重要因子包括本土流域区域的人群暴露参数、毒理学特征参数、生态营养级生物浓缩系数等，主要基准制定过程包括流域水生态及人群暴露特性数据的获取、数据分析和基准数理推导等。

3.3.5.2　基准制定流程

通常水环境人体健康水质基准制定的技术流程框架如图 3-16 所示。

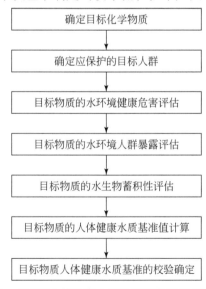

确定目标化学物质

确定应保护的目标人群

目标物质的水环境健康危害评估

目标物质的水环境人群暴露评估

目标物质的水生物蓄积性评估

目标物质的人体健康水质基准值计算

目标物质人体健康水质基准的校验确定

图 3-16　水环境人体健康水质基准制定的技术流程框架

3.3.5.3 人体健康危害评估

通常人群接触水环境产生的人体健康危害评价优先选用人群流行病学研究的结果数据。当缺乏区域性人群流行病学研究数据时，可从动物试验数据外推至人类，以动物试验研究结果为依据，常用的数据有：无可见负效应水平（NOAEL）、最低可见负效应水平（LOAEL）或10%风险效应（EC_{10}）的下限剂量（LED_{10}）等。一般化学污染物质的人体健康危害评估主要分为致癌性与非致癌性危害评估两类，其中致癌性危害评估又可分为线性致癌物和非线性致癌物的危害评估。

（1）非致癌性效应的危害评估

通常目标化学物质的非致癌性危害评估可采用参考剂量（RfD）来表述。建议优先采用最可靠的非致癌物的危害性参考剂量 RfD 为流域区域性人群流行病学调查的人体暴露数据，当缺乏人体健康暴露数据时，可从动物毒理学试验研究数据推导 RfD。通常目标物质的 RfD 推导主要包括：危害识别、剂量–效应评价、暴露评价和关键参数分析与剂量阈值表征等过程。关键参数优先选用流行病学研究的人体暴露数据，其次选用高质量的动物试验研究数据，并且具有与人群接触水环境相关的生态食物链研究理论支持。一般 RfD 的推导见公式为

$$RfD(mg/(kg \cdot d)) = \frac{NOAEL}{UF \times MF} \text{ 或 } \frac{LOAEL}{UF \times MF}$$

不确定性系数 UF 和修正系数 MF 的定义和选择如表 3-9 所示。

表 3-9 不确定性系数和修正系数

类型	符号	定义
不确定性系数	UF_H	对平均健康水平人群的长期暴露研究所得有效数据进行外推时，可经验性使用1倍、3倍或10倍的系数，用于说明人群中个体间敏感性的差异（种内差异）
	UF_A	当没有或者只有不充分的人体暴露研究结果数据，需由长期动物试验研究的有效数据外推时，可经验性使用1倍、3倍或10倍的系数，用于说明由动物研究外推到人体时引入的不确定性（种间差异）
	UF_S	当没有可用的长期人体研究数据，需由亚慢性动物试验研究结果外推时，可使用1倍、3倍或10倍的系数，用于说明由动物的亚慢性 NOAELs 外推到慢性 NOAEL 时引入的不确定性
	UF_L	由 LOAEL 而不是 NOAEL 推导 RfD 时，可使用1倍、3倍、或10倍的系数，用于说明由 LOAEL 外推到 NOAELs 时引入的不确定性
	UF_D	从采用不完整的动物毒性数据库推导 RfD 时，可使用1倍、3倍或10倍的系数。一般化学物质常缺少一些毒理学研究，如生殖毒性等，该系数表明，任何研究都不可能考虑到所有的毒性终点，除慢性数据外，缺失单个数据时，可使用系数3或10
修整系数	MF	通过专业经验判断确定修整系数（MF），MF 是附加的不确定系数，10≥MF≥0。MF 的大小取决于未明确说明的研究结果或数据库的科学不确定性的专业评估。MF 的默认值为1

注意：选择 UF 或 MF 时必须进行经验性的实验专家科学判断。

一般用非致癌性危害效应来计算慢性 RfD 的完整数据库时，要考虑满足以下几个

要求：

1）有至少两次适当的哺乳动物慢性毒性研究，不同物种的适当暴露途径，必须有一个是啮齿动物。

2）有一次适当的哺乳动物多代生殖毒性研究，采用适当的暴露途径。

3）有两次适当的哺乳动物发育毒性研究，采用适当的暴露途径。

（2）致癌性效应的危害评估

一般涉及人体健康的致癌性效应的危害评估首先要进行证据效力描述，即依据生物学、化学和物理学方面的考虑做全面的危害毒性判断。优先列出人群流行病学的关键证据，针对人群肿瘤数据、有关作用模式的信息、对包括敏感亚群在内的人体健康危害、剂量–效应评价等方面进行分析讨论。重点描述与水生态环境相关的暴露途径、剂量浓度及其与人群健康危害的相关性，并对关键数据的优缺点进行科学讨论。

采用动物根据动物试验数据采用以下公式计算人体等效剂量。

$$人体等效剂量[mg/(kg \cdot d)] = 动物剂量 \times \left(\frac{动物体重}{人体体重}\right)^{1/4}$$

通常环境暴露量往往低于动物试验的观测范围，因此需要采用默认的非线性外推法和默认的线性外推法进行低剂量外推。

一般默认的非线性外推法应用条件为：①适用非线性的肿瘤作用模式，且化学物质没有表现出符合线性的诱变效应；②已证实支持非线性的作用模式，且化学物质具有诱变活性的某些迹象，但经判断在肿瘤形成过程中没有起到重要作用。默认的非线性外推法通常采用暴露边界法表征，其两个主要步骤是：①选择作为"最小影响剂量水平"的起始点 POD；②选择适宜的限值或不确定性系数 UF。

默认的线性外推法的应用因数有：①没有充足的肿瘤作用模式信息；②化学物质有直接的物种 DNA 诱变特性或者其他符合线性的 DNA 作用迹象；③暴露作用模式分析不支持直接的 DNA 影响，但剂量–效应关系预计是线性的；④人体暴露或身体负荷等剂量浓度接近致癌作用过程中关键因子的相关剂量。

化学物质低剂量条件的致癌斜率因子（cancer slope factor，CSF）计算方法公式为

$$CSF = \frac{0.10}{LED_{10}}$$

通常默认的线性外推法采用特定目标人群增量的终生致癌风险（范围在 $10^{-6} \sim 10^{-4}$ 内）的风险特征剂量（RSD）表征，计算公式为

$$RSD[mg/(kg \cdot d)] = \frac{ILCR}{CSF}$$

线性和非线性致癌性的组合法应用于以下情况：①单一癌症类型的作用模式在剂量–效应关系曲线的不同部分分别支持线性和非线性关系；②癌症的作用模式在高剂量和低剂量时支持不同的机制方法；③化学物质与物种 DNA 不发生反应，且所有看似合理的作用模式均符合非线性，但不能完全证实关键作用因子；④不同癌症类型的作用模式支持不同的机制方法。

3.3.5.4　暴露评估

环境暴露评估与宏观政策相关，为推导某个目标污染物的基准而选择环境暴露参数时，建议选用对该污染物质较敏感人群的相关数值；此外，在设定基准阈值时还要考虑高度暴露的人群特征。推导人体健康水质基准的保护目标，就是保护特定区域人群免于遭受因长期暴露于水环境（外暴露）或饮用水及食用水生生物（内暴露）而受到健康损害，通常认为正常成年人特征参数与人体终生暴露相关的暴露数值是较合适的调查选用的参数数值。

（1）暴露参数的选择

一般推导流域水质基准优先选择本地流域的暴露参数，同时应选择采用本国或本土地区全国性调查数据来分析确定暴露参数，若本地区数据暂时难以获得，也可采用国际组织和区域组织设定的人群特征默认参数，还可以采用其他组织公布的统计数据来合理选用推导暴露参数。

2002 年，中国卫生部、科学技术部与国家统计局等单位在全国 31 个省（自治区、直辖市，不含港澳台地区）的 270 000 余名受试者中，组织开展了对中国居民营养与健康状况的基本调查，获得了我国居民的体重及鱼虾贝类等水生物产品的消费量参数。

2011～2012 年，环境保护部科技标准司委托中国环境科学研究院在我国 31 个省（自治区、直辖市，不含港澳台地区）的 150 个县/区针对 18 岁以上常住居民 91 121 人开展中国人群环境暴露行为模式研究。发布了《中国人群暴露参数手册（成人卷）》，其中居民体重和饮用水摄入量等参数为新调查的修正数据。

一般推导水环境基准时，根据人体健康水质基准方法所提出的保护人群对象选择暴露参数；当保护对象为儿童、育龄妇女、孕妇等特殊人群时，需开展相关人群的暴露特征调查或查阅相关公共资料来确定暴露参数。

如根据《中国居民营养与健康状况调查报告之一：2002 综合报告》，中国居民成年人平均体重数据为 58.7kg。根据《中国人群暴露参数手册（成人卷）》，我国 18 岁及 18 岁以上成年人体重的 50% 分位数为 60.6kg，18 岁及 18 岁以上男性成年人体重的 50% 分位数为 65.0kg。推荐体重暴露参数为 60.6kg。

根据《中国人群暴露参数手册（成人卷）》，我国 18 岁以上成年人每日人均总饮用水摄入量的中位数为 1.85L/d，均值为 2.30L/d，推荐默认值为 1.85L/d。也可以采用 18 岁以上成年人每日饮用水摄入量的第 90% 分位数。

根据《中国居民营养与健康状况调查报告之一：2002 综合报告》，2002 年我国 18 岁以上成年人每日人均鱼虾贝类摄入量为 29.6g/d。也可以通过调查或者计算，获得当地最新的鱼类摄入量均值或第 90% 分位数。

（2）相关源贡献

对于非致癌物和非线性致癌物的暴露评估，还需要考虑来自饮用水、食物、呼吸和皮肤途径的暴露总量。将来自水源和水生物鱼类摄入的一部分暴露量占总暴露量的分数，即相关污染源贡献要进行分类说明，确定 RSC 的详细方法过程见图 3-17，一般 RSC 的默认值为 20%。

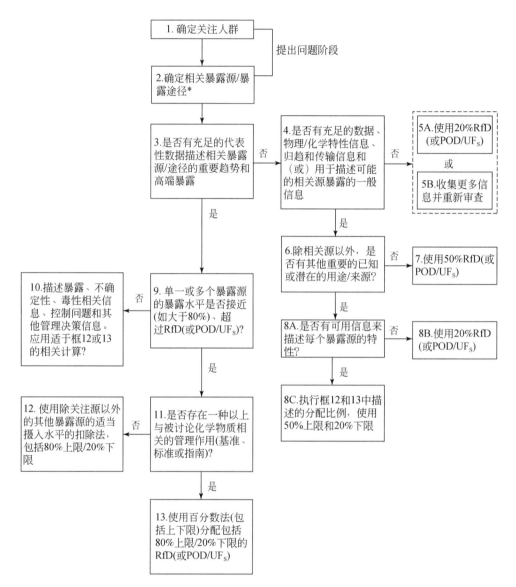

图 3-17 确定推荐参考剂量（或起始点/不确定性系数）比例分配的暴露决策过程

* 表示暴露源和暴露途径包括摄入和非水相关的经口暴露/非水源的暴露途径，

包括摄入（例如食物）、吸入和/或经皮暴露

3.3.5.5 生物蓄积系数的推导

水环境中生物蓄积（或累积、积累）系数/因子（bio-accumulation factor，BAF）一般定义为水体中目标化学物质在可能产生的所有暴露途径的生物体中和环境介质水或食物中的浓度比值，生物蓄积一般指所有环境暴露途径引起的目标物质在生物体内多种生理过程（如吸收、分配、代谢等）的净结果；也可理解为目标化学物质经水环境暴露进入生物体中作用浓度系数不断增加的现象（生物浓缩），同时也包括目标化学

物质在水生态食物链不同营养级的生物体内的浓度系数随营养级升高而增加的现象，即生物放大（bio-magnification，BM）。水生态食物链中不同营养级生物与目标化学物质都暴露于相同水体中，并且该 BAF 比值可随着时间推移可逐渐稳定。水环境中生物浓缩（或富集）系数/因子（BCF）一般是指环境水体中目标化学物质在水生生物组织中的浓度与其溶解在水中的浓度的比值，生物仅通过水体环境产生暴露，并且该比值随着时间推移可逐渐稳定。生物蓄积或生物累积（或生物积累）有时文献描述包括生物浓缩或生物富集及食物链生物放大现象，生物累积的程度也可用生物浓缩系数（BCF）表示。水环境中目标化学物质的迁移–积累行为的一般基本原则为：水体环境中水生生物体内某种化学元素或难分解化合物的浓度水平取决于摄取（蓄积）和消除（代谢）这两个相反作用过程的速率，当摄取量大于消除量时就可产生生物积累。

（1）选择推导方法的原则

依据目标化学物质的性质，推荐选择的生物蓄积系数推导方法，如图 3-18 所示。

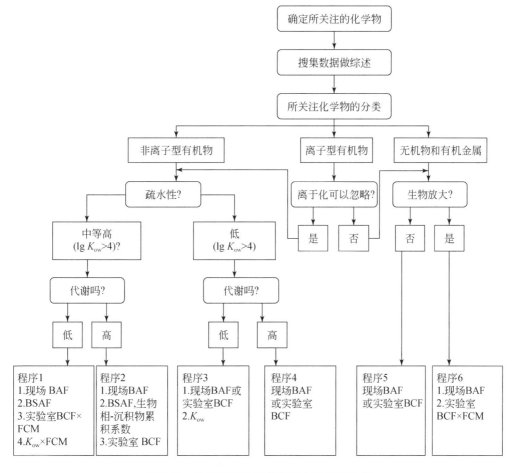

图 3-18　生物蓄积性系数推导方法框架示意

（2）生物蓄积系数和浓度修正计算公式

一般建议的国家 BAF 方法是描述我国境内人群普遍消费的鱼虾贝类水生生物食用组织中某一化学物质的长期平均生物累积潜力。依据化学物质的类型和特性不同，推导国家 BAF 时，化学物质可分为三大类：非离子型有机物；离子型有机物和无机及有机金属化学物质，每一种物质的 BAF 推导方式有所不同。

生物蓄积或累积系数的基本计算公式如下：

一般化学物质的 BAF 计算方法见公式为

$$BAF = \frac{C_t}{C_w}$$

式中，C_t 为生物物种体内的目标化学物质的浓度（mg/kg，湿组织浓度水平）；C_w 为水中目标化学物质的浓度（mg/L）。

一般化学物质的 BCF 计算方法见公式为

$$BCF = \frac{C_t}{C_w}$$

式中，C_t 为特定生物体内的化学物质的浓度（mg/kg，湿组织浓度水平）；C_w 为水中化学物质的浓度（mg/L）。

对于非离子型有机化学物质，和某些具有相似脂质和有机碳分配性质的离子型有机化学物质，生物放大系数 BMF 可以采用在两个连续食物链营养级水平的生物物种组织内的脂质标准化浓度的比值，计算方法见公式为

$$BMF_{(TL,n)} = \frac{C_{l(TL,n)}}{C_{l(TL,n-1)}}$$

式中，$C_{l(TL,n)}$ 为给定营养级水平（TL_n）捕食者生物组织的脂质标准化浓度；$C_{l(TL,n-1)}$ 为营养级水平低于捕食者一级的被捕食者生物（TL_n-1）适当组织内的脂质标准化浓度。

对于无机及有机金属化合物、脂质及有机碳分配性质不明的离子型有机化合物，可以使用两个连续营养级水平的生物物种组织内化学物质的浓度来计算 BMF，计算方法见公式：

$$BMF_{(TL,n)} = \frac{C_{t(TL,n)}}{C_{t(TL,n-1)}}$$

式中，$C_{l(TL,n)}$ 为营养级水平 "TL_n" 的捕食者生物适当组织内的浓度，可以是生物体组织的湿重或者干重，只要以相同方式表达捕食者和被捕食者的浓度；$C_{l(TL,n-1)}$ 为营养级水平低于捕食者一级（TL_n-1）的被捕食者生物适当组织内的浓度，可以是生物体组织的湿重或者干重，只要以相同方式表达捕食者和被捕食者的浓度。

对于非离子型有机化学物质，及某些具有类似脂质和有机碳分配性质的离子型有机化学物质，生物相–沉积物累积系数 BSAF 的计算方法公式为

$$BSAF = \frac{C_l}{C_{soc}}$$

式中，C_l 为化学物质在生物相组织内的脂质标准化浓度（lipid-normalized concentration）；

C_{soc}为化学物质在表层沉积物中的有机碳标准化浓度（organic carbon-normalized concentration）。

相关浓度修正计算方法

对于非离子型有机化学物质，自由溶解态浓度可以采用公式：

$$C_w^{fd} = (C_w^t) \cdot (f_{fd})$$

式中，C_w^{fd}为环境水体中有机化学物质的自由溶解态浓度；C_w^t为环境水体中有机化学物质的总浓度；f_{fd}为环境水体中化学物质的自由溶解态浓度占总浓度的分数。

生物体组织的脂质标准化浓度按照计算公式为

$$C_l = \frac{C_t}{f_l}$$

式中，C_t为生物体中（整个生物体或特定组织）化学物质的浓度；f_l为生物体或特定组织的脂质分数。

$\lg K_{ow}$是以10为底的正辛醇-水分配系数的对数值。

有机碳标准化浓度可以用公式：

$$C_{soc} = \frac{C_s}{f_{soc}}$$

式中，C_s为化学物质在沉积物中的浓度；f_{soc}为沉积物的有机碳分数。

（3）生物体基线 BAF 的推导的方法

根据生物组织中脂质含量和水体中自由溶解态浓度标准化的现场实测 BAF_T^t（或实验室实测 BAF_T^{fd}）计算生物体基线 BAF_l^{fd}。分别可以采用现场实测 BAF_T^t、现场实测 BSAF、实验室实测 BAF_T^{fd}和 K_{ow}计算生物体基线 BAF_l^{fd}。

生物体基线 BAF_l^{fd}一般应使用生物物种体内组织的脂肪质浓度分数和水体中自由溶解态化学物质的浓度分数，从现场实测 BAF_T^t计算得出。

对于现场实测 BAF_T^t，可使用以下公式计算生物体基线 BAF_l^{fd}：基线 $BAF_l^{fd} = \left[\dfrac{\text{Measured } BAF_T^t}{f_{fd}} - 1 \right] \left(\dfrac{1}{f_l} \right)$

式中，基线 BAF_l^{fd}为目标化学物质的自由溶解态和脂质标准化的 BAF；实测 BAF_T^t为目标化学物质的基于组织内和水体中总浓度的 BAF；f_l为生物体组织内脂质分数；f_{fd}为环境水体中化学物质的自由溶解态分数。

确定实测 BAF_T^t的每一个组成部分的计算方法如下。

一般现场实测 BAF_T^t应基于实际水体采样水生生物体内脂肪组织的化学物质总浓度和环境水体中化学物质总浓度进行计算。推导实测 BAF_T^t采用公式：

$$\text{实测 } BAF_T^t = \frac{C_t}{C_w}$$

式中，C_t为特定生物体组织中化学物质的总浓度；C_w为水体中化学物质的总浓度。

用于现场实测 BAF_T^t计算的数据应符合以下标准。

1）用于计算实际水体中实测 BAF 的水生生物应代表我国流域或区域水体的典型消费的水生生物。

2）应该综合考虑生物物种所处生命阶段、饮食、大小、和研究场所食物网结构等因素确定研究生物的营养级。

3）用于确定现场实测 BAF_T^t 的生物体组织内脂质百分数应该经过测定或者可靠的估计。

4）推导现场实测 BAF_T^t 的研究应该包括充分的支持信息，以确定流域区域水体的典型生物物种组织和水体样品进行采集，并分析使用了适当、灵敏、正确的分析方法。

5）现场研究的流域水体应具有普遍代表性，以便将获得的 BAF 值合理外推到其他将要应用该 BAF 推导水质基准的流域地区。

6）用于推导 BAF 的水体中化学物质的浓度应有典型代表性，可反映水生生物的平均暴露程度，该暴露程度与所关注生物组织内实测的浓度相关性高。

7）有条件应测量或可估算目标水体中颗粒有机碳 POC 和溶解性有机碳 DOC 的浓度。

目标物质的自由溶解态分数（fraction freely dissolved，FFD）的确定：一般认为非离子有机化学物质的自由溶解态浓度、结合于颗粒有机碳的浓度，以及结合于溶解有机碳的浓度一起组成水体中的总浓度。

如果没有可靠的数据直接确定水体中目标化学物质的自由溶解态分数，建议可使用以下公式来估算自由溶解态分数：

$$f_{fd} = \frac{1}{[1 + (POC \cdot K_{ow}) + (DOC \cdot 0.08 \cdot K_{ow})]}$$

式中，POC 为水体中颗粒性有机碳的浓度，以 kg/L 计；DOC 为水体中溶解有溶解机碳的浓度，以 kg/L 计；K_{ow} 为目标化学物质的正辛醇–水分配系数。

计算非离子有机化学物质的生物体基线 BAF_l^{fd} 也要求，可通过同一生物体组织中的脂质分数（lipid fraction，f_l）标准化用于确定现场实测 BAF_T^t 的生物体组织中的化学物质总浓度。

非离子有机化学物质的生物累积作用研究中一般应包含脂质分数 f_l。如果 BAF 研究中没有测量生物体的脂质分数，可以采用以下公式计算生物脂质分数：

$$f_l = \frac{M_l}{M_t}$$

式中，M_l 为指定生物物种组织中的脂质质量；M_t 为指定生物物种组织的质量（可湿重）。

确定目标化学物质生物体基线 BAF_l^{fd} 的第二种方法是使用 BSAF。对于鱼类生物组织和沉积物中目标物质浓度可以检测，但当在水中难以检测或精确测量的化学物质，可适合采用 BSAF 方法。

生物体基线 BAF_l^{fd} 可由以下公式计算：

$$(基线\ BAF_l^{fd})_i = (BSAF)_i \frac{(D_{i/r})(\prod_{socw})_r (K_{ow})_i}{(K_{ow})_r}$$

式中，（基线 BAF_l^{fd}）$_i$ 为目标化学物质"i"基于自由溶解态和脂质标准化的 BAF；

（BSAF）$_i$ 为目标化学物质"i"的 BSAF；$(\prod_{socw})_r$ 为参考化学物质"r"在沉积物中有机碳与水中自由溶解态浓度的比值；$(K_{ow})_i$ 为目标化学物质"i"的辛醇–水分配系数；$(K_{ow})_r$ 为参考物质"r"的辛醇–水分配系数；$D_{i/r}$ 为目标化学物质"i"和参考化学物质"r"的 $\prod_{socw}/K_{ow}$ 的比值（通常选择使 $D_{i/r}=1$）。

应使用上述公式，结合生物体内脂质标准化的化学物质浓度（C_l）和表层沉积物样品中化学物质的有机碳标准化浓度（C_{soc}），可计算 BSAF：

$$BSAF = \frac{C_l}{C_{soc}}$$

脂质标准化浓度（lipid-normalized concentration）：生物体内化学物质的脂质标准化浓度可由以下公式计算

$$C_l = \frac{C_t}{f_t}$$

式中，C_t 为化学物质在生物体组织内的浓度（μg/g）；f_t 为生物体的脂肪组织含量分数。

有机碳标准化浓度（organic carbon-normalized concentration）：一般水体的底泥沉积物中化学物质的有机碳标准化浓度可计算公式为

$$C_{soc} = \frac{C_s}{f_{oc}}$$

式中，C_s 为化学物质在沉积物中的浓度（μg/g）；f_{oc} 为水体底泥沉积物中有机碳分数。

一般化学物质的水体沉积物–水分配系数计算公式为

$$\left(\prod_{socw}\right)_r = \frac{(C_{soc})_r}{(C_w^{fd})_r}$$

式中，$(C_{soc})_r$ 为底泥沉积物中参考化学物质的有机碳标准化浓度；$(C_w^{fd})_r$ 为水中参考化学物质的自由溶解态浓度。

可选用与目标化学物质 $(\prod_{socw})/(K_{ow})$ 的值相近的化学物质作为参考物质。

一般采用现场实测 BSAF 预测生物体基线 BAF_l^{fd} 时，应满足以下要求。

1）参考化学物质和目标化学物质的相关数据应该来源于特定水体的同一个水生态系统的生物–水–沉积物数据库。

2）参考化学物质和目标化学物质在水生态系统的水和沉积物中应具有相似的理化性质和持久性。

3）参考化学物质和目标化学物质的水生态影响历史应该相似。

4）使用多个参考化学物质确定 $(\prod_{socw})_r$ 是理想的，但当数据有限时，可以使用单一参考物质。

5）一般情况下，表层沉积物样品应该来自沉积物均匀沉降的特定区域，代表典型生物生境表层沉积物的平均情况。

使用目标化学物质的实验室实测 BAF_T^t（即，基于目标物质在生物体组织和水中总浓度的 BCF）和 FCM 预测生物体基线 BAF_l^{fd}。

实验室实测 BAF_T^t 可通过以下公式计算基线 BAF_l^{fd}：

$$BAF_l^{fd} = (FCM) \cdot \left[\frac{BCF_T^t}{f_{fd}} - 1\right] \cdot \left(\frac{1}{f_l}\right)$$

式中，基线 BAF_l^{fd} 为基于目标物质在水中自由溶解态和在生物体中脂质标准化表示的 BAF；实测 BAF_T^t 为基于生物组织和水中总浓度的 BCF；f_l 为生物组织内的脂质分数；f_{fd} 为测试用水中化学物质的自由溶解态分数；FCM 适当现场数据的水生态食物链倍增系数。

实验室实测 BCF_T^t 可使用典型生物体组织内的化学物质总浓度和实验室测试用水中化学物质总浓度进行计算。按照以下公式可推导实测 BCF_T^t：

$$BCF_T^t = \frac{C_t}{C_w}$$

式中，C_t 为特定生物体组织（湿重）中化学物质的总浓度；C_w 为实验室试验用水中化学物质的总浓度。

一般实验室实测 BCF_T^t 的数据可靠性标准包括以下几个方面。

1）受试典型水生物应健康无病、未受化学物质污染影响。

2）应测量水中化学物质的总浓度，并且该浓度在暴露期间应相对恒定。

3）建议模拟自然水生态系统，可使用流水式或半静态方式将试验生物暴露于目标化学物质。

4）用于标准化 BCF_T^t 的生物体脂肪组织的百分数应采用实测值，或者是可靠的推算值。

5）应实测或可靠地估算试验用水中颗粒有机碳和溶解性有机碳的浓度。

6）用于推算实验室测定 BCF_T^t 的生物物种应是我国流域或水体中具有普遍代表性的本土食用水生生物。

7）计算 BCF_T^t 应该适当考虑生物的生长稀释问题，对于一些难溶的化学物质，试验生物的生长稀释问题可能对 BCF_T^t 的确定有特别影响。

8）建议采用的测试方法如《化学品生物浓缩半静态式鱼类试验》（GB/T 21858—2008）。

9）应该考虑目标化学物质的 K_{ow} 值，并以此确认 BCF 数据的可用性。

10）当由实验室实测 BCF_T^t 推导的生物体基线 BAF_l^{fd} 随着测试溶液中化学物质浓度的升高而持续增大或减小时，建议选择与《渔业水质标准》（GB 11607—1989）相关指标较相符的测试浓度开展试验来确定 BCF_T^t。

一般 FCM 反映化学物质在食物网中生物放大趋向，$\lg K_{ow}$ 为 4.0～9.0 的有机化学物质，其 FCM 值常大于 1.0。

现场实测 FCM（field-derived FCMs）：现场实测 FCM 是推算无机物和有机金属化合物的 FCM。建议采用适当的捕食与被捕食生物物种体内的非离子有机化学物质的脂质标准化浓度来计算现场实测 FCM，可使用以下公式：

$$FCM_{TL2} = (BMF_{TL2})$$
$$FCM_{TL3} = (BMF_{TL3})(BMF_{TL2})$$
$$FCM_{TL4} = (BMF_{TL4})(BMF_{TL3})(BMF_{TL2})$$

式中，FCM_{TL2}、FCM_{TL3}、FCM_{TL4}分别为指定水生态营养级的食物链倍增系数（第2、3、4营养级）；BMF_{TL2}、BMF_{TL3}、BMF_{TL4}分别为指定水生态营养级的生物放大因子（第2、3、4营养级）。

对于非离子型有机化学物质，可以从同样水体的水生生物体中残留浓度计算BMF，可根据以下公式：

$$BMF_{TL2} = (C_{l,TL2})/(C_{l,TL1})$$
$$BMF_{TL3} = (C_{l,TL3})/(C_{l,TL2})$$
$$BMF_{TL4} = (C_{l,TL4})/(C_{l,TL3})$$

式中，$C_{l,TL2}$、$C_{l,TL3}$、$C_{l,TL4}$分别为处于特定食物链营养级的适宜生物物种组织内化学物质的标准化脂质浓度（第2、第3或第4营养级）。

通常现场实测FCM应符合以下程序和质量保证要求。

1）需要确定FCM的试验水体，应有用于鉴定水生生物食物链营养级和适当的捕食-被捕食关系的调查资料分析。

2）每个食物链营养级的典型水生生物样品应能反映通过消费水生生物导致人体暴露的最典型途径。

3）推导FCM的试验研究应能确定生物样品的采集和分析使用了适宜、灵敏、准确的科学方法。

4）应能实测或可靠地估计用于确定FCM的生物体脂质的百分含量。

5）目标物质在生物体脂肪组织中的浓度应是在典型生物物种体内达到稳态后的平均暴露量。

一般用K_{ow}和FCM预测生物体基线BAF_l^{fd}时，假设K_{ow}等于基线BCF_l^{fd}。基线BAF_l^{fd}推导公式：使用目标化学物质的K_{ow}值和FCM计算生物体基线BAF_l^{fd}，可用公式：

$$基线\ BAF_l^{fd} = (FCM) \cdot (K_{ow})$$

式中，基线BAF_l^{fd}为指定食物链营养级基于自由溶解和脂质标准化的BAF；FCM为从适当水体的现场数据得出的营养级的FCM（用于程序1）；K_{ow}为辛醇-水分配系数。

（4）选择最终基线BAF_l^{fd}

建议最终生物体基线BAF_l^{fd}数据的优先顺序为：①现场实测BAF推导的生物体基线BAF_l^{fd}；②现场实测BSAF推导的预测基线BAF_l^{fd}；③实验室实测BCF和FCM预测的基线BAF_l^{fd}；④从K_{ow}和FCM预测的生物体基线BAF_l^{fd}。

一般选择最终生物体基线BAF_l^{fd}应遵循以下步骤和指导。

第1步，计算物种平均（species-mean）基线BAF_l^{fd}：当指定生物物种存在多个可接受的基线BAF_l^{fd}情况时，可计算所有可用个体生物基线BAF_l^{fd}的几何平均值作为物种的平均基线BAF_l^{fd}。

第2步，计算食物链营养级平均基线BAF_l^{fd}：当指定食物链营养级存在多个可接受的物种平均基线BAF_l^{fd}的情况时，可根据所有可用物种平均基线BAF_l^{fd}的几何平均值计算食物链营养级平均基线BAF_l^{fd}。

第3步，选择每个营养级的最终基线BAF_l^{fd}：对于生态食物链的每个营养级，使用专家判断选择最终基线 BAF_l^{fd} 时需要考虑：①数据优先层次；②使用不同方法推导出营养级平均基线 BAF_l^{fd} 的相对不确定性；③所采用方法的证据权重。

（5）计算国家 BAF

将目标化学物质的最终生物体基线 BAF_l^{fd} 转换为国家本土种 BAF 时，需要以下信息：①鱼类等人群典型消费的水生物物种的脂质百分比；②关注本土流域水环境中目标物质的预期自由溶解态分数。对于每一个水生态营养级，可按照公式计算国家 BAF，主要推导过程见图3-19。

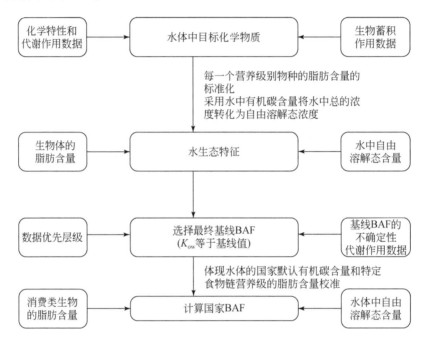

图 3-19 一般目标化学物质的 BAF 推导

水体中目标物质的国家 BAF 计算方法见公式：

$$国家 BAF_{(TLn)} = \left[(最终基线 BAF_l^{fd})_{TLn} \cdot (f_l)_{TLn} + 1 \right] \cdot (f_{fd})$$

式中，$(最终基线 BAF_l^{fd})_{TLn}$ 为营养级 "n" 基于自由溶解态和脂质标准化表示的最终营养级–平均生物体基线 BAF；$(f_l)_{TLn}$ 为处于营养级 "n" 的水生物种的脂肪分数；f_{fd} 为水中全部自由溶解态化学物质的分数。

通常国家流域水体中普遍消费的水生物种的脂质含量也可称为国家默认脂质数值：即典型水生物（鱼类）脂质分数的国家默认值，现阶段我国调查为：第2营养级生物为1.9%，第3营养级生物为2.6%，第4营养级生物为3.0%。

自由溶解态分数：在制定人体健康水质基准过程中，应该将目标化学物质的自由溶解态生物体基线 BAF_l^{fd} 乘以水体中目标物质自由溶解态分数的期望值 f_{fd} 来推算国家 BAF，其中 f_{fd} 的推算如公式所示：

$$f_{fd} = \frac{1}{\left[1 + (POC \cdot K_{ow}) + (DOC \cdot 0.08 \cdot K_{ow}) \right]}$$

式中，POC 为颗粒性有机碳浓度的国家默认值（kg/L）；DOC 为溶解性有机碳浓度的国家默认值（kg/L）；K_{ow} 为化学物质的辛醇−水分配系数。

（6）过渡期 BCF 的确定方法

实际中一般以鱼虾贝类等水生物的可食用脂肪组织中目标物质及其代谢产物的浓度来计算用于人体健康水质基准推导的 BCF 值，当现阶段缺乏流域本土鱼虾贝类生物生物累积作用数据时，也可以通过文献检索来搜集分析相关 BCF 数据、实验室实测BCF、结合现场采样和实验室分析，确定 BAF 或 BSAF 用于基准推算。

（7）最少数据需求和审核原则

通常水环境的生物累积作用数据可以从国内外公开发表的学术论文和研究报告、可信度高的生态毒理学数据库中，搜集目标物质在鱼虾贝类等水产品中的水生物累积作用数据。

1）应该收集目标化学物质在水生动物和植物中出现和累积的数据，并分析审查其代表性、充分性、适当性、准确性。

2）应用全面的文献检索策略搜集本土水生态系统的生物累积作用的相关数据。

3）筛选数据都应该包含充分的支持信息，以表明其使用了可以接受的测定方法并且结果科学可靠，有些情况从调查人员获得额外的书面信息也可能是适当的。

4）可疑的数据，不论是发表的或未发表的，应该不予采用。

一般不应采用或应舍弃的数据有：

1）文献中未注明采用的国家标准试验方法或国际组织、发达国家公布的标准试验指南规范。

2）没有对照组的试验数据、对照组中生物大量死亡或者表现出受到胁迫或发生疾病、稀释水为蒸馏水或去离子水的数据。

3）没有提供受试物质必要纯度、没有测试浓度质控要求、没有混合物制剂浓度、助溶剂等浓度控制信息的数据。

4）受试生物在试验前暴露于高浓度的受试物质或其他污染物的数据。

5）如果用于计算实验室实测 BCF 的受试生物有可见不良效应，一般不采用。

一般数据筛选原则如下：

1）受试物质测量浓度达到稳态或持续 28 天的生物浓缩试验，可使用实验室实测BCF 数据。

2）已知在水生生物的栖息水体中，目标物质浓度长期保持恒定，可使用现场实测 BAF。

3）如果现场实测 BAF 总低于或高于实验室实测 BCF，可使用现场实测 BAF。

4）对于脂溶性目标物质的 BCF，应同时测量受试生物组织中的脂肪百分含量。

5）以生物体组织干重计算的 BCF 应转化为组织湿重的 BCF，一般鱼类和无脊椎动物乘以 0.2。至少获得一个可接受的水生动物物种的 BCF 值。

根据化学物质的脂溶性和现有生物浓缩数据，估算 BCF 加权平均值有三种方法。

方法 1：一般调查设定淡水与河口区水体中鱼虾贝类可食用部分脂肪含量的加权均值为 3%。对于脂溶性化合物，鱼虾贝类 BCF 可以用脂肪含量加权均值进行校准；对于多种脂溶性化学物质，至少分组内有一个物质的 BCF 值要测量受试生物的脂肪百分含量。

方法 2：当无适当 BCF 时，对于脂肪含量大约为 7.6% 的水生生物，可采用正辛醇水分配系数 K_{ow} 估算 BCF，计算公式为

$$\log BCF = (0.85 \log P) - 0.70$$

方法 3：对于非脂溶性化学物质，可根据摄入量权重来计算消费鱼虾贝类生物体的 BCF 的加权均值，确定流域区域人群普通膳食的代表性 BCF 加权均值。

3.3.5.6 人体健康水质基准制定

（1）仅摄入饮用水（W）的水质基准制定

1）非致癌性物质的人体健康水质基准（WQC_W）计算如公式所示：

$$HHWQC_W = RfD \times RSC \times \frac{BW}{DI} \times 1000 \mu g/mg$$

式中，RfD 为非致癌物毒性参考剂量，$mg/(kg \cdot d)$；BW 为成年人平均体重，中国为 60.6kg；DI 为成年人每日平均饮水量，中国为 1.85L/d；RSC 为相关源贡献。

2）致癌性物质的人体健康水质基准（WQC_W）计算方法如下。

Ⅰ．非线性致癌物 W 基准计算公式：

$$HHWQC_W = \frac{POD}{UF} \times \frac{BW}{DI} \times 1000 \mu g/mg$$

Ⅱ．线性致癌物基准计算公式：

$$HHWQC_W = \frac{ILCR}{CSF} \times \frac{BW}{DI} \times 1000 \mu g/mg$$

式中，CSF 为致癌斜率因子，$kg \cdot d/mg$；ILCR 为终身增量致癌风险，采用 10^{-6}；DI 为成年人每日平均饮水量，中国为 1.85L/d。

（2）同时摄入饮用水和鱼类（$W+F$）的水质基准制定

1）非致癌物的 $W+F$ 的人体健康水质基准计算公式如下。

$$HHWQC_{W+F} = RfD \times RSC \times \frac{BW}{DI + \sum_{i=2}^{4}(FI_i + BAF_i)} \times 1000 \mu g/mg$$

式中，RfD 为非致癌物参考剂量，$mg/(kg \cdot d)$；BW 为成年人平均体重，中国为 60.6kg；DI 为成年人每日平均饮水量，中国为 1.85L/d；FI_i 为成年人每日对第 i 营养级鱼虾贝类平均摄入量，中国为 29.6g/d；BAF_i 为第 i 营养级鱼虾贝类生物累积系数，L/kg；RSC 为相关源贡献。

2）致癌性物质的 $W+F$ 的人体健康水质基准计算方法如下。

Ⅰ．非线性致癌物的 $W+F$ 基准计算如公式：

$$HHWQC_{W+F} = \frac{POD}{UF} \times \frac{BW}{DI + \sum_{i=2}^{4}(FI_i \times BAF_i)} \times 1000 \mu g/mg$$

Ⅱ. 线性致癌物的 W+F 基准计算如公式:

$$HHWQC_{W+F} = \frac{ILCR}{CSF} \times \frac{BW}{DI + \sum_{i=2}^{4}(FI_i \times BAF_i)} \times 1000\mu g/mg$$

式中,CSF 为致癌斜率因子,kg·d/mg;ILCR 为终身增量致癌风险,采用 10^{-6};DI 为成年人每日平均饮水量,中国为 1.85L/d;FI 为成年人每日对第 i 营养级鱼虾贝类平均摄入量,中国为 29.6g/d;BAF 为第 i 营养级鱼虾贝类生物累积系数,L/kg。

(3) 仅摄入鱼虾贝类 (F) 的水质基准制定

1) 非致癌物的 F 的人体健康水质基准计算公式如下。

$$HHWQC_F = RfD \times RSC \times \frac{BW}{\sum_{i=2}^{4}(FI_i \times BAF_i)} \times 1000\mu g/mg$$

式中,RfD 为非致癌物参考剂量,mg/(kg·d);BW 为成年人平均体重,中国为 60.6kg;FI 为成年人每日对第 i 营养级鱼虾贝类平均摄入量,中国为 29.6g/d;BAF 为第 i 营养级鱼虾贝类生物累积系数,L/kg;RSC 为相关源贡献。

2) 致癌物的 F 的人体健康水质基准计算方法如下。

Ⅰ. 非线性致癌物的 F 基准计算公式为

$$HHWQC_F = \frac{POD}{UF} \times \frac{BW}{\sum_{i=2}^{4}(FI_i \times BAF_i)} \times 1000\mu g/mg$$

Ⅱ. 线性致癌物的 F 基准计算公式为

$$HHQWC_F = \frac{ILCR}{CSF} \times \frac{BW}{\sum_{i=2}^{4}(FI_i \times BAF_i)} \times 1000\mu g/mg$$

式中,CSF 为致癌斜率因子,kg·d/mg;ILCR 为终身增量致癌风险,采用 10^{-6};DI 为成年人每日平均饮水量,中国为 1.85L/d;FI 为成年人每日对第 i 营养级鱼虾贝类平均摄入量,中国为 29.6g/d;BAF 为第 i 营养级鱼虾贝类生物累积系数,L/kg。

3.3.6　流域河口水质基准制定方法技术

流域的入海河口水体是陆地和海洋之间的水生态交错带及淡、咸水的混合交换带水域。在我国 1.8×10^4 km 的大陆海岸线上分布着大小不等的河口 1800 多个,其中河流长度在 100km 以上的河口就有 60 多个。河口区域水生态系统是许多淡咸水生物物种繁殖、育幼和栖息的场所,是溯河和降海特征水生物洄游的必经之路。同时,河口受陆地和海洋的双重影响,对于自然变化和人类活动的影响十分敏感。河口水域通常位于经济发达、人口众多、城市化程度高的地区,社会经济活动产生的大量污染物给河口及近海水域也会造成较大压力。一方面,重金属等有毒有害污染物通过陆地流域水系进入河口区域可能对淡咸水混合带水生生物造成危害影响;另一方面,氮、磷等流域营养物质可能大量输入造成河口及近海水域的富营养化压力加剧。有时过量的氮、磷等营养物排放会引起河口近海水体中藻类过度增殖而爆发"赤潮"现象，并可能引起水生生物的中毒或死亡危害。

对于河口区域水体的水环境保护，我国目前尚未形成较成熟的水质基准和标准技术，现行的《地表水环境质量标准》（GB 3838—2002）和《海水水质标准》（GB 3097—1997）均不完全适用于河口区域。因此，针对我国河口及沿海近岸区域水环境中的有毒有害污染物及可能的氮磷等营养盐污染，亟须建立相应的水质基准制定推导方法技术，科学确定我国河口水体中污染物质的水环境质量基准与相关标准阈值，对保护河口及沿海近岸水体等淡、咸水混合带水生态系统，有效开展我国河口区水环境质量评价和水生态风险评估均有重要意义。

3.3.6.1 流域河口水生生物基准制定方法

（1）河口水生生物水质基准制定程序

水生生物基准的推导包括下列 5 个步骤（图 3-20），具体如下：

第 1 步，基准优控污染物质名单的筛选确定。

第 2 步，河口水质基准本土测试物种筛选确定。

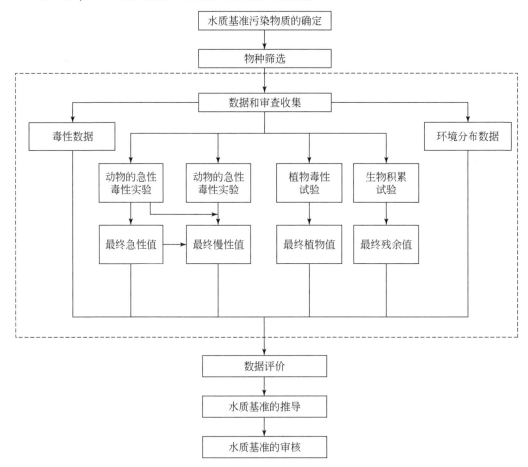

图 3-20　流域河口保护水生生物的水质基准推导步骤

第3步，水生生物毒性数据的收集与有效性筛选。

第4步，河口水生生物水质基准推导。

第5步，河口水生生物水质基准检验审核。

（2）河口优控污染物的筛选确定

Ⅰ. 优控污染物筛选

用于制定河口水体中保护水生生物水质基准的优控污染物名单筛选步骤如图3-21所示．

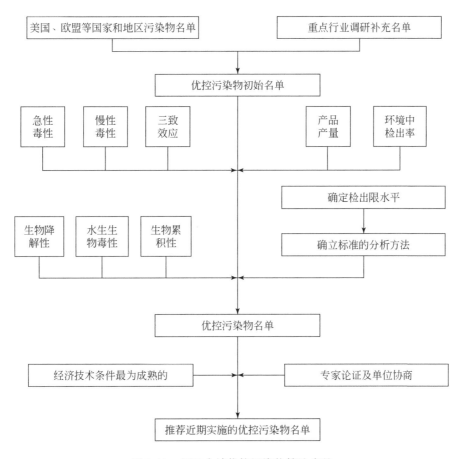

图3-21　河口水域优控污染物筛选步骤

河口水体中优控污染物筛选应遵循以下原则：

1）优先选择的污染物应具有较大的生产量、使用量和排放量。

2）污染物普遍存在于河口水体，具有较高检出率，水环境中浓度及稳定性较高。

3）筛选水生态危害性大，水环境中难降解、易生物积累，对水生生物或人体毒性大的污染物。

4）优先筛选已具备一定研究与监测积累基础，可开展管理应用的定性与定量检测的污染化学物质。

5）可采取分类分期的措施，建立流域河口水体中优控污染物筛选名单。

Ⅱ. 河口水生生物基准污染物项目名单的确定

用于制定河口水生生物基准的污染物质项目，其筛选一般应满足以下要求：

1）目标物质在多数河口自然水体中能够检出，或通过模型方法预测其可能普遍存在，并具有较大的潜在生态危害或风险。

2）目标物质的物理化学性质及其水环境行为参数较明确可得。

3）目标物质有明确有效的分析检测方法。

4）当目标物质在水中以多种离子形式存在时，一般可视为同一种物质。

5）当目标污染物质的同系物较多时，一般可进行优先度排序分析，明确主要监管污染物质的危害性。

（3）河口水生生物基准受试生物筛选

Ⅰ. 水生物种来源

基准受试物种应包括水体中不同营养级别的生物物种，一般包括三类：国际通用模式物种，并在我国河口水体中有广泛分布；本土或本地代表性物种；已本土化生长的代表性外来物种。

针对我国珍稀或濒危物种、特有物种，应根据国家野生动物保护的相关法规选择性使用，通常本土珍稀或濒危物种，由于不具有生态学适应性强、分布广的代表性，一般不建议作为基准受试物种。

Ⅱ. 受试物种筛选原则

受试物种筛选应按照以下原则：

1）受试物种在河口区域水体分布较广泛，在实验室养殖条件下能够较容易驯养、繁殖并获得足够的数量，或在某一河口范围内有充足的资源，确保有大量均匀的水生物个体可供实验比对分析。

2）受试物种对污染物质应具有较高的敏感性及毒性终点反应的一致性。

3）受试物种的毒性反应有较规范的测试终点和方法。

4）受试生物应是河口水生态系统的组成部分和生态功能类群的代表性物种，能充分代表河口水体中主要水生态营养级别及其关联性。

5）受试水生物应具有相对丰富的生物学资料。

6）应考虑受试物种的试验适用性，如个体大小和生活史长短。

7）受试物种在人工养殖时，应可保持生物学遗传性状的稳定性。

8）当采用野外捕获物种进行毒性测试时，应分析受试生物是否接触过目标污染物质，去除污染物对野生生物可能的敏感性钝化影响。

Ⅲ. 推导水生生物基准的物种和数据要求

用于推导河口水质基准的水生生物物种一般应至少涵盖河口水体中 3 个营养级的生物物种，如：水生植物-初级生产者、无脊椎动物-初级消费者，以及脊椎动物-次级消费者。物种选择一般要求如下：

1）硬骨鱼纲中的舌鳎科。

2）硬骨鱼纲中除舌鳎科以外的第 2 个科，在商业或者娱乐经济上重要的物种，如鰕虎鱼科、青鳉科等的鱼类。

3）脊索动物门中的第 3 个科，如硬骨鱼纲。

4）浮游动物中节肢动物门的一科，如：枝角类、桡足类等。

5）浮游动物中轮虫动物门的一科，如臂尾轮科等。

6）底栖动物中节肢动物门的另一科，如介形亚纲动物、端足类动物等。

7）其他门中的上述未涉及的科，如软体动物或环节动物等。

8）至少一种最敏感的水生植物或浮游藻类植物。

当毒性数据不足时，该数据应至少满足以下要求。

物种应该至少涵盖 3 个营养级：水生植物-初级生产者、无脊椎动物-初级消费者，以及脊椎动物-次级消费者。

河口水生生物物种应该至少包括 5 个：1 种硬骨鲤科鱼、1 种硬骨非鲤科鱼、1 种浮游生物、1 种底栖生物、1 种水生植物。

当毒性数据不能满足以上最低数据要求时，可采用以下处理：

1）进行相应的水生态环境毒理学实验补充相关数据。

2）对于模型预测获得的毒性数据，经验证后可作为参考数据。

3）当慢性毒性数据不足时，可采用急慢性比推导长期基准值。急慢性比数据的获得至少应包括同样实验条件下 3 个河口物种（一种鱼类、一种无脊椎动物、一种对急性暴露敏感的藻类物种）的急、慢性数据。如果植物是对毒物最敏感的水生生物之一，也可以直接使用其他门的植物测试结果。

应当注意的是，要根据物种拉丁名和英文名等检索物种的中文名称和区域分布情况，剔除非中国物种（如白鲑、美国旗鱼等），或不能在河口水体生存的物种（如中国圆田螺、中国林蛙等）。此外，应注意多数河口区域水体中的生物有部分生活阶段位于河流淡水区或沿海咸水区的特征，主要考虑生物在河口淡咸水混合区的生活阶段，其余生活史阶段一般可不计入河口水生生物基准范围。

（4）河口生物毒性数据的收集和处理

Ⅰ．数据来源

数据主要包括河口水生生物毒性数据、水体理化参数数据、物质固有的理化性质数据和水生态特征数据等。主要数据来源有：国内外毒性数据库、本土物种实测数据、公开发表的文献和报告资料。

Ⅱ．数据可靠性判断和分级

为保障河口水生生物基准推导的科学性，需要对毒性数据的可靠性进行评价。毒性数据可靠性的判断依据主要包括：

1）是否使用国际、国家标准测试方法和行业技术标准，操作过程是否遵循良好实验室规范（good laboratory practice，GLP）或符合相关检测质控要求。

2）对于非标准测试方法的实验，所用实验方法是否科学合理。

3）实验过程和结果的描述是否详细，相关化学物质浓度监控检测是否明确。

4）采用文献是否提供原始试验数据，相关试验质量控制措施是否实施。

毒性数据的可靠性一般可分为 4 个等级，如下。

1）无限制可靠数据：一般数据来自 GLP 及实验室认可体系，或数据产生过程完全符合实验准则《水质 物质对蚤类（大型蚤）急性毒性测定方法》（GB/T 13266—91）、《水质 物质对淡水鱼（斑马鱼）急性毒性测定方法》（GB/T 13267—91）、《GB/T 21766—2008 化学品 生殖/发育毒性筛选试验方法》（GB/T 21766—2008）、《化学品 藻类生长抑制试验》（GB/T 21805—2008）、《化学品 鱼类幼体生长试验》（GB/T 21806—2008）、《化学品 鱼类胚胎和卵黄囊仔鱼阶段的短期毒性试验》（GB/T 21807—2008）、《化学品 鱼类延长毒性 14 天试验》（GB/T 21808—2008）、《化学品 溞类急性活动抑制试验》（GB/T 21830—2008）、《化学品 鱼类早期生活阶段毒性试验》（GB/T 21854—2008）、《化学品 稀有鮈鲫急性毒性试验》（29763—2013）、《化学品 青鳉鱼早期生命阶段毒性试验》（GB/T 29764—2013）。

2）限制性可靠数据：数据产生过程不完全符合试验准则，但有充足的证据表明数据可用。

3）不可靠数据：数据产生过程与实验准则有冲突或矛盾，没有充足的证据证明数据可用，实验过程不能令人信服或不能被判断专家所接受。

4）不确定数据：未提供足够的试验细节，无法判断数据可靠性，通常不能采用。

Ⅲ. 可靠性数据筛选方法

用于水生生物基准制定的数据，应主要采用无限制可靠数据和限制性可靠数据，其筛选应该符合以下规定。

实验过程中应严格控制实验条件，宜维持在受试物种的最适生长范围之内，其中溶解氧饱和度大于60%，总有机碳或颗粒物的浓度不超过 5mg/L。

所选数据的试验方法与标准实验方法一致，并具有明确的测试终点、测试时间、测试阶段、暴露类型、数据来源出处等。如实验用水应采用标准稀释水，一般不用蒸馏水和去离子水；实验过程中各理化参数应严格控制，通常对于以单细胞微型动物作为受试物种、生物体外试验数据或细胞水平的生化大分子指标等效应终点的试验数据及经验性类比模型推测毒性数据，由于此类数据或物种毒性终点效应的不确定性较大，毒性数据的重复性或客观比对性较差，通常不应用作推导水质基准阈值。

实验必须设置对照组（空白组、溶剂对照组等），如果对照组中的受试生物出现胁迫、疾病和死亡的比例超过10%，不得采用该数据。

采用模拟水生态系统的流水式、半静态或静态实验获得的化学物质毒性数据。

在急性毒性试验中，当受试生物为溞类动物时，试验水溞的龄期一般应小于 24 小时；我国水生生物的试验期一般可以 24～96 小时的 LC_{50} 或 EC_{50} 表示，如同一种鱼类实验如果有96 小时数据时，弃用24 小时，48 小时及72 小时数据。急性毒性试验期间不喂食。

在慢性毒性试验中，我国水生生物的慢性毒性指标保留数据为 7～14 天以上 EC_{50} 或 LC_{50} 毒性测试终点值，也可采用 NOEC 或 LOEC 慢性毒性测试终点值。如大型溞或鱼有 21～28 天的数据结果时，弃用 14 天和其他较短测试时间的数据。

当实验物种为藻类时，急性毒性试验结果应以 96 小时 LC_{50} 或 EC_{50} 来表示；当实验物种为水生维管束植物时，可采用慢性毒性试验，试验结果应用较长期（1～6 个月）的 LC_{50} 或 EC_{50} 来表示。

生物富集实验可优先考虑流水条件进行，并且试验时间应持续到明显的稳定阶段或 28 天，试验结果一般用生物富集因子（BCF）或生物累积因子（BAF）表示。

同种或同属生物物种的急性毒性数据如果差异过大，应被判断为有疑点的数据而谨慎使用；若同种或同属的试验生物的毒性数据相差 10～100 倍以上，则需分析考虑试验数据的有效性。

分别对急性、慢性毒性测试终点值进行数据筛选，一般应考虑删除相同物种测试终点值中的异常数据点，即偏离平均值 1～2 个数量级的离群数据。

（5）河口水生生物基准推导

推荐采用物种敏感性发布曲线法（简称 SSD 法）推导水生生物基准。首先检验所获得毒性数据的正态性，然后使用统计模型将污染物浓度和物种敏感性分布的累积概率进行拟合分析，计算可以保护大多数物种的污染物浓度，通常采用 5% 物种受危害的浓度，即 HC_5 表示，或称作 95% 保护水平的浓度。

急性水质基准值（acute water quality criteria，AWQC）的计算具体步骤为包括以下 6 个步骤。

第 1 步，毒性数据分布检验。

将筛选所得目标物质的所有物种的毒性数据进行正态分布检验（如 K-S、t 检验）；若不符合正态分布，应进行数据变换（如对数归一性变换）后重新校验分析。

第 2 步，累计频率计算。

将所有物种的最终毒性值按从小到大的顺序进行排列，并且给其分配等级 R，最小的最终急性毒性值等级为 1，最大的最终急性毒性值等级为 N，依次排列，如果有两个或两个以上物种的毒性值相等，那么将其任意排成连续的等级，计算每个物种的最终急性值的累积频率，计算公式如下：

$$P = \frac{R}{N+1} \times 100\%$$

式中，P 为累积频率，%；R 为物种排序的等级；N 为物种的个数。

第 3 步，模型拟合与评价。

推荐使用逻辑斯谛分布、三角函数分布、正态分布、对数正态分布和极值分布等模型进行物种毒性数据拟合。

根据模型的拟合优度参数，分别评价这些模型的拟合度。最终选择的分布模型应能充分描绘数据分布情况，确保采用数据拟合的 SSD 曲线，推导得出的水生生物基准在水生态统计学上具有合理性与可靠性。

第 4 步，水生生物基准推导。

采用 SSD 曲线上累积频率为 5% 所对应的浓度值为 HC_5，除以评价因子（assessment factor，AF），即可确定最终的河口水生生物基准。应考虑：此方法应选用代表性敏感水生物物种的毒性数据，对于一些较敏感物种，可搜集其毒性数据再计算并取其几何平均值；AF 值的确定需要根据目标物质的理化性质、生物蓄积性等数据作为参考来确定，取值范围一般为 10～1000，应用可参照表 3-10。

表 3-10　毒性数据与 AF 之间的关系

等级	有效的毒性信息	AF
PNEC-A4	至少 3 个可代表三个营养层次的物种（通常为鱼、水蚤和藻）的长期慢性数据 NOEC	10
PNEC-A3	可代表两个营养层次的物种（鱼和水蚤或鱼和藻）的长期慢性数据 NOEC	50
PNEC-A2	一个长期慢性数据 NOEC（鱼或水蚤）	100
PNEC-A1	至少 3 个可代表三个营养层次的物种（通常为鱼、水蚤和藻）的短期急性数据 L（E）C50	1000

推导的保护水生生物急性水质基准值可作为河口水质基准高值（high estuary quality criterion，HEQC），慢性水质基准值（chronic water quality criteria，CWQC）有两种计算方式：

1）当有足够的慢性数据用于拟合模型时，可使用上述推导 AWQC 的方法；使用 FACR 法。

2）当数据不足时，采用最终急慢性比率（final acute chronic ratio，FACR）法进行数据推算，公式为

$$CWQC = AWQC/FACR$$

式中，FACR 为最终急慢性比率，用 3 个科生物的急慢性比（ACR）计算。3 个科要符合以下要求：①至少一种是鱼；②至少一种是无脊椎动物；③推导河口水生生物基准时，至少一种是急性敏感的河口物种。

第 5 步，世界卫生标准推导。

河口水质基准低值（low estuary quality criterion，LEQC）包括保护水生生物安全基准（$LEQC_{bio}$）和食品卫生基准（$LEQC_{food}$），推导的慢性基准值可作 $LEQC_{bio}$，$LEQC_{food}$ 计算公式如下：

$$LEQC_{food} = \frac{MPTC}{BCF}$$

式中，MPTC 为允许最大组织残留量，即食品卫生标准；BCF 为生物富集因子。

第 6 步，污染物的安全摄入量推导。

假定人类由于食用水产品而摄入的污染物占日允许总摄入量的 10%，并经调查假设我国人均水产品的摄入量为 115g/d，则

$$LEQC_{food} = \frac{0.1 \times TOX_{oral}}{0.115 \times BCF}$$

式中，TOX_{oral} 为污染物的日安全摄入量，μg/（kg·bw·d）；BCF 为生物富集因子。

需要注意的是，SSD 法要求有 5 个门类 8 种不同生物的毒性数据。这 5 个门类具体如下：①藻类（包括原生界的单细胞藻类）；②节肢动物门（甲壳类）；③脊索动物门（鱼类）；④软体动物门（贝类等）；⑤其他动物门的水生生物。

当特定污染物的毒性数据不能满足 SSD 法的要求时，选用评价因子法推导该污染物的水生生物基准。

（6）河口水生生物基准的审核

Ⅰ. 基准的自审核项目

水生生物基准的最终确定需要仔细审核基准推导所用数据，以及推导步骤，以确

保基准合理可靠，自审项目如下：①使用的毒性数据是否可被充分证明有效；②所有使用的数据是否符合数据质量要求；③物种对某一物质急性值的范围是否大于 10 倍；④对于任何一种物种，测定物质的流水暴露试验所得急性毒性数据是否低于短期基准；⑤对于任何一种物种，测定的慢性毒性值是否低于长期标准；⑥急性毒性数据中是否存在可疑数值；⑦慢性毒性数据中是否存在可疑数值；⑧急慢性比的范围是否合理；⑨是否存在明显数据异常；⑩是否遗漏其他重要数据。

Ⅱ. 基准的专家审核项目

基准的专家审核项目如下：①基准推导所用数据是否可靠；②物种要求和数据量是否符合水生生物基准推导要求；③基准推导过程是否符合技术指南；④基准值的得出是否合理；⑤是否有任何背离技术指南的内容并评估是否可接受。

（7）河口水生生物基准的应用

Ⅰ. 用于水环境标准的制修订

水生生物基准是制订水环境标准的基础，依据本标准制定出的水生生物基准可用于指导水环境标准的制修订。

Ⅱ. 用于环境质量评价与环境风险评估

水生生物基准是环境质量评价和风险评估的重要依据，依据本标准制定出的水生生物基准可用于水环境质量评价，以及环境污染物质环境风险评估。

Ⅲ. 用于应急事故管理和环境损害鉴定评估

水生生物基准为污染物质的应急事故管理和环境损害鉴定评估提供重要参考。当某一污染物质造成突发性污染事故，而又没有相应的水质标准作为参考时，此时污染物质的处理处置，以及损害鉴定评估可以参照其短期水质基准。

建议的我国河口近岸水生生物基准受试生物推荐名单如表 3-11 所示。

表 3-11 我国河口近岸水生生物基准受试生物推荐名单

序号	物种名称	物种拉丁名	门	纲	目	科	属
1	半滑舌鳎	*Cynoglossus semilaevis* Gunther	脊索动物门	鱼纲	鲽目	舌鳎科	舌鳎属
2	大菱鲆	*Scophthalmus maximus*	脊索动物门	辐鳍鱼纲	鲽亚目	菱鲆科	瘤棘鲆属
3	海洋青鳉鱼	*Oryzias latipes*	脊索动物门	硬骨鱼纲	鳉形目	青鳉科	青鳉属
4	大弹涂鱼	*Boleophthalmus pectinirostris*	脊索动物门	硬骨鱼纲	鲈形目	虾虎鱼科	大弹涂鱼属
5	马粪海胆	*Hemicentrotus pulcherrimus*	棘皮动物门	海胆经纲	正形目	球海胆科	马粪海胆属
6	海月水母	*Aurelia aurita*	刺胞动物门	钵水母纲	旗口水母目	羊须水母科	海月水母属
7	轮虫	*rotifer*	袋形动物门	轮虫纲			
8	菲律宾蛤仔	*Ruditapes philippinarum*	软体动物门	双壳纲	帘蛤目	帘蛤科	花帘蛤属
9	紫贻贝	*Mytilus edulis*	软体动物门	双壳纲	贻贝目	贻贝科	贻贝属
10	毛蚶	*Scapharca subcrenata*	软体动物门	双壳纲	列齿目	蚶科	毛蚶属
11	中华哲水蚤	*Calanus sinicus*	节肢动物门	桡足纲	哲水蚤目	哲水蚤科	哲水蚤属
12	日本虎斑猛水蚤	*Tigriopus*	节肢动物门	甲壳纲	猛水蚤目	猛水蚤科	虎斑猛水蚤属

序号	物种名称	物种拉丁名	门	纲	目	科	属
13	黑褐新糠虾	*Neomysis awatschensis*	节肢动物门	甲壳纲	糠虾目	糠虾科	新糠虾属
14	磷虾	*Euphausia*	节肢动物门	软甲纲	磷虾目	磷虾科	磷虾属
15	中国对虾	*Fenneropenaeus chinensis*	节肢动物门	甲壳纲	十足目	对虾科	对虾属
16	日本大螯蜚	*Grandidierella japonica*	节肢动物门	软甲纲	端足目	螺赢蜚科	大螯蜚属
17	河螺赢蜚	*Corophiumacherusicum*	节肢动物门	软甲纲	端足目	螺赢蜚科	螺赢蜚属
18	卤虫	*Brine Shrimp*	节肢动物门	鳃足纲	无甲目	卤虫科	卤虫属
19	浒苔	*Enteromorpha*	绿藻门	绿藻纲	石莼目	石莼科	浒苔属
20	三角褐指藻	*Phaeodactylum tricornutum Bohlin*	硅藻门	羽纹纲	褐指藻目	褐指藻科	褐指藻属
21	新月菱形藻	*Nitzschia closterium*	硅藻门	羽纹纲	双菱形目	菱形藻科	菱形藻属
22	中肋骨条藻	*Skeletonema costatum*	硅藻门	中心硅藻纲	圆筛藻目	骨条藻科	骨条藻属
23	叉边金藻	*Dicrateria inornata*	金藻门	金藻纲	金藻目	等鞭藻科	叉鞭金藻属
24	羊角月牙藻	*Selenastrum capricornutum*	绿藻门	绿藻纲	绿球藻目	小球藻科	月牙藻属

3.3.6.2 流域河口营养物基准制定方法

（1）河口营养物基准制定程序

河口营养物基准推导包括以下5个步骤，具体制定技术流程见图3-22：①河口分类；②数据收集与筛选；③营养物状态变量指标筛选；④营养物基准推导；⑤基准值的审核。

（2）河口水生态分类

河口水生态系统分类有助于不同河口生态系统之间的比较与管理，解决河口水域的"人为"富营养化问题是水质基准制定的主要目标，河口水域的生态分类一般主要为一级分类、二级分类及内部分区等内容。

Ⅰ. 一级分类

根据河口地貌特征可将河口分为溺谷型河口、峡湾型河口、潮流型河口、三角洲前缘河口、构造型河口和海岸潟湖河口等类型。其中，溺谷型河口由早期河谷填充而成，存在于高地貌海岸区；峡湾型河口主要形成于第四世纪海平面变化时，是高纬度区域用冰川冲刷形成，具有狭长、深度大、两岸陡峭的特点；潮流河口与大河体系联系在一起、受潮汐影响且通常在口门处存在未发育完全的盐度峰；三角洲前缘河口存在于受潮流作用或者受盐水入侵影响的三角洲区域；构造型河口形成于构造过程，如构造火山、火山作用、冰后回弹及地壳均衡这些更新世以来发生的构造过程；海岸潟湖河口是内陆较浅的水体，通常与海岸平行，由障岛沙洲与海洋分隔，可通过一个或者多个小的潮流通道与海洋相通。

Ⅱ. 二级分类

在一级分类基础上，将潮汐变化考虑在内，可将河口分为三类：弱潮河口、中潮河口、强潮河口。其中，弱潮河口，由风与波浪作用形成，潮汐只在门口有效；中潮

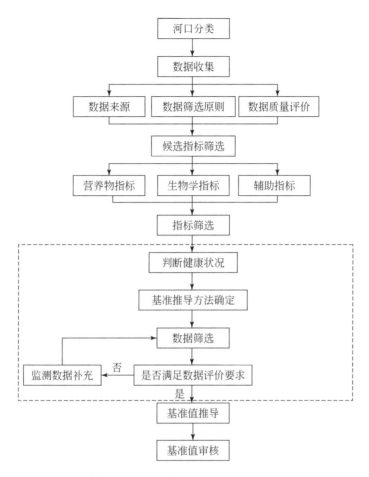

图 3-22 河口营养物基准制定流程图

河口，潮流作用占优势；强潮河口，潮流作用占绝对优势。

Ⅲ. 河口内部分区

通常在河口水生态系统分类基础上，针对单个河口生态系统，可根据实际需要和自然特征，选择性的开展河口生态类型的进一步分区管理。主要考虑生态分区的因素有盐度（S）、环流、水深、径流等特征，一般按照盐度可将河口划分为 3 个区：超淡水区（$S<0.5‰$）、混合区（$0.5‰<S<25‰$）和海水区（$S>25‰$）。

（3）河口营养物数据收集及要求

Ⅰ. 数据来源

数据来源主要为环境监测机构、科研院所等机构以标准方法采集的数据，对于其他来源的数据，如公开发表的文献，应检查支持文件以保证采样、测量和分析方法具有一致性。

Ⅱ. 数据筛选原则

营养物基准需要建立在大量数据的基础上，所需数据应符合以下原则。

数据完整性原则：对于监测数据比较完整的河口区域，如能满足河口健康状况评价和制定基准的需要，则其工作主要为对现有数据进行收集、分析及筛选；对于监测数据不足或者缺乏的区域，应及时开展现场采样和监测工作以满足数据要求。

数据最少性原则：监测数据最少包括总磷、总氮、叶绿素 a 和透明度。其他数据包括营养物输入程度的基础数据，包括污染物排放数据等信息。

Ⅲ. 数据质量评价

可信的数据是指采用标准方法采集的数据，包括以下几个方面对数据进行评价。

1）监测站点：具有明确的站点信息包括纬度和经度等与地理位置有关的信息。

2）监测指标与分析方法：对于同一监测指标应使用统一的标准分析方法。若采用某一种标准方法的河口区的监测数据太少可使用其他标准方法得到的数据。

3）实验室质量控制：符合实验室质量控制要求的监测数据可以全部采用。

4）数据时限：过去 10 年内至少连续 3 年的监测数据，若不满足需进行补充监测。

5）监测频次：一般情况下，需要在一个自然年内进行逐月监测；或者至少在一个自然年内春季、夏季、秋季各监测一次。

（4）河口营养物状态变量指标筛选

本部分对几个营养状态变量进行概述，这些变量能用于制定河口的营养物基准。营养物状态变量包括营养物浓度（总氮、总磷、可溶性活性磷、氨氮、硝酸盐氮等）、植物（大型植物或藻类）、生物量（如有机碳、叶绿素 a、透明度）的测定和流域特征（如土地利用）。

Ⅰ. 营养物指标

总磷。总磷（TP）是指一个样品中存在的所有形式的磷的测量值，包括有机或无机、溶解态或颗粒态磷。在径流或地区输出量中，磷浓度与流域土地利用状况相关，这使得磷成为一个能很好解释流域的点源和面源负荷的极好变量。采用 GB 17378.4 分析水样中总磷的含量，单位 μg/L 或 mg/L，TP 是营养物基准的必选指标。

总氮。总氮（TN）是指样品中存在的所有形式的氮的测量值，包括无机氮（硝酸盐氮、亚硝酸盐氮和氨氮）和有机氮。采用《海洋监测规范　第 4 部分：海水分析》（GB 17378.4—2007）分析水样中总氮的含量，单位为 μg/L 或 mg/L，TN 是营养物基准的必选指标。硝酸盐氮、亚硝酸盐氮和氨氮可作为营养物基准的可选指标。

硅酸盐。硅作为硅藻的营养物，采用硅钼蓝法测量，可作为选择指标。

Ⅱ. 生物学指标

叶绿素 a。叶绿素 a（Chl a）可用于指示浮游生物量，采用 SL88-2012 所规定的方法分析叶绿素 a 的含量，单位为 μg/L 或 mg/L。叶绿素 a 为营养物基准的必选指标。

透明度。透明度（SD）能方便地提供河口水质的大量信息，可利用总磷，叶绿素 a 和透明度的平均值来评价河口的营养状态，作为富营养化的预测指标。单位为 cm。

溶解氧。溶解氧（DO）是生态系统健康和栖息地功能的综合指标，底层水中的溶解氧可作为底栖动物和以底层为食的浮游动物的栖息地可利用性的度量，可作为营养状态变化潜在的早期预警指标，单位为 mg/L。

碳化合物。有机物含量通常以总有机碳（TOC）和溶解有机碳来衡量，是碳循环的重要组成部分。有机碳的产生和分解速率，以及由此产生的微生物生物量是富营养化问题的核心。对水生生态系统中含碳化合物的评估可以显示其有机特征，单位为 mg/L。

大型无脊椎动物群落。底栖大型无脊椎动物群落是河口和近岸海洋生态系统的重要生物组成部分。这些群落通过营养循环的底栖–中上层耦合促进底栖食物网的养分循环和系统生产力，并有助于维持海洋生物多样性。河口或沿海地区的底栖动物群落十分多样，可采用香农–维纳多样性指数（Shannon-Wiener's diversity index）或生物完整性指数（index of biological integrity，IBI）对生物群落结构进行定量分析。

Ⅲ. 其他指标

温度。采用温度探头直接插入采样点测量，在河口生态系统健康评价时需考虑温度对营养物藻类–生长响应关系的影响。

盐度。采用盐度计法于采样点进行采样，在河口分类中需考虑盐度。

pH。采用测量值为 0.1 的 pH 计测量，在河口生态系统健康状况评价时需考虑 pH。

悬浮物。采用重量法测定水中的悬浮物，悬浮物对水质的透明度有影响。

沉积物参数。包括了重金属（Cu、Pb、Zn、Cr）、硫化物、粒度等，采用海水分析标准方法《海洋监测规范第 4 部分：海水分析》（GB 17378.4—2007）进行测量，在河口生态系统健康状况评价中需考虑沉积物参数。

土地利用。土地利用是参照点的选择和河口生态系统健康评价的重要指标，是氮、磷污染物的重要来源。

Ⅳ. 指标筛选

应该采用相关性分析、主成分分析、降维对应分析、典型对应分析等方法，筛选与藻类生长有明确相关关系的响应指标。

总氮、总磷作为原因指标和叶绿素 a、透明度作为响应指标为河口营养物基准制定的必选指标。

考虑气候、地理和历史人文因素等，考虑影响河口营养状态的关键指标存在差异，应因地制宜适当增加指标。

所采用的指标应有标准监测分析方法，易于全国推广。

（5）河口水生态系统健康状况评估方法技术

建议的我国河口水生态系统健康状况评估方法技术的主要流程见图 3-23。

Ⅰ. 健康评价指标体系构建

根据整体性、简明可操作性、可行性、定性和定量相结合的原则，结合河口符合生态系统特征，选择对人类活动有明显响应关系，并且能够全面反映河口健康不同特征属性的指标。

筛选过程如下。

第 1 步，指标对河口健康等级的判别能力分析，选择敏感、贡献率大或对河口生态系统健康意义清楚的指标。

第 2 步，分析余下指标对河口生态系统健康的贡献率。将数据进行 Z 标准化后，利用主成分分析法（PCA）对指标进行统计分析，依据提取主成分个数累计方差超过

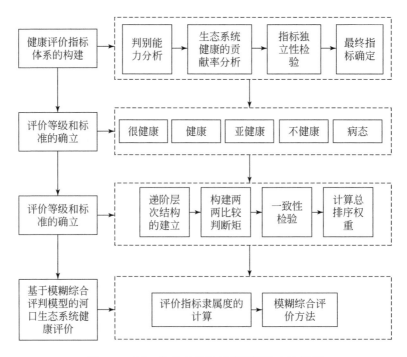

图 3-23　河口生态系统健康状况评估方法流程

70% 的原则，通过最大方差旋转（Varimax），经因子载荷矩阵旋转后选择载荷值大于 0.5 的指标作为下一步待筛选指标。

第 3 步，指标独立性检验。首先对待筛选指标进行正态分布检验，然后利用相关性分析提取具有代表性和独立性的特征指标，对于符合正态分布的指标采用 Pearson 相关分析，非正态分布的指标则采用 Spearman 秩相关分析，由此确定指标信息间的重叠程度。

第 4 步，结合专家判断及指标对河口生态系统健康的重要程度，选取其中相对独立和重要的指标作为最终的评价指标。

最终确立的河口生态系统健康评价指标体系可分为目标层、要素层和指标层三个层次。

Ⅱ. 评价等级和标准的确立

根据河口健康程度分为 5 个等级，依次为很健康、健康、亚健康、不健康和病态。

Ⅲ. 评价指标权重的确定

采用目前较为成熟的层次分析法（AHP）进行指标权重的计算。

基本步骤包括以下 4 个方面。

第 1 步，递阶层次结构的建立。

建立的层次结构模型主要分为三层：目标层：河口生态系统健康状况；要素层：包括水环境质量、生物生态特征和栖息地环境质量；指标层：包括体现以上要素层中三个方面的各项物理、化学和生物指标。

递阶层次结构是上层元素对下层元素的支配关系所形成的层次结构，其层次数与问题的复杂程度及需要分析的详尽程度有关，且上层元素可支配下层的所有或部分元素，但每一层次中各元素所支配的元素一般不超过9个。

第2步，构建两两比较判断矩阵。

对于 n 个元素来说，各因素之间的相对重要性一般采用 $1\sim9$ 及其倒数的标度方法，得到一个两两比较判断矩阵 $C=(c_{ij})n\times n$，其中 c_{ij} 表示因素 i 对因素 j 的相对重要性。C_{ij} 的取值如下表3-12。

表 3-12 判断矩阵标度及其含义

标度	含义
1	表示两个元素相比，具有同样重要性
3	表示两个元素相比，前者比后者稍重要
5	表示两个元素相比，前者比后者明显重要
7	表示两个元素相比，前者比后者强烈重要
9	表示两个元素相比，前者比后者极端重要
2，4，6，8	表示上述相邻判断的中间值
倒数	若元素 i 与 j 的重要性之比为 C_{ij}，那么元素 j 与元素 i 重要性之比为 $C_{ji}=1/C_{ij}$

第3步，单因素相对权重的计算及判断矩阵的一致性检验。

元素相对权重的计算可归结为计算判断矩阵的最大特征根及其对应的特征向量。利用方根法判断矩阵 C 最大特征根和特征向量的求解方法如下。

首先，计算判断矩阵每一行元素的乘积 M_i。

$$M_i = \prod_{j=1}^{n} C_{ij}(i,\ j=1,\ 2,\ \cdots,\ n)$$

其次，计算 M_i 的 n 次方根 $\overline{W}$。

$$\overline{W}_i = \sqrt[n]{M_i}$$

再次，对向量 $\overline{W}=[\overline{W}_1,\ \overline{W}_2,\ \cdots,\ \overline{W}_n]^T$ 规范化，则为所求的特征向量。

$$W_i = \frac{\overline{W}_i}{\sum_{j=1}^{n} \overline{W}_i}$$

最后，计算判断矩阵的最大特征根 $\lambda_{\max}$。

$$\lambda_{\max} = \sum_{i=1}^{n} \frac{(\mathrm{PW})_i}{nW_i}$$

式中，$(\mathrm{PW})_i$ 表示向量 PW 的第 i 个元素。

第4步，计算各层元素对目标层的总排序权重。

依据上述方法，依次沿递阶层次结构由下而上逐层计算，即可得出指标层相对于目标层相对重要性的权重值。

设 w_j^k 是第 k 层各指标对第 $k+1$ 层指标的权向量（$j=1$，2，…，m，m 为 $k+1$ 层指标数），w_j^k 则为第 $k+1$ 层 j 指标对 $k+2$ 层 i 指标的权重，则 k 层指标对 $k+2$ 层 i 指标的权向量为 $w_j^{k \to k+2} = w_{ji}^{k+2} \times w_j^k$。对于河口生态系统健康评价，指标层相对于目标层的权重值可由指标层相对于要素层与要素层相对于目标层的相对重要性相乘得到。

层次总权重的一致性检验，是从高层到底层进行的。即当 CR<0.1 时，则认为层次总权重的结果是可以接受的。

IV. 基于模糊综合评判模型的河口生态系统健康评价

主要包括评价指标隶属度的计算和模糊综合评价方法。

i. 方法一：评价指标隶属度的计算

根据各环境因子对河口生态系统健康状况的压力–响应关系，评价指标可分为正向指标和逆向指标两类。各类指标隶属度的计算方法如下（以第 i 项指标 x_i 为例，a_{ij} 为第 i 项指标的第 j 级评价标准，r_{ij} 为第 i 项指标对第 j 级健康等级的隶属度）。

正向指标：指标值越大，河口生态系统健康状况越好；

当 $x_i > a_{i,1}$ 时，

$$r_{i1} = 1, \quad r_{i2} = r_{i3} = r_{i4} = r_{i5} = 0$$

当 $a_{i,j} \geqslant x_i \geqslant a_{i,j+1}$ 时，

$$r_{ij} = \frac{x_i - a_{i,j+1}}{a_{i,j} - a_{i,j+1}}, \quad r_{i,j+1} = \frac{a_{i,j} - x_i}{a_{i,j} - a_{i,j+1}}, \quad j=1, 2, 3, 4$$

当 $x_i < a_{i,5}$ 时，

$$r_{i1} = 1, \quad r_{i2} = r_{i3} = r_{i4} = r_{i5} = 0$$

逆向指标：指标值越小，河口生态系统健康状况越好；

当 $x_i < a_{i,1}$ 时，

$$r_{i1} = 1, \quad r_{i2} = r_{i3} = r_{i4} = r_{i5} = 0$$

当 $a_{i,j} \leqslant x_i \leqslant a_{i,j+1}$ 时，

$$r_{ij} = \frac{a_{i,j+1} - x_i}{a_{i,j+1} - a_{i,j}}, \quad r_{i,j+1} = \frac{x_i - a_{i,j}}{a_{i,j+1} - a_{i,j}}, \quad j=1, 2, 3, 4$$

当 $x_i < a_{i,5}$ 时，

$$r_{i1} = r_{i2} = r_{i3} = r_{i4} = 0, \quad r_{i5} = 1$$

ii. 方法二：模糊综合评价方法

根据模糊数学理论，把指标层对要素层的评判看作第一级评判，把要素层对目标层的评判看作第二级评判，从而构成一个二级三层的模糊综合评价模型。具体的评价步骤如下。

首先，对河口生态系统健康进行层次分析，建立目标层、要素层和指标层。

将总目标 U 分为 m 个要素 U_i，$i=1$，2，…，m，即：$U = \{U_1, U_2, \cdots, U_m\}$。其中，$U_i$ 又包含 n_i 个指标：$U_i = \{U_{i1}, U_{i2}, \cdots, U_{in}\}$，式中，$U_{ij}$ 为第 i 个要素的第 j 个指标。

其次，确定各层次指标权重。

权重值包括要素层相对于目标层的权重集 $A = (a_1, a_2, \cdots, a_m)$ 和指标层相对于

要素层的权重集 $A_i = (a_{i1}, a_{i2}, \cdots, a_m)$。

再次，根据隶属函数建立模糊关系矩阵 $\boldsymbol{R}$。

根据上述隶属度的计算方法，可以确定从评价指标（m 为指标个数）到健康等级（$n=5$）的模糊关系矩阵：

$$\boldsymbol{R} = (r_{ij})_{m \times n} = \begin{bmatrix} r_{11} & r_{12} & \cdots & r_{1n} \\ r_{21} & r_{22} & \cdots & r_{2n} \\ \vdots & \vdots & \ddots & \vdots \\ r_{m1} & r_{m2} & \cdots & r_{mn} \end{bmatrix}$$

最后，河口健康模糊综合评价。

河口生态系统健康评价指标体系共分为三层，因此可进行两级模糊评判，即指标层对要素层（第一级）和要素层对目标层（第二级）的评价。根据各评价指标的指标权重 A 和模糊关系矩阵 $\boldsymbol{R}$，通过矩阵运算，将结果归一化处理后，即可得到模糊综合评价集 B。

指标层对要素层的模糊评价，第 i 要素的模糊评价为：

$$B_i = A_i \circ R_i = (a_{i1}, a_2, \cdots, a_{imi}) \circ \begin{bmatrix} r_{11} & r_{12} & \cdots & r_{1n} \\ r_{21} & r_{22} & \cdots & r_{2n} \\ \vdots & \vdots & \ddots & \vdots \\ r_{imi1} & r_{imi2} & \cdots & r_{imin} \end{bmatrix} = (b_{i1}, b_{i2}, b_{i3}, b_{i4}, b_{i5})$$

式中，$i = 1, 2, \cdots, m$。

要素层对目标层的模糊评价为

$$B = A \times \boldsymbol{R} = A \times \begin{bmatrix} A_1 & \circ & R_1 \\ A_2 & \circ & R_2 \\ & \cdots & \\ A_m & \circ & R_m \end{bmatrix} = (b_1, b_2, b_3, b_4, b_5)$$

式中，b_i 为评价指标对第 i 个等级的隶属度；$\circ$ 为模糊矩阵复合运算。

根据最大隶属度原则，取与 $\max\limits_{1 \leq i \leq 5}\{b_i\}$ 相对应的健康等级作为最终评价结果。

(6) 河口营养物基准值推导

河口按照河口生态系统健康状况评估方法进行分析，可分为生态环境状况完好，生境部分退化，生境严重退化三类。河口生态系统健康状况为健康及以上为生境状况完好，亚健康为生境部分退化，其他为生境严重退化。

基准值的制定方法还与参照点有关，根据参照点的状态与生态系统健康状况共同来确定基准的制定方法。基准推导方法确定流程图如图 3-24。

Ⅰ. 参照点的选择

参照点是指那些不受损害，或者受到的损害很小，且对该水体或邻近水体的生物学完整性具有代表性的具体地点，理想参照点的特征如下：①沉积物及水体不存在大量污染物；②自然的水深；③自然的河流及潮汐作用；④代表未受破坏的河口及海岸线（一般覆盖有植被，岸线未受侵蚀）；⑤水体颜色及气味自然。

基于以上原则，明确生态类型中确定代表性的参照点，要求调查的参考点不能少

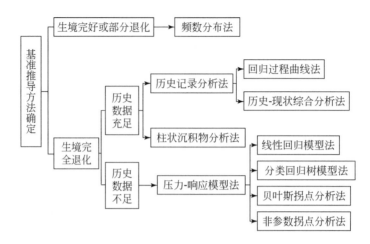

图 3-24　河口营养物基准推导方法流程

于10个，一般30个参照点比较合适。如某个区域存在较多的生物量未受到破坏的参照点，则采取分层随机采样方法，避免产生偏差。

Ⅱ. 频数分布法

按照河口健康状况分类，生态环境状况完好或生境部分退化，参照点可寻时，考虑采用频数分布法，具体推导流程如下（图3-25）。

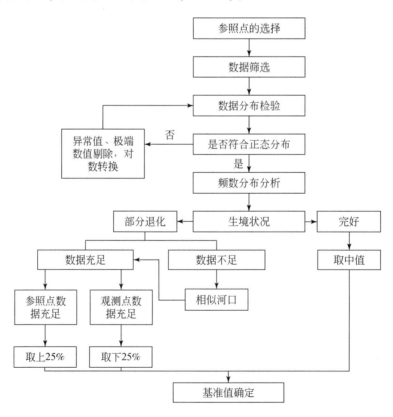

图 3-25　频数分布法推导营养物基准技术流程

第一，确定河口区域内参照点。

第二，数据筛选。选择生境状况完好区域内参照点的全部原始数据；对于生境部分退化的区域，参照点的数目大于 10 个但小于 30 个，选择区域内河口观测点的全部原始数据。

第三，数据分布检验。对参照点或者河口区域内所有数据进行正态分布检验（如 t 检验、F 检验）符合正态分布方可用于基准值的推导；若不符合正态分布，需要甄别筛选异常数值和极端数值，并采用对数转换等方法镜像变换（以 10 为底数），重新进行检验直到符合正态分布。

第四，营养物基准推导。符合正态分布检验的数据进行频数分布分析（按水质从高到低的顺序分别排列）。

对于生境状况完好的河口区域，选择分布曲线的中值点位作为营养物基准值。

对于生境部分退化但参照点数据充足（一般取 30 个参照点原始数据），取参照点营养指标频数分布曲线的上 25% 点位作为营养物基准值。

对于生境部分退化，参照点原始数据大于 10 但不足 30 个，取所有观测点营养物指标频数分布曲线的下 25% 点位作为营养物基准值。

对于生境部分退化，数据均不满足以上条件的，从河口分类中选取相似河口生态系统的营养物频数分布曲线来推导基准值。

Ⅲ. 历史记录分析法

对于河口生境严重退化，参照点不可寻，但是历史数据充足，则主要通过分析历史变化来识别参照状态。

进行历史记录分析需具备以下要求：①具有充足的有效数据，包括历史营养物数据、水文数据、浮游生物及鱼类数据、底栖生物数据等；②进行分析者需具有丰富的实践经验，能进行敏锐、科学的判断，在复杂的历史情况中去伪存真；③需选择相对稳定的时间段和空间范围；④要求在相似理化特征的生态区域（如同一盐度区）开展分析。

若历史变化过程清晰，主要借助回归过程曲线法来识别参照状态；若历史变化过程模糊存在较多的无法评估和剔除的干扰时，可采用历史–现状综合分析法，借助频数分布曲线来完成。

i. 方法一：回归过程曲线法

根据对河口历史记录的分析，通过在过去几十年中营养物监测数据，选择由于氮磷营养物过度富集而造成的使用损伤记录（如视觉污染和鱼类生产力下降）做出回归过程曲线（图 3-26），选择河口环境恰好未受到污染时的状态作为参照状态确定基准值。

ii. 方法二：历史–现状综合分析

当历史变化过程模糊，存在较多的无法评估和剔除的干扰时，采用历史–现状综合分析法，借助频数分布曲线来推导基准值。

数据选择：选择区域河口全部历史数据和全部现状数据。

数据分布检验：同频数分布法。

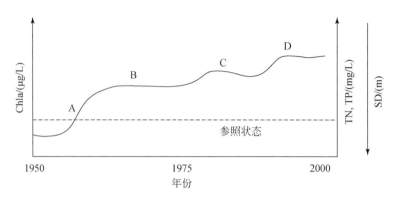

图 3-26 回归过程曲线法确定参照状态
A. 沉水植物丧失；B. 藻类异常繁殖；C. 鱼类死亡；D. 鱼类经常性死亡

营养物基准推导：将符合正态分布检验的历史数据和现状数据进行频数分布分析（按水质从高到低的顺序排列）选择历史与现状数据中值区间中值作为参照状态基准值（图 3-27）。

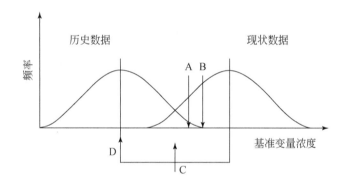

图 3-27 历史–现状综合分析法确定基准值
A. 现状数据下 25%；B. 中值区间上 25%；C. 历史与现状数据区间中值；D. 历史数据中值

Ⅳ. 柱状沉积物分析法

当满足以下条件时，采用柱状沉积物分析法：①生物扰动和其他形式的沉积物扰动小的沉积物沉积区；②区域内河口平均深度大于 7m。

满足以上条件时，现场采集沉积物柱芯进行分析，建立硅藻–营养物指标定量转换函数并进行检验，得到营养物基准值。柱状沉积物分析方法技术流程见图 3-28。

第 1 步，数据库的建立。

分析数据主要包括现代硅藻–水环境数据库和化石硅藻数据库。前者包括河口硅藻数据和水质数据，河口硅藻数据采集表层沉积物（0.2～2cm）进行硅藻分析；河口水质数据应与硅藻样本采集时间相对应，需涵盖年变化数据。水质指标包括主要物理指标（水深、盐度、温度、透明度等）和化学指标（电导率、pH、总磷、总氮等），化石硅藻数据库可通过底泥沉积物的柱芯硅藻分析获取。

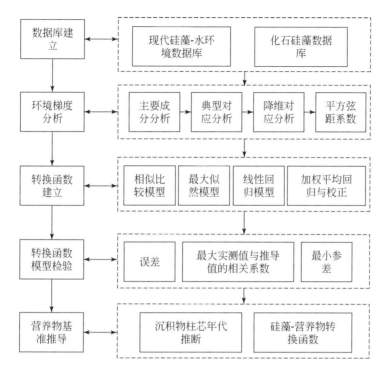

图 3-28　柱状沉积物分析法推导基准值技术流程

第 2 步，环境梯度分析。

采用主成分分析法对化学指标（电导率、pH 等）进行分析，揭示化学指标中的主要环境梯度，并阐述各参数之间的关系；典型对应分析用于分析硅藻组和与环境指标的关系，并检测具有异常硅藻组合的外溢样本；降维对应分析测试数据中硅藻组成的变化情况，通过梯度长度分析帮助选择线性或单峰型的数值分析方法，并探测潜在的环境梯度，检测异常样本点及属种；平方弦距系数评价参照样本和表层样本物种变化的程度。

第 3 步，转换函数建立。

采用相似比较模型、最大似然模型、线性回归模型和加权平均回归与校正（或重建）模型，建立硅藻–营养物定量转换函数。

第 4 步，转换函数模型检验。

采用误差、最大实测值与推导值的相关系数、最小残差等，检验转换函数。

第 5 步，基准值的推导。

采用 ^{210}Pb、^{137}Cs 或 ^{14}C 等对河口水体的底泥沉积物的柱芯样品进行年代分析推断，结合硅藻–营养物转换函数分析，重建历史不同年代的营养物值，分析推导河口营养物基准值。

Ⅴ. 压力–响应模型法

对于河口生境完全退化，且历史数据不足，通过采用建立营养物负荷–浓度响应关系模型，使各个指标的参数负荷直接对应于水生态参考状态的浓度值。

对于河口流域上游基本未受干扰，则流域的营养物负荷代表着较好自然状态，可设为参照负荷。

若上述条件不满足，对于流域上游存在开发程度低、受影响小的子流域或流域片区，则通过过子流域、流域片区的营养负荷推算整个流域的最小营养负荷。且必须考虑整个流域地理相似性，判断能否足以支持将参数子流域推广到整个流域。运用此方法的前提条件包括：①流域内大气沉降稳定；②原始负荷水平相似（如用单位面积生物量来衡量）。

对于海岸地区污染负荷相对于流域上游而言可以忽略，地下水对河口影响不显著。

压力-响应模型法包括了线性回归模型法、分类回归树模型法、贝叶斯拐点分析法和非参考数拐点分析法，需要同时采用四种模型法确定营养物基准值。

符合下列两种情况之一的，需采用分类回归树模型法、贝叶斯拐点分析法和非参考数拐点分析法确定营养物基准值：①响应指标与营养物浓度之间无法用线性关系表示，呈现非线性、非正态和异质性；②河口水质指标不能满足线性回归中设定的条件。

i. 方法一：线性回归模型法

线性回归模型法包括简单线性回归模型和多元线性回归模型，简单线性回归模型的具体推导技术流程如下（图3-29）：

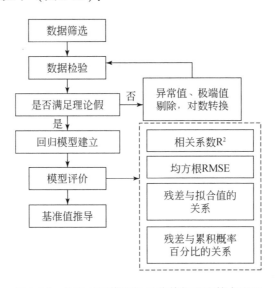

图3-29　线性回归模型推导营养物基准技术流程

数据筛选：选取区域内河口 4 ~ 9 月份数据的平均值进行线性回归分析；用于模拟拟合的独立样本数不少于 20 个。

数据检验：检验数据是否满足以下条件：①线性回归方程是否反映营养物浓度与响应指标的关系；②营养物浓度抽样是否满足正态分布；③营养物浓度抽样变异性的大小是否在预测区间内；④使用的数据样本是否相互独立。若不满足上述假设，需甄别异常值和极端值，并对数据进行对数转换（以10为底数）。

线性回归模型建立：经检验后的数据代入以下线性回归方程式，采用最小二乘法对模型进行拟合,得到 a 和 b。

$$\hat{y} = a + bx$$

式中,$\hat{y}$ 为叶绿素 a、SD 估计值,$\mu g/L$、cm;x 为氮磷浓度检测值,mg/L;a 为截距,无量纲;b 为线性回归斜率,无量纲。

模型评价:采用相关性系数(R^2)、均方根(RMSE)、残差与拟合值的关系、残根与累计概率百分比的关系等参数,评价模型拟合度。

基准值推导:考虑到国际和我国河口营养状态及功能要求,叶绿素 a 取值范围为 $2 \sim 5 \mu g/L$,以 90% 置信区间记,运用方程式(2)推导氮磷的基准值。

ii. 方法二:分类回归树模型法

分类回归树模型法可以定量反映不同预测指标(如营养物等)对响应指标(叶绿素 a)的影响,确定指标变化阈值。使用分类回归树模型确定营养物基准不需要假定响应指标的基准值。具体推导方法如下。

数据筛选:选取区域内河口 4~9 月份数据的平均值进行分类回归树模型分析。根据预测指标的数量,确定模型拟合所需的数据量,独立样本数与预测样本数的比值应大于等于 10。

分类回归树模型的建立:包括树的构建、停止、剪枝,以及最优树的选择 4 个步骤。

重要预测指标确定:在选定潜在的预测指标基础上,根据分类回归树模型确定影响响应指标波动性的重要预测指标。

基准值推导:最优树的节点对应的营养物浓度和叶绿素 a 均值为基准值。

iii. 方法三:贝叶斯拐点分析法

贝叶斯拐点分析法出现营养物浓度跃迁拐点为营养物基准值。贝叶斯拐点分析法能够给出跃迁拐点可能发生位置的概率分布,并将概率最大的跃迁拐点作为营养物基准值。具体推导方法如下。

数据筛选:选取区域内河口 4~9 月数据的平均值进行拐点 Fenix。采用贝叶斯拐点法需要分析响应指标是否符合正态分布,对不符合正态分布的响应指标需要进行对数转换(以 10 为底数)。

模型构建:将符合要求的数据按照从低到高的浓度梯度排序,在压力指标和响应指标之间建立响应关系中概率最大的突变点为跃迁拐点。贝叶斯拐点分析法的原理详见附录 3。

营养物基准推导:以 90% 置信区间计,采用自举法模拟确定基准值。

贝叶斯拐点分析法可表述为

假设 n 个样本的响应指标 y_1,$\cdots$,y_n 取自序列随机指标 Y_1,$\cdots$,Y_n 的随机指标属于参数 θ 的同一个分布。

如果指标值在 r($1 \leqslant r \leqslant n$)点发生变化那么 r 就是随机指标 Y_1,$\cdots$,Y_n 的一个拐点:

$$Y_1, \cdots, Y_r \sim \pi(Y_i \mid \theta_1)$$

$$Y_{r+1}, \cdots, Y_n \sim \pi(Y_i \mid \theta_2)$$

式中，π 为通用概率密度函数，$\theta_1 \neq \theta_2$。

iv. 方法四：非参数拐点分析法

采用非参数拐点分析法找出压力指标和响应指标关系中的跃迁拐点，为营养物基准值。具体推导方法如下。

数据筛选：选取区域内河口 4~9 月份数据平均值进行拐点分析。本方法不需要进行正态分布检验。

模型构建：将符合要求的数据按照从低到高的浓度梯度排列在压力指标和响应指标之间建立响应关系最大偏差对应的突变点为跃迁拐点。非参数拐点分析法的原理详见附录 3。

营养物基准值推导：以 90% 置信区间计，采用自举法模拟确定基准值。

非参数拐点分析法可表述为采用偏差降低的方法对河口水生态系统的营养物指标值进行评价和非参数拐点分析。一组样本的偏差是指单个样本值与组内样本平均值之间差异的平方和，用以下公式计算：

$$D = \sum_{k=1}^{n} (y_k - \mu)$$

式中，D 为偏差，n 为样本大小，u 为 n 个响应指标 y_k 的均值。

当响应指标分为两组时，两个子组的偏差之和总会小于或等于总体偏差。每个可能的拐点偏差 Δ_i 会减小：

$$\Delta = D - (D_{\leq i} + D_{>i})$$

式中，D 为数据 y_1，$\cdots$，y_n 的偏差，$D_{\leq i}$ 为子组 y_1，$\cdots$，y_i 的偏差，$D_{>i}$ 为子组 y_{i+1}，$\cdots$，y_n 的偏差，拐点 r 为 Δ_i 最大时对应的 i 值，$r = \max x_i \Delta_i$

（7）河口营养物基准值的综合评价

对初步确定的基准值进行综合评价，判断基准值是否满足产生的生态效应，不危害水体功能或用途。确定拟定的营养物基准值，应该注意以下几个关键因素。

Ⅰ. 营养状态指数限值

拟定营养物基准值对应的营养状态指数（TSI）不能大于 70，除非有充分证据证明该区域营养物浓度在自然状态下高于该值。

Ⅱ. 濒危物种

若水体中存在濒危物种，拟定的营养物基准值不得影响濒危物种的生长与繁殖。

Ⅲ. 反降级政策

对于区域内水质好于拟定营养物基准值的河口，应以保持现有良好水质为原则，充分体现反降级政策。

（8）河口营养物基准值的审核

Ⅰ. 基准自审核

河口营养物基准的最终确定，需要认真审核基准推导所采用的数据及基准制定方法的科学可靠性。河口营养物基准制定的自审核项目包括：①收集数据所采用的监测方法是否可靠、一致，是否采用标准方法；②所有使用的数据是否符合数据质量要求；③总氮、总磷数据是否与叶绿素 a 等响应指标的数据相对应；④是否存在明显数据异常；⑤相关指标的监测数据中是否存在可疑数据；⑥是否遗漏其他重要数据；⑦在数据分析之前是否已经对异常数据、可疑数据进行相应分析。

Ⅱ. 基准专家审核

河口营养物基准值的最终确定需要技术专家对基准值进行咨询论证，河口营养物基准专家审核项目包括：①基准制定所使用数据是否可靠；②参照点的选择是否合理；③河口分类是否合理；④不同区域河口采用的基准制定的方法与方法的适用范围和条件是否具有一致性；⑤河口营养物基准推导过程的准确性；⑥基准值的得出是否合理；⑦推导过程是否符合技术指南；⑧是否有任何背离技术指南的内容，并评估该内容是否可接受。

(9) 河口营养物基准值的应用

其一，用于营养物标准的制定和修订。以河口营养物基准为基础，结合河口水生态系统健康，社会经济条件和环境管理目标，应用成本-效益分析等方法对拟定河口营养物标准进行技术经济可行性评估，制定河口营养物标准。

其二，用于环境质量评价与环境风险评估。营养物基准是环境质量评价和风险评估的重要依据，要求河口全年 90% 现状水质必须达到总氮和总磷基准值。在两个连续采样年度 6~8 月，监测期间，50% 的响应指标必须达到基准值。

其三，河口规划目标按照指南制定的营养物基准可以作为流域河口水环境保护规划目标，指导各流域河口地表水域的环境保护工作。

4

流域水环境质量基准校验技术方法

4.1 水生生物基准校验技术方法

4.1.1 概述

我国幅员辽阔，现阶段各地区社会经济发展水平差距较大，要依据各流域区域水环境实际特征状况科学制定水质基准及标准，以实现对我国水生态环境质量进行分区、分类、分级、分期等高质量科学管理。因此，仅研究制定基本型国家水质基准尚不能涵盖全国各流域的水生生物与水生态环境差异性的保护需求，需要进一步针对实际流域水体特征，对基本型国家水质基准进行具体流域特征性校验分析，才能科学制定适宜实际流域区域水环境管理应用的水质基准或水质标准阈值。由于流域水质基准的研究通常主要针对地表淡水水体及部分咸淡水交换带河口区域的水质保护，因此现阶段制定我国具体流域或区域水环境质量基准或标准，需根据国家水质基准值为基本型基准阈值，进一步针对目标流域或区域水体的本地化水质特性和水生态物种特征等关键影响影子来开展基准阈值的校验性研究，依据实际校验结果来科学确定目标流域或区域水体的具体管理应用基准或标准。

基本方法为收集分析有效的实际流域水环境中目标物质的物种个体水平以上的水生态毒理学数据，一般需要实验补充具体流域的本地水生生物急性毒性和慢性毒性数据，再采用物种敏感度分布（SSD）曲线法，校验性推导目标流域或区域水体典型水生生物的急性和慢性水质基准值。鉴于具体流域水化学因子和水生态物种因子对目标污染物的毒性产生的差异性影响，有时需要同时考虑流域区域水体的水效应比（WER）、生物效应比（BER）来校验实际水体的水质基准或标准。校验性试验的具体生态毒理学测试方法可参照 USEPA、OECD、ASTM（美国试验与材料学会），或我国颁布的相关水生态毒性测试方法进行。

4.1.2　技术流程

水生生物基准校验主要流程如图 4-1 所示。

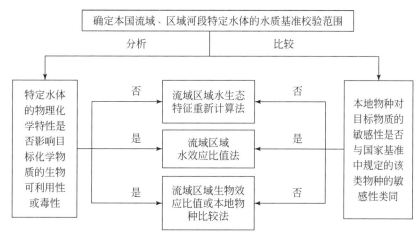

图 4-1　水生生物基准校验流程

4.1.3　原水处理及受试生物选择

4.1.3.1　原水处理

从流域水体现场取得的原水一般需经过基本的预处理后，才能用于校验试验。主要包括用织网对取得的原水进行粗过滤，或者进行活性炭粒柱的初过滤、吸附等物理性预处理。其中活性炭粒过滤处理过程为：制备活性炭粒填充的玻璃过滤管，可对经织网等初过滤去除较大残留物质的原水进一步吸附过滤去除部分有机粗干扰物。经活性炭过滤后的水样，原水中有毒污染物含量基本应体现原水体的自然状态，一般不应超出我国现行地表水的Ⅲ类水质标准。如果原水取自水源地（符合Ⅰ~Ⅱ类标准限值），则可以经过织网粗过滤后直接使用；若经检测滤出水中的有毒污染物含量超出现行水质Ⅱ类标准限值，则需考虑对预过滤柱中的活性炭粒更换使用；若因地区背景值原因导致经预处理的原水中某种污染物含量超过地表水Ⅲ类水质标准，则需在校验报告中进行说明。

4.1.3.2　受试生物选择

流域水环境水质基准阈值校验的受试水生生物，应尽量选择当地水体中敏感的、生态学意义重要的代表性物种，可事先经过调研或依据物种敏感度分布研究结果确定，本地校验性受试生物应尽量考虑我国保护水生生物基准推导中所需的本土 3 门 6 科最少物种毒性数据需求（minimum toxicity data requirement，MTDR）原则，水生物种类别上至少包括一种脊椎动物（鱼类）、一种无脊椎动物（溞类）与一种植物（藻类）。一般在化学物质的水质基准值推导（物种敏感性分布排序法）中，采用物种的毒性浓度值的敏感性排序应在所有物种毒性数据的50%以内，实践中如找到敏感性排序20%以内的物种，则建议首先选择这类本地水生生物开展校验试验。

校证试验优先采用本地原水和当地生物的组合开展研究，若因条件限制难以达到，则可选择采用本地原水与推荐我国本土测试生物，或采用当地生物与实验室配制水的组合进行校验试验。在进行原水校验试验时，建议同时采用实验室配制水进行平行性毒性试验以进一步校正流域或区域水体的水质基准阈值。

4.1.4 基准校验

通常水质基准校验的主要目的，是为了确认水质基准阈值是否符合实际流域或区域水体的本地化水生态环境保护目标的实际需求，科学制定本地的水质基准与标准。校验试验应参照国际上 OECD、ASTM、USEPA 或我国颁布的相关毒性测试标准方法进行，若出现使用公开发表的文献方法等情况需在验证报告中加以说明，也可参见相关流域水环境质量基准—水生生物基准制定技术导则等文件方法开展试验。

主要试验控制：受试生物应在经预处理的试验水中作适应性生长，一般无饵料养殖 2 ~ 7 天，且无明显异常情况，如鱼类基本无死亡（死亡率低于10%）、无活动性障碍等；溞类的生长与繁殖与在曝气的自来水（实验室配制水）对照相比无明显差别；藻类的生长与曝气的自来水对照无明显差别。对非挥发性污染物可以在敞开式容器（烧杯、玻璃缸等）中进行，对半挥发或挥发性污染物应采用流水式或封闭–间隙换水式，其容器亦应与之相对应。

将待验证的目标物质以合适的溶剂（实验室除离子蒸馏水或可加适当助溶剂）配置为储备液，在校验试验时，以实际试验水（原水达到Ⅰ~Ⅱ类标准可直接使用）配置成一定浓度梯度的受试水。原则上试验溶液中目标物质的浓度梯度可向两个方向延伸，即：①最高浓度为国家推荐基准阈值（CCC 或 CMC），逐级稀释至浓度为 CCC 的 10%~1%；②最低浓度为国家推荐基准阈值，逐级增加浓度使其最高值达国家推荐基准值的 10 ~ 100 倍。对于①的毒性试验，水生生物的选择可以有一个适度范围，如一般其毒性浓度的敏感性排序<20%即可；若在校验阶段无法获知毒性浓度的敏感性排序<20%的本地生物，为获得较为有效的校验试验数据，可根据文献资料或实验室数据调研分析结果，将目标物质浓度梯度的最高浓度设在某种同类代表性水生生物的 LC_{50}/EC_{50} 的 10% 数值，然后逐级稀释开展毒性验证实验。对于②的毒性试验，本地生物一般选择毒性浓度的敏感性排序<10%的物种，若在校验阶段无法获知毒性浓度的敏感性排序<20%的本地生物，可根据文献资料或实验室数据调研分析结果，将目标物质浓度梯度的最低浓度设在某种同类代表性水生生物的 LC_{50}/EC_{50} 的 10% 数值，并逐级稀释开展毒性验证实验。

4.1.5 阈值评价

水质基准阈值评价的主要目的，是为了确认研究提出的水质基准阈值是否符合实际流域或区域水体的本地化水生态环境保护目标的实际需求。因此，可采用目标化学物质的通用性国家推荐基准阈值（CCC 或 CMC）作为评价试验的基本起点浓度，对①以国家基准为最高浓度，逐级稀释至浓度为国家基准的 10%~1% 的试验结果，对受试生物不应造成明显的毒性效应，即受试生物的死亡率或繁殖率等毒理学终点应与当地曝气自来水（实验室配制水）的平行对照试验基本一致；对②以国家基准为最低浓度，逐级增加至浓度为国家基准的 10 ~ 100 倍的试验结果，如对本地受试水生生物造成明显的毒性效应，即受试生物的死亡率或繁殖率与当地曝气自来水（实验室配制水）的平行对照试验差别显著（置信度95%），则说明基准值是基本合适的，即污染物浓度大于国家基准时，明显造成水生生物毒害。反之，高于 CCC 10 ~ 100 倍浓度的毒物未对受试敏感生物造成明显的毒害，即受试生物的死亡率或繁殖率应与当地曝气自来水的平行对照试验基本一致，则说明原基准对相应的流域或区域水体中的水生生物过保护，应重新基于本地的水生生物校验性毒性试验与资料查询，重新推导基准阈值。对非敏感水生生物的试验结果需进行生物效应比（biology effect ratio，BER）、水效应比（water effect ratio，WER）等外推，确认所获得的校验数据是否与国家推荐基准阈值存在差异。如校验数据基本一致，则表明国家推荐的该水质基准阈值是可以保护该流域或区域水体中的本地水生生物，这个国家基准数值（CCC）基本合适；反之，如果在此浓度范围内，造成受试生物死亡率或繁殖率等毒理学终点指标明显高于当地曝气自来水的平行对照试验结果，并经统计学检验是显著性（置信度95%），说明国家推荐的基准阈值可能存在对该流域水生生物的欠保护，该国家推荐基准阈值对该流域水体中水生生物的保护有不适当性，需要基于本地化的水生生物校验性毒性试验结果对国家基准阈值进行校验推导出本地适用的水质基准阈值。

4.1.6 阈值确定

通过实验获得流域或区域水体中本地水生生物及水质特性的差异对目标化学物质毒性的影响，即行生物效应比（BER）与水效应比（WER）。其中，水效应比（WER）一般数值表述为流域水质的 $LC_{50}(EC_{50})$ 与曝气自来水作为对比的 $LC_{50}(EC_{50})$ 之比的均值，生物效应比（BER）可表述为目标流域或区域水体中本地代表物种的毒性值 $LC_{50}(EC_{50})$ 与同科类外地（国）代表性参考物种毒性值之比的均值。因此，目标流域或区域水质的校验基准阈值可为

$$校验 CMC(CCC) = 国家基准 CMC(CCC) \times WER \times BER$$

4.1.7 基准审核

通常地区流域性水质基准在实际应用时，在推导基准经校验之后，还要进行技

术管理审核或评审，可根据社会、经济与技术发展的趋势要求进行管理标准的适当调整应用，但标准值的调整应用需要有科学依据说明。一般应注意的主要有以下三个方面。

1）有新发表或发布的影响目标污染物基准的有效毒理学机理与数据。

2）国内外新的研究成果已确定目标化学物质的毒性或水生态风险比原来的要高，可考虑修订水质基准，以免"欠保护"；同时，实际流域水质未发现显著恶化，则考虑目标物质的水质基准值应为经校验的流域基准阈值。

3）校验后的实际流域或区域水质基准可以考虑预备发布为适应当地流域或区域的水质基准或水环境管理标准，进一步上报相关国家相关管理部门审定备案后，可作为国家或地方水环境标准制修订的主要依据。

4.2　水生态学基准校验技术方法

4.2.1　概述

水生态学基准是以保护流域水生态完整性（ecological integrity，EI）为目的，主要用于满足指定水体中水生生物物种、种群、群落等具有生态学完整性的保护自然水生态系统结构和功能的描述型语言或数值，可由水生态学基准制定技术推导出基准建议值，相当于 USEPA 指定的生物学水质基准（biology water quality criteria）。本方法所建议的水生态学基准校验技术规范，可用于已推导的国家水生态学基准建议值在具体流域或区域水体的校验应用。

本基准校验方法所建议的技术过程并不适用于全部类别的水环境质量基准值的校验应用，主要适用目标为流域地表水环境中生物学相关的水生态学指标及相关水质理化参数指标，且应满足条件：①可以在实验室中模拟试验和控制；②可以与水生态学指标建立有效的污染物质压力–生态响应关系。

一般基于较大尺度的水生态学指标或者适宜于野外实际水体试验校验的指标，其水生态学基准建议值可开展室外实地调查试验校正，也可结合室内模拟试验进行本地化水生态学基准或标准的校验应用。

4.2.2　技术流程

水生态学基准的室内校验技术大多可采用模拟微宇宙或中宇宙试验方法的污染物压力–生态响应机制关系，通过分析人工模拟的水生态系统（微或中宇宙系统）实验中的受试物种对污染物质（压力）的响应作用水平，校正检验已有国家水生态基准建议值对本地化流域水生态保护的适用性。主要包括室内校验和现场校验技术，其中室内验证技术的技术框架如图 4-2 所示。

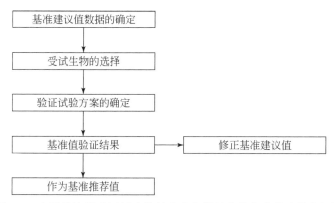

图 4-2 本地化流域或区域水体的水生态学基准值室内校验技术框架

流域水体的水生态学基准的现场校验技术基于实地试验数据的相互分析比对校正。通常可利用流域或区域本地水体中目标物质的水生态学基准值所需适用的历史或当前相关数据，或与该流域在水生态学上相似的流域资料，对已有的国家流域水生态学基准值的本地适用性进行校验证。在技术方法上以现场调查与室外试验工作为主。现场验证技术的技术框架如图 4-3 所示。

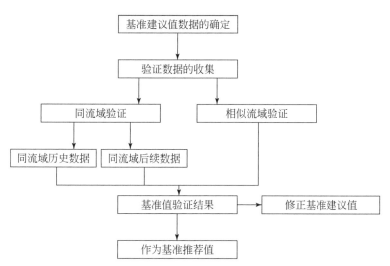

图 4-3 本地化流域或区域水体水生态基准值现场校验技术框架

4.2.3 质量控制

质量保证为流域水生态学基准校验过程的质量管理范畴，包括人员与资源管理、实验设计、样品检测、数据统计分析等主要技术过程的全部活动和措施。

4.2.3.1 人员管理

工作人员应经过相关专业的必要岗位培训,持有相关上岗证书;项目运行过程中的同岗位人员相互可进行资料校对、审核,质量审核员持有国家授权单位颁发的内部质量审核员证书。

4.2.3.2 仪器设备要求

所用仪器设备应符合计量法规要求,通过相应的国家质量认证;使用的仪器设备应合规有效,满足水环境监测的质量要求;选用的仪器设备能满足实验过程的需要,保持良好的工作状态并确保使用过程中的质量要求;试验中应注意根据实际情况记录仪器的调试与数据采集的所有参数条件的变化。

4.2.3.3 试剂及药品要求

试验过程所涉及的化学试剂、药品应有合规管理资质且质量可靠,所用标准物质及试剂应在有效期内使用。

4.2.3.4 采样过程

流域地表水体涉及的河流、湖泊、水库,以及入海河口等水生态样品的采集、预处理、运输、交接和记录等应按相关的技术要求执行,如对河流、湖泊、水库,以及入海河口的水环境监测要求参照《地表水和污水监测技术规范》(HJ/T 91—2002)和《水和废水监测分析方法》执行。其中对流域河口水域的海水环境质量监测要注意采样器材、预处理装置和样品容器等对监测结果的影响,对检测过程中易污染样品的容器要检查本底空白,一般抽取 5%~10%,每批样品不少于 2 个进行空白测试,对抽测不合格容器应重新清洗。可采用现场平行样对样品采集进行质量控制,一般不少于样品总量的 5%~10%,每批样品不少于 2 个。野外实地水质监测可考虑另增加现场空白样,一般一天不少于一个;海水样品的质量控制可按照《海洋监测规范》(GB 17378—1998)参考执行。流域淡水生物资源调查及质量控制可按照《全国淡水生物物种资源调查技术规定》执行,有关海水生物资源调查及质量控制可按照《海洋生物调查规范》(GB 12763.6—2007T)执行。

4.2.3.5 实验过程

实际实验操作过程采用国家标准分析方法,可按照相关国家标准方法中的建议流程开展实验检测,通常进行不少于三组的重复实验,对样品中目标化学物质的检测,可采用平行样分析、加标回收样分析、标准样品或质控样品比对分析等进行实验室内质量控制。每批样品的平行样测定率一般为 10% 以上,加标回收样、标准样品或质控样品测定率应达到 10%,当样品数量较少时,每批样品的每个项目应至少测定 1 个平行样与加标回收样,可以是标准样或质控样。

4.2.3.6 数据分析

数据分析的质量控制，目的在于保证定量分析结果的准确有效性，尽量减少人为误差。测试数据分析过程中，数据应满足所采用方法的基本要求，对检测数据的处理应合乎数理统计规则。如使用计算机软件应确保为合规软件，要保证数据的有效性与完整性，主要包括数据采集、数据溯源、数据贮存、数据传输和数据处理等过程，应注意保障对所获得的各种数据、资料和报告执行统一的技术质控要求。

4.2.4　阈值确定

对具体流域或区域水体进行水生态学基准阈值校验工作前，需要先选择被校验的目标水生态基准建议值，选取的需地方化校验的流域或区域水体的目标水生态学基准值一般为已研究获得的本土相应的国家水生态学基准建议值，其主要通过研究收集本国代表性流域的水生态系统的调查分析及实验室模拟试验数据的科学分析推导所得结果。为保证流域水生态学基准建议值的时效性和适用性，建议选取的流域水生态学基准建议值应满足以下条件。

1）为在同等条件下，最新推导或发布的国家基准建议值；
2）室内实验的条件应模拟与野外实地相近或相似的环境和气候条件；
3）采用的相关基准建议值的推导过程应规范可核审。

4.2.5　室内校验方法

4.2.5.1 受试生物的选择

流域生态学水质基准的制定具有明显的区域性，不同国家或地区水生态系统中的生物区系特征可能不同，因此在推导我国的水生态学质量基准时必须选择具有我国流域生物区系特征的水生生物物种，尤其对一些与生物物种敏感性较紧密相关指标的基准值校验过程中，水生生物对指标变化的敏感度及水体理化特征参数对"环境压力–负效应响应"的测试实验结果可能有较大影响。一般受试水生生物的选择需满足以下几点或至少一点。

1）选择当地水生态系统结构中重要的或有代表性的物种，使待校验的水生态学基准尽好地符合保护当地水生态系统结构平衡和功能完整的目标。

2）选择对待校验基准指标较敏感的水生生物进行检测实验，可事先经过对本地水生态系统调研或依据物种敏感度的分布结果进行筛选应用。

3）可选择本地流域或区域水体中经济价值高的水生物种进行校验实验，使制定的流域或区域性水生态学基准或标准达到的经济效益最优化。

4）条件允许可选择本地流域水体中多种水生生物进行校验试验，通常采用更全面的生物种群压力–负效应作用数据，以便更好地表征目标流域的水生生态系统结构和功能的完整性，因而可以选择几种不同类群的物种同时进行室内校验实验。

4.2.5.2 受试生物管理

通常受试水生物应来自本土同一水体条件的物种，实验前至少在连续曝气的水中驯养 7 天，驯养水质条件、照明条件等应与测试实验时条件一致。水生生物驯养期间，根据受试生物的特点喂食饲料并保证自然死亡率低于 10%，否则该批生物不应用作实验测试。若使用自行配制饲料，应表明主要饲料组成成分。驯养过程中需定时记录受试生物环境条件，如水温、光照、溶解氧、pH、电导等必要指标。

一般急性实验前 24 小时停止喂食并转移至实验容器进行驯化，使其适应实验环境，受试生物应无明显的疾病和肉眼可见的畸形等损伤，实验前两周内一般不对试验生物作疾病等的药物治疗处理。生物实验优先使用校验水域的原水，若因条件限制无法获得，则可使用经过处理的实验室自来水，但不应带入显著影响试验结果的污染物质。

4.2.5.3 校验实验方案

室内校验实验的基础是建立合理的目标污染物质压力-负效应响应作用关系，校正或验证获得保护本地水生态统安全的目标物质的水生态学阈值。一般将有待在本地流域水体校验的国家水生态基准指标作为压力，以受试水生态系统（如水生态微宇宙）中的生物物种、种群或群落等对压力敏感的指标参数为负效应响应强度开展试验校验研究，可以遵循的实验原则有以下 3 点。

1）代表性。在条件允许的情况下，优先选取对待校验指标较敏感的且能体现生物物种、种群或群落性变化的代表性水生态学指标，若采用敏感性指标无法以实验准确测定，则可以选取多个响应表征指标，可对实验结果进行综合评估。

2）可控性。生物指标与待校验指标之间的效应作用关系须清晰，且在统计学上能以较简单的方式描述。在相同条件的平行实验过程中，响应指标与待验证指标应表现出一致的压力-响应作用关系。

3）准确性。响应指标的数量水平应可以在实验室中准确测定，从而能科学确定响应指标与待校验基准指标间的数量关系。

在满足以上原则前提下，尽量选择在操作上简便易测试的水生态学指标，以免引入更多系统误差。一般在室内校验实验中，需参照国家基准建议值的浓度水平合理设置待校验流域基准值的试验浓度梯度，其中国家基准建议值的水平应尽量处于校验试验浓度梯度的中位数水平附近，一般梯度跨度相差不可超过两个数量级。

对于能通过人工控制实现连续变化的指标，如水中溶解氧、pH 等，须确定适当的变化速率。指标的变化速率应使受试生物对其变化产生明显的反应，并依照化学物质指标和受试生物的性质、实验条件、质控条件等因素科学确定其浓度水平。

对于不能通过人工控制实现连续变化的指标，一般应设置五个或更多相互独立的浓度梯度，并在符合质量保证的情况下，进行相关平行实验。

一般应按照国家、组织或公认发布的生物测试试验的标准方法，设置急性暴露与慢性暴露等校验实验，实验过程中的主要步骤应有可供参考对照的技术方法。

4.2.5.4 流域基准阈值确认

通常经过对本地化流域或区域水体的校验实验后，对基准建议值可有两种确定方式，包括对原国家基准建议值的确认或对其进行修正后确认。

按照基准的校验实验流程进行至少两次重复实验后，将实验所得目标流域水体的水生态学阈值的结果与国家基准建议值进行比对分析：若经统计检验无显著性差异，则确认为目标流域的生态基准推荐值；若实验结果与基准建议值存在显著差异，则需要进一步替换受试生物或其他水生态水质指标再开展水生态校验实验，可能需要对该流域或区域水体的水生态学基准值进行目标流域性再推导确认。

4.2.6 现场校验方法

4.2.6.1 校验数据的采用

依据待校验的目标流域水体实际情况，用于校验流域水生态学基准值的数据应考虑现场调查和数据获取的科学可操作性，一般可选择基准值在目标流域的水生态系统保护的适用性或有类似流域水生态校验经验作为校验的基础，条件允许时可选取目标流域和类似流域的两类水生态学基准指标数据进行比对校验。

对于国家基准建议值所适用的目标流域，可以使用该流域的历史资料或当前现场调查的数据进行分析校验，一般用于目标流域校验的数据与用于国家水生态学基准推导的数据不能在时间上重叠，若需要采用同流域数据校验国家基准建议值时，应关注对于目标流域典型水生态系统参照状态的校验。主要校验注意因素如下所示。

（1）使用目标流域水生态系统的历史资料

从有效的文献资料调查等渠道获取实际流域中目标物质的水生态学历史资料，与推导相应目标物质的国家基准值所使用数据（推导数据）相比，建议所采用的目标流域资料数据可考虑的条件有：①包含推导的相应国家基准建议值所采用的指标参数；②时间跨度不少于相应国家基准值数据时间跨度的一半；③实际流域数据量不少于相应的国家基准数据的一半。

当使用实际流域历史数据时，可按照水生态学制定方法的有关过程，结合与相应国家水生态学基准建议值的比对分析，评价该流域历史上相关水生态系统参照状态的生态结构平衡与功能完整性水平，阐述校验流域相关基准值的应用必要性。

（2）使用流域水体实际现场调查数据

对实际流域相关目标校验基准值的适用性进行一定时空范围的现场实测调查，可按照水生态学制定方法的有关过程，结合与相应国家水生态学基准建议值的比对分析，评价该流域相关典型水生态系统现实状态的生态结构平衡与功能完整性水平，阐述校验流域相关基准值的科学适用性。

（3）实际流域水生态系统参照状态校验

使用历史数据和实际现场检测数据开展实际流域水生态学基准验证时，水生态系统参照状态的功能完整性水平是主要的判断指标，主要考察目标物质的水生态学基准建议值是否在历史上和现实中适用本地化流域或区域水生态质量的保护。

也可寻找与目标流域相似的流域水体作为类比性水生态系统，对其进行现场或历史调查分析，获取相似流域水生态基准指标数据后，按照水生态学制定方法的有关过程，再推导出相似流域的基准建议值，并将之与待验证流域的相关水生态学基准指标参数相比对分析，校验确定目标流域的水生态学基准值。

一般选用的相似参考流域水生态系统应满足的主要条件有：①与目标校验流域水体属于相同或相近的水生态区域类型；②与目标校验流域有相似的水文和水环境条件；③相似流域的基准值推导中所采用的指标参数，可在目标流域中准确获取。

4.2.6.2 基准建议值的确认

通过在实际流域的现场校验试验，对校验流域或区域水体的水生态学基准建议值可以有两种处理方式，包括对基准建议值的验证确认或对其进行校正确认。将使用实际流域水体校验数据推导所得流域水生态学基准阈值与国家相关基准建议值相比对分析。

若经统计检验无显著性差异，则确认为目标流域的水生态学基准推荐值。

若推导结果与国家基准建议值存在显著差异，可尝试适当增加数据量再校验，一般可考虑：①使用历史数据验证时，可将数据的时间区间加大；②使用相似流域验证时，可收集更多类似流域的数据，或将流域或区域水体细分参考水生态系开展分析校验；③使用补充数据验证时，可继续通过室外调查或结合室内试验收集数据再进行流域区域水生态学基准阈值验证；④条件允许时，可采用多种调查方法对目标流域进行相关水生态学基准的校验比对确认。

若经多次校验调查实验，结果与国家基准建议值存在显著差异，则应确认目标流域经校验的水生态学基准阈值，并报国家水环境基准或标准主管部门审核备案后供实际应用。

4.3 沉积物基准校验技术方法

4.3.1 概述

通常流域水环境底泥沉积物基准的校验可包括加标样品校验和实际样品校验。其中，流域沉积物基准的加标样品校验是根据已制定的目标物质的沉积物基准数值设计一系列浓度梯度进行加标（目标物质）的沉积物毒性试验，范围涵盖沉积物基准安全浓度（CSC_{sed}）、沉积物基准连续浓度（CCC_{sed}）和沉积物基准最大浓度（CMC_{sed}）。如果不同加标浓度的目标流域表层底泥沉积物表现出相应的毒性效应关系，那么制定的流域水环境中目标物质的沉积物基准值可以通过加标样品校验。

对于流域沉积物基准的实际样品校验，一般是在取自目标流域现场的实际水环境沉积物样品中添加不同的材料，可以是吸附或络合底泥沉积物中的非极性有机物、重金属或氨氮等，应去除干扰物质，保留目标物质。测定沉积物中目标物质的浓度，与已经制定的国家水环境中目标物质的底泥沉积物基准安全浓度（CSC_{sed}）、沉积物基准连续浓度（CCC_{sed}）及沉积物基准最大浓度（CMC_{sed}）等基准值进行比较，并进行实际流域中目标物质的本地沉积物基准的校验性底栖生物毒性试验，若实际流域沉积物中的目标物质浓度表现出相应合理的毒性效应关系，则制定流域水环境中目标物质的沉积物基准值可以通过实际样品验证。

4.3.2 技术流程

流域水环境沉积物基准的校验方法的主要技术流程框架如图4-4所示。

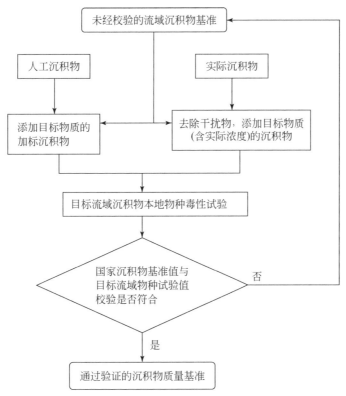

图4-4 流域水环境沉积物基准校验方法技术框架

4.3.3 试验准备

4.3.3.1 仪器准备

校验试验检测所需仪器设备一般应符合《化学品测试合格实验室导则》（HJ/T

155—2004）等相关文件规范的具体规定，试验过程所用的仪器设备不应释放出对受试生物有害的物质，且所用设备材料应对目标物质的吸附作用小、基本无显著影响。

4.3.3.2 目标物质信息

一般应具有明确的环境来源，化学成分及纯度明确有效，可调查目标受试物质的基本信息资料，主要包括化学名称、分子结构、纯度、环境来源及主要理化性质如：水溶性、蒸气压、沸点、燃点、辛醇-水分配系数（K_{ow}）、生物富集系数（BCF）等特征参数，同时还应了解目标物质在实际流域水环境沉积物及其上覆水、孔隙水中的定量分析方法。

4.3.3.3 受试生物

通常主要考虑应选择的受试生物原则包括：①中国流域水环境中的本土生物；②与实际流域沉积物直接接触的本土底栖生物；③具有重要水生态价值或经济价值的本地物种；④流域水环境底泥沉积物中的目标物质具有较好的毒性敏感性；⑤对目标物质已收集较多的毒理学基础数据；⑥选用的实验生物容易在实验室内驯化培养，对不同理化性质沉积物的试验适应性强。

受试生物物种主要包括水体底栖生物如水生昆虫类、水生寡毛类、双壳类、底栖鱼类和水生甲壳类等水生动物，也包括水体中的浮游藻类及沉水植物等水生植物。

受试生物物种可以购买或实验室培养。同一批次试验所用受试生物应为相同来源的健康个体。选用的受试生物可以静态水培养或流水式培养。如果采用静态培养，底泥上覆水需要定时更换，以保证水质满足流域本土受试生物的驯养。一般受试生物的驯养可以参考相关流域水环境沉积物生物系统效应测试方法或有关底栖水生物毒性测试方法执行。

4.3.3.4 试验用水

一般的生物试验用水应适合受试生物的存活、生长和繁殖的需要。试验用水可以使用天然水、实验室除氯自来水或配制水。天然水可以是无污染的井水、泉水或地表水，也可以是取自沉积物样品采集地的实际流域原位水，其硬度、温度、电导率、pH、溶解氧及盐度等校验试验过程中应保持稳定。试验用水的化学特征和制备方法可以参考相关流域水环境沉积物生物系统效应测试方法等技术文件或有关底栖水生物毒性测试方法执行。

4.3.3.5 沉积物样品

加标样品验证所用的沉积物样品可参考相关流域水环境沉积物生物系统效应测试方法或有关水环境沉积物毒性测试方法的具体规定。一般实际流域水环境沉积物样品可以采用实际流域水体的天然沉积物或人工配制的水体沉积物样品开展校验试验研究。其中，实际流域中本地天然沉积物样品可以取自流域相对少污染的正常水域位点，采样方法可参考《水质采样技术指导》（HJ 494—2009）。通常水体沉积物样品不应含有其他可能引起干扰的污染物质，应检测本地流域水体沉积物样品的间隙水 pH、总有机碳（TOC）、粒度分布（砂、淤泥和黏土含量）和含水率等基本特征。

采用人工配制沉积物样品一般可避免因实际流域天然沉积物中偶然性干扰物质及生物引起的干扰不确定度风险，其较适合实验室的标准化校验测试。配制沉积物的组成和制备方法可以参考相关流域水环境沉积物生物系统效应测试方法等技术文件或有关底栖水生物毒性测试方法执行，也可以直接使用符合要求的清洁土壤代替沉积物基质来配制应用。

通常目标物质应均匀分布在水体表层沉降物中。一般有机化合物需要溶解在适当的助溶剂中再加入沉积物，助溶剂应选择无显著干扰影响或可通过物理方法去除的物质，而金属物质大多可以水溶液形式加入沉积物中。目标物质加入沉积物样品后，需要平衡一定时间以达到在沉积物中分布均匀，再对实际流域中底栖生物的沉积物毒性进行校验试验。一般目标有机化合物在底泥沉积物中的自然平衡过程约需 1 个月，而金属元素在底泥中的平衡过程需 1~2 周；目标物质在沉积物样品中分布平衡结束时，可对底泥沉积物样品的上覆水、试验生物及试验底泥中的目标物质进行浓度分析表述。

通常实际流域样品校验过程所用的沉积物，主要采自实际流域自然水体的本地沉积物及相应的本地底栖生物，校验试验中沉积物样品一般不应含有可引起干扰作用的其他污染物质及干扰性生物，需检测记录目标沉积物的间隙水 pH、总有机碳（TOC）、底泥粒径分布（砂、淤泥和黏土含量）、含水率及目标物质浓度等指标。

对实际流域沉积物样品的校验所用沉积物的添加材料主要方法可做以下描述。

椰壳木炭粉：加入 15% 粗颗粒（150~500μm）和 5% 中等颗粒（62.5~150μm）椰壳木炭粉屏蔽有机物的影响。粉末状椰壳木炭需加入 2 倍体积的高纯水，并在真空条件下饱和渗透超过 18 小时，再以 2500r/min 的转速离心 30min 去除多余的水分后投加到沉积物当中。

沸石：加入 20% 沸石（过 10 目筛）屏蔽氨氮的影响。沸石经研磨过 2mm（10 目）筛后，用蒸馏水清洗 2 遍再用高纯水清洗一遍，然后与高纯水按 1∶3 的体积比混合，并在黑暗中静置 24h 以上待用；沸石以湿沉积物 20% 的比例添加到沉积物原样中。

大孔螯合树脂：可加入 20% 大孔螯合树脂，用于屏蔽非极性有机物的影响。如 D401 大孔螯合树脂（交换能力大于 4.2mmol/g）用蒸馏水以 1∶4 的体积比清洗 8 次，再用高纯水以 1∶4 的体积比清洗 4 次，并在高纯水中黑暗浸泡超过 24h，以 20%（湿重）的比例添加到沉积物中。

4.3.4 试验操作

4.3.4.1 试验系统

可根据实际目标污染物及底泥沉积物与受试物种特性需要，选择静态、半静态或流水式沉积物毒性试验系统。

4.3.4.2 试验设计

校验试验的测试终点可包括流域水体中底栖生物的存活、生长、行为或繁殖等指标，如果估算物种的 50% 致死浓度（LC_{50}）或 $X\%$ 毒性效应浓度（EC_x，X 一般为 5 ~ 20），则至少可设计采用 3 ~ 5 个浓度水平，每组浓度可设置 3 个重复，EC_x 应包含在试验浓度范围内。如果要估算最低或无可见效应浓度（LOEC/NOEC），可使用 3 ~ 4 个浓度，每个浓度至少 3 个重复并设空白对照组进行校验试验的质量控制；如果添加目标物质时使用了助溶剂，则还应设置溶剂对照组，一般目标污染物质设置的浓度最高不超过 1000mg/kg。

4.3.4.3 试验条件

通常校验试验的水温为 20℃±3℃，光暗比可为 16：8，光照度为 100 ~ 1000 lx，在试验准备期可向测试的水体沉积物体系中加入食物，正式试验过程一般不加入食物。试验过程中底泥沉积物的上覆水可温和曝气，不使水中溶解氧降至饱和溶氧的 30% 以内，试验过程避免对沉积物的明显扰动。

4.3.4.4 生物试验观察

校验试验中，目标物质暴露期内可定时观察本地典型受试生物的存活、生长或繁殖及物种行为等变化情况，记录并分析结果；若有死亡生物要及时移除，试验暴露期结束后，对实际流域中本地沉积物上覆水、底泥沉积物中目标物质的浓度进行分析，确定校验试验的毒性值结果。

4.3.4.5 质量控制

对照试验中的生物不表现出显著的毒性效应。试验结束时，实验装置的沉积物水环境温度、溶解氧、pH、电导等水质基本特征应保持在可接受的范围内。

4.3.4.6 数据报告

（1）数据处理

根据水环境底栖生物毒性测试方法终点的风险评估含义，通常可定义一个风险表征商值 Q，Q 为目标物质毒性测试终点指标与对照组毒性测试终点指标的商，商值 Q 高于 0.8 认为目标物质具有潜在毒性风险，低于 0.6 则认为没有明显毒性。

（2）结果报告

目标物质信息主要包括：化学名称、结构式、纯度、理化性质（如水溶性、蒸气压、K_{ow}、环境稳定性）等。实际流域的本地受试底栖生物信息：名称、来源、驯化和培养方法描述等。一般试验程序包括：

1）试验材料准备，如试验用水，沉积物制备及目标物质的加标方法。

2）试验系统选择，如采用静态、半静态、流水式试验系统等。

3）试验过程设计，如代表性试验生物选择、生物量确定、目标物质的加标浓度和实测浓度确定等。

4）试验条件控制，如试验暴露时间和条件控制等。

5）测定方法确定，目标物质浓度测定方法和生物毒性效应测定方法等。

6）试验结果确认：①目标物质的试验浓度、加标浓度和实测浓度等。②流域水体中本地生物毒性效应如存活、生长、行为或繁殖等的分析确定等。③实际流域水体中本地生物产生的毒性效应、风险商值及与目标物质在实际沉积物中的浓度–效应关系等。

4.4 流域河口水体营养盐基准校验技术方法

4.4.1 概述

本技术方法主要适用于流域河口区域水体中总氮、总磷的水生态营养盐基准的校验，推导得出的总氮、总磷营养盐水质基准的保护对象为我国河口水域生态系统。本方法主要引用下列文件中的条款：《海洋监测规范第 3 部分：样品采集、贮存及运输》（GB 17378.3—2007）、《水质采样技术指导》（GB/T 12998）、《水质采样样品的保存和管理技术规定》（GB/T 12999）、《海洋调查规范第 4 部分：海水化学要素调查》（GB/T 12763.4—2007）、《海洋调查规范第 6 部分：海洋生物调查》（GB/T 12763.6—2007）、《海洋监测规范第 4 部分：海水分析》（GB 17378.4—2007）、《海洋监测规范第 7 部分：近海污染生态调查和生物监测》（GB 17378.7—2007）、《化学品藻类生长抑制试验》（GB/T21805—2008）、《用微藻类进行静态毒性试验的指南》（ASTM E1218—2004）、《用单细胞绿藻类进行淡水藻类生长的抑制性试验》（ISO 8692—2012）、《水质总磷的测定钼酸铵分光光度法》（GB/T 11893）、《水质总氮的测定碱性过硫酸钾消解紫外分光光度法》（GB/T 11894）、EPA Method 446.0 In Vitro Determination of Chlorophylls a，b，c，USEPA。凡未注日期或发生修订更新的引用文件，以最新有效版本为准。

4.4.2 术语定义

实验中的术语定义如下。

水生态区（ecoregion）：具有相似的气候、地貌、土壤、水文或其他生态相变量的同质水体生态区域。

河口水域（estuary）：流域河口及邻近海域。

水生生物集群（aquatic assemblage）：给定水体中相互作用物种的种群集合。

水生生物群落（aquatic community）：栖息于一定水体中，多种生物种群通过相互作用而有机结合的集合。

生物评价（biological assessment，bioassessment）：采用生物调查，或对水体生物种

群的直接测量结果来评价水体的生物状况。

生物调查（biological survey，biosurvey）：通过收集、处理和分析具有代表性水生生物群落，以确定其结构和功能特征。

水生态完整性（ecological integrity）：通过化学、物理和生物属性的度量，来表征未受损水生态系统的正常结构与功能状态。

水生态学基准（ecological criteria，ecocriteria）：用于描述满足指定水生生物用途，并具有水生态完整性的生态系统结构与功能的描述型语言或数值；包括自然水体中影响水生生物种群、群落等营养级结构变化的营养盐类物质的安全基准，也称生物学基准（biological criteria）。

度量（metric）：一定体系对外源干扰物质的作用影响，具有可定量的适应变化方式。

多元群落分析（multivariate community analysis）：分析生物和理化数据所采用的多元统计学方法。

压力源（stressors）：对生物造成不良影响的物理和化学因素。

浮游藻类（phytoplankton）：是一类自养性的浮游生物，多为单细胞植物，具有叶绿素或其他色素体，能吸收光能和二氧化碳进行光合作用，自行制造有机体。主要包括硅藻、甲藻、绿藻、蓝藻、金藻、黄藻，以及藻类孢子等，它们是自然水域的主要生产者。

优势种（dominant species）：指生态系统或群落中，数量多、出现频率高的生物物种。

物种多样性（species diversity）：指正常群落内或生态系统中物种的多寡和不均匀性。

指示生物（indicator organism）：能标志或指示一定区域水体或某种特殊环境的生物物种。

总磷（total phosphorus）：水环境样品中溶解态和颗粒态的有机磷和无机磷化合物的总和。

总氮（total nitrogen）：水环境样品中溶解态和颗粒态的有机氮和无机氮化合物的总和。

叶绿素（chlorophyll）：自氧型植物细胞中一类重要的色素，是植物进行光合作用时吸收和传递光能的主要物质，叶绿素 a（Chl a）是其主要成分。

4.4.3 基准校验

河口水质营养物基准的校验主要为总氮（TN）、总磷（TP）基准的实验室检验校正，校验方法基于营养物质-浮游藻生长的压力-响应关系，主要包括水生态学数据的实验室或野外现场获得与筛选、数据分析和基准验证等过程。基于营养盐和初级生产力之间的压力-响应关系模型，建立的河口水体营养物质基准室内验证方法，以河口常见浮游藻类为受试生物，设置营养盐浓度梯度，以浮游藻类生物量（叶绿素 a）响应为指示，并对野外现场获得的 TP 和 TN 基准值进行验证。其中，浮游藻类生物量（Bf）为逻辑斯蒂（logistic）生长模型拟合得到的 B_f，B_f 表征了环境能够容纳的浮游藻种群的最大生物量，一般由水环境资源和压力所决定的生物种群限度，涵盖了水体中浮游藻种群的全生命期过程；通常 B_f 随营养物浓度的变化呈 S 形曲线，可应用 Boltzmann 模型方程来拟合，其曲线拐点是终止生物量的突变点，也是营养盐生态基准的计算点。主要技术流程见图 4-5。

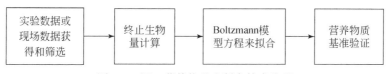

图 4-5　河口营养物基准制定技术流程

4.4.3.1　总氮基准校验

（1）试验数据获得

为使制定的总氮（TN）基准能够体现对河口水生态系统的保护，在实验室试验或野外现场观测的过程中，使用的浮游藻数据至少需要包括具体河口水域常见优势浮游藻 3 种以上；使用更多种类的浮游生物实验数据对 TN 基准值进行验证具有更高的确定性，鼓励使用更多种浮游藻类进行 TN 基准的验证。实验室验证一般使用人工海水，也可采用大洋海水或远岸水域采集的含营养盐浓度较低的背景海水开展 TN 的校验试验。

一般而言，营养盐对水生生物是没有毒性的，因此并不能按照毒性物质基准的测定方式来获得营养盐的基准值，也不能按照毒性物质的方式对营养盐基准值进行实验室验证。过量的营养盐会促进浮游藻的过度增殖，导致水体氧含量减少、透明度降低、生物多样性降低等。有关 N、P 营养盐和初级生产力之间的压力–响应关系模型已有较多的研究，本书主要发展河口水体 TN 的水生态学营养盐基准值室内校验方法，即以具体河口水域常见浮游藻类生物为受试生物，设置 TN 浓度梯度，以浮游藻生物量（叶绿素 a）响应为指示，对现场获得的 TN 基准值进行验证，主要实验方法步骤为：以具体河口水域常见优势浮游藻为实验对象，考虑实际河口水域盐度及营养盐背景浓度，设置实验盐度及 TN 浓度梯度；TN 基准验证时，固定 TP 的浓度（现场数据获得的 TP 基准值）。实验藻类物种在藻种培养室纯化繁育后用于实验，实验用海水通过 0.45 ~ 0.22μm 的混合纤维滤膜过滤，贮存于实验用玻璃或聚乙烯桶中，实验前用蒸汽消毒器 120℃消毒 15 分钟后自然冷却，实验海水的氮、磷本底值通过营养盐自动分析仪测定。浮游藻类于光照培养箱中培养，培养温度 20℃±3℃ 左右，光周期 12L：12D，培养 7 ~ 15 天。TN 浓度梯度设置 5 ~ 10 组，每组设置 3 个平行样。每天早晚各摇瓶 1 次，保持溶解氧量和防止试验生物聚集。取样前将样品摇匀，每隔 24h 取样并立即用 GF/F 滤膜过滤，滤膜用铝箔包好装入封口袋，在 –20℃下冷冻保存，培养结束后以荧光分光光度法测定叶绿素 a 的含量。

本方法采用终止生物量 B_f 作为 TN 的营养物基准计算的指标。使用逻辑斯蒂

（Logistic）模型进行拟合获得终止生物量 B_f。逻辑斯蒂模型为

$$B_t = \frac{B_f}{1 + \dfrac{B_f - B_0}{B_0} e^{-R \cdot t}}$$

式中，参数 B_f 为终止生物量，B_0 为浮游藻初始生物量，R 为浮游藻的种群增长率，t 为培养时间，B_t 为 t 时刻下的浮游藻生物量。

Logistic 生长模型的参数 B_f 是通过对试验藻类整个生命期过程的拟合得到，表征了环境能够容纳的浮游藻种群的最大生物量，是由水环境资源和压力所决定的种群限度，是一个与浮游藻起始状态无关的状态参数；有研究表明，同一种浮游藻在相同的培养条件下，B_f 基本相同，不受接种量及生理状态的影响，因此，B_f 作为浮游藻生长指标比 72 小时平均藻类细胞密度（B_{72h}）和相对生长率（K）可能具更好的敏感性和可靠性。

（2）总氮基准值推算

在河口水域 TN 基准验证过程中，应充分考虑水生态系统（主要是浮游藻类）对 TN 的敏感性。藻类对营养物的敏感性是水生态系统对营养物干扰或变化响应的重要敏感度指标，通常可以水生态营养盐基准指标随 TN 浓度的变化值来表征。一般水生态营养物基准计算值随 TN 浓度变化呈 S 形曲线，可用 Boltzmann 模型方程来拟合，并用曲线拐点 x_0 作为 TN 生态基准：

$$B_f = b + \frac{a - b}{1 + e^{\frac{x - x_0}{c}}}$$

式中，a、b、c 为方程参数；x 为营养盐浓度。

通过非线性拟合技术，由实验测定数据（t，B_t）得到 B_f，再由 B_f 得到 TN 生态基准 x_0。在数据处理中，非线性模型比线性模型难拟合，通常先设置数学模型中待定参数的初始值，然后采用最小二乘迭代的方法求解模型参数。基本算法有高斯–牛顿法（Gauss-Newton）、莱温伯格–麦夸特法（Levenberg-Marquardt）等。一般莱温伯格–麦夸特算法对于中型模型计算稳定且较快速，可选用莱温伯格—麦夸特法作为模型优化计算方法，R^2 检验作为模型拟合优度的检验方法，并可通过 Matlab 数学软件编程实现拟合过程。

一般数学软件给出的非线性拟合参数的置信区间都是渐进性区间，渐进性区间是在假定残差为正态分布，依据计算过程中产生的雅可比矩阵（Jacobin matrix）估计得到。推荐采用 Logistic 生长模型获得 B_f 参数，可应用 Bootstrap 抽样方法，从每个 TN 浓度梯度中任意抽取一个 B_f 参数值，抽得的数据组成一组数据，共可得到 L^n 组不同的数据，其中 L 为浮游藻平行培养数，n 为 TN 浓度梯度设置数。任意抽取一组数据用于 Boltzmann 模型的参数估计，就可得到一套模型参数的估计值（其中包括参数 x_0 的估计值）。随机抽取 m 套数据分别用于参数估计，可得到 m 套模型参数的估计值，产生估计数据 x_0 的分布，取该分布的中位数作为 TN 生态基准 x_0，其 97.5、2.5 百分位数作为水生态营养物基准的 95% Bootstrap 置信区间的上、下限，可进行不确定性分析。获得各实验浮游藻类物种的 x_0 值后，取较小的 x_0 值（最敏感浮游藻种的水生态响应值）作

为实验室获得的 TN 基准值。

4.4.3.2　总磷基准校验

（1）试验数据获得

为使制定的总磷（TP）基准能够体现对河口水生态系统的保护，在实验室试验或野外现场观测的过程中，使用的浮游藻类数据至少包括具体河口水域中典型浮游藻类物种 3 种以上，使用更多种类的浮游生物实验数据对营养物 TP 基准值进行验证具有更高的确定性，鼓励使用更多种浮游藻类进行 TP 基准的检验校正。实验室验证一般使用人工海水，也可采用大洋海水或远岸水域采集的含营养盐浓度较低的背景海水开展 TP 的校验试验。

一般而言，营养盐对水生生物是没有毒性的，因此并不能按照毒性物质基准的测定方式来获得营养盐的基准值，也不能按照毒性物质的方式对营养盐基准值进行实验室验证。N、P 营养盐和初级生产力之间的压力–响应关系模型已有较多研究，本书主要发展河口水体 TP 的水生态学营养盐基准值室内校验方法，即以具体河口水域常见浮游藻类生物为受试生物，设置 TP 浓度梯度，以浮游藻生物量（叶绿素 a）响应为指示，对现场获得的 TP 基准值进行验证，主要实验方法步骤为，以具体河口水域常见优势浮游藻为实验对象，考虑实际河口水域盐度及营养盐背景浓度，设置实验盐度及 TP 浓度梯度；TP 基准验证时，固定 TN 的浓度（现场数据获得的 TN 基准值）。实验藻类物种在藻种培养室纯化繁育后用于实验，实验用海水通过 0.45～0.22μm 的混合纤维滤膜过滤，贮存于实验用玻璃或聚乙烯桶中，实验前用蒸汽消毒器 120℃消毒 15 分钟后自然冷却，实验海水的氮、磷本底值通过营养盐自动分析仪测定。浮游藻类于光照培养箱中培养，培养温度 20℃±3℃左右，光周期 12L：12D，培养 7～15d。TP 浓度梯度可设置 5～10 组，每组设置 3 个平行样。每天早晚各摇瓶 1 次，保持溶解氧量和防止试验生物聚集。取样前将样品摇匀，每隔 24h 取样并立即用 GF/F 滤膜过滤，滤膜用铝箔包好装入封口袋，在–20℃下冷冻保存，培养结束后以荧光分光光度法测定叶绿素 a 的含量。

本方法采用终止生物量 B_f 作为 TP 的营养物基准计算的指标。使用逻辑斯蒂（Logistic）模型进行拟合获得终止生物量 B_f。逻辑斯蒂模型为：

$$B_t = \frac{B_f}{1+\frac{B_f-B_0}{B_0}e^{-R\cdot t}}$$

式中，参数 B_f 为终止生物量，B_0 为浮游藻初始生物量，R 为浮游藻的种群增长率，t 为培养时间，B_t 为 t 时刻下的浮游藻生物量。

Logistic 生长模型的参数 B_f 是通过对试验藻类整个生命期过程的拟合得到，表征了环境能够容纳的浮游藻种群的最大生物量，是由水环境资源和压力所决定的种群限度，是一个与浮游藻起始状态无关的状态参数。

（2）总磷基准值推算

在河口水域 TP 基准验证过程中，应充分考虑水生态系统（主要是浮游藻类）对

TP 的敏感性。通常可以水生态营养盐基准指标随 TP 浓度的变化值来表征。一般水生态营养物基准计算值随 TN 浓度变化呈 S 形曲线，可用 Boltzmann 模型方程来拟合，并用曲线拐点 x_0 作为 TN 生态基准：

$$B_f = b + \frac{a-b}{1+e^{\frac{x-x_0}{c}}}$$

式中，a、b、c 为方程参数；x 为营养盐浓度。

通过非线性拟合技术，由实验测定数据 (t, B_t) 得到 B_f，再由 B_f 得到 TP 生态基准 x_0。在数据处理中，非线性模型比线性模型难拟合，通常先设置数学模型中待定参数的初始值，然后采用最小二乘迭代的方法求解模型参数。基本算法有高斯–牛顿法（Gauss-Newton）、莱温伯格–麦夸特法（Levenberg-Marquardt）等。一般莱温伯格–麦夸特算法对于中型模型计算稳定且较快速，可选用莱温伯格—麦夸特法作为模型优化计算方法，R^2 检验作为模型拟合优度的检验方法，并可通过 Matlab 数学软件编程实现拟合过程。

一般数学软件给出的非线性拟合参数的置信区间都是渐进性区间，渐进性区间是在假定残差为正态分布，依据计算过程中产生的雅可比矩阵（Jacobin matrix）估计得到。推荐采用 Logistic 生长模型获得 B_f 参数，可应用 Bootstrap 抽样方法，从每个 TP 浓度梯度中任意抽取一个 B_f 参数值，抽得的数据组成一组数据，共可得到 L^n 组不同的数据，其中 L 为浮游藻平行培养数，n 为 TP 浓度梯度设置数。任意抽取一组数据用于 Boltzmann 模型的参数估计，就可得到一套模型参数的估计值（其中包括参数 x_0 的估计值）。随机抽取 m 套数据分别用于参数估计，可得到 m 套模型参数的估计值，产生估计数据 x_0 的分布，取该分布的中位数作为 TP 生态基准 x_0，其 97.5、2.5 百分位数作为水生态营养物基准的 95% Bootstrap 置信区间的上、下限，可进行不确定性分析。获得各实验浮游藻类物种的 x_0 值后，取较小的 x_0 值（最敏感浮游藻种的水生态响应值）作为实验室获得的 TP 基准值。

4.4.4 基准审核

最终需要审核河口水域生态营养物基准推导的全过程，以确认河口营养物水质基准阈值的有效性，主要审核注意点有以下 8 个方面。

1）使用未发表的水生态测试数据是否能确保质量。

2）所有要求的基准推导数据是否可客观获得。

3）实验浮游生物藻类物种是否涵盖了具体河口水域中典型优势种类。

4）河口水域中浮游生物的选育驯化方式是否客观合理。

5）总氮基准验证时总磷浓度的设置，以及总磷基准验证时总氮浓度的设置方式是否合理。

6）培养实验中营养物浓度梯度的设置是否科学合理。

7）是否要综合考虑氮、磷营养盐的变化可能影响河口水域任何重要的其他物种数据，如经济鱼类或底栖生物的生态学指标数据。

8）是否有任何背离推导方法过程的地方，可能的技术背离是否可被接受。

应以有效获得的相关室内和野外的资料为基础，判断所推导的营养物水质基准值是否与科学证据相一致。否则，应该通过对基准推导方法进行适当的修正，进一步完善基准推导校验。

5

流域典型污染物水环境质量基准阈值

为进一步实践水环境质量基准的技术方法，根据现阶段我国重点流域水环境优先控制污染物筛选研究结果，考虑本土水环境污染物毒理学数据积累的成熟性，特选择金属类物质镉、铬等，常规物质氨氮、总氮等，有机芳烃类物质硝基苯等，有机氯、磷类农药毒死蜱等，作为我国流域地表水体中较普遍存在的典型污染物质，主要对地表淡水环境中水生生物基准、水生态学基准、营养物基准、沉积物基准及人体健康水质基准等进行示例性应用推导。如选择实际流域水体中的氨氮、总氮和总磷等进行我国流域水体的水生态学基准或营养物基准推导；选择重金属镉、铜、铅及锌等进行水体沉积物质量基准的推导；选择重金属镉、邻苯二甲酸乙基己基酯等进行人体健康水质基准的推导分析，以便为全面开展我国流域地表水质量基准研究，推导确定相关基准阈值提供技术参考。

5.1 镉–水生生物基准

5.1.1 引言

镉是我国地表水中常见的重金属污染物，具有较高的生物毒性和环境危害性。研究表明镉的生物毒性受到水体硬度、pH、温度等水质因子有较大影响，其中以硬度的影响最为显著明确。因此对于镉的水质基准研究可以为生物毒性受单个水体理化因子影响的污染物基准的制定提供借鉴。本书借鉴美国水质基准技术方法，对重金属镉的水生生物水质基准方法进行探究，为建立我国重金属水质基准/标准提供参考。

5.1.2 数据筛选

依据水质基准数据筛选规范，搜集迄今发表我国本土水生生物的镉急、慢性毒性数据，数据主要来自 ECOTOX 数据库、中国知网、与本书研究相关课题组的检校验数据及美国镉水质基准文件等，依据水环境质量基准数据筛选技术方法原则，剔除不符合水质基准技术要求的数据，如无对照试验的数据，未报道试验用水硬度的数据，试验稀释用水不合格的数据，试验设计不规范或无质控要求的文献数据，以及实验推导可疑的数据等，确定采用有效数据。

5.1.2.1 镉的急性毒性数据

重金属镉对我国本土地表水环境中无脊椎和脊椎动物的急性毒性数据分别列于表5-1和表5-2。共有约24种我国淡水生物的镉急性毒性效应数据，其中大型溞的文献数据较丰富。研究表明，不同试验水质理化条件时镉的毒性效应，或不同的生物种群对镉毒性的反应有较大差异。此外，一般常用来探究淡水中镉毒性效应的水生生物还有颤蚓、摇蚊幼虫、水螅、虾、螺及蚤状溞等。研究表明，水体硬度为260mg/L时，红裸须摇蚊幼虫对镉的96小时LC_{50}为18 567mg/L，是目前报道已知对镉毒性抗性最强的淡水无脊椎动物。

镉对我国本土地表淡水脊椎动物的毒性主要包括对鱼类和两栖类动物，与镉对无脊椎动物的毒性效应类似，水体硬度与镉对淡水动物类的毒性也呈负相关性。镉对我国淡水两栖类物种的急性毒性研究相对较少，目前已知急性毒性数据的有泽蛙蝌蚪。水体硬度为129mg/L时，镉对泽蛙蝌蚪的96小时LC_{50}为1890μg/L。

表5-1　镉对我国淡水无脊椎动物的急性毒性

物种	拉丁名	硬度/(mg/L)	$LC_{50}/EC_{50}/(μg/L)$	文献[①]
夹杂带丝蚓	*Lumbriculus variegatus*	290	780.0	[1]
霍甫水丝蚓	*Limnodrilus hoffmeisteri*	152	2400.0	[2]
苏氏尾鳃蚓	*Branchiura sowerbyi*	185	58020.0	[3]
正颤蚓	*Tubifex tubifex*	128	1700.0	[4]
正颤蚓	*Tubifex tubifex*	250	1657.9	[5]
红裸须摇蚊	*Propsilocerus akamusi*	260	18567	[6]
近亲尖额溞	*Alona affinis*	109	546.0	[7]
模糊网纹溞	*Ceriodaphnia dubia*	90	54.0	[8]
模糊网纹溞	*Ceriodaphnia dubia*	80	54.5	[9]
模糊网纹溞	*Ceriodaphnia dubia*	90	55.9	[10]
棘爪网纹溞	*Ceriodaphnia reticulata*	240	184.0	[11]
棘爪网纹溞	*Ceriodaphnia reticulata*	120	110.0	[12]
大型溞	*Daphnia magna*	45	65.0	[13]
大型溞	*Daphnia magna*	105	30.0	[14]
大型溞	*Daphnia magna*	209	30.0	[14]
大型溞	*Daphnia magna*	120	20.0	[12]
大型溞	*Daphnia magna*	120	40.0	[12]
大型溞	*Daphnia magna*	240	178.0	[11]

---

① 因表述技术需要，第5章文献使用顺序编码制，方便读者查阅。

物种	拉丁名	硬度/(mg/L)	LC$_{50}$/EC$_{50}$/(μg/L)	文献
大型溞	*Daphnia magna*	170	3.6	[15]
大型溞	*Daphnia magna*	170	9.0	[15]
大型溞	*Daphnia magna*	170	9.0	[15]
大型溞	*Daphnia magna*	170	4.5	[15]
大型溞	*Daphnia magna*	170	27.1	[15]
大型溞	*Daphnia magna*	170	115.9	[15]
大型溞	*Daphnia magna*	170	24.5	[16]
大型溞	*Daphnia magna*	170	129.4	[16]
大型溞	*Daphnia magna*	250	280.0	[17]
大型溞	*Daphnia magna*	170	9.5	[18]
大型溞	*Daphnia magna*	46	112.0	[19]
大型溞	*Daphnia magna*	91	106.0	[19]
大型溞	*Daphnia magna*	179	233.0	[19]
大型溞	*Daphnia magna*	46	30.1	[19]
大型溞	*Daphnia magna*	91	23.4	[19]
大型溞	*Daphnia magna*	179	23.6	[19]
大型溞	*Daphnia magna*	51	9.9	[20]
大型溞	*Daphnia magna*	104	33.0	[20]
大型溞	*Daphnia magna*	105	34.0	[20]
大型溞	*Daphnia magna*	197	63.0	[20]
大型溞	*Daphnia magna*	209	49.0	[20]
大型溞	*Daphnia magna*	130	58.0	[21]
大型溞	*Daphnia magna*	162	60.0	[22]
蚤状溞	*Daphnia pulex*	57	47.0	[23]
蚤状溞	*Daphnia pulex*	240	319.0	[11]
蚤状溞	*Daphnia pulex*	120	80.0	[24]
蚤状溞	*Daphnia pulex*	54	70.1	[25]
蚤状溞	*Daphnia pulex*	85	66.0	[26]
锯顶低额蚤	*Simocephalus serrulatus*	11	7.0	[27]
锯顶低额蚤	*Simocephalus serrulatus*	44	24.5	[28]
多刺裸腹溞	*Moina macrocopa*	82	71.3	[29]
灰水螅	*Hydra vulgaris*	20	83.0	[30]
灰水螅	*Hydra vulgaris*	210	160.0	[31]
寡水螅	*Hydra oligactis*	210	320.0	[31]
绿水螅	*Hydra viridissima*	20	3.0	[30]

续表

物种	拉丁名	硬度/(mg/L)	LC₅₀/EC₅₀/(μg/L)	文献
绿水螅	*Hydra viridissima*	210	210.0	[31]
克氏原螯虾	*Procambarus clarkii*	30	1040.0	[32]
克氏原螯虾	*Procambarus clarkii*	53	2660.0	[33]
克氏原螯虾	*Procambarus clarkii*	42	624.0	[34]

表 5-2 镉对我国淡水脊椎动物的急性毒性

物种	拉丁名	硬度/(mg/L)	LC₅₀/EC₅₀/(μg/L)	文献
亚东鲑	*Salmo trutta*	44	1.4	[28]
鲫鱼	*Carassius auratus*	44	748.0	[29]
鲤鱼	*Cyprinus carpio*	100	4300.0	[30]
草鱼	*Ctenopharyngodon idellus*	210	2441.0	[31]
草鱼	*Ctenopharyngodon idellus*	210	2405.0	[32]
孔雀鱼	*Poecilia reticulata*	20	1270.0	[33]
孔雀鱼	*Poecilia reticulata*	105	3800.0	[34]
孔雀鱼	*Poecilia reticulata*	209	11100.0	[34]
无鳞甲三刺鱼	*Gasterosteus aculeatus*	115	6500.0	[35]
无鳞甲三刺鱼	*Gasterosteus aculeatus*	107	23000.0	[36]
青鳉	*Oryzias latipes*	83	16.0	[37]
泽蛙蝌蚪	*Rana limnochari*	129	1890.0	[38]

5.1.2.2 镉的慢性毒性数据

数据列于表 5-3。镉对本土淡水脊椎动物的慢性毒性研究较少，表中主要包括有亚东鲑、白斑狗鱼等 7 个物种的水生生物慢性毒性数据。

表 5-3 镉对我国淡水动物的慢性毒性

物种	拉丁名	试验方法	硬度/(mg/L)	慢性值/(μg/L)	文献
正颤蚓	*Tubifex tubifex*	LC	250	1777.2	[39]
模糊网纹溞	*Ceriodaphnia dubia*	LC	20	13.784	[40]
大型溞	*Daphnia magna*	LC	53	0.152	[20]
大型溞	*Daphnia magna*	LC	103	0.212	[20]
大型溞	*Daphnia magna*	LC	209	0.437	[20]
绿水螅	*Hydra viridissima*	LC	20	0.566	[30]
白斑狗鱼	*Esox lucius*	ELS	44	7.361	[41]
亚东鲑	*Salmo trutta*	LC	250	16.486	[42]

5.1.2.3 镉的植物毒性数据

数据列于表5-4。表中约20种水生植物对镉毒性的抗性同样存在很大差异，最不敏感的淡水水生植物是浮萍，以7天繁殖率作为指标，毒性效应值为798 040μg/L；最敏感的淡水水生植物是美丽星杆藻，2μg/L的镉可以使其生长率受抑制而降低约10倍，总体来看，水生植物对镉的耐受性远大于水生动物。

表5-4　镉对淡水植物的毒性

物种	拉丁名	效应	毒性值/(μg/L)	文献
美丽星杆藻	*Asterionella formosa*	生长率降低10倍	2	[43]
舟型硅藻	*Navicula incerta*	EC_{50}	310	[44]
斜生栅藻	*Scenedesmus obliquus*	生长率降低39%	2 500	[45]
眼虫藻	*Euglena gracilis*	形态畸形	5 000	[46]
镰形纤维藻	*Ankistrodesmus falcatus*	生长率降低58%	2 500	[45]
铜绿微囊藻	*Microcystis aeruginosa*	初始抑制	70	[47]
四尾栅藻	*Scenedesmus quadricauda*	初始抑制	310	[48]
绿球藻	*Chlorococcum* sp.	生长率降低42%	2 500	[45]
蛋白核小球藻	*Chlorella pyrenoidosa*	EC_{50}生长率降低	250	[49]
轮藻	*Chara vulgaris*	致死剂量	56	[50]
轮藻	*Chara vulgaris*	EC_{50}生长率	10	[50]
莱哈衣藻	*Chlamydomonas reinhardi*	EC_{50}（细胞密度）	203	[51]
莱哈衣藻	*Chlamydomonas reinhardi*	EC_{50}（细胞密度）	130	[51]
莱哈衣藻	*Chlamydomonas reinhardi*	EC_{50}（细胞密度）	99	[51]
小球藻	*Clorella vulgaris*	IC_{50}生长率降低	60	[52]
小球藻	*Clorella vulgaris*	EC_{50}（生长抑制）	3 700	[34]
小球藻	*Chlorella vulgaris*	EC_{50}生长率降低	50	[53]
羊角月牙藻	*Selenastrum capricornutum*	EC_{50}生长率降低	50	[54]
羊角月牙藻	*Selenastrum capricornutum*	EC_{50}生长率降低	255	[55]
羊角月牙藻	*Selenastrum capricornutum*	IC_{50}生长率降低	10 500	[56]
羊角月牙藻	*Selenastrum capricornutum*	EC_{50}生长率降低	23	[57]
羊角月牙藻	*Selenastrum capricornutum*	EC_{50}生长率降低	130	[58]
水花鱼腥藻	*Anabaena flos-aquae*	EC_{50}种群数量	120	[29]
藻类（混合）	—	显著降低	5	[59]
穗花狐尾藻	*Myriophyllum spicatum*	EC_{50}（根重）	7 400	[60]
浮萍	*Lemna gibba*	EC_{50}生长降低	800	[61]
浮萍	*Lemna minor*	EC_{50}生长降低	200	[62]

物种	拉丁名	效应	毒性值/(μg/L)	文献
浮萍	*Lemna minor*	叶绿素减少	54	[63]
紫萍	*Spirodela polyrhiza*	LOEC 生长	8	[64]
浮萍	*Lemna gibba*	7 d 繁殖抑制	798 040	[61]
稀脉浮萍	*Lemna paucicostata*	96h 叶绿素减少	1 520	[65]
少根紫萍	*Spirodela oligorrhiza*	96h 生长抑制	4 770	[66]

5.1.3 毒性数据调整

文献研究表明，水体的硬度对镉的生物毒性数据具有显著影响，因此不同硬度试验条件下得出的镉毒性数据需要进行归一化调整才能进行基准阈值的分析推导，参照 USEPA 镉基准技术文件，对镉毒性数据进行归一化调整，调整方法如下。

如统一将毒性数据调整至水体硬度等于 50mg/L，对于急性毒性数据，调整值 = $e^{[1.0166\times\ln(50/原硬度) + \ln原值]}$；对于慢性毒性数据，调整值 = $e^{[0.7409\times\ln(50/原硬度) + \ln原值]}$。

5.1.4 水生生物基准制定

对归一化调整后镉的生物物种毒性数据进行分析排序后，得出用于推导计算基准值的 GMAV 列于表 5-5。按照 SSR 法，得出我国本土镉的水生生物急性基准值是一个以水体硬度为自变量的函数式：

$$CMC_S = (1.1367 - 0.04184\times\ln H)\times e^{1.0166\times\ln H - 2.966}$$

式中，S 代表可溶性金属镉，H 为水体硬度（下同）；如当水体硬度为 100mg/L CaCO$_3$ 时，CMC 为 5.25 μg/L。

由于慢性毒性数据不足，因此直接采用评估因子（默认为 10）方法提出镉慢性水生生物基准；如当水体硬度为 100mg/L CaCO$_3$ 时，CCC = 5.25/10 = 0.53 μg/L。

本书得出我国地表水体保护水生生物的镉的水质基准阈值与同类美国镉基准值的对比分析见表 5-6，由表可知，本书得出的镉基准值比美国限值略高，这主要是当前我国本土敏感性水生物种的毒性数据特性差异导致，我国现有镉地表水标准值相对是合理的。

表 5-5　镉对我国淡水生物的 GMAV

序号	物种中文名	物种拉丁名	GMAV/(μg/L)
20	苏氏尾鳃蚓	*Branchiura sowerbyi*	12836
19	无鳞甲三刺鱼	*Gasterosteus aculeatus*	4879
18	红裸须摇蚊	*Propsilocerus akamusi*	2774

序号	物种中文名	物种拉丁名	GMAV/(μg/L)
17	孔雀鱼	*Poecilia reticulata*	2326
16	鲤鱼	*Cyprinus carpio*	1934
15	克氏原螯虾	*Procambarus clarkii*	1526
14	鲫鱼	*Carassius auratus*	866.8
13	霍甫水丝蚓	*Limnodrilus hoffmeisteri*	666.0
12	泽蛙蝌蚪	*Rana limnochari*	633.7
11	草鱼	*Ctenopharyngodon idellus*	463.2
10	正颤蚓	*Tubifex tubifex*	386.1
9	近亲尖额溞	*Alona affinis*	222.3
8	夹杂带丝蚓	*Lumbriculus variegatus*	102.8
7	灰水螅	*Hydra vulgaris*	43.44
	寡水螅	*Hydra oligactis*	
	绿水螅	*Hydra viridissima*	
6	多刺裸腹溞	*Moina macrocopa*	40.31
5	锯顶低额溞	*Simocephalus serrulatus*	33.75
4	模糊网纹溞	*Ceriodaphnia dubia*	31.25
3	大型溞	*Daphnia magna*	14.34
	溞状溞	*Daphnia pulex*	
2	青鳉	*Oryzias latipes*	8.920
1	亚东鳟	*Salmo trutta*	1.620

表 5-6 镉水生生物基准限值比较

基准来源	水生生物基准限值/(μg/L)				
	CMC		CCC		
本书	5.25		0.53		
美国	2.0		0.25		
我国地表水镉标准	Ⅰ级	Ⅱ级	Ⅲ级	Ⅳ级	Ⅴ级
	1	5	5	5	10

参 考 文 献

[1] Schubauer B M K, Dierkes J R, Monson P D, et al. PH-dependent toxicity of Cd, Cu, Ni, Pb and Zn to *Ceriodaphnia dubia*, *Pimephales promelas*, *Hyalella azteca* and *Lumbriculus variegatus* [J]. Environmental Toxicology and Chemistry, 1993. 12: 1261-1266.

[2] Williams K A, Green D W J, Pascoe D. Studies on the acute toxicity of pollutants to freshwater macroin-

vertebrates：1：Cadmium ［J］. Archives Hydrobiology, 1985. 102 (4)：461-471.

［3］ Ghosal T K, Kaviraj A. Combined effects of cadmium and composted manure to aquatic organisms ［J］. Chemosphere, 2002. 46：1099-1105.

［4］ Reynoldson T B, Rodriguez P, Madrid M M. A comparison of reproduction, growth and acute toxicity in two populations of *Tubifex tubifex* (Muller, 1774) from the North American great lakes and Northern Spain ［J］. Hydrobiology., 1996. 344：199-206.

［5］ Redeker E S, Blust R. A ccumulation and toxicity of cadmium in the aquatic oligochaete *Tubifex tubifex*：a kinetic modeling approach ［J］. Environmental science and technology, 2004. 38 (2)：537-543.

［6］ 郑先云, 龙文敏, 郭亚平, 等 . Cd^{2+}对红裸须摇蚊 *Propsilocerus akamusi* 的急性毒性研究 ［J］. 农业环境科学学报, 2008. 27 (1)：86-91.

［7］ Ghosh T K, Kotangale J P, Krishnamoorthi K P. Toxicity of selective metals to freshwater algae, ciliated protozoa and planktonic crustaceans ［J］. Frontiers in Ecology and the Environment, 1990. 8 (1)：356-360.

［8］ Bitton G, Rhodes K, Koopman B. Ceriofast^{TM}：an acute toxicity test based on *Ceriodaphnia dubia* feeding behavior ［J］. Environmental Toxicology and Chemistry, 1996. 15 (2)：123-125.

［9］ Diamond J M, Koplish D E, McMahon J I, et al. Evaluation of the water-effect ratio procedure for metals in a riverine system ［J］. Environmental Toxicology and Chemistry, 1997. 16 (3)：509-520.

［10］ Lee S I, Na E J, Cho Y O, et al. Short-term toxicity test based on algal uptake by *Ceriodaphnia dubia* ［J］ Water Environmental Research, 1997. 69 (7)：1207-1210.

［11］ Elnabarawy M T, Welter A N, Rubidium R R. Relative sensitivity of three daphnid species to selected organic and inorganic chemicals ［J］. Environmental Toxicology and Chemistry, 1986. 5：393-398.

［12］ Hall W S, Paulson R L, Hall L W J, et al. Acute toxicity of cadmium and sodiumpentachlorophenate to daphnids and fish ［J］. Bulletin of Environmental Contamination and Toxicology, 1986. 37：308-316.

［13］ Biesinger K E, Christensen G M. Effects of various metals on survival, growth, reproduction, and metabolism of *Daphnia magna* ［J］. Fisheries Research Board of Canada, 1972. 29：1691-1700.

［14］ Canton J H, Slooff W. Toxicity and accumulation studies of cadmium (Cd^{2+}) with freshwater organisms of different trophic levels ［J］. Ecotoxicology and Environmental Safety, 1982. 6：113-128.

［15］ Baird D J, Barber I, Bradley M, et al. A comparative study of genotype sensitivity to acute toxic stress using clones of *Daphnia magna* Straus ［J］. Ecotoxicology and Environmental Safety, 1991. 21：257-265.

［16］ Stuhlbacher A, Bradley M C, Naylor C, et al. Induction of cadmium tolerance in two clones of *Daphnia magna* Straus ［J］. Comparative Biochemistry and Physiology Part C, 1992. 101 (3)：571-577.

［17］ Crisinel A, Delaunay L, Rossel D, et al. Cyst-based ecotoxicological tests using anostracans：comparison of two species of *Streptocephalus* ［J］. Environmental Toxicology and Water Quality, 1994. 9 (4)：317-326.

［18］ Guilhermino L, Lopes M C, Carvalho A P, et al. Inhibition of acetylcholinesterase activity as effect criterion in acute tests with juvenile *Daphnia magna* ［J］. Chemosphere, 1996. 32 (4)：727-738.

［19］ Barata C, Baird D J, Markich S J. Influence of genetic and environmental factors on the tolerance of *Daphnia magna* Straus to essential and non-essential metals ［J］. Aquatic Toxicology, 1998. 42：115-137.

［20］ USEPA, 2001 update of ambient water quality criteria for cadmium (EPA-822-R-01-001) ［R］.

Washington DC: USEPA, Office of Water, 2001.

[21] Attar E N, Maly E J. Acute toxicity of cadmium, zinc, and cadmium-zinc mixtures to *Daphnia magna* [J]. Archives of Environmental Contamination and Toxicology, 1982. 11: 291-296.

[22] Barata C, Markich S J, Baird D J, et al. The relative importance of water and food as cadmium sources to *Daphnia magna* Straus [J]. Aquatic Toxicology, 2002. 61: 143-154.

[23] Bertram P E, Hart B A. Longevity and reproduction of *Daphnia pulex* (de Geer) exposed to cadmium-contaminated food or water [J]. Environmental Pollution, 1979. 19: 295-305.

[24] Hall W S, Paulson R L, Hall L W J, et al. Acute toxicity of cadmium and sodiumpentachlorophenate to daphnids and fish [J]. Bulletin of Environmental Contamination and Toxicology, 1986. 37: 308-316.

[25] Stackhouse R A, Benson W H. The influence ofhumicacid on the toxicity and bioavailability of selected trace metals [J]. Aquatic Toxicology, 1988. 13: 99-108.

[26] Roux D J, Kempster P L, Truter E, et al. Effect of cadmium and copper on survival and reproduction of *Daphnia pulex* [J]. Water Safety, 1993. 19 (4): 269-274.

[27] Giesy J P J. Effects of naturally occurring aquatic organic fractions on cadmium toxicity to *Simocephalus serrulatus* (Daphnidae) and *Gambusia affinis* (Poeciliidae) [J]. Water Research, 1977. 11: 1013-1020.

[28] Spehar R L, Carlson A R. Derivation of site-specific water quality criteria for cadmium and the St. Louis River Basin, duluth, Minnesota [D]. PB 84-153196. NTIS, Springfield, Virginia, 1984.

[29] Hatakeyama S, Yasuno M. Effects of cadmium on the periodicity of parturition and brood size of *Moina macrocopa* (cladocera) [J]. Environmental Pollution (Ser A), 1981. 26: 111-120.

[30] Holdway D A, Lok K, Semaan M. The acute and chronic toxicity of cadmium and zinc to two hydra species [J]. Environmental Toxicology, 2001. 16: 557-565.

[31] Karntanut W, Pascoe D. The toxicity of copper, cadmium and zinc to four different *Hydra* (cnidaria: hydrozoa) [J]. Chemosphere, 2002. 47: 1059-1064.

[32] Naqvi S M, Howell R D. Toxicity of cadmium and lead to juvenile red swamp crayfish, *Procambarus clarkii*, and effects on fecundity of adults [J]. Bulletin of Environmental Contamination and Toxicology, 1993. 51: 303-308.

[33] Wigginton A J, Birge WJ. Toxicity of cadmium to six species in two genera of crayfish and the effect of cadmium on molting success [J]. Environmental Toxicology and Chemistry, 2007. 26 (3): 548-554.

[34] Canton J H, Slooff W. Toxicity and accumulation studies of cadmium (Cd^{2+}) with freshwater organisms of different trophic levels [J]. Ecotoxicology and Environmental Safety, 1982. 6: 113-128.

[35] Pascoe D, Cram P. The effect of parasitism on the toxicity of cadmium to the three-spined stickleback, *Gasterosteus aculeatus* L [J]. Journal of Fish Biology, 1977. 10: 467-472.

[36] Pascoe D, Mattey D L. Studies on the toxicity of cadmium to the three-spined stickleback *Gasterosteus aculeatus* L [J]. Journal of Fish Biology, 1977. 11: 207-215.

[37] Tilton S C, Foran C M, Benson W H. Effects of cadmium on the reproductive axis of Japanese medaka (*Oryzias latipes*) [J]. Comparative Biochemistry and Physiology Part C, 2003. 136: 265-276.

[38] 杨再福, 陈立侨, 陈华友. 重金属铜、镉对蝌蚪毒性的研究 [J]. 中国生态农业学报, 2003. 11 (1): 102-103.

[39] Redeker E S, Blust R. Accumulation and toxicity of cadmium in the aquatic oligochaete tubifex tubifex:

A kinetic modeling approach [J]. Environmental Science and Technology, 2004. 38 (2): 537-543.

[40] Jop K M, Askew A M, Foster R B. Development of a water-effect ratio for copper, cadmium, and lead for the Great Works River in maine using *Ceriodaphnia dubia* and *Slvelinus fontinalis* [J]. Bulletin of Environmental Contamination and Toxicology, 1995. 54: 29-33.

[41] Eaton J G, McKim J M, Holcombe G W. Metal toxicity to embryos and larvae of seven freshwater fish species-I. cadmium [J]. Bulletin of Environmental Contamination and Toxicology, 1978. 19: 95-103.

[42] Brown V, Shurben D, Miller W, et al. Cadmium toxicity to rainbow trout *Ocorhynchus mykiss* walbaum and brown trout *Slmo trutta* L. over extended exposure periods [J]. Ecotoxicology and Environmental Safety, 1994. 29: 38-46.

[43] Conway H L. Sorption of arsenic and cadmium and their effects on growth, micronutrient utilization, and photosynthetic pigment composition of *Aterionella formosa* [J]. Fisheries Research Board of Canada, 1978. 35: 286-294.

[44] Rachlin J W, Warkentine B, Jensen T E. The growth responses of *Clorella saccharophila*, *Nvicula incerta* and *Ntzschia closterium* to selected concentrations of cadmium [J]. Bulletin of the Torrey Botanical Club, 1982. 109: 129-135.

[45] Prasad P V D, Prasad P S D. Effect of cadmium, lead and nickel on three freshwater green algae [J]. Water Air and Soil Pollution, 1982. 17: 263-268.

[46] Nakano Y, Abe K, Toda S. Morphological observation of *Eglena gracilis* grown in zinc-sufficient media containing cadmium ions [J]. Agricultural and Biological Chemistry, 1980. 44: 2305-2316.

[47] Bringmann G. Determination of the biologically harmful effect of water pollutants by means of the retardation of cell proliferation of the blue algae microcystis [J]. Gesundheits-Ingenieur, 1975. 96: 238-242.

[48] Bringmann G, Kuhn R. Limiting values for the damaging action of water pollutants to bacteria (*Peudomonas putida*) and green algae (*Senedesmus quadricauda*) in the cell multiplication inhibition test [J]. Zeitschrift für Wasser und Abwasserforschung, 1976. 77. 10: 87-98

[49] Hart B A, Schaife B D. Toxicity and bioaccumulation of cadmium in *Chlorella pyrenoidosa* [J]. Environmental Research, 1977. 14: 401-413.

[50] Heumann H G. Effects of heavy metals on growth and ultrastructure of *Cara vulgaris* [J]. Protoplasma, 1987. 136: 37-48.

[51] Schafer H, Wenzel A, Fritsche U, et al. Long-term effects of selected xenobiotica on freshwater green algae: development of a flow-through test system [J]. Science of the Total Environment, 1993. Supplemental Part 1: 735-740.

[52] Rosko J J, Rachlin J W. The effect of cadmium, copper, mercury, zinc and lead on cell division, growth, and chloropyll a content of the chlorophyte *Clorella vulgaris* [J]. Bulletin of the Torrey Botanical Club, 1977. 104: 226-233.

[53] Hutchinson T C, Stokes P M. Heavy metal toxicity and algal bioassays [R]. In: S. Barabos (ed.), Water Quality Parameters. ASTM STP 573. ASTM, Philadelphia, Pennsylvania, 1975: 320-343.

[54] Bartlett L. Effects of copper, zinc and cadmium on*Slenastrum capricornutum* [J]. Water Research, 1974. 8: 179-185.

[55] Slooff W J. Comparison of the susceptibility of 22 freshwater species to 15 chemical compounds. I. (sub) acute toxicity tests [J]. Aquatic Toxicology, 1983. 4: 113-128.

[56] Bozeman J, Koopman B, Bitton G. Toxicity testing using immobilized algae [J]. Aquatic Toxicology,

1989. 14：345-352.

[57] Thellen C, Blaise C, Roy C Y, et al. Round robin testing with the *Slenastrum capricornutum* microplate toxicity assay [J]. Hydrobiology, 1989. 188/189：259-268.

[58] Versteeg D J. Comparison of short- and long-term toxicity test results for the green alga, *selenastrum capricornutum*. In：W. Wang, J. W. Gorsuch and W. R. Lower （eds） [J]. Plants for Toxicity Assessment. ASTM STP 1091. ASTM, Philadelphia, 1990：40-48.

[59] Giesy J P J. Fate and biological effects of cadmium introduced into channel microcosms [R]. EPA-600/3-79-039. NTIS, Springfield, Virginia, 1979.

[60] Stanley R A. Toxicity of heavy metals and salts to Eurasian watermilfoil （*Mriophyllum spicatum* L.） [J]. Archives of Environmental Contamination and Toxicology, 1974. 2：331-341.

[61] Devi M, Thomas D A, Barber J T, et al. Accumulation and physiological and biochemical effects of cadmium in a simple aquatic food chain [J]. Ecotoxicology and Environmental Safety, 1996. 33：38-43.

[62] Wang W. Toxicity tests of aquatic pollutants by using common duckweed [J]. Environmental Pollution （Series B）, 1986. 11：1-14.

[63] Taraldsen J E, Norberg-King T J. New method for determining effluent toxicity using duckweed （*Lmna minor*） [J]. Environmental toxicology and chemistry, 1990. 9：761-767.

[64] Sajwan K S, Ornes W H. Phytoavailability and bioaccumulation of cadmium in duckweed plants （*Spirodela polyrhiza* L. Schleid） [J]. Journal of Environmental Science and Health Part A, 1994. 29（5）：1035-1044.

[65] 刘毅华, 杨仁斌, 邱建霞, 等. 杀菌剂 Triadimefon 和 Cd 对水生生物的联合毒性 [J]. 农业环境科学学报, 2005. 24（6）：1075-1078.

[66] 湛灵芝, 铁柏清, 秦普丰, 等. 镉和乙草胺对少根浮萍的毒性效应 [J]. 安全与环境学报, 2005. 5（3）：5-8.

5.2 氨氮-水生生物基准

5.2.1 引言

氨氮是我国流域地表水中常见的无机污染物, 具有较普遍的水生物毒性和环境危害性。研究表明水体中氨氮的生物毒性受到水温、pH、溶解氧等水质理化因子的影响, 其中以温度、pH 的影响最为明确, 因此氨氮水质基准的研究可以为水生物毒性受水质因子影响显著的化学物质基准的制定提供借鉴。借鉴 USEPA 相关水质基准/标准方法, 研究我国水环境中氨氮的水生生物水质基准, 为构建适合我国国情的地表水水质基准/标准方法技术提供参考。

5.2.2 数据筛选与分析

按照 USEPA 有关水生生物基准技术指南中的毒性数据筛选原则, 搜集并试验得到我国本土淡水生物的氨氮毒性数据,包括11属淡水无脊椎动物(表5-7)、8属脊椎动物的氨氮急性数据(表5-8)及4属水生生物的慢性毒性数据(表5-9)。数据来源主要包括:USEPA 的 ECOTOX 毒性数据库、美国 2009 年氨氮水质基准文献、中国知网文献及相关课题组的校验数据等,由于氨氮毒性受水体 pH 和温度的影响显著,因此合格的氨氮毒性数据包括进行毒性测试的 pH 和温度等试验质控条件。

表 5-7　氨氮对我国淡水无脊椎动物的急性毒性

物种	拉丁名	pH	温度/℃	毒性值/(mg/L)	调整后毒性值/(mg/L)	文献
夹杂带丝蚓	*Lumbriculus variegatus*	6.5	25	100	17.21	[1]
夹杂带丝蚓	*Lumbriculus variegatus*	6.5	25	200	34.42	[1]
夹杂带丝蚓	*Lumbriculus variegatus*	8.1	25	34	41.12	[1]
夹杂带丝蚓	*Lumbriculus variegatus*	8.1	25	43.5	52.61	[1]
霍甫水丝蚓	*Limnodrilus hoffmeisteri*	7.9	11.5	96.62	26.17	[2]
正颤蚓	*Tubifex tubifex*	8.2	12	66.67	33.3	[3]
静水椎实螺	*Lymnaea stagnalis*	7.9	11.5	50.33	13.63	[2]
河蚬	*Corbicula fluminea*	8.05	29.4	6.316	9.996	[4]
河蚬	*Corbicula fluminea*	8.05	30.3	2.125	3.623	[4]
模糊网纹溞	*Ceriodaphnia dubia*	8.08	24.8	15.6	17.61	[5]
模糊网纹溞	*Ceriodaphnia dubia*	8.4	26.4	7.412	18.01	[6]
模糊网纹溞	*Ceriodaphnia dubia*	7.4	23	48.59	15.06	[7]
模糊网纹溞	*Ceriodaphnia dubia*	7.8	25	33.98	23.52	[8]
模糊网纹溞	*Ceriodaphnia dubia*	8.2	7	16.65	5.494	[8]
模糊网纹溞	*Ceriodaphnia dubia*	8.02	24.8	21.265	21.71	[5]
模糊网纹溞	*Ceriodaphnia dubia*	7.5	25	47.05	19.88	[9]
模糊网纹溞	*Ceriodaphnia dubia*	7.5	25	56.84	24.01	[9]
模糊网纹溞	*Ceriodaphnia dubia*	8.16	22	24.77	26.23	[10]
模糊网纹溞	*Ceriodaphnia dubia*	8.4	23	28.06	51.45	[10]
模糊网纹溞	*Ceriodaphnia dubia*	8.4	23	32.63	59.83	[10]
模糊网纹溞	*Ceriodaphnia dubia*	7.85	23	28.65	18.38	[11]
模糊网纹溞	*Ceriodaphnia dubia*	7.85	23	28.77	18.45	[11]
模糊网纹溞	*Ceriodaphnia dubia*	8	25	14.52	14.52	[12]
圆形盘肠溞	*Chydorus sphaericus*	8	20	37.88	25.01	[13]
大型溞	*Daphnia magna*	8.5	20	26.34	45.66	[14]

物种	拉丁名	pH	温度/℃	毒性值/（mg/L）	调整后毒性值/（mg/L）	文献
大型溞	*Daphnia magna*	7.92	21	9.463	5.792	[15]
大型溞	*Daphnia magna*	8.2	25	20.71	30.38	[16]
大型溞	*Daphnia magna*	8.34	19.7	51.92	64.46	[17]
大型溞	*Daphnia magna*	8.07	19.6	51.09	37.28	[18]
大型溞	*Daphnia magna*	7.51	20.1	48.32	13.8	[18]
大型溞	*Daphnia magna*	7.53	20.1	55.41	16.32	[18]
大型溞	*Daphnia magna*	7.5	20.3	43.52	12.46	[18]
大型溞	*Daphnia magna*	7.4	20.6	42.31	10.75	[18]
大型溞	*Daphnia magna*	8.09	20.9	41.51	35.06	[18]
大型溞	*Daphnia magna*	7.95	22	51.3	36.4	[18]
大型溞	*Daphnia magna*	8.15	22	37.44	38.88	[18]
大型溞	*Daphnia magna*	8.04	22.8	38.7	34.77	[18]
老年低额溞	*Simocephalus vetulus*	8.3	17	31.58	29	[19]
老年低额溞	*Simocephalus vetulus*	8.1	20.4	21.36	17.64	[19]
老年低额溞	*Simocephalus vetulus*	7.25	24.5	83.51	24.15	[20]
老年低额溞	*Simocephalus vetulus*	7.06	24	83.51	18.9	[20]
克氏原螯虾	*Procambarus clarkii*	8	20	26.08	17.22	[21]
克氏原螯虾	*Procambarus clarkii*	8	12	76.92	26.17	[21]
中华绒螯蟹	*Eriocheir sinensis*	7.81	22	31.6	14.3	[22]

注：调整后毒性值指将氨氮毒性值归一化调整到试验条件为 pH=8.0，温度为25℃时的毒性值。

表 5-8　氨氮对我国淡水脊椎动物的急性毒性

物种	拉丁名	pH	温度/℃	毒性值/（mg/L）	调整后毒性值/（mg/L）	文献
欧洲鳗鲡	*Anguilla anguilla*	7.5	23	110.6	46.73	[23]
欧洲鳗鲡	*Anguilla anguilla*	7.5	23	136.6	57.73	[23]
黄鳝	*Monopterus albus*	7	28	3478	809.6	[24]
亚东鲑	*Salmo trutta*	7.85	13.2	29.58	22.4	[25]
亚东鲑	*Salmo trutta*	7.86	13.8	32.46	25.03	[25]
亚东鲑	*Salmo trutta*	7.82	14.2	33.3	23.89	[25]
鲤鱼	*Cyprinus carpio*	7.72	28	51.78	31.18	[26]
鲤鱼	*Cyprinus carpio*	7.72	28	48.97	29.48	[26]

物种	拉丁名	pH	温度/℃	毒性值/（mg/L）	调整后毒性值/（mg/L）	文献
鲤鱼	*Cyprinus carpio*	7.4	28	45.05	16.48	[27]
孔雀鱼	*Poecilia reticulata*	7.5	27.55	5.929	2.505	[28]
孔雀鱼	*Poecilia reticulata*	7.22	25	129.4	37.66	[29]
孔雀鱼	*Poecilia reticulata*	7.45	25	75.65	29.7	[29]
孔雀鱼	*Poecilia reticulata*	7.45	25	82.95	32.56	[29]
无鳞甲三刺鱼	*Gasterosteus aculeatus*	7.1	23.3	198.1	50.4	[30]
无鳞甲三刺鱼	*Gasterosteus aculeatus*	7.15	15	577	155.4	[30]
无鳞甲三刺鱼	*Gasterosteus aculeatus*	7.25	23.3	203.8	61.46	[30]
无鳞甲三刺鱼	*Gasterosteus aculeatus*	7.5	15	143.9	60.78	[30]
无鳞甲三刺鱼	*Gasterosteus aculeatus*	7.5	23.3	78.7	33.25	[30]
无鳞甲三刺鱼	*Gasterosteus aculeatus*	7.5	23.3	115.4	48.76	[30]
无鳞甲三刺鱼	*Gasterosteus aculeatus*	7.5	15	259	109.4	[30]
中华鲟	*Acipenser sinensis*	8.0	20	10.40	10.40	[31]
林蛙	*Rana pipiens*	8	20	31.04	31.04	[21]
林蛙	*Rana pipiens*	8	12	16.23	16.23	[21]

注：因鱼类等脊椎动物的氨氮毒性受温度影响不显著，本表毒性值数据只归一化调整 pH=8.0 时的毒性值。

表 5-9　氨氮对我国淡水生物的慢性毒性

物种	拉丁名	终点	pH	温度/℃	氨氮/（mg/L）	文献
模糊网纹溞	*Ceriodaphnia dubia*	7 天 LC 繁殖率	7.8	25	15.2	[7]
模糊网纹溞	*Ceriodaphnia dubia*	7 天 LC 繁殖率	7.8	25	15.2	[7]
模糊网纹溞	*Ceriodaphnia dubia*	7 天 LC 繁殖率	8.57	26	5.8	[32]
大型溞	*Daphnia magna*	21 天 LC 繁殖率	8.45	20	7.37	[33]
大型溞	*Daphnia magna*	21 天 LC 繁殖率	7.92	20	21.7	[17]
白斑狗鱼	*Esox lucius*	52 天 ELS 生物量	7.62	8.7	13.44	[34]
鲤鱼	*Cyprinus carpio*	28 天 ELS 体重	7.85	23	8.36	[35]

5.2.3　氨氮毒性数据的调整及物种敏感性排序

参照相关美国氨氮基准技术方法，将搜集得到的我国本土氨氮急性毒性数据统一调整至 pH=8.0，温度 T=25℃，归一化调整后的毒性数据见表 5-7、表 5-8。依据水生生物水质基准推导的物种敏感性（SSD）排序方法，用归一化调整后的多个物种的毒性数据分析计算水生生物物种及属的急性毒性 SMAV 和 GMAV，见表 5-10。得出对我国流域地表水体中氨氮的急性毒性最敏感 4 个属的水生生物物种包括河蚬、中华鲟、静水椎实螺和中华绒螯蟹。现阶段可获得有效的氨氮慢性毒性数据仅有 4 个属的我国本土水生生物，直接进行慢性基准计算的物种数据丰度暂欠缺。

表 5-10　氨氮对我国淡水生物的 GMAV

序号	物种	拉丁名	GMAV/(mg/L)
19	黄鳝	*Monopterus albus*	809.6
18	无鳞甲三刺鱼	*Gasterosteus aculeatus*	65.53
17	欧洲鳗鲡	*Anguilla anguilla*	51.94
16	夹杂带丝蚓	*Lumbriculus variegatus*	33.64
15	正颤蚓	*Tubifex tubifex*	33.3
14	亚东鳟	*Salmo trutta*	31.83
13	霍甫水丝蚓	*Limnodrilus hoffmeisteri*	26.17
12	圆形盘肠溞	*Chydorus sphaericus*	25.01
11	鲤鱼	*Cyprinus carpio*	24.74
10	大型溞	*Daphnia magna*	24.25
9	林蛙	*Rana pipiens*	22.45
8	老年低额溞	*Simocephalus vetulus*	21.98
7	克氏原螯虾	*Procambarus clarkii*	21.23
6	模糊网纹溞	*Ceriodaphnia dubia*	20.64
5	孔雀鱼	*Poecilia reticulata*	17.38
4	中华绒螯蟹	*Eriocheir sinensis*	14.3
3	静水椎实螺	*Lymnaea stagnalis*	13.63
2	中华鲟	*Acipenser sinensis*	10.4
1	河蚬	*Corbicula fluminea*	6.018

5.2.4　氨氮水生生物基准推算

由表 5-10 中最敏感的我国本土水生生物的 4 个属的 GMAV 计算得到 FAV = 6.405mg N/L，推导出急性基准最大浓度值为 CMC = FAV/2 = 3.20mg N/L，比最小的 GMAV（6.018mg N/L）低 46.8%，因此，CMC 公式系数为 0.468。对氨氮最敏感的 4 属水生生物中有 3 个属为无脊椎动物、1 个属为鱼类，因此，CMC 公式可采用无脊椎动物的温度外推关系，但最大值不能超过最敏感鱼类物种（中华鲟）乘以系数 0.468 的值（4.88mg/L）。根据氨氮基准推导方法原理，获得我国地表水体的氨氮急性基准（CMC，基准最大浓度）的推导公式为

$$CMC = 0.468 \times \left(\frac{0.0489}{1+10^{7.204-pH}} + \frac{6.95}{1+10^{pH-7.204}} \right) \times Min\ [10.40,\ 6.018 \times 10^{0.036 \times (25-T)}]$$

式中，7. 024 是氨氮急性毒性的 pH 系数，0. 036 是无脊椎动物的急性毒性温度斜率，0. 0489 和 6. 95 为合成参数，与公式相关系数 R 有关，以上参数主要依据 1999 年和 2009 年 USEPA 氨氮基准文件，0. 468 为公式系数，10. 40 是最敏感鱼类的属急性毒性值（GMAV），T 为温度，6. 018 是最小的 GMAV，T 为温度，依据我国物种毒性数据修正相关计算参数，上式可进一步修正为：

$$CMC = \left(\frac{0.023}{1+10^{7.204-pH}} + \frac{3.25}{1+10^{pH-7.204}} \right) \times Min \left[10.40, 6.018 \times 10^{0.036 \times (25-T)} \right]$$

由于当前有关氨氮的我国本土水生物种的有效慢性毒性数据暂不足，尚不能直接用本土水生物种属的慢性毒性值（GMCV）来推导慢性基准值（CCC，基准连续浓度）；可采用下述公式获取：CCC = CMC/AF，其中 AF 为相同水质条件下 CMC 与 CCC 的比值，公式为 AF = $CMC_{pH,T}$/$CCC_{pH,T}$。因此，可设当 pH = 8，温度为 25℃ 时，我国氨氮水生生物基准 CMC = 2. 8mg/L，依据 CMC 与 CCC 的关系，在此水质条件下取比值为 11. 13，CCC = 0. 25mg/L。相同水质条件下，本书得出的氨氮基准阈值与美国环保局发布的有关氨氮的水生生物基准值等相关基准/标准限值的比较见表 5-11。由表可知，在非极端水质条件下，我国现行氨氮的一级地表水标准可以适当放宽。

表 5-11　氨氮水生生物基准限值比较

基准来源	水生生物基准限值/（mg/L）				
	CMC		CCC		
本书	2. 8		0. 25		
美国	2. 9		0. 26		
我国现行地表水	Ⅰ 级	Ⅱ 级	Ⅲ 级	Ⅳ 级	Ⅴ 级
氨氮标准	0. 15	0. 5	1. 0	1. 5	2. 0

参 考 文 献

[1] Schubauer-Berigan M K, Monson P D, West C W, et al. Influence of pH on the toxicity of ammonia to *Chironomus tentans* and *Lumbriculus variegatus* [J]. Environmental Toxicology and Chemistry, 1995. 14：713-717.

[2] Williams K A, Green D W J, Pascoe D. Studies on the acute toxicity of pollutants to freshwater macroin-vertebrates amonia [J]. Archives of Biology, 1986. 106 (1)：61-70.

[3] Stammer H A. The effect of hydrogen sulfide and ammonia on characteristic animal forms in the saprobiotic system (Der einfly von schwefelwasserstoff und ammoniak auf tierische leitformen des sparobiensystems) [J]. Vom Wasser, 1953. 20：34-71.

[4] Belanger S E, Cherry D S, Farris J L, et al. Sensitivity of the Asiatic clam to various biocidal control agents [J]. Journal of the American Water Works Association, 1991. 83 (10)：79-87

[5] Andersen H, Buckley J. Acute toxicity of ammonia to *Ceriodaphnia dubia* and a procedure to improve control survival [J]. Bulletin of Environmental Contamination and Toxicology, 1998. 61 (1)：116-122.

[6] Cowgill U M, Milazzo D P. The response of the three brood *Ceriodaphnia* test to fifteen formulations and

pure compounds in common use ［J］. Archives of Environmental Contamination and Toxicology, 1991. 21 （1）: 35-40.

［7］ Manning T M, Wilson S P, Chapman J C. Toxicity of chlorine and other chlorinated compounds to some australian aquatic organisms ［J］. Bulletin of Environmental Contamination and Toxicology, 1996. 56 （6）: 971-976.

［8］ Nimmo D W R, Link D, Parrish L P, et al. Comparison of on- site and laboratory toxicity tests: Derivation of site- specific criteria for un- ionized ammonia in acolorado transitional stream ［J］. Environmental Toxicology and Chemistry, 1989. 8 （12）: 1177-1189.

［9］ Bailey H C, Elphick J R, Krassoi R, et al. Joint acute toxicity of diazinon and ammonia to *Ceriodaphnia dubia* ［J］. Environmental Toxicology and Chemistry, 2001. 20: 2877-2882.

［10］ Black M. Water quality standards for North Carolina's endangered mussels ［S］. Department of Environmental Health Science, Athens, GA, 2001.

［11］ Sarda N. Spatial and temporal heterogeneity in sediments with respect to pore water ammonia and toxicity of ammonia to *Ceriodaphnia dubia* and *Hyalella azteca* ［D］. MS Thesis. Wright State University, Dayton, OH, 1994.

［12］ Scheller J L. The effect of dieoffs of Asian clams （*Corbicula fluminea*） on native freshwater mussels （unionidae） ［M］. Virginia Polytechnic Institute and State University, Blacksburg, VA., 1997.

［13］ Dekker T, Greve G D, Laak T L T, et al. Development and application of a sediment toxicity test using the benthic cladoceran *Chydorus sphaericus* ［J］. Environmental Pollution, 2006. 140: 231-238.

［14］ Gersich F M, Hopkins D L. Site-specific acute and chronic toxicity of ammonia to *Daphnia magnaStraus* ［J］. Environmental Toxicology and Chemistry, 1986. 5 （5）: 443-447.

［15］ Gulyas P, Fleit E. Evaluation of ammonia toxicity on *Daphnia magna* and some fish species ［J］. Aquaculture Hung, 1990. 6: 171-183.

［16］ Parkhurst B R, Meyer J S, DeGraeve G M, et al. Reevaluation of the toxicity of coal conversion process waters ［J］. Bulletin of Environmental Contamination and Toxicology, 1981. 26 （1）: 9-15.

［17］ Reinbold K A, Pescitelli S M. Effects of exposure to ammonia on sensitive life stages of aquatic organisms ［R］. Project Report, Contract No. 68-01-5832 . Illinois Natural History Survey, Champaign, IL, 1982a.

［18］ Russo R C, Pilli A, Meyn E L. Memorandum to N. A ［R］. Jaworski. 1985. 3.

［19］ Arthur J W, West C W, Allen K N, et al. Seasonal toxicity of ammonia to five fish and nine invertebrates species ［J］. Bulletin of Environmental Contamination and Toxicology, 1987. 38 （2）: 324-331.

［20］ Mount D I. Ammonia toxicity tests with *Ceriodaphnia acanthina* and *Simocephalus vetulus* ［R］. U. S. EPA, Duluth, MN. （Letter to R. C. Russo, U. S. EPA, Duluth, MN. ）, 1982.

［21］ Diamond J M, Mackler D G, Rasnake W J, et al. Derivation of site- specific ammonia criteria for an effluent- dominated headwater stream ［J］. Environmental Toxicology and Chemistry, 1993. 12 （4）: 649-658.

［22］ Zhao J H, Lam T J, Guo J. Acute toxicity of ammonia to the early stage- larvae and juveniles of *Eriocheir sinensis* H. Milne-Edwards, 1853 （Decapoda: Grapsidae） reared in the laboratory ［J］. Aquaculture Research, 1997. 28: 514-525.

［23］ Sadler K. The toxicity of ammonia to the European eel （*Anguilla anguilla* L) ［J］. Aquaculture, 1981, 26: 173-181.

[24] Ip Y K, Tay A S L, Lee K H, et al. Strategies for surviving high concentrations of environmental ammonia in the swamp eel *Monopterus albus* [J]. Physiological and Biochemical Zoology, 2004. 77: 390-405.

[25] Thurston R V, Meyn E L. Acute toxicity of ammonia to five fish species from the northwest United States [D]. Fisheries Bioassay Laboratory, Montana State University, Bozeman, MT, 1984.

[26] Hasan M R, Macintosh D J. Acute toxicity of ammonia to common carp fry [J]. Aquaculture, 1986. 54 (1-2): 97-107.

[27] Rao T S, Rao M S, Prasad S B S K. Median tolerance limits of some chemicals to the fresh water fish *Cyprinus carpio* [J]. Indian journal of environmental health, 1975. 17 (2): 140-146.

[28] Kumar N J, Krishnamurthy K P. Evaluation of toxicity ofammoniacal fertiliser effluents [J]. Environmental Pollution Ser A, 1983. 30 (1): 77-86.

[29] Rubin A J, Elmaraghy M A. Studies on the toxicity of ammonia, nitrate and their mixtures to the common guppy [R]. Water Resource Center, Ohio State University, Columbus, OH, 1976.

[30] Hazel C R, Thomsen W, Meith S J. Sensitivity of striped bass and stickleback to ammonia in relation to temperature and salinity [J]. California Fish and Game, 1971. 57 (3): 138-153.

[31] 杜浩, 危起伟, 刘鉴毅, 等. 苯酚、Cu²⁺、亚硝酸盐和总氨氮对中华鲟稚鱼的急性毒性 [J]. 大连水产学院学报, 2007. 22 (2): 118-122.

[32] Willingham T. Acute and short-term chronic ammonia toxicity to fathead minnows (*Pimephales promelas*) and *Ceriodaphnia dubia* using laboratory dilution water and Lake Mead dilution water [R]. Denver, CO: USEPA, 1987.

[33] Gerisch F M, Hopkins D L, Applegath S L, et al. The sensitivity of chronic end points used in *Daphnia magna* Straus life-cycle tests [M]. In: Aquatic toxicology and hazard assessment: Eighth Symposium, Fort Mitchell, KY., USA, 1984. Bahner, R. C. and D. J. Hansen (eds). ASTM, Philadelphia, PA, 1985.

[34] Harrahy E A, Barman M, Geis S, et al. Effects of ammonia on the early life stages of northern pike (*Esox lucius*) [J]. Bulletin of Environmental Contamination and Toxicology, 2004. 72: 1290-1296.

[35] Mallet M J, Sims I. Effects of ammonia on the early life stages of carp (*Cyprinus carpio*) and roach (*Rutilus rutilus*) [M]. In: Sublethal and chronic effects of pollutants on freshwater fish. Muller, R. and R. Lloyd (eds), Fishing News Books, London, 1994.

5.3 六价铬-水生生物基准

5.3.1 引言

环境超标的铬是污染有害的重金属之一，由于铬的毒性较高，铬及其化合物被列入我国水环境优先控制污染物名单。铬在环境中主要存在的两种价态为三价铬 [Cr³⁺ (Ⅲ)] 和六价铬 [Cr⁶⁺ (Ⅵ)]，人体内正常适量的 Cr³⁺ 可以降低血浆中的血糖浓度，提高人体胰岛素活性，促进糖和脂肪代谢，提高人体的应激反应能力等；而 Cr⁶⁺ 则是一种强氧化剂，具有较强致癌变、致畸变、致突变作用，一般对生物体的伤害效应较大。一般认为六价铬的生物毒性比三价铬毒性高约 100 倍。正是由于具有较大的生物毒性，因此，对于六价铬毒理学作用的研究一直得到人们的重视。本书对我国流域水环境中水生生物的六价铬毒性数据进行分析，获得针对淡水水生生物的六价铬水质基准可为我国流域水环境六价铬的水质标准制修订提供依据。

5.3.2 数据筛选与分析

按照水生生物基准推导方法进行六价铬水质基准建议值的分析推导，六价铬的本土水生生物物种的毒性数据获取按基准数据筛选规范进行。搜集迄今发表的我国水生生物的六价铬急、慢性毒性数据，数据主要来自 ECOTOX 数据库，中国知网及美国六价铬水质基准文件与相关课题组的检校验数据等，依据基准数据筛选原则，剔除不符合水质基准技术要求的数据，确定有效数据。六价铬的毒性实验参照相关水生生物毒性标准试验方法。

表 5-12 列出了六价铬急性毒性数据中各流域的物种分布状况和六价铬对淡水动物的 SMAV。表 5-13 列出了六价铬慢性毒性数据和六价铬对淡水动物的 SMCV。慢性数据相对较少。

表 5-12 六价铬对淡水动物的 SMAV

序号	物种中文名	物种拉丁名	SMAV/(μg/L)	文献
22	胡子鲶	*Clarias batrachus*	162 390	[3]
21	鲤鱼	*Cyprinus carpio*	139 000	[4]
20	鲫鱼	*Carassius auratus*	168 500	[1]、本书
	金鲫鱼	*Carassius auratus*	113 300	[5]
19	克氏原螯虾	*Cambarus clarkii*	92 520	[6]
18	摇蚊幼虫	*Chironomus* sp.	52 986	[7]
17	黑眶蟾蜍蝌蚪	*Bofo melanostictus*	49 290	[2]、本书
16	无鳞甲三刺鱼	*Gasterosteus aculeatus*	44 391	[8]
15	孔雀鱼	*Poecilia reticulata*	57 927	[9]
14	黄颡鱼	*Pelteobagrus fulvidraco*	15 790	本书
13	夹杂带丝蚓	*Lumbriculus variegatus*	13 300	[10]
12	鲢鱼	*Hypophthalmichthy smolitrix*	13 160	本书
11	三角帆蚌	*Hyriopsis cumingii*	10 446	[11]
10	中华圆田螺	*Cipangopaludina cathayensis*	7 280	本书
9	椎实螺	*Lymnaea luteola*	4 764	[12]
8	正颤蚓	*Tubifex tubifex*	2 809	[13]
7	北培中剑水蚤	*Mesocyclops pehpeiensis*	510	[14]
6	多刺裸腹溞	*Moina macrocopa*	360	[15]
5	青虾	*Macrobrachium nipponensis*	293. 7	本书

序号	物种中文名	物种拉丁名	SMAV/(μg/L)	文献
4	荆爪网纹溞	*Ceriodaphnia reticulata*	94.9	[16]
	模糊网水溞	*Ceriodaphnia dubia*	464.8	[17]
3	透明溞	*Daphnia hyalina*	69.6	[18]
	蚤状溞	*Daphnia pulex*	93.2	[19]
	大型溞	*Daphnia magna*	125.9	[20]
2	水螅	*Hydra attenuata*	38.1	[21]
1	老年低额溞	*Simocephalus vetulus*	32.3	[16]

表 5-13 六价铬对淡水动物的 SMCV

序号	物种中文名	物种拉丁名	SMCV/(μg/L)	文献
7	无鳞甲三刺鱼	*Gasterosteus aculeatus*	40 912	[22]
6	银鲫	*Carassius gibelio*	5 000	[23]
5	鲤鱼	*Cyprinus carpio*	5 000	[23]
4	叉尾鮰	*Carassius gibelio*	115.3	[24]
3	老年低额溞	*Simocephalus vetulus*	100	[25]
2	大型溞	*Daphnia magna*	114.2	[26]
	隆腺溞	*Daphnia carinata*	70.71	[25]
1	模糊网纹溞	*Ceriodaphnia dubia*	10	[27]

5.3.3 六价铬水生生物基准制定

对六价铬数据按照排序，得出六价铬基准的 GMAV 和 GMCV 排序，并计算 FAV 值和 FCV 值，分别列于表 5-14 和表 5-15。根据六价铬国家基准的推算过程，六价铬对植物的毒性不明显，在生物体内的富集因子也不高，因此，推导水质基准的过程中不再推导 FPV 和 FRV。

表 5-14 水生生物六价铬 CMC 的计算

序号	属	GMAV/(μg/L)	FAV/(μg/L)	CMC/(μg/L)
4	*Ceriodaphnia*	210		
3	*Daphnia*	93		
2	*Hydra*	38.1	27.44	13.72
1	*Simocephalus*	32.3		

表 5-15　水生生物六价铬 FCV 的计算

序号	属	GMCV/(μg/L)	FCV/(μg/L)
4	*Carassius*	115. 3	
3	*Simocephalus*	100	2. 47
2	*Daphnia*	90	
1	*Ceriodaphnia*	10	

基于 SSR 方法，推导得到基准值，基准推导值与已公布基准值和标准值的比较如表 5-16 所示。

表 5-16　六价铬基准推导值与已公布的基准值和标准值的比较

基准推导方法	基准值/标准值/(μg/L)	
	淡水 CMC	淡水 CCC
本书	13. 72	2. 47
USEPA 基准值（2010）	16	11
欧盟慢性基准值	10	
我国地表水环境质量标准 I 级标准	10	

本书推荐的我国淡水生物六价铬基准最大浓度 CMC 值和基准连续浓度 CCC 值分别为 13.72μg/L 和 2.47μg/L。六价铬基准值可以在整体上对我国淡水水生生物提供恰当而充分的保护，但我国幅员辽阔，如果要针对某个地区或流域制定特定的水质基准，还需根据具体情况对基准值进行调整。

参 考 文 献

［1］王振来，钟艳玲. 微量元素铬的研究进展［J］. 中国饲料，2001. 4：16-17.

［2］USEPA. Guidelines for deriving numerical national water quality criteria for the protection of aquatic organisms and their uses［R］. PB 85-227049. Washington DC：USEPA. 1-98.

［3］Mishra R. Effect of dichromate on lipid and amino acid contents of liver and muscle of *Clarias batrachus* (*L.*)［J］. Environment and ecology，1997. 15（1）：41-45.

［4］Kazlauskiene N，Burba A，Svecevicius G. Acute toxicity of five galvanic heavy metals to hydrobionts ［J］. Ekologija，1994. 1：33-36.

［5］Adelman I R，SmithJr L L，Siesennop G D. Acute toxicity of sodium chloride，pentachlorophenol，guthion，and hexavalent chromium to fathead minnows（*Pimephales promelas*）and Goldfish（*Carassius auratus*）［J］. Journal of the fisheries research board of Canada，1976. 33（2）：203-208.

［6］谭树华，邓先余，蒋文明，等. Cr^{6+}和 Hg^{2+} 对克氏原螯虾的急性毒性试验［J］. 水利渔业，2007. 5：93-95.

［7］Larrain A，Riveros A，Bay-Schmith E，et al. Evaluation of three larval instars of the Midge *Chironomus petiolatus* as bioassay tools using a computationally intensive statistical algorithm［J］. Archives of environmental contamination and toxicology，1997. 33（4）：407-414.

［8］Jop K M，Parkerton T F，Rodgers Jr J H，et al. Comparative toxicity and speciation of two hexavalent chromium salts in acute toxicity tests［J］. Environmental toxicology and chemistry，1987. 6（9）：

697-703.

［9］ Khangarot B S, Ray P K. Acute toxicity and toxic interaction of chromium and nickel to common guppy *Poecilia reticulata* (*Peters*) ［J］. Bulletin of environmental contamination and toxicology, 1990. 44 (6): 832-839.

［10］ Bailey H C, Liu D H W. Lumbriculus variegatus, a benthic oligochaete, as a bioassay organism ［C］. In: J C Eaton, P R Parrish, and A C Hendricks (Eds), Aquatic toxicology and hazard assessment, 3rd symposium, ASTM STP 707, Philadelphia, 1980. PA : 205-215.

［11］ Chin H C, Chou F F. Acute chromium toxicity of the freshwater mussel, Hyriopsis cumingii Lea ［J］. Nan-ching ta hsueh hsueh pao, tzu jan k'o hsueh, 1978. 4: 96-101 (CHI) .

［12］ Khangarot B S, Ray P K. Sensitivity of freshwater pulmonate snails, *Lymnaea luteola L*, to heavy metals ［J］. Bulletin of environmental contamination and toxicology, 1988. 41 (2): 208-213.

［13］ Rathore R S, Khangarot B S. Effects of temperature on the sensitivity of sludge worm *Tubifex tubifex Muller* to selected heavy metals ［J］. Ecotoxicology and Environmental Safety, 2002. 53 (1): 27-36.

［14］ Wong C K, Pak A P. Acute andsubchronic toxity of the heavy metals copper, chromium, nickel, and zinc, individually and in mixture, to the freshwater copepod *Mesocyclops pehpeiensis* ［J］. Bulletin of environmental contamination and toxicology, 2004. 73 (1): 190-196.

［15］ Wong C K. Effects of chromium, copper, nickel, and zinc on survival and feeding of the*Cladoceran Moina macrocopa* ［J］. Bulletin of environmental contamination and toxicology, 1992. 49: 593-599.

［16］ Mount D I. Aquatic surrogates ［D］. In surrogate species workshop report, Washington DC: USEPA, 1982.

［17］ Spehar R L, Fiandt J T. Acute and chronic effects of water quality criteria-based metal mixtures on three aquatic species ［J］. Environmental toxicology and chemistry, 1986. 5 (10): 917-931.

［18］ Baudouin M F, Scoppa P. Acute toxicity of various metals to freshwater zooplankton ［J］. Bulletin of environmental contamination and toxicology, 1974. 12 (6): 745-751.

［19］ Dorn P B, RodgersJr J H, Jop K M, et al. Hexavalent chromium as a reference toxicant in effluent toxicity tests ［J］. Environmental toxicology and chemistry, 1987. 6 (6): 435-444.

［20］ Call D J, Brooke L T, Ahmad N, et al. Aquatic pollutant hazard assessments and development of a hazard prediction technology by quantitative structure-activity relationships ［R］. Second Quarterly Rep, USEPA Cooperative Agreement No. CR 809234-01-0, Ctr. for Lake Superior Environ Stud, Univ of Wisconsin, Superior, 1981. WI : 74 p. (Publ in Part As 12448) .

［21］ Arkhipchuk V V, Blaise C, Malinovskaya M V, et al. Use of hydra for chronic toxicity assessment of waters intended for human consumption ［J］. Environmental pollution, 2006. 142 (2): 200-211.

［22］ Khangarot B S, Ray P K. Sensitivity of toad tadpoles, *Bufo melanostictus* (*Schneider*), to heavy metals ［J］. Bulletin of environmental contamination and toxicology, 1987. 38 (3): 523-527.

［23］ Cavas T, Garanko N N, Arkhipchuk V V. Induction of micronuclei and binuclei in blood, gill and liver cells of fishes subchronically exposed to cadmium chloride and copper sulphate ［J］. Food and chemical toxicology, 2005. 43 (4): 569-574.

［24］ Abbasi S A, Baji V, Madhavan K, et al. Impact of chromium (Ⅵ) on catfish *Wallago attu* ［J］. Indian journal of environmental health, 1991. 33 (3): 336-340.

［25］ Hickey C W. Sensitivity of fournew zealand cladoceran species and *Daphnia magna* to aquatic toxicants ［J］. New Zealand journal of marine and freshwater research, 1989. 23 (1): 131-137.

［26］ Enserink L, Haye De la M, Maas H. Reproductive strategy of Daphnia magna: Implications for chronic toxicity tests [J]. Aquatic toxicology, 1993. 25: 111-124.

[27] VanLeeuwen C J, Niebeek G, Rijkeboer M. Effects of chemical stress on the population dynamics of *Daphnia magna*: A comparison of two test procedures [J]. Ecotoxicology and environmental safety, 1987. 14 (1): 1-11.

5.4 硝基苯-水生生物基准

5.4.1 引言

硝基苯为芳烃类化合物，是合成苯胺，制造炸药、燃料、杀虫剂，以及药物等产品的重要化工原料，也可作为溶液，广泛用于涂料、制鞋、地板材料等行业生产。在生产、消费、使用这些产品的过程中必然有大量硝基苯类原料和副产品进入到水环境中，这些化学污染物不但可引起水质感官性状的变化，而且它们对水生生物有一定的毒害作用，给生态环境及人群健康可造成直接或间接危害，USEPA 在 1985 年将硝基苯列为优先控制的环境污染物。我国现行的硝基苯水质标准限值为 17μg/L，主要是参照 USEPA 的水质基准来制定发布的。一般生态学上不同的生态系统有各自特有的生物区系相匹配，对一个生物区系无害的化学物质的浓度水平，也许会对其他生物区系的生物物种产生不可逆转的毒性效应。因此，本书收集了我国流域淡水生物的一些代表性物种的硝基苯毒性效应数据，并进行水质基准相关统计分析推导，获得我国本土保护水生生物的硝基苯水质基准值，为国家制定水质标准、评价水质和进行相关水环境质量管理提供科学依据。

5.4.2 数据筛选与分析

按照水生生物基准推导方法指南，进行我国本土硝基苯水质基准阈值的推导，硝基苯的毒性数据获取按基准数据筛选规范进行。搜集已发表的我国水生生物的硝基苯急、慢性毒性数据，数据主要来自 USEPA 的 ECOTOX 数据库，中国知网、与本书研究相关课题组的检校验数据等，依据基准数据筛选原则，剔除不符合水质基准技术要求的数据，确定有效的我国本土水生物物种的毒性数据（表 5-17）。硝基苯的毒性实验参照相关水生物毒性试验标准方法进行。

表 5-17 硝基苯对淡水水生动物的急性毒性

序列	物种	拉丁名	SMAV/(μg/L)	文献
1	大型溞	*Daphnia magna*	34600	[1, 3]
	大型溞	*Daphnia magna*	35000	[4, 16]
	大型溞	*Daphnia magna*	73000	[5]
	大型溞	*Daphnia magna*	52610	[2], 本书
	网纹溞	*Daphnia carinala*	39800	[6]

序列	物种	拉丁名	SMAV/(μg/L)	文献
2	隆线溞	*Ceriodaphnia dubia*	54400	[7]
3	摇蚊幼虫	*Chironomid Larvae*	98300	本书
4	青虾	*Macrobrachium nipponense*	39	本书
5	中华圆田螺	*Cipangopaludina cahayensis*	103000	本书
6	静水椎实螺	*Lymnaea stagnalis*	64500	[3]
7	霍普水丝蚓	*Limnodrilus hoffmeisteri Claparède*	96770	[8]
8	黑龙江林蛙	*Rana amurensis*	58600	[9]
	中国林蛙蝌蚪	*Rana chensinenss*	161900	本书
9	黄颡鱼	*Pelteobagrus fulvidraco*	76220	本书
10	高体雅罗鱼	*Leuciscus idus melanotus*	60000	[10]
	高体雅罗鱼	*Leuciscus idus melanotus*	89000	[10]
11	白鲢	*Hypophthalmichthys molitrix*	100000	[11]
12	金鱼	*Carasscas auratus*	119100	本书
13	鲤鱼	*Ciprinus carpio*	1907	[12]
14	稀有鮈鲫	*Gobiocypris rarus*	133000	[13]
15	孔雀鱼	*Poecilia reticulata*	135000	[3]
16	青鳉鱼	*Oryzias latipes*	1800	[14]
	青鳉鱼	*Oryzias latipes*	20000	[15]

5.4.3 水生生物基准制定

5.4.3.1 FAV 值的计算

按本书所述毒性数据获取依据，获取的硝基苯对水生生物的急性毒性数据进行筛选和分类处理，并推导相同属类物种的 SMAV，其结果为获取硝基苯外文文献毒性数据 67 个，求得 SMAV 值 21 个；获取中文文献毒性数据 8 个，求得 SMAV 值 8 个；本书采用实验室试验数据 7 个，求得 SMAV 值 7 个。

按本土物种分布名单检索分析，去除我国境内无分布的物种数据 13 个，得到我国境内本土化的物种数据 23 个，硝基苯对水生生物的数据分类、检索分布和 SMAV 计算结果如表 5-17 所示。

按照水生生物水质基准推导方法，分析硝基苯对我国本土物种的急性毒性数据，共有 16 个属的物种，最敏感的 4 个属为沼虾属、鲤属、青鳉属、溞属。根据推导方法计算得出硝基苯的属急性毒性值 FAV（即 HC_5）为 25.14 μg/L，据此得出硝基苯的急性水质基准值 CMC 为 12.57 μg/L。由于物种敏感性分布排序法（SSR）的统计学特点，当被选择用于计算的 4 个属的物种毒性数据差距过大时，会给结果带来较大不确定性。本书中敏感 4 属的最大和最小毒性数值之间差异超过 1000 倍，因此参照基准推导方法技术相关文件，本书认为直接选取最敏感生物（青虾）的 LC_{50} 数值作为 CMC 更恰当，因此，将最终 CMC 定值为 39 $\mu g/L$。

5.4.3.2　FCV 的计算

属慢性毒性值 FCV 的推导计算采用 FACR 法，FCV = FAV/FACR。由于目前我国本土水生生物的慢性毒性数据太少，也没有足够的急性慢性数据计算 FACR，因此用可获取的最低生物毒性值与评价因子的比值来推导水质基准值。当可获得的毒性数据较少时，尤其是一些新型污染化学物质，采用评估因子法也仍是一些国家使用的水质基准推算方法，一般水质基准值通过敏感物种的急性毒性数据或慢性毒性数据除以评估因子得到。评估因子的大小依赖于可获取毒性数据的物种数量和质量，如物种数目、测试终点可靠性、测试时间等条件，取值范围通常是 10～1000（表 5-18）。

表 5-18　不同国家评估因子比较

国家	毒性数据	AF 值	其他要求
加拿大	慢性 NOEC	10	至少三种鱼类，两种无脊椎和一种藻（或淡水维管束植物）
澳大利亚	慢性 NOEC	10	至少 5 种生物，NOEC 可以通过以下关系估算：MATC/2；LOEC/2.5；L（E）C_{50}/5
	急性 L（E）C_{50}	100 或 10×ACR	至少 5 种水生生物
欧盟	急性 L（E）C_{50}	1000	三个营养级（鱼、蚤、藻）生物
	1 个慢性 NOEC	100	鱼或蚤
	2 个慢性 NOEC	50	两个营养级（鱼或蚤或藻）生物
	3 个慢性 NOEC	10	三个营养级（鱼、蚤、藻）生物

注：NOEC 为无观察效应浓度；L（E）C_{50} 为半致死（效应）浓度；LOEC 为最低可观察效应浓度；MATC 为最大可接受浓度。

我国本土生物敏感性毒性数据的文献报道有大型溞数据，其无观察效应浓度（NOEC）为慢性毒性 2600 $\mu g/L$，本书选择评估因子 100，得到 FCV = 26 $\mu g/L$。

5.4.3.3　FPV 和 FRV 的计算

根据硝基苯化学物质的特点及相关文献可知，硝基苯对植物的毒性不如水生动物敏感，在生物体内的富集因子也不高，因此，推导水质基准的过程中不再推导 FPV 和 FRV。

5.4.3.4　基准阈值确定

基于本书 SSD-R 方法推导得到硝基苯水质基准值，与已公布的国外基准值及相关标准值的比较如表 5-19 所示。

表 5-19 硝基苯基准推导值与已公布的基准值和标准值的比较

基准来源	基准值/标准值/（μg/L）	
本书	39（CMC）	26（CCC）
USEPA 基准值（2009）	17（保护人体健康，消费水和生物）	690（保护人体健康，仅消费生物）
俄罗斯饮用水标准值	200	
俄罗斯渔业用水最高限值	10	
澳大利亚和新西兰水生生物基准	550	
我国地表水环境质量标准	17	

从保护水生生物的意义和管理者的角度说，本书推荐的硝基苯的基准最大浓度 CMC 建议为 39 μg/L，基准连续浓度 CCC 建议为 26 μg/L。硝基苯基准值可以在整体上对我国淡水水生生物提供恰当而充分的保护，但我国幅员辽阔，如果要针对某个地区或流域制定特定的水质基准，可根据具体流域或区域水体的实际情况，对国家基准值进行校验调整来确定。

参 考 文 献

[1] 夏青，陈艳卿，刘宪兵. 水质基准与水质标准 [M]. 北京：中国标准出版社，2004.

[2] Maltby L, Blake N, Brock T C M, et al. Insecticide species sensitivity distribution：Importance of test species selection and relevance to aquatic ecosystems [J]. Environmental toxicology and chemistry, 2005. 24：379-388.

[3] Ramos E U, Vermeer C, Vaes W H J, et al. Acute toxicity of polar narcotics to three aquatic species (*Daphnia magna*, *Poecilia reticulata* and *Lymnaea stagnalis*) and its relation to hydrophobicity [J]. Chemosphere, 1998. 37：633-650.

[4] Canton J H, Slooff W, Kool H J, et al. Toxicity, biodegradability and accumulation of a number of Cl/N-containing compounds for classification and establishing water quality criteria [J]. Regultoxicolpharmacol, 1985. 5：123-131（OECDG data file）.

[5] 王宏一，沈英娃，卢玲，等. 几种典型有害化学品对水生生物的急性毒性 [J]. 应用与环境生物学报，2003. 9：49-52.

[6] Marchini S, Hoglund M D, Borderius S J, Tosato M L. Comparison of the susceptibility of daphnids and fish to benzene derivatives [J]. Science of the total environment, 1993：799-808（Publ in part as 3910）.

[7] 陆光华，金琼贝，王超. 硝基苯类化合物对隆线溞急性毒性的构效关系 [J]. 河海大学学报：自然科学版，2004. 32：372-375.

[8] 刘祎男，范学铭，阚晓微，等. 苯、苯酚、硝基苯对水丝蚓的急性毒性及超氧化物歧化酶活性的影响 [J]. 水生生物学报，2008. 32：420-423.

[9] 王吉昌，刘鹏，赵文阁，等. 硝基苯对黑龙江林蛙蝌蚪生长发育的毒性效应 [J]. 中国农学通报，2009. 25：472-475.

[10] Juhnke I, Luedemann D. Results of the investigation of 200 chemical compounds for acute fish toxicity with the golden orfe test（ergebnisse der untersuchung von 200 chemischen verbindungen auf akute fis-

chtoxizitat mit dem goldorfentest）［J］. Z Wasser abwasser forsch，1978. 11：161-164.

［11］ 黄晓容，钟成华，邓春光. 苯胺·二甲苯和硝基苯对白鲢的急性毒性研究［J］. 安徽农业科学，2008. 36：10908-10909.

［12］ Yen J H，Lin K H，Wang S. Acute lethal toxicity of environmental pollutants to aquatic organisms［J］. Ecotoxicological and environmental safety，2002. 52：113-116.

［13］ 周群芳，傅建捷，孟海珍，等. 水体硝基苯对日本青鳉和稀有鮈鲫的亚急性毒理学效应［J］. 中国科学 B 辑：化学，2007. 37：197-206.

［14］ Yoshioka Y，Ose Y，Sato T. Correlation of the five test methods to assess chemical toxicity and relation to physical properties［J］. Ecotoxicology and environmental safety，1986. 12：15-21.

［15］ Tonogai Y，Ogawa S，Ito Y，Iwaida M. Actual survey on tlm（median tolerance limit）values of environmental pollutants，especially on amines，nitriles，aromatic nitrogen compounds［J］. The Journal of toxicological sciences 7，1982：193-203.

［16］ Maas- Diepeveen J L，Leeuwen C J V. Aquatic toxicity of aromatic nitro compounds and anilines to several freshwater species［R］. Report No86- 42，laboratory for ecotoxicology，institute for inland water management and waste water treatment，1986：10 p（DUT）.

5.5 毒死蜱–水生生物基准

5.5.1 引言

毒死蜱又称乐斯本，是一种高效、广谱、中等毒性的有机磷杀虫剂，对标靶有害昆虫具有良好的触杀、胃毒和熏蒸毒性作用，在我国广泛用于防治多种作物上的螟虫、黏虫、介壳虫、蚜虫、棉铃虫、蓟马、叶蝉和螨类等害虫[1]。毒死蜱是目前全球应用最广泛的五种杀虫剂之一[2]，其在植物叶片上的残留期短，在土壤中的残留期较长，因此对地下害虫的防治效果也较好；浓度控制在推荐剂量内，毒死蜱对多数作物没有药害，但其大量使用会对土壤、水体产生有害影响，在我国和世界的主要水体中都已有毒死蜱的检出，对其水质基准进行研究并制定相应的管理对策是控制其污染和危害的重要措施[3,4]。本书收集检索了国内外有关毒死蜱对淡水生物的毒性数据，对这些数据进行分类、针对我国流域水体特点进行了数据选择分析，并基于 SSR 法，研究推导了保护我国淡水水生生物的毒死蜱水质基准建议值。

5.5.2 数据筛选与分析

按照制定的水生生物基准推导方法指南，进行毒死蜱的水质基准建议值推导，其有效毒性数据获取按基准数据筛选规范进行。搜集迄今发表的我国水生生物的毒死蜱急、慢性毒性数据，数据主要来自 ECOTOX 数据库、美国毒死蜱水质基准文件、中国知网及相关课题组的检验数据等；依据基准数据筛选原则，剔除不符合水质基准技术要求的数据，确定有效数据，毒死蜱的本土水生生物毒性实验参照标准试方法。为推导有效保护我国本土水生生物的水质基准，基准推导计算时用 SSD-R 法进行计算。获取的毒性数据进行筛选处理，剔除不满足要求的毒性数据，最终得到本土水生生物的物种毒性数据 194 个，其中获取外文文献急性毒性数据有 185 个，获取中文文献急性毒性数据 4 个，得到实验室测定的急性毒性试验数据 5 个；得到物种的慢性毒性值 318 个，其中获得外文文献慢性毒性数据 317 个，获得中文文献慢性毒性数据 1 个。

5.5.3 毒死蜱水生生物基准制定

5.5.3.1 毒死蜱的急性基准值

对获取的毒死蜱对我国本土水生生物的急性毒性数据进行筛选和分类处理，并求同类属的物种 SMAV，其结果为，获取毒死蜱外文文献毒性数据 185 个，推导求得 SMAV 值 51 个；获取中文文献毒性数据 4 个，推导求得 SMAV 值 4 个；获取实验室试验数据 5 个，推导求得 SMAV 值 5 个。

按物种分布名单检索，去除我国境内无分布的物种数据 35 个，得到我国境内物种数据 25 个，毒死蜱对水生生物毒性数据检索分布和 SMAV 计算结果如表 5-20 所示。

表 5-20　毒死蜱对水生生物的 SMAV 数据

序号	物种中文名	物种拉丁名	SMAV（μg/L）	文献
1	模糊网纹溞	*Ceriodaphnia dubia*	0.095	[5–10]
2	端足目	*Amphipoda*	0.11	[11]
3	鲫鱼	*Carassius auratus*	806	[12]
	黑鲫	*Carassius carassius*	282	本书
4	翠鳢	*Channa punctata*	365	[13]
5	中华圆田螺	*Cipangopaludina cahayensis*	1300	本书
6	桡足类	*Copepoda*	2.13	[14]
7	鲤鱼	*Cyprinus carpio*	78.5	[15–18]
8	隆线溞	*Daphnia carinata*	0.276	[10, 19, 20]
	长刺溞	*Daphnia longispina*	0.3	[21]
	大型溞	*Daphnia magna*	0.553	[22–29]
	蚤状溞	*Daphnia pulex*	0.841	[30, 31]
9	中华绒螯蟹	*Eriocheir sinensis*	77.5	[32]
10	白斑狗鱼	*Esox lucius*	3.3	[33]
11	食蚊鱼	*Gambusia affinis*	458	[33, 34–39]
12	三刺鱼	*Gasterosteus aculeatus*	4.285	[21]
13	青虾	*Macrobrachium nipponense*	645	本书
14	束腹蟹	*Parathelphusidae*	120	[40]

序号	物种中文名	物种拉丁名	SMAV（μg/L）	文献
15	黄颡鱼	*Pelteobagrus fulvidraco*	182	本书
16	克氏原螯虾	*Procambarus clarkii*	21	[41]
17	中国林蛙	*Rana chensinensis*	900	本书
	青铜蛙	*Rana clamitans*	235.9	[42]
	泽蛙	*Rana limnocharis*	1320	[43]
	虎皮蛙	*Rana tigrina*	19	[44]
18	老年低额溞	*Simocephalus vetulus*	0.33	[10, 21]

按数据筛选处理方法，即从物种分布、毒性数据分类、最终值的推算等选择相应数据进行计算分析，推导毒死蜱对我国流域水体水生生物的水质基准 CMC 的结果如表 5-21 所示。

表 5-21　我国毒死蜱急性基准值（CMC）计算结果

序号	属	GMAV/(μg/L)	FAV/(μg/L)	CMC/(μg/L)
1	*Ceriodaphnia*	0.095		
2	*Amphipoda*	0.11	0.0721	0.036
3	*Simocephalus*	0.33		
4	*Daphnia*	0.44		

5.5.3.2　毒死蜱慢性基准值（CCC）

对获取的毒死蜱对我国流域本土水生生物的慢性毒性数据进行筛选和分类处理，推算同类属的物种 SMCV，其结果为，共收集外文文献毒性数据 317 个，推算 SMCV 值 25 个；收集中文文献毒性数据 1 个，推算 SMCV 值 1 个。按本书物种分布检索依据，去除我国境内无分布的物种数据 14 个，得到我国境内物种（含引进物种等）数据 12 个，毒死蜱对水生生物的毒性数据分类和 SMCV 计算结果如表 5-22 所示。

表 5-22　毒死蜱对水生生物的 SMCV

序号	物种中文名	物种拉丁名	SMCV/(μg/L)	文献
1	模糊网纹溞	*Ceriodaphnia dubia*	0.052	[45, 46]
2	哲水溞	*Calanoida*	0.215	[47]
3	黑鲫	*Carassius carassius*	14	[48]
4	枝角类	*Cladocera*	35	[49]
5	桡足类	*Copepoda*	0.215	[47]
6	剑水蚤	*Cyclopoida*	0.3895	[47]

序号	物种中文名	物种拉丁名	SMCV/(μg/L)	文献
7	鲤鱼	*Cyprinus carpio*	56	[50]
8	隆线溞	*Daphnia carinata*	0.0405	[20]
9	大型溞	*Daphnia magna*	0.192	[23, 27–29, 51–54]
10	三刺鱼	*Gasterosteus aculeatus*	8.5	[31]
11	束腹蟹	*Parathelphusidae*	12	[40]

CCC=Min（FCV，FPV，FRV），因数据量大于 10 个，FCV 的计算采用与计算 FAV 同样的方法，结果如表 5-23 所示。

表 5-23 我国毒死蜱最终慢性值（FCV）计算结果

序数	属	GMCV/(μg/L)	FCV/(μg/L)
1	*Ceriodaphnia*	0.052	
2	*Daphnia*	0.093	0.034
3	*Calanoida*	0.215	
4	*Copepoda*	0.215	

利用 SSD-R 法推导基准值，推导我国流域水体水生生物的水质基准阈值 CCC 并与美国相应的水质准值的比较如表 5-24 所示。

表 5-24 毒死蜱基准推导值与已公布基准值和标准值的比较

基准来源	基准值/标准值/(μg/L)	
	CMC	CCC
本书	0.036	0.034
USEPA（2010 年）	0.083	0.041

综合考虑基准推导的科学性、准确性和可靠性，在现有技术条件下，提出我国流域地表水中毒死蜱的水生生物急性基准和慢性基准建议值分别为 0.036μg/L 和 0.034μg/L。

参 考 文 献

[1] 李界秋. 毒死蜱的环境行为研究 [D]. 南宁：广西大学，2007.

[2] 汪家铭. 毒死蜱市场竞争优势及发展建议 [J]. 化工管理，2010.（5）：43-47.

[3] 李少南，孙扬，杨挺，等. 白蚁预防药剂的环境行为 [J]. 农药，2006.16（5）：158-161.

[4] 赵华，李康，吴声敢，等. 毒死蜱对环境生物的毒性与安全性评价 [J]. 浙江农业学报，2004.16（5）：292-298.

［5］ Bailey H C, Di Giorgio C, Kroll K, et al. Development of procedures for identifying pesticide toxicity in ambient waters: carbofuran, diazinon, chlorpyrifos ［J］. Environmental toxicology and chemistry, 1996. 15 (6): 837-845.

［6］ Bailey H C, Miller J L, et al. Joint acute toxicity of diazinon and chlorpyrifos to ceriodaphnia dubia ［J］. Environmental toxicology and chemistry, 1997. 16 (11): 2304-2308.

［7］ Foster S, Thomas M, Korth W. Laboratory-derived acute toxicity of selected pesticides to ceriodaphnia dubia ［J］. Australasian journal of ecotoxicology, 1998. 4 (1): 53-59.

［8］ Harmon S M, Specht W L, Chandler G T. A comparison of the daphnids ceriodaphnia dubia and daphnia ambigua for their utilization in routine toxicity testing in the southeastern united states ［J］. Archives of environmental contamination and toxicology., 2003. 45 (1): 79-85.

［9］ El-Merhibi A, Kumar A, Smeaton T. Role of piperonyl butoxide in the toxicity of chlorpyrifos to ceriodaphnia dubia and xenopus laevis ［J］. Ecotoxicology and environmental safety., 2004. 57 (2): 202-212.

［10］ Pablo F, Krassoi F R, Jones P R F, et al. Comparison of the fate and toxicity of Chlorpyrifos - Laboratory versus a coastal mesocosm system ［J］. Ecotoxicology and environmental safety, 2008. 71 (1): 219-229.

［11］ Mayer F L Jr. Pesticides as Pollutants. Environmental engineer's handbook ［R］. Radnor: Chilton book co, 1974: 405-418.

［12］ Phipps G L, Holcombe G W. A method for aquatic multiple species toxicant testing: Acute toxicity of 10 chemicals to 5 vertebrates and 2 invertebrates; Toxicity of sevin (carbaryl) to chinook salmon ［J］. Environmental pollution services. A, 1985. 38 (2): 141-157 .

［13］ Jaroli D P, Sharma B L. Effect of organophosphate insecticide on the organic constituents in liver of channa punctatus ［J］. Asian journal of experimental biological sciences, 2005. 19 (1): 121-129.

［14］ Siefert R E. Effects ofdursban (chlorpyrifos) on aquatic organisms in enclosures in a natural pond ［R］. Final Report, U S. EPA, Duluth, MN: 214 p, 1987.

［15］ Rao K P, Radhakrishnaiah K. Pesticidal impact on protein metabolism of the freshwater fish, Cyprinus carpio (Lin.) ［J］. Nature environment and pollution technology, 2006. 5 (3): 367-374.

［16］ Dutt N, Guha R S. Toxicity of few organophosphorus insecticides to fingerlings of bound water fishes, Cyprinus carpio (linn) and Tilapia mossambica peters ［J］. Indian journal of entomology, 1988. 50 (4): 403-421.

［17］ El-Refai A, Fahmy F A, AbdelLateef M F A, et al. Toxicity of three insecticides to two species of fish ［J］. International pest control, 1976. 18 (6): 4-8.

［18］ De Mel G, Pathiratne A. Toxicity assessment of insecticides commonly used in rice pest management to the fry of common carp, Cyprinus carpio, a food fish culturable in rice fields ［J］. Journal of applied ichthyology, 2005. 21 (2): 146-150.

［19］ Caceres T, He W, Naidu R, et al. Toxicity of chlorpyrifos and TCP alone and in combination to Daphnia carinata: The influence of microbial degradation in natural water ［J］. Water research, 2007. 41 (19): 4497-4503.

［20］ Zalizniak L, Nugegoda D. Effect of sublethal concentrations of chlorpyrifos on three successive generations of Daphnia carinata ［J］. Ecotoxicology and environmental. safety, 2006. 64 (2): 207-214.

［21］ Wijngaarden R, Leeuwangh R P, Lucassen W G H, et al. Acute toxicity of chlorpyrifos to fish, a newt, and aquatic invertebrates [J]. Bulletin of environmental contamination toxicology, 1993. 51 (5): 716-723.

[22] Kikuchi M, Sasaki Y, Wakabayashi M. Screening of organophosphate insecticide pollution in water by using Daphnia magna [J]. Ecotoxicology and environmental. safety, 2000. 47 (3): 239-245.

[23] Diamantino T C, Ribeiro R, Goncalves F, et al. METIER (Modular Ecotoxicity Tests Incorporating Ecological Relevance) for difficult substances. 5. chlorpyrifos toxicity to Daphnia magna in static, semi-static, and flow-through conditions [J]. Bulletin of environmental contamination toxicology, 1998. 61 (4): 433-439.

[24] Office of Pesticide Programs. Pesticide ecotoxicity database (Formerly: Environmental Effects Database (EEDB)) [D]. Environmental fate and effects division, U. S. EPA, Washington, D. C., 2000.

[25] Palma P, Palma V L, Fernandes R M, et al. Acute toxicity of atrazine, endosulfan sulphate and chlorpyrifos to vibrio fischeri, Thamnocephalus platyurus and Daphnia magna, relative to their concentrations in surface waters from the alentejo region of portugal [J]. Bulletin of environmental contamination toxicology, 2008. 81 (5): 485-489.

[26] Gaizick L, Gupta G, Bass E. Toxicity of chlorypyrifos to rana pipiens embryos [J]. Bulletin of environmental contamination toxicology, 2001. 66 (3): 386-391.

[27] Moore M T, Huggett D B, Gillespie Jr W B, et al. Comparative toxicity of chlordane, chlorpyrifos, and aldicarb to four aquatic testing organisms [J]. Archives of environmental contamination and toxicology, 1998. 34 (2): 152-157.

[28] Kersting K, Van Wijngaarden R. Effects of chlorpyrifos on a microecosystem [J]. Environmental toxicology and chemistry, 1992. 11 (3): 365-372.

[29] Hooftman R N, K Vande Guchte, C J Roghair. Development of ecotoxicological test systems to assess contaminated sediments [J]. Project B6/8995, The netherlands integrated program on soil research (PCB), 1993: 41.

[30] Van der Hoeven N, Gerritsen A A M. Effects of chlorpyrifos on individuals and populations of daphnia pulex in the laboratory and field [J]. Environmental toxicology and chemistry, 1997. 16 (12): 2438-2447.

[31] VanWijngaarden R, Leeuwangh P. Relation between toxicity in laboratory and pond: An ecotoxicological study with chlorpyrifos [D]. Meded fac landbouwkd toegep boil wet univ gent, 1989. 54 (3b): 1061-1069.

[32] Li K, Chen L Q, Li E C, et al. Acute toxicity of the pesticides chlorpyrifos and atrazine to the chinese mitten-handed crab, eriocheir sinensis [J]. Bulletin of environmental contamination toxicology, 2006. 77 (6): 918-924.

[33] Scirocchi A, D' Erme A. Toxicity of seven insecticides on some species of fresh water fishes [J]. Rivista di parassitologia, 1980. 41 (1): 113-121 (ENG ABS) (ITA).

[34] Boone J S, Chambers J E. Time course of inhibition of cholinesterase and aliesterase activities, and nonprotein sulfhydryl levels following exposure to organophosphorus insecticides in mosquitofish (Gambusia affinis) [J]. Fundamental and applied toxicology, 1996. 29: 202-207.

[35] Milam C D, Farris J L, Wilhide J D. Evaluating mosquito control pesticides for effect on target and nontarget organisms [J]. Archives of environmental contamination and toxicology, 2000. 39 (3): 324-328.

[36] Davey R B, Meisch M V, Cater F L. Toxicity of five ricefield pesticides to the mosquitofish, gambusia

affinis, and green sunfish, lepomis cyanellus, under laboratory and field [J]. Environmental entomology, 1976. 5 (6): 1053-1056.

[37] Culley D D Jr, Ferguson D E. Patterns of insecticide resistance in the mosquitofish, gambusia affinis [J] Journal of the fisheries research board of Canada, 1969. 26 (9): 2395-2401.

[38] Rao J V, Begum G, Pallela R, et al. Changes in behavior and brain acetylcholin- esterase activity in mosquito fish, gambusia affinis in response to the sub-lethal exposure to chlorpyrifos [J]. International journal of environmental research and public health, 2005. 2 (3): 478-483.

[39] Carter F L, Graves J B. Measuring effects of insecticides on aquatic animals [D]. La. agric, 1972. 16 (2): 14-15.

[40] SenthilKumaar P, Samyappan P K, Jayakumar S, et al. Impact of chlorpyrifos on the neurosecretory cells in a freshwater field crab, spiralothelphusa hydrodroma [J]. Research journal of agriculture and biological sciences, 2007. 3 (6): 625-630.

[41] Cebrian C, Andreu- Moliner E S, Fernandez- Casalderrey A, et al. Acute toxicity and oxygen consumption in the gills of procambarus clarkii in relation to chlorpyrifos exposure [J]. Bulletin of environmental contamination and toxicology, 1992. 49 (1): 145-149.

[42] Wacksman M N, Maul J D, Lydy M J. Impact of atrazine on chlorpyrifos toxicity in four aquatic vertebrates [J]. Archives of environmental contamination and toxicology, 2006. 51 (4): 681-689.

[43] Pan, D Y, Liang X M. Safety study of pesticides on bog frog, a predatory natural enemy of pest in paddy field [J]. J. Hunan agricult. coll., 1993. 19 (1): 47-54 (CHI) (ENG ABS) .

[44] Abbasi S A, Soni R. Evaluation of water quality criteria for four common pesticides on the basis of computer- aided studies [J]. Indian journal of environmental health, 1991. 33 (1): 22-24.

[45] Sherrard R M, Murray-Gulde C L, Rodgers J H, et al. Comparative toxicity of chlorothalonil and chlorpyrifos: ceriodaphnia dubia and pimephales promelas [J]. Environmental toxicology, 2002. 17 (6): 503-512.

[46] Rose R M, Warne M St J, Lim R P. Food concentration affects the life history response of ceriodaphnia cf. dubia to chemicals with different mechanisms of action [J]. Ecotoxicology and environmental safety, 2002. 51 (2): 106-114.

[47] Lopez- Mancisidor P, Carbonell G, Fernandez C, et al. Ecological impact of repeated applications of chlorpyrifos on zooplankton community in mesocosms under mediterranean conditions [J]. Ecotoxicology, 2008. 17 (8): 811-825.

[48] Jirasek J, Adamek Z, Tan N X, et al. Holcman estimation of the acute toxicity of the insecticide dursban for fish. (Stanoveni akutni toxicity insecticidu dursban pro ryby.) [J]. Acta univ. agric. fac. agron. (1978) / Pestab 26 (3): 51-56 (CZE) (ENG ABS), 1980.

[49] Brock T C M, Bos A R, Crum S J H, et al. The model ecosystem approach in ecotoxicology as illustrated with a study on the fate and effects of an insecticide in stagnant freshwater microcosms [J]. Hock B, Niessner R. Immunochemical detection of pesticides and their metabolites in the water cycle, Chapter 10, Wiley- VCH, Germany: 167-1017, 1995.

[50] Areekul S. Toxicity to fishes of insecticides used in paddy fields and water resources [D]. I Laboratory Experiment. Kasetsart J. 20 (2): 164-178 (1987) (THA) (ENG ABS)

[51] Gaizick L, Gupta G, Bass E. Toxicity of chlorypyrifos to rana pipiens embryos [J]. Bulletin of environmental contamination and toxicology, 2001. 66 (3): 386-391.

[52] Naddy R B. Assessing the toxicity of the organophosphorus insecticide chlorpyrifos to a freshwater

invertebrate, Daphnia magna（Crustacea：Cladocera）［D］. Clemson Univ, Clemson, SC：101 p., 1996.

［53］Naddy R B, Klaine S J. Effect of pulse frequency and interval on the toxicity of chlorpyrifos to Daphnia magna［J］. Chemosphere, 2001. 45（4/5）：497-506.

［54］Naddy R B, Johnson K A, Klaine S J. Response of *Daphnia magna* to pulsed exposures of chlorpyrifos ［J］. Environmental toxicology and chemistry, 2000. 19（2）：423-431.

5.6 水生态学基准

5.6.1 太湖流域水生态学基准

5.6.1.1 叶绿素-太湖流域水生态学基准

（1）参照点的选择

根据太湖的内同性与外异性及地域完整性原则，以自然地理及水动力学特征为依据，将太湖分为 7 个区域：东太湖、梅梁湖、贡湖、西南区、西北区、湖心区、东部滨岸区。历史资料研究表明太湖 TN、TP、COD$_{Mn}$ 含量大小的空间分布特征明显，均为梅梁湖和西北区污染较严重，东太湖、湖东滨岸区湖水相对较清洁。这与太湖富营养化指数浓度的分布也相吻合。因此在选择参照点 RS 时，我们以东太湖和湖东滨岸区的采样点为 RS—T3+T4、T5+T7、T8、T6、T7。

（2）参照点各基准指标的选择

参照点各基准指标包括理化指标、浮游植物指标、浮游动物指标。

理化指标（IWI）包括：6 价铬、镉、铜、铅、锌。

浮游植物指标（IPI）包括：蓝藻百分比、绿藻百分比、硅藻百分比、多样性指数 H、优势度指数 D、物种数。

浮游动物指标（IZI）包括：轮虫百分比、多样性指数 H、优势度指数 D、物种数。

共计 15 个基准指标，满分 75 分，做出夏冬两季各基准指标的 BOX 图。

（3）生态完整性指数计算

依据 BOX 图按照评分标准对各参照点评分。

采用等权重法将参照点的各个赋值后的变量值相加得到参照点的各完整指数（IWI，IZI，IPI）。

根据参照点完整指数的 BOX 图，取 90 分位数值作为该水生态完整性指数的基准值。

将反映参照点的生物完整性，物理完整性和化学完整性的基准值等权重相加，得到的生态完整性基准值。

2009 年夏季太湖流域的生态完整性基准值为

IEI = IWI+IPI+IZI = 21+30+20 = 71

2009 年冬季太湖流域的生态完整性基准值为

IEI = IWI+IPI+IZI = 15+30+20 = 65

（4）太湖流域夏季叶绿素生态学基准

采用 2010 年太湖夏季野外调研数据，建立叶绿素 a-水生态完整性指数的压力响应回归曲线（图 5-1）。根据夏季太湖流域的生态完整性基准值（71），通过叶绿素 a-水生态完整性指数的压力响应回归曲线，计算得到太湖流域夏季叶绿素 a 生态学基准为 4.6μg/L（图 5-1 中 B 点）。

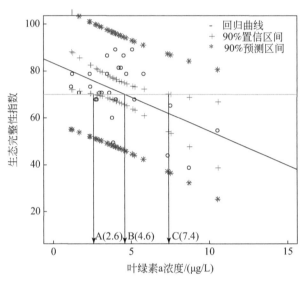

图 5-1　太湖流域夏季叶绿素 a-水生态完整性指数关系

5.6.1.2　总磷（TP）-太湖流域生态学基准计算

太湖流域 TP 分布状况如图 5-2 所示（2005～2007 年调查数据）。

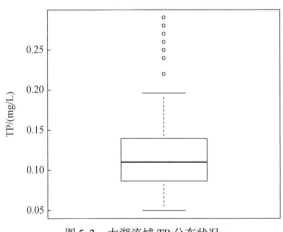

图 5-2　太湖流域 TP 分布状况

采用频数分布法确定太湖 TP 基准（太湖流域 2005～2007 年监测数据）。太湖流域 TP 频数分布法统计分析如表 5-25 所示。

表 5-25 太湖全流域 TP 频数分布法统计分析

项目	频数比例/%						
	5	10	25	50	75	90	95
TP/（mg/L）	0.067	0.070	0.087	0.110	0.140	0.190	0.249

从上图及表可以看出，太湖流域受人类干扰强烈，水体污染严重，选择 25% 分位数对应的 TP 值作为基准浓度比较合适[10]，因此确定太湖流域的 TP 基准值为 87μg/L（0.087mg/L）。

5.6.1.3 总氮（TN）-太湖流域生态学基准计算

太湖流域 TN 分布状况如图 5-3 所示（2005～2007 年调查数据）。

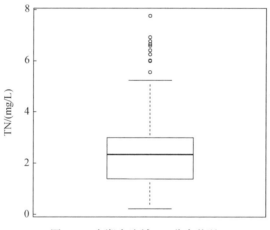

图 5-3 太湖全流域 TN 分布状况

采用频数分布法[10]确定太湖 TN 基准（太湖流域 2005～2007 年监测数据）。太湖流域 TN 频数分布法统计分析如表 5-26 所示。

表 5-26 太湖全流域 TN 频数分布法统计分析表

项目	频数比例/%						
	5	10	25	50	75	90	95
TN/（mg/L）	0.9405	1.0310	1.3850	2.3500	2.9900	4.8660	6.2480

从图 5-3 及表 5-26 可以看出，太湖流域受人类干扰强烈，水体污染严重，为最大限度地保护太湖流域的水生态系统，选择 25% 分位数对应的 TN 值作为基准浓度比较合适，因此确定太湖流域的 TN 基准为 1.3850mg/L。

5.6.1.4 氨氮（NH₃-N）-太湖流域水生态学基准计算

太湖流域 NH₃-N 分布状况如图 5-4 所示（2005～2007 年调查数据）。

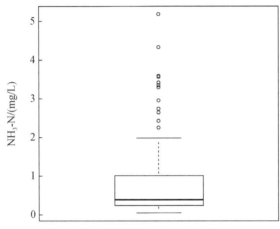

图 5-4 太湖全流域 NH₃-N 分布状况

采用频数分布法确定太湖 NH₃-N 基准（太湖流域 2005～2007 年监测数据）。太湖流域 NH₃-N 频数分布法统计分析如下表 5-27 所示。

表 5-27 太湖全流域 NH₃-N 频数分布法统计分析

项目	频数比例/%						
	5	10	25	50	75	90	95
NH₃-N/(mg/L)	0.160	0.191	0.240	0.395	1.015	1.989	3.283

从上可以看出，太湖流域受人类干扰强烈，水体污染严重，为最大限度地保护太湖流域的水生态系统，选择 25% 分位数对应的 NH₃-N 值作为基准浓度比较合适，因此确定太湖流域的 NH₃-N 基准值为 0.24mg/L。

5.6.2 辽河流域水生态学基准

5.6.2.1 总磷（TP）-辽河流域水生态学基准

辽河全流域分年度 TP 分布状况如图 5-5 所示。

采用频数分布法确定辽河 TP 基准（辽河全流域监测数据）。辽河流域 TP 频数分布法统计分析如表 5-28 所示。

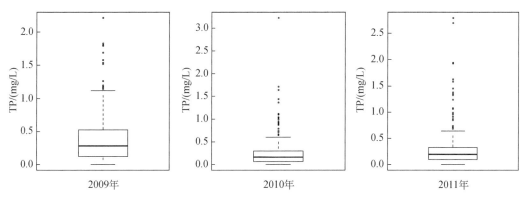

图 5-5 辽河全流域 TP 分布状况

表 5-28 辽河流域 TP 频数分布法统计分析   （单位：mg/L）

年份	频数比例/%						
	5	10	25	50	75	90	95
2009	0.027	0.045	0.117	0.280	0.520	0.802	0.995
2010	0.029	0.040	0.066	0.165	0.295	0.522	0.878
2011	0.029	0.043	0.100	0.190	0.330	0.480	0.866

从图 5-5 及表 5-28 可以看出，辽河流域水体污染严重，选择 25% 分位数对应的 TP 值作为基准浓度比较合适，2009~2011 年 TP 的基准浓度变化范围为 0.066~0.117mg/L，因此确定辽河流域的 TP 基准为 0.091mg/L。

5.6.2.2 总氮 (TN)-辽河流域水生态学基准计算

辽河全流域分年度 TN 分布状况如图 5-6 所示。

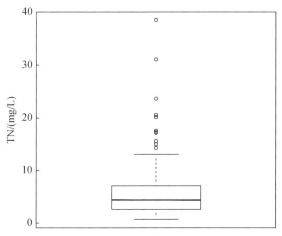

图 5-6 辽河全流域 TN 分布状况

采用频数分布法确定辽河 TN 基准（辽河全流域 2010 年监测数据）。辽河流域 TN 频数分布法统计分析如表 5-29 所示。

表 5-29　辽河全流域 TN 频数分布法统计分析

项目	频数比例/%						
	5	10	25	50	75	90	95
TN/(mg/L)	1.118	1.435	2.530	4.342	7.033	13.010	17.306

从上可以看出，辽河流域受人类干扰强烈，水体污染严重，为最大限度地保护辽河流域的水生态系统，选择 25% 分位数对应的 TN 值作为基准浓度比较合适，因此确定辽河流域的 TN 基准值为 2.53mg/L。

5.6.2.3　氨氮（NH_3-N)-辽河流域水生态学基准计算

（1）参照点的选择

根据辽河流域的历史调查 NH_3-N 数据分析来看，辽河流域上游受人类干扰强度较低，水质理化指标及生态系统状况普遍好于中游及下游。因此选择辽河流域的上游作为参照点的选择区域。冬季辽河流域的参照点选择位于上游的 L1、L2、L3 和 L4 调查站位。

（2）参照点各基准指标的选择

参照点基准指标包括浮游植物指标、浮游动物指标、鱼类指标。

浮游植物指标（IPI）：蓝藻百分比、绿藻百分比、硅藻百分比、多样性指数 H、优势度指数 D、种类数。

浮游动物指标（IZI）：轮虫百分比、多样性指数 H、优势度指数 D、种类数、丰富度指数 d。

鱼类指标（IFI）：鱼类物种总数、总个体数、多样性指数 H。

共计 14 个基准指标，满分 70 分。

（3）水生态完整性指数计算

依据 BOX 图按照评分标准对各参照点评分。

采用等权重法将参照点的各个赋值后的变量值相加得到参照点的各完整性指数（IZI，IPI、IFI）（表 5-30）。

表 5-30　参照点的完整性指数

项目	IPI							IZI						IFI			
采样点	蓝藻	绿藻	硅藻	种数	H	D	合计	轮虫	种类数	H	d	D	合计	种类数	个体数	H	合计
L1-1-1	5	1	5	5	3	5	24	3	5	5	5	3	21	3	5	5	13
L1-1-2	5	1	1	5	3	5	20	3	5	5	5	3	21	3	5	5	13
L1-2	5	1	5	5	5	5	26	3	5	5	5	3	21	3	5	5	13

续表

项目	IPI							IZI						IFI			
采样点	蓝藻	绿藻	硅藻	种数	H	D	合计	轮虫	种类数	H	d	D	合计	种类数	个体数	H	合计
L1-3	5	1	1	5	3	5	20	3	5	5	3	5	21	3	5	5	13
L2-1	5	3	5	5	3	5	26	3	5	5	5	5	23	5	5	3	13
L2-3	5	3	5	5	5	5	28	3	5	5	5	5	23	5	5	3	13
L3-1	5	1	1	5	5	5	22	5	5	5	1	1	17	1	3	5	7
L3-2-1	5	1	1	5	5	5	22	3	3	5	5	3	19	1	3	3	7
L3-2-2	5	1	1	5	5	5	22	5	5	5	5	5	25	1	3	3	7
L4-1	5	5	3	5	5	5	28	5	5	5	5	5	25	5	5	5	15
L4-2	5	5	5	3	3	3	24	5	5	5	5	5	21	5	5	5	5
L4-3	5	5	5	3	5	3	6	5	5	5	5	5	25	5	5	5	15

计算百分制准化后的 IPI、IZI 和 IFI 完整性指数 BOX 图如图 5-7 所示。

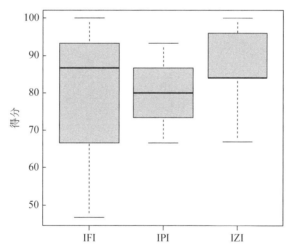

图 5-7 标准化后的 IPI、IZI 和 IFI 完整性指数 BOX 图

根据参照点完整指数的 BOX 图，取 25% 分位数值作为该完整性指数的基准值（表 5-31）。

表 5-31 完整性指数分位数统计分析表

完整性指数	频数比例/%						
	5	10	25	50	75	90	95
IFI	47	47	77	87	90	100	100
IPI	67	67	73	80	87	93	93

完整性指数	频数比例/%						
	5	10	25	50	75	90	95
IZI	72	77	84	84	94	100	100
IEI	64	66	78	85	89	95	97

将反映参照点的浮游植物完整性指数，浮游动物完整性指数和鱼类完整性指数的基准值等权重相加计算得到反映生态完整性的生态学基准值 IEI（表 5-31）。因此得到 2009 年冬季辽河的水生态基准值 IEI 为 78。

（4）辽河流域冬季氨氮的水生态学基准

采用 2009 年辽河冬季的野外调研数据，建立 NH_3-N 生态完整性指数的压力响应回归曲线（图 5-6）。根据冬季辽河流域的生态完整性基准值（78），通过 NH_3-N 生态完整性指数的压力响应回归曲线，计算得到辽河流域冬季 NH_3-N 的水生态学基准为 750μg/L（图 5-8 中 A 点）。

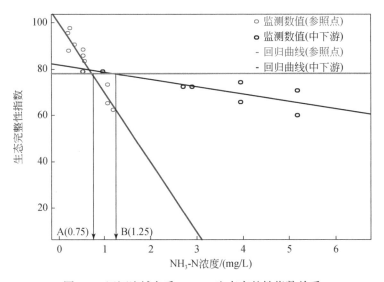

图 5-8 辽河流域冬季 NH_3-N 生态完整性指数关系

5.6.2.4 辽河口水生态学基准计算

在水生态学基准制定过程中，建立参照状态至关重要。所谓参照状态，即每一水体类型的本底值，它可以作为比较的参照标准指标，如 TP、TN、叶绿素等。理想的参考状态应为没有人类干扰和污染的水体条件的代表浓度，但实际水体基本都受到了人类开发活动的一定程度影响，事实上很难得到未受人类干扰的自然水体本底值；因此，需要通过特定的方法帮助建立参照状态，参照状态值实际上代表影响最小的条件值。在营养物基准研究方面，美国积累了大量研究和实践的成果，建立了营养物参照状态的时间参考状态法、空间参考状态法、频率法、沉积物历史反演法和预测或外推模型法等方法，本书借鉴国外研究的经验，以大辽河口为例，主要应用频率分析法建立大辽河口营养物的参照状态，旨在为我国水体生态学基准、标准的研究与制订，以及我国水体富营养化控制提供理论和方法借鉴。

（1）数据来源

大辽河口共布设 21 个采样点，采样点分布图见图 5-9。采样点较均匀地覆盖了大辽河口的咸淡水混合区，因此可全面反映辽河口水质的空间分布状况。所用数据为 2009 年 7 月、2010 年 4 月、7 月、11 月的监测数据，监测的指标为各形态氮、磷、COD、DO、叶绿素 a、石油烃等。

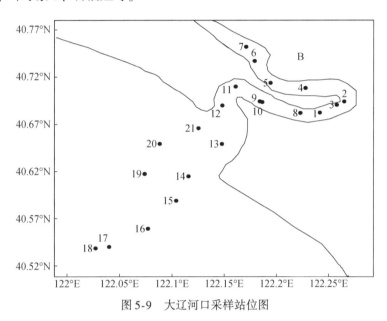

图 5-9　大辽河口采样站位图

（2）研究方法

当在水生态区域中存在没有受人类干扰或干扰很小的水体或水体历史上水质很好，且有调查和监测数据时，可采用时间或空间参照状态法。当能收集和采集到生态区域中几乎所有水体的水质数据，或同一水体多点位、长期监测数据时，可采用频率法。本书采用频率分析法。

频率法的重要假设是在水体类群中至少有一些是良好的水体，或同一水体多个采样点多年监测数据中至少有一些属于良好水质。在整个区域中进行同类水体或同一水体多个采样点的数据收集和采集工作，作出相应的水质频率累积分布图。每一所选的基准变量的确定，一般用每一变量分布的最好分位值或下百分点作为参照值。应该从区域中所有同类水体的最好水质，或影响最小的同类水体群中选取参照状态，因为这些参照水体被公认为是一种较为理想的状态，所以可选取上百分点。USEPA 一般推荐上第 25 百分点，作为参考条件较为合理。如果从区域中所有同类水体随机取样，或选取所有同类水体，或同一水体所有监测数据作为参照条件，这种情况下，样品中肯定包含了一些来自退化的水体和不良的水质，所以选取的百分点应该是下百分位点。这种选择方法在符合自然参考水体的数量较少时，或者水体受经济、社会发展影响颇大时非常有用。由于本书使用的数据为当前观测的数据，大辽河口已遭受不同程度的污染，因此采用了下百分位点。

（3）参照状态的确定

无论是哪种方法，参考水体分布的上第 25 百分点和来自代表性取样分布的下第 25 百分点都是一般的建议，观测的实际分布和内在区域水质状况也是选择阈值点的重要决定因素。如果多数监测数据表明，水质受到了较大的污染影响，那么应选取下第 5 ~ 25 百分点，以期恢复到以前大概的自然条件。采用频率分析法，TN、TP、COD 采取下第 5 百分点，叶绿素 a 采取上第 25 百分点，DO 采取下第 25 百分点。TP 的水生态基准参考状态值是 0.07mg/L，TN 的水生态基准参考状态值是 2.5mg/L，叶绿素 a 的水生态基准参考状态值是 12μg/L（图 5-10 ~ 图 5-12）。

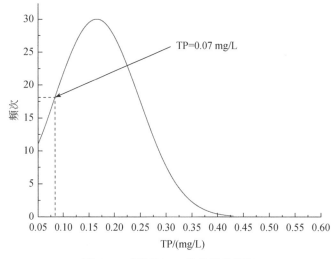

图 5-10　辽河口 TP 参考值的确定

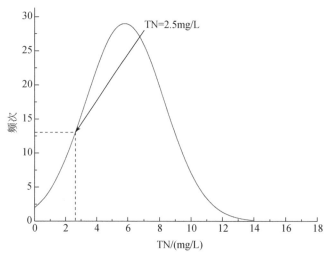

图 5-11　辽河口 TN 参考值的确定

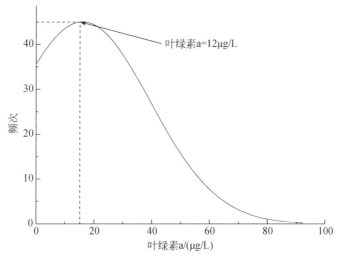

图 5-12 辽河口叶绿素 a 参考值的确定

5.7 重金属–沉积物基准

5.7.1 相平衡分配法

5.7.1.1 残渣态 [Me], 重金属的提取方法

采用重金属形态分析提取法 （BCR） 对沉积物重金属元素有效结合态进行提取分析。具体方法如下。

第 1 步 （可交换态及碳酸盐结合态）：称取烘干后的样品 0.8g 置于 100mL 聚丙烯离心管中，加入 32mL 0.11mol/L 的醋酸，室温下 （25℃） 振荡 16 小时，震荡过程中确保样品处于悬浮状态，然后离心 20 分钟 （3000r/min），把上清液移入 100mL 聚乙烯瓶中；往残渣中加入 16mL 二次去离子水，振荡 15 分钟，离心 20 分钟 （3000r/min），把上清液移入上述聚乙烯瓶中，储存于冰箱 （4℃） 内以备分析。

第 2 步 （Fe/Mn 氧化物结合态）：往第 1 步的残渣中加入 32mL 当天配制的 0.1mol/L 的盐酸羟胺 （HNO_3酸化，pH 为 2），用手振荡试管使残渣全部分散，再按第 1 步方法振荡、离心、移液、洗涤。

第 3 步 （有机物及硫化物结合态）：往第 2 步的残渣中缓慢加入 8mL （8.8mol/L） 双氧水 （HNO_3酸化，pH 为 2），用盖子盖住离心管 （防止样品剧烈反应而溅出），室温下放置 1 小时 （间隔 15 分钟用手振荡）；拿去盖子，放到油浴锅中 （85℃） 加热 1h，待溶液蒸至近干，凉置；再加入 8mL （8.8mol/L） 双氧水 （HNO_3酸化，pH 为 2），重复上述操作；然后加入 40mL 1mol/L 的醋酸铵 （HNO_3酸化，pH 为 2），按第 1 步方法振荡、离心、移液、洗涤。

第 4 步（残渣态）：按照表 5-32 对剩余沉积物进行多部微波消解。

提取过程中所用试剂均为优级纯，所用器皿需用 2mol/L 的硝酸在超声波振荡清洗仪内，清洗 15 分钟，并用二次去离子水清洗 3 遍，然后在通风橱内晾干。采用火焰原子吸收法测定各金属的含量。

表 5-32　多步微波消解步骤

步骤	温度/℃	压强/Pa	反应时间/min	功率/W
第 1 步	80	2.02×10^5	5	100
第 2 步	160	1.01×10^6	5	400
第 3 步	200	2.02×10^6	15	800

根据上述试验方法可以获得辽河和太湖流域沉积物中的残渣态均值，见表 5-33。

表 5-33　太湖和辽河流域沉积物中残渣态重金属平均含量

区域	Cd			Cu			Pb			Zn		
	C_T/ (mg/kg)	残渣态/ (mg/kg)	含量/%	C_T/ (mg/kg)	残渣态/ (mg/kg)	含量/%	C_T/ (mg/kg)	残渣态/ (mg/kg)	含量/%	C_T/ (mg/kg)	残渣态/ (mg/kg)	含量 /%
太湖均值	2.09	0.14	6.6	42.9	22.1	51.5	19.0	8.8	46.6	133.8	56.3	42.1
辽河均值	1.93	0.27	13.8	42.4	27.3	64.4	11.5	6.9	60.1	101.3	51.2	50.5

注：C_T 为将冻干的沉积物样品用硝酸、高氯酸及氢氟酸消解后得到的金属元素的总量。

5.7.1.2　K_P 的计算

求算重金属在沉积物–水相之间的平衡分配系数 K_P 是建立 SQC 的关键所在。可利用现场或实验室测得的沉积物和间隙水中各种重金属的浓度算出 K_P 值。这种利用沉积物和间隙水中各种重金属的浓度计算平衡分配系数的方法既简便且可信度较高，避免了模型、参数的复杂计算和其主观选择带来的不确定性。

利用现场或实验室测得数据计算 K_P 的方法如下式：

$$K_P = C_S / C_{IW}$$

C_S（mg/kg）指金属元素在沉积物固相中的含量。在计算中使用的数据是将冻干的沉积物样品用硝酸、高氯酸及氢氟酸消解后得到的金属元素的总量，以 C_T 表示。由于沉积物中残渣态的金属并不参与非均相体系的平衡反应，故在计算中扣除了这一部分含量，即

$$C_S = C_T - C_T \times A\% = C_T \times (1 - A\%)$$

式中，A 表示以残渣态形式存在的金属含量占重金属总量的比例。另外，为避免颗粒物粒径对颗粒物金属含量的影响，统一采用粒径为 63μm（240 目）原样沉积物中的重金属含量进行计算。

C_{IW}（μg/L）指间隙水中金属元素的含量。可根据 USEPA 的推荐方法获得间隙水中金属含量测定推算结果。表 5-34 与表 5-35 分别列出了太湖整体流域和辽河整体流域四种重金属 Cd、Cu、Pb、Zn 相平衡分配系数。表 5-36 列出了太湖和辽河流域的 $\lg K_P$ 的均值。

表 5-34　太湖沉积物各重金属的相平衡分配系数（K_P）

重金属	C_T/(mg/kg)	残渣态/(mg/kg)	C_S (mg/kg)	C_{IW}（μg/L）	K_P
Cd	2.09	0.14	1.95	0.74	2620.4
Cu	42.88	22.07	20.81	5.81	3581.2
Pb	18.97	8.84	10.14	2.29	4432.8
Zn	133.77	56.35	77.43	65.0	1191.7

注：C_S 为金属元素在沉积物固相中的含量；C_{IW} 为间隙水中金属元素；C_T 为将冻干的沉积物样品用硝酸、高氯酸及氢氟酸消解后得到的金属元素的总量；K_P 为固液分配系数。

表 5-35　辽河沉积物各重金属的相平衡分配系数（K_P）

重金属	C_T/(mg/kg)	残渣态/(mg/kg)	C_S/(mg/kg)	C_{IW}（μg/L）	K_P
Cd	1.93	0.27	1.66	0.89	1878.0
Cu	42.35	27.27	13.48	5.70	2363.1
Pb	11.53	6.92	5.47	2.00	2745.1
Zn	101.34	51.16	51.16	55.9	897.3

注：C_S 为金属元素在沉积物固相中的含量；C_{IW} 为间隙水中金属元素；C_T 为将冻干的沉积物样品用硝酸、高氯酸及氢氟酸消解后得到的金属元素的总量；K_P 为固–液分配系数。

表 5-36　太湖和辽河与其他水域沉积物重金属分配系数比较

水域	$\lg K_P$			
	Cd	Cu	Pb	Zn
太湖	3.42	3.55	3.65	3.08
辽河	3.27	3.37	3.45	3.03

表 5-37 列出了实测的 K_P 与其他水体沉积物重金属的 K_P 比较结果，可以看出，太湖及辽河的 K_P 总体比较接近；与其他水体相比，太湖与辽河的略高于黄河水系，低于长江水系及其他湖泊。各水域的 K_P 之所以存在一定的差距，是因为 K_P 受一系列复杂因素的影响，包括沉积物自身性质和组成（如粒径分布、其他地球化学性质和表面性质等），以及沉积物—水界面环境条件（如 pH，E_h 和温度等）。

表 5-37　太湖和辽河与其他水域沉积物重金属分配系数比较

水域	$\lg K_P$			
	Cd	Cu	Pb	Zn
太湖	3.42	3.55	3.65	3.08

水域	lgK_P			
	Cd	Cu	Pb	Zn
辽河	3.27	3.37	3.45	3.03
长江下游	4.2	4.1	5.2	4.3
黄河中游	—	3.0	3.2	2.2
鄱阳湖	4.8	4.5	5.0	4.0
洞庭湖	4.3	3.9	4.5	—

5.7.1.3 基准值CWQC的确定

目前，由于我国尚没有发布有关流域水体重金属慢性生物毒性水质基准，因此水质基准建议采用USEPA颁布的基于水生生物对重金属的最终慢性毒理水平及水质硬度制定的淡水水质基准（表5-38）。如选择长期基准浓度（CCC）作为WQC，则对应的沉积物质量基准（SQC）为保护底栖生物不受慢性毒害的阈值。

表5-38 依据水质硬度推导的流域部分重金属慢性水生生物基准表达式

重金属	长期基准浓度	转换系数
Cd	CF×e$^{[0.7852×\ln(水CaCO3硬度)-2.715]}$/1000	1.101 672 − [Ln（水硬度）（0.041 838）]
Cu	CF×e$^{[0.8545×\ln(水CaCO3硬度)-1.702]}$/1000	0.960
Pb	CF×e$^{[1.273×\ln(水CaCO3硬度)-4.705]}$/1000	1.462 03 − [Ln（水硬度）（0.145 712）]
Zn	CF×e$^{[0.8473×\ln(水CaCO3硬度)+0.884]}$/1000	0.986

采用水质分析仪对上覆水的基本理化参数进行测定，其中包括水的硬度。所测得的辽河流域水CaCO$_3$硬度平均值为122.8mg/L，太湖流域水CaCO$_3$硬度平均值为103.4mg/L。依据表5-38中的基准推算模式，可得太湖和辽河流域重金属慢性生物水质基准如表5-39所示。

表5-39 由硬度推导的太湖及辽河流域重金属慢性生物水质基准

（单位：mg/L）

流域	水硬度	Cd	Cu	Pb	Zn
太湖流域CWQC	103.4	0.0023	0.0092	0.0026	0.1216
辽河流域CWQC	122.8	0.0026	0.0107	0.0031	0.1407

5.7.1.4 酸性可挥发性硫化物和同步提取金属元素含量测定

沉积物中酸性可挥发性硫化物（acid volatile sulfides，AVS）含量对重金属在固/水相之间的分配作用有决定性的影响。在氧化还原电位升高或pH降低等条件下，与AVS结合的重金属会因为硫化物被氧化或溶解度增加而释放到间隙水和上覆水中，对水生生物产生危害。Di Toro 等提出了重金属 SEM（simultaneously extracted metal，酸提取 AVS 过程中同时提取的重金属总量）的概念，并指出用 SEM/AVS 可以预测沉积物中重金属的生物有效性。许多研究者把 SEM/AVS 的比值作为评价沉积物中金属污染物毒性的手段之一，即 SEM/AVS>1 时，沉积物为氧化态，只有部分金属与 AVS 结合，沉积物显示较显著的生物毒性，在推导沉积物 SQC 时，可忽略 AVS 的影响；而 SEM/AVS < 1 时，沉积物为还原态，沉积物生物毒性效应不显著，AVS 是还原性沉积物中重金属主要的结合相，在推导 SQC 时应考虑 AVS 的影响。可使用比色法对 AVS 和 SEM 进行测试。

（1）基本原理

在酸性溶液中，在三氯化铁存在下，硫化氢与 N，N-二甲基对苯二胺二盐酸盐反应生成蓝色的亚甲基蓝。颜色深度与水中硫化氢含量成正比。

（2）标准曲线的绘制

分别取 0，0.50，1.00，2.00，3.00，4.00，5.00mL 的硫化钠标准使用液置于 50mL 比色管中，加水至 40mL，加 1mL 硫酸（1+1），用水稀释至刻度；加入 N，N-二甲基对苯二胺二盐酸盐工作溶液 0.5mL，振荡混合，加 1mL 三氯化铁溶液，再振动混合，放置 1min；加 1.5mL 磷酸氢二铵溶液，振动混匀后，放置 5min；以试剂空白作参比，在波长 670nm 下测定显色液的吸光度，绘制工作曲线。

（3）AVS 的测定

将一个搅拌子放入圆底三口烧瓶中，将盐酸加入到分液漏斗中，同时在收集瓶（锥形瓶）中加入氢氧化钠溶液，将实验装置连接好后充入氮气曝气 20 分钟（100cm³/min 以上），实验时将流速控制到 40cm³/min。

准确称取 3 到 5g 的湿底泥加入到烧瓶中；打开分液漏斗，使酸溶液慢慢滴入混合物中，同时磁力搅拌混合。反应 30 分钟后，停止充入氮气；将溶液迅速转移至 50mL 比色管中，加水至 40mL，加 1mL 硫酸（1+1），用水稀释至刻度；加入 N，N-二甲基对苯二胺二盐酸盐工作溶液 0.5mL，振荡混合，加 1mL 三氯化铁溶液，再振动混合，放置 1 分钟；加 1.5mL 磷酸氢二铵溶液，振动混匀后，放置 5 分钟。用 10mm 比色皿，以试剂空白作参比，在波长 670 nm 时测定显色液的吸光度，利用标准曲线算出硫离子的浓度。

在上述的酸溶性硫化物反应中，沉积物中金属硫化物分解的同时释放的金属离子，即 SEM。将反应瓶内的泥水混合物，离心并过 0.45μm 滤膜用原子吸收或者 ICP-AES 测定其中 Fe、Cu、Pb、Zn、Cd、Ni 等的含量. 平行样品中的 SEM 的相对标准偏差均可以控制在 10% 以内。

应用比色法测定的太湖和辽河流域 AVS 和 SEM 含量，列于表 5-40 中。

表 5-40　太湖流域表层沉积物中 AVS 及 SEM 的含量　（单位：mmol/kg）

区域	AVS	Cd	Cu	Pb	Zn	SEM	SEM/AVS
太湖	1.46	0.0045	0.41	0.10	0.82	1.33	0.86
辽河	1.54	0.0048	0.26	0.09	1.03	1.39	0.90

5.7.1.5 ［AVS-Me$_i$］项的计算方法

在已知水体底泥沉积物中重金属含量的比例（$i\%$）时，按各重金属的比例将［AVS］分成数份，作为其能与 AVS 结合的最大量，即

$$[AVS - Me_i] = [AVS] \cdot \frac{[Me_i]}{\sum\limits_{i=1}^{5}[Me_i]}$$

5.7.1.6 四种重金属（Cd，Cu，Pb，Zn）沉积物质量基准计算

依据前文所述的流域水体沉积物基准推导方法，在以平衡分配法建立沉积物中重金属的质量基准时，计算公式为

$$C_{SQCi} = K_P \times C_{WQCi} + [Me_i]_r + [AVS-Me_i]_{max}$$

式中，K_P 为重金属在沉积物–水相之间的平衡分配系数，［Me$_i$］$_r$ 为沉积物中第 i 种重金属的残渣态含量，［AVS-Me$_i$］$_{max}$ 为沉积物中 AVS 能结合第 i 种重金属的最大量。将所有参数代入公式，得到太湖和辽河流域重金属的沉积物质量基准如表 5-41 所示。

表 5-41　太湖和辽河流域整体沉积物重金属质量基准值　（单位：mg/kg）

水体	Cd	Cu	Pb	Zn
太湖	6.42	55.3	20.6	201.5
辽河	5.42	52.8	15.7	177.7

5.7.2　生物效应法

5.7.2.1　方法概述

生物效应法包括很多种方法，推荐使用化学物质浓度与底栖生物毒性效应剂量关系的生物效应数据库 BED（biology effect data）法计算沉积物质量基准。BED 为一种双值基准法，其双值基准包括阈值效应水平（threshold effect level，TELs）和可能效应水平（probably effect level，PELs）。其中，TEL 值是判定"有"或者"无"明显毒性危害效应的污染物浓度分界线。当污染物浓度低于 TEL 值时认为污染物对水体底栖生物没有显著危害。TEL 的计算公式如下：

$$TEL = \sqrt{ERL \times NERM}$$

式中，TEL 为阈值效应水平；ERL 为有效数据列的 15% 分位值；NERM 为无效数据列的 50% 分位值。

相似地，PEL 值则是判定毒性危害效应"可能"或者"经常"发生的污染物浓度分界线。污染物浓度超过 PEL 时认为污染物经常对生物造成不利影响。PEL 的计算公式如下：

$$PEL = \sqrt{ERM \times NERH}$$

式中，PEL 为可能效应水平；ERM 为有效数据列的 50% 分位值；NERH 为无效数据列的 85% 分位值。

5.7.2.2 四种重金属的沉积物质量基准

根据前文所述的方法原则，收集和实验检验补充我国地表淡水水体的底泥沉积物中重金属对底栖生物的毒性效应数据。由于我国目前相关的底栖生物毒性数据较少，当前难以建立完整有效的数据库，在搜集我国相关数据的同时，也对国外部分河流和湖泊的相同物种的沉积物毒性数据进行搜集。这些数据包括密西西比河、Duwanmish 河、Trinity 河、Tualatin 河、Shebotgan 河、Torch 湖、Keweenaw 水道等众多淡水水体沉积物对浮游类、端足类、溞类、双壳类和藻类等底栖生物的生物毒性试验数据，还包括应用各种评价模型如相平衡分配法、AVS/SEM 评价法、逻辑关系推算的回归方程法等得出的太湖、辽河、长江、黄河等流域水系的评价数据。在搜集筛选有效毒性数据时，应尽可能确保毒性实验的受试生物与我国淡水水体的沉积物中底栖生物物种相同；剔除国外沉积物特有底栖生物的毒理数据，以及严重不符合物种敏感性正态分布的特异数据，确保本土底栖生物毒性数据库的构建有广泛的代表性。按照浓度–效应关系和基于评价沉积物质量基准方法的基准值的生态毒理学意义，将有生物毒性效应的重金属浓度值录入"生物效应数据列"，将不会产生生物毒性效应的重金属浓度值录入"无生物效应数据列"，并将两个数据列中的数据按照从小到大的顺序排列。以铜为例，经过大量的毒性数据分析调研，共收集铜（Cu）的相关我国本土底栖生物的毒性效应数据 73 个，其中有毒性效应数据 51 个，无观测效应数据 22 个，毒性数据如表 5-42 和表 5-43 所示。其他 3 种重金属的效应数据见表 5-44 ~ 表 5-49。

表 5-42　Cu 的生物效应数据列

序号	效应类型	Cu 浓度/（μg/g）	参考文献
1	网纹溞，96 小时 LC_{50}	36.00	[1]
2	嫩江沉积物，基于相平衡分配法	50.00	[2]
3	辽河沉积物，SQC-EqPA	52.80	本书
4	长江沉积物，基于相平衡分配法	55.00	[2]
5	太湖沉积物，SQC-EqPA	55.30	本书
6	摇蚊幼虫，28 天敏感性 EC_{50}	59.20	[3]
7	闽江沉积物，基于相平衡分配法	60.00	[2]
8	大型溞，显著致死	68.00	[4]
9	黑龙江沉积物，基于相平衡分配法	70.00	[2]
10	钱塘江沉积物，基于相平衡分配法	80.00	[2]
11	大型溞，96 小时 LC_{20}	83.30	[2]
12	颤蚓，28 天繁殖 EC_{50}	98.00	[5]
13	洞庭湖沉积物，基于相平衡分配法	100.00	[6]

序号	效应类型	Cu 浓度/(μg/g)	参考文献
14	蠕虫，28 天生长 EC$_{50}$	105.00	[5]
15	大型溞，96 小时 LC$_{20}$	112.40	[2]
16	颤蚓，28 天繁殖 EC$_{50}$	113.00	[5]
17	颤蚓，28 天生长 EC$_{50}$	126.00	[5]
18	带丝蚓，28 天生物量 EC$_{50}$	126.00	[5]
19	网纹溞，48 小时 LC$_{50}$	129.00	[1]
20	蛤类，无生物	135.00	[4]
21	罗氏沼虾，显著致死	145.00	[7]
22	端足类，35 天生长 EC$_{50}$	148.00	[5]
23	摇蚊幼虫，28 天生长 EC$_{50}$	150.00	[5]
24	端足类，35 天存活 EC$_{50}$	151.00	[5]
25	端足类，95% 死亡率	156.00	[8]
26	大型溞，48 小时 LC$_{50}$	170.00	[1]
27	端足类，14 天生长 NOEC	193.00	[1]
28	端足类，28 天生长 EC$_{50}$	194.00	[5]
29	铜锈环棱螺，存活率96.89%，繁殖能力下降	195.00	[9]
30	带丝蚓，EC$_{50}$，28 天，存活率	211.00	[5]
31	端足类，10 天 LC$_{50}$	262.00	[1]
32	端足类，28 天存活 EC$_{50}$	316.00	[5]
33	摇蚊幼虫，28 天存活 EC$_{50}$	320.00	[5]
34	颤蚓，28 天存活 EC$_{50}$	327.00	[5]
35	铜锈环棱螺，10 天 LC$_{50}$	480.00	[9]
36	北江沉积物，基于相平衡分配法	500.00	[2]
37	大型溞，显著致死	540.00	[10]
38	铜锈环棱螺，存活率83.33%，几乎无受孕雌螺	570.00	[9]
39	大型溞，平均高致毒浓度	612.00	[11]
40	长江中下游，基于相平衡分配法	650.00	[12]
41	大型溞，48 小时 LC$_{50}$	681.00	[13]
42	大型溞，显著毒性	730.00	[11]
43	摇蚊幼虫，10 天 LC$_{50}$	857.00	[13]
44	大型溞，48 小时 LC$_{50}$	937.00	[13]
45	钩虾，10 天 LC$_{50}$	964.00	[13]
46	蝶嬴蜚，10 天 LC$_{50}$	999.00	[14]

序号	效应类型	Cu 浓度/(μg/g)	参考文献
47	摇蚊幼虫, 10 天 LC$_{50}$	1026.00	[1]
48	端足类, 10 天 LC$_{50}$	1087.00	[13]
49	大型溞和端足类, 显著致死	1374.00	[10]
50	大型溞和 H. limbata, 显著致死	1800.00	[10]
51	摇蚊幼虫, 10 天 LC$_{50}$	2296.00	[13]

表 5-43　Cu 的无生物效应数据列

序号	效应类型	Cu 浓度/(μg/g)	参考文献
1	端足类, 高成活率	6.38	[14]
2	Hexagenia sp., 4 天高成活率	8.00	[3]
3	摇蚊幼虫, 4 天高成活率	9.00	[3]
4	网纹溞, 14 天繁殖 NOEC	11.90	[1]
5	钩虾, 4 天高成活率	17.80	[3]
6	大型溞, 高成活率	18.00	[4]
7	网纹溞, 14 天存活 NOEC	18.10	[1]
8	大型溞, 高成活率	24.00	[11]
9	田螺, 成活率86%, 汉江河丹江口段	25.10	本书
10	Macoma balthica, 可生存	28.00	[15]
11	端足类, 高成活率	30.47	[14]
12	新月细柱藻, 没有毒性	38.77	[13]
13	端足类, 无毒性效应	43.00	[16]
14	大型溞, 高成活率	43.00	[11]
15	新月细柱藻, 没有毒性	43.81	[11]
16	霍甫水丝蚓, 无死亡	50.00	[11]
17	鲴鱼, 无毒性效应	50.33	[17]
18	大型溞, 90 天仍未产生毒性效应, 长江沉积物	83.30	[2]
19	端足类, 14 天生长 NOEC	193.00	[1]
20	摇蚊幼虫, 10 天生长, NOEC	216.00	[1]
21	端足类, 无死亡	217.00	[13]
22	摇蚊幼虫, 无死亡	400.00	[13]

表 5-44　Cd 的生物效应数据列

序号	效应类型	Cd 浓度/(μg/g)	参考文献
1	Mercenaria mercenaria, 10 天 LC$_{50}$	2.50	[18]
2	大型溞, 96 小时 LC$_{20}$	2.55	[2]

序号	效应类型	Cd 浓度/(μg/g)	参考文献
3	罗氏沼虾，显著致死	2.80	[7]
4	北江沉积物，基于相平衡分配法	3.50	本书
5	*A. verrilli*，10 天 LC_{50}	4.80	[18]
6	大型溞，明显毒性	4.90	[10]
7	辽河，SQC-EqPA	5.42	本书
8	太湖，SQC-EqPA	6.42	本书
9	大型溞，高死亡率	10.60	[4]
10	端足类，10 天 LC_{50}	12.00	[18]
11	鲥鱼，60 天肝肾 LDH 同工酶活性受抑制	14.40	[2]
12	颤蚓，出现死亡	16.00	[19]
13	端足类，10 天 LC_{50}	18.20	[18]
14	基于水相浓度和 pH 回归方程 LC_{25Sed}	25.00	[20]
15	基于水相浓度和 pH 回归方程 LC_{25Sed}	28.00	[20]
16	摇蚊幼虫，21 天 LC_{50}	29.23	[8]
17	基于水相浓度和 pH 回归方程 LC_{25Sed}	38.00	[20]
18	轮虫，24 小时 LC_{50}	41.50	[18]
19	*Amphiascus tenuiremis*，10 天 LC_{50}	45.00	[18]
20	水丝蚓，10 天出现断尾现象	50.00	本书
21	基于水相浓度和 pH 回归方程 LC_{25Sed}	56.00	[20]
22	基于水相浓度和 pH 回归方程 LC_{25Sed}	71.00	[20]
23	基于水相浓度和 pH 回归方程 LC_{25Sed}	80.00	[20]
24	基于水相浓度和 pH 回归方程 LC_{25Sed}	107.00	[20]
25	大型溞，96 小时 LC_{20}	110.90	[21]
26	基于水相浓度和 pH 回归方程 LC_{25Sed}	171.00	[20]
27	基于水相浓度和 pH 回归方程 LC_{25Sed}	181.00	[20]

表 5-45　Cd 的无生物效应数据列

序号	效应类型	Cd 浓度/(μg/g)	参考文献
1	*Macoma balthica*，完好生存	0.04	[15]
2	端足类，10 天高成活率	0.24	[14]
3	端足类，高成活率	0.50	[16]
4	大型溞，高成活率	0.50	[11]
5	大型溞，没有毒性	0.60	[11]
6	新月细柱藻，72 小时无毒性效应	0.66	[22]

序号	效应类型	Cd 浓度/（μg/g）	参考文献
7	新月细柱藻，72 小时无毒性效应	0.72	[22]
8	鳙鱼，70 天肝、肾细胞正常	2.57	[17]
9	铜锈环棱螺，28 天，螺壳增长率 4.05%±0.33%	2.61	[23]
10	铜锈环棱螺，28 天，肝胰脏和肾脏 MT 水平无明显影响	2.61	[23]
11	大型溞，高成活率	3.10	[10]
12	大型溞，高成活率	4.80	[5]
13	大型溞，无污染	6.00	[24]
14	铜锈环棱螺，28 天，肝胰脏和肾脏 MT 水平无明显影响	6.21	[23]
15	水丝蚓，4 天无死亡	10.00	本书
16	鳙鱼，30 天肝、肾细胞正常	14.40	[2]
17	铜锈环棱螺，28 天，肝胰脏 GSH 水平无显著影响	25.80	[23]
18	小球藻，96 小时无明显影响	1486.80	[2]
19	小球藻，48 小时无明显影响	3693.40	[2]

表 5-46　Pb 的生物效应数据列

序号	效应类型	Pb 浓度/（μg/g）	参考文献
1	辽河，SQC-EqPA	15.70	本书
2	太湖，SQC-EqPA	20.60	本书
3	大型溞，显著致死	54.00	[2]
4	洞庭湖	56.00	[2]
5	嫩江沉积物，基于相平衡分配法	80.00	[2]
6	*Macoma balthica*，无生物	82.00	[15]
7	钱塘江沉积物，基于相平衡分配法	100.00	[2]
8	大型溞和 *Hexagenia limbata*，显著致死	110.00	[10]
9	黑龙江沉积物，基于相平衡分配法	120.00	[2]
10	闽江沉积物，基于相平衡分配法	140.00	[2]
11	大型溞，显著致死	160.00	[10]
12	北江沉积物，基于相平衡分配法	180.00	[2]
13	水丝蚓，10 天出现断尾现象	200.00	本书
14	草鱼，对孵化率和仔鱼均有影响	230.00	[2]
15	长江中下游	250.00	[25]
16	罗氏沼虾，显著致死	253.00	[7]
17	端足类，95% 死亡率	300.00	[8]
18	大型溞，96 小时 LC_{20}	498.20	[2]
19	端足类，10 天 LC_{50}	3295.00	[26]

序号	效应类型	Pb 浓度/（µg/g）	参考文献
20	端足类，10 天 LC_{50}	3411.00	[26]
21	端足类，10 天 LC_{50}	3810.00	[26]
22	端足类，10 天 LOEC	3820.00	[26]
23	端足类，10 天 LOEC	3820.00	[26]
24	端足类，10 天 LOEC	3820.00	[26]
25	端足类，10 天 LC_{50}	3825.00	[26]
26	端足类，10 天 LC_{50}	3969.00	[26]
27	端足类，10 天 LOEC	5260.00	[26]
28	端足类，10 天 LOEC	5260.00	[26]

表 5-47　Pb 的无生物效应数据列

序号	效应类型	Pb 浓度/（µg/g）	参考文献
1	大型溞，高成活率	10.00	[11]
2	端足类，10 天高成活率	10.64	[14]
3	大型溞，没有毒性	11.00	[11]
4	*Macoma balthica*，可生存	14.00	[15]
5	端足类，10 天高成活率	15.15	[14]
6	端足类，高成活率	27.10	[16]
7	新月细柱藻，72 小时无毒性效应	34.82	[22]
8	大型溞，高成活率	35.00	[4]
9	新月细柱藻，72 小时无毒性效应	39.79	[22]
10	大型溞，无污染	40.00	[24]
11	七里海沉积物水丝蚓，4 天无死亡	50.00	本书
12	大型溞，高成活率	79.00	[17]
13	草鱼，孵化率92.8%，仔鱼成活率87.2%	80.00	[17]
14	白鲢，孵化率95.4%，仔鱼成活率86.3%	80.00	[17]
15	铜锈环棱螺，42 天，对繁殖未见显著影响	136.00	[23]
16	鲤鱼，40 天 NOEC	181.19	[2]
17	鲫鱼，50 天 NOEC	198.67	[2]
18	鲫鱼，80 天，未产生毒性作用	206.90	[2]
19	大型溞，96 小时 LC_{20}	498.20	[2]

表 5-48　Zn 的生物效应数据列

序号	效应类型	Zn 浓度/（µg/g）	参考文献
1	摇蚊幼虫，96 小时 EC_{50}	8.10	[27]

序号	效应类型	Zn 浓度/(μg/g)	参考文献
2	摇蚊幼虫，96 小时 LC$_{50}$	11.20	[27]
3	*D. simillis*，24 小时 EC$_{50}$	20.00	[28]
4	洞庭湖，基于相平衡分配法	56.00	[29]
5	滦河沉积物，基于相平衡分配法	60.00	[2]
6	黄河沉积物，基于相平衡分配法	60.00	[2]
7	黄河流域，基于相平衡分配法	65.00	[30]
8	黑龙江沉积物，基于相平衡分配法	65.00	[2]
9	淮河沉积物，基于相平衡分配法	75.00	[2]
10	嫩江沉积物，基于相平衡分配法	80.00	[2]
11	汉水沉积物，基于相平衡分配法	90.00	[2]
12	长江沉积物，基于相平衡分配法	110.00	[2]
13	钱塘江沉积物，基于相平衡分配法	120.00	[2]
14	大型溞，显著致死	121.00	[4]
15	端足类，高致毒性（66.3%±4.25%致死率）	127.00	[31]
16	大型溞，平均高致毒浓度	154.00	[11]
17	*Macoma balthica*，无生物	162.00	[15]
18	大型溞，显著毒性	168.00	[11]
19	Pallanza，TOXIC	175.00	[32]
20	辽河，SQC-EqPA	177.70	本书
21	大型溞，重度污染	200.00	[24]
22	太湖，SQC-EqPA	201.50	本书
23	大型溞，96 小时 LC$_{20}$	211.40	[2]
24	闽江沉积物，基于相平衡分配法	230.00	[2]
25	大型溞和端足类，显著致死	267.00	[10]
26	罗氏沼虾，显著致死	290.00	[16]
27	长江中下游，基于相平衡分配法	300.00	[25]
28	大型蚤和 *Hexagenia limbata*，显著致死	310.00	[10]
29	端足类，95% 死亡率	320.00	[8]
30	大型溞，显著致死	570.00	[10]
31	小球藻，96 小时 EC$_{20}$	585.60	[33]
32	北江沉积物，基于相平衡分配法	600.00	[2]
33	水丝蚓，10 天死亡率近 50%	1000.00	本书
34	藻细胞，96 小时 LC$_{50}$	2078.00	[33]
35	大型溞，重度污染	2330.00	[26]
36	大型溞，96 小时 LC$_{20}$	2416.80	[33]

表 5-49 Zn 的无生物效应数据列

序号	效应类型	Zn 浓度/（μg/g）	参考文献
1	大型溞，高成活率	58.00	[4]
2	大型溞，高成活率	62.00	[11]
3	*Macoma balthica*，可生存	65.00	[15]
4	大型溞，没有毒性	69.00	[11]
5	端足类，高成活率	72.00	[15]
6	端足类，10 天高成活率	73.20	[14]
7	大型溞，无污染	90.00	[24]
8	新月细柱藻，72 小时无毒性效应	93.42	[22]
9	新月细柱藻，72 小时无毒性效应	93.65	[22]
10	端足类，高成活率	100.00	[14]
11	水丝蚓，4 天无死亡	500.00	本书
12	基于 SEM/AVS 评价，无毒性效应	913.00	[32]
13	小球藻，96 小时无明显影响	969.40	[2]
14	小球藻，48 小时无明显影响	991.40	[2]
15	大型溞，48 小时没有产生显著的毒性效应	2118.90	[2]

镉（Cd）的生物毒性效应数据 46 个，其中有毒性效应数据 27 个，无可见效应数据 19 个；铅（Pb）的生物毒性效应数据 47 个，其中有毒性效应数据 28 个，无可见效应数据 19 个；锌（Zn）的生物毒性效应数据 51 个，其中有毒性效应数据 36 个，无可见效应数据 15 个。对毒性数据进行整理和排序后，运用基准推导公式推算沉积物中 4 种重金属的基准值，具体数据如表 5-50 所示。

表 5-50 Cu、Cd、Zn、Pb 初步沉积物基准值的推算 （单位：mg/kg）

物质	无生物效应数据列			生物效应数据列			基准值	
	NERM	NERH	数据量	ERL	ERM	数据量	TEL	PEL
Cu	30.5	193	22	68	170	51	45.5	181.1
Cd	2.6	14.4	19	3.5	25.0	27	3.0	19.0
Pb	40.0	181.2	19	56.0	230.0	28	47.3	204.1
Zn	93.4	969.4	15	60.0	168.0	36	74.9	403.6

5.7.2.3 对淡水沉积物重金属 TEL 和 PEL 值的检验

（1）可比性分析

分别收集了 USEPA、加拿大、英国等政府部门的沉积物中重金属质量基准值，表 5-51 和表 5-52 列出了 TEL 与多种沉积物质量基准低值，以及 PEL 与沉积物质量基准高值的比较。

表 5-51　各种淡水水体沉积物质量基准与 TEL　　　（单位：mg/kg）

沉积物质量基准	Cu	Zn	Cd	Pb
ERL（本书）	68.0	60.0	3.5	56.0
TEL（本书）	45.5	74.9	3.0	47.3
NEC	55	540	8	69
ERL	41	110	0.7	51
TEL	36	120	0.6	35
CB-TEC	32	120	0.99	36
LEL	16	120	0.6	31
SedQCscs	12	200	2.2	57
Flanders RV-X	20	168	1	0.1
Slightly Elevated Stream Sediment[8]	38	80	0.5	28
Elevated Stream Sediment[8]	60	100	1	38

注：ERL（effect range low）为低效应范围（EPA）；TEL（threshold effect level）为阈值效应浓度（CCME）；NEC（no effect concentration）为无效应浓度（EPA）；CB-TEC（consensus-based threshold effect concentration）为基于一致法的临界效应浓度（EPA）；LEL（low effect level）为5% 低效应浓度（OMEE, Ontario Ministry of Environment and Energy）；SedQCscs（sediment quality guideline of sensitive contaminated sites, criteria for managing contaminated sediment in British Columbia）为敏感污染区域的沉积物质量基准，治理不列颠哥伦比亚地区水体污染沉积物的基准；Flanders RV-X（reference values and class limits for rivers in Flanders）为参考值和佛兰德斯河的等级限制，<X class 1, <Y class 2, <Z class 3, >Z class4；slightly elevated stream sediment 为轻微效应沉积物划分阈值，elevated stream sediment 为高效应沉积物划分阈值，均为伊利诺伊流域水体沉积物的分类等级限制（classifi cation of Illinois stream sediments）。

表 5-52　多种淡水水体沉积物质量基准与 PEL　　　（单位：mg/kg）

沉积物质量基准	Cu	Zn	Cd	Pb
ERM（本书）	170.0	168.0	25.0	230.0
PEL（本书）	181.1	403.6	19.0	204.1
ERM	120	420	3.9	99
PEL	200	320	3.5	91
CB-PEC	150	460	4.5	130
SEL	110	820	10	250
SedQCtcs	110	380	4.2	110
Flanders RV-Y	50	422	2	0.3
Flanders RV-Z	126	1057	6	0.8
Highly Elevated Stream Sediment	100	170	2	60
Extreme Elevated Stream Sediment	200	300	20	100

注：ERM（effect range median）为中等效应范围（EPA）；PEL（probable effect level）为可能效应浓度（CCME）；CB-PEC（consensus-based probable effect concentration）为基于一致法的可能效应浓度（EPA）；SEL（severe effect level）为95% 严重效应浓度（OMEE, Ontario Ministry of Environment and Energy）；SedQCtcs（sediment quality guideline of typical contaminated sites, criteria for managing contaminated sediment in British Columbia）为典型被污染区域的沉积物质量基准，治理不列颠哥伦比亚受污沉积物的基准；Flanders RV-Y（reference values and class limits for rivers in Flanders）为参考值和佛兰德斯河的等级限制，<X class 1, <Y class 2, <Z class 3, >Z class 4；Highly Elevated Stream Sediment 为很高效应沉积物划分阈值，Extreme Elevated Stream Sediment 为极高效应沉积物划分阈值，均为伊利诺伊水系沉积物的分类等级限（Classification of Illinois Stream Sediments）。

表 5-51 将本书得出的 TEL 值与 EPA、CCME、OMEE 等机构推算出的基准值（无生物效应浓度、低生物效应浓度、效应水平阈值等）进行了比较，Cu、Pb 的值比较接近，Zn 的 TEL 值略低于其他国家的基准值而 Cd 的则略高。这种差异可能来自选用的数据库筛选条件的差异性及数据库的范围。本书采用的本土底栖生物毒性数据的试验物种都是我国流域淡水中普遍存在的底栖生物，剔除了我国没有的生物物种或者是其他国家特有的水生物物种数据。

对于 PEL 来说，不同国家推导出来的基准值差异比较大，本书得到的 PEL 值基本上都在变化范围之内，其中 Cd 和 Pb 的 PEL 值接近大多发达国家基准值的高值。除上文提到的生物数据库数据选取条件不同外，另一个原因可能是我国关于生物毒性的数据较少，尤其是慢性毒性试验数据更加缺乏，大部分数据还是基于相平衡分配理论的推导。综上可以看出：①本书通过生物效应法得到的淡水水体沉积物重金属质量基准值大体与国外一些发达国家现行的沉积物质量基准值一致，没有出现过大或者过小的偏离情况，说明本书推导的重金属沉积物质量基准值有一定的国际可比性；②不同国家或地区发布的沉积物中重金属质量基准值之间有一定的差别，说明在沉积物质量基准值的确定过程中，要考虑具体流域水体的水生态特征差异性因素；③由于现阶段收集的数据大多为急性毒性数据，慢性毒性数据值较少，可能导致有些重金属的沉积物质量基准值（如 Cd）略偏高，今后要加强我国水体本土底栖生物慢性毒性试验数据的采集。

（2）TEL 和 PEL 值的可靠性评价

根据前述介绍的方法原则，对 TEL 和 PEL 进行可靠性分析，表 5-53 列出了四种重金属在 TEL 和 PEL 限定区间内生物毒性效应发生的概率及可靠性评价。可以看出，目前用生物效应法得到的淡水水体沉积物质量基准值中，Cu、Pb、Cd 的可信度较高，说明其 TEL、PEL 值与其定义的生物效应基本一致。Zn 的可信度较差，原因可能是 Zn 的毒性数据在一些国家和地区差异较大且数据量较少，其中无可见生物效应数据普遍较大，致使所得到的基准值可评价性较差，应进一步研究并扩充该类重金属的底栖生物毒性数据库，完善沉积物质量基准值的推导。

表 5-53 TEL 和 PEL 限定区间内生物毒性效应发生概率及可靠性评价

物质	% ≤TEL	TEL<% <PEL	% ≥PEL	TS	PS	CS	TRS	可信度
Cu	6.3	89.3	89.3	2	2	1	5	中等
Zn	57.1	84.0	58.3	0	1	0	1	较差
Cd	23.1	62.5	82.4	1	2	1	4	中等
Pb	16.7	66.7	88.2	1	2	1	4	中等

应对四种重金属的 TEL 和 PEL 值进行可预测性评价，通过搜集独立于数据库中的数据或者生物验证试验，分析判断 TEL 和 PEL 的可预测性。由于所需数据量大，难以搜集到数量充足且生物验证试验条件与数据库要求一致的数据，另外生物验证试验需要选择多种生物，实验过程较为复杂，目前难以进行这项验证，但是可比性及可靠性分析结果显示，所得 TEL 和 PEL 基准值与其他基准值相当，和其定义的生物效应基本

一致。

除 Zn 外，其他 3 种重金属的 TEL 和 PEL 值与其定义的生物效应基本一致，符合针对保护底栖生物制定的沉积物质量基准的要求。同时，在本书中收集的无效应数据相对较少，个别基准值存在较弱的可靠性，因此需要加强这一方面的研究以扩充数据库，提高沉积物质量基准的可靠性。

参 考 文 献

[1] Suedel B C, Deaver E, Rodgers J H. Experimental factors that may affect toxicity of aqueous and sediment-bound copper to freshwater organisms [J]. Archives of Environmental Contamination and Toxicology, 1996. 30 (1): 40-46.

[2] 洪松. 水体沉积物重金属基准研究 [D]. 北京：北京大学，2001：56-66.

[3] Marking L L, Dawson V K, Allen J L, et al. Biological activity and chemical characteristics of dredge material from 10 sites on the upper Mississippi River [R]. La Crosse：United States Fish and Wildlife Service，1981.

[4] Qasim S R, Armstrong A T, Corn J, et al. Quality of water and bottom sediments in the Trinity River [J]. Water Resources Bulletin, 1980. 16 (3): 522-531.

[5] Roman Y E, DeSchamphelaere K A C, Nguyen L T H, et al. Chronic toxicity of copper to five benthic invertebrates in laboratory-formulated sediment：Sensitivity comparison and preliminary risk assessment [J]. Science of the Total Environment, 2007. 387 (1-3): 128-140.

[6] 霍文毅，陈静生. 我国部分河流重金属水-固分配系数及在河流质量基准研究中的应用 [J]. 环境科学，1997. 18 (4): 10-13.

[7] Tatem H E. Bioaccumulation of polychlorinated biphenyls and metals from contaminated sediment by freshwater prawns, *Macrobrachium rosenbergii* and clams, *Corbicula fluminea* [J]. Archives of Environmental Contamination and Toxicology, 1986. 15 (2): 171-183.

[8] Yake B, Norton D, Stinson M. Application of the triad approach to freshwater sediment assessment：An initial investigation of sediment quality near Gas Works Park, Lake Union. Segment No. 04-08-01-04-08-03 [R]. Olympia：Water Quality Investigations Section Washington Department of Ecology, 1986.

[9] Ma T W, Gong S J, Zhou K, et al. Laboratory culture of the freshwater benthic gastropod*Bellamya aeruginosa* (Reeve) and its utility as a test species for sediment toxicity [J]. Environmental Sciences, 2010. 22 (2): 304-313.

[10] Malueg K W, Schuytema G S, Gakastatter J H, et al. Toxicity of sediment from three metal-contaminated areas [J]. Environmental Toxicology and Chemistry, 1984. 3 (2): 279-291.

[11] Malueg K W, Schuytema G S, Krawczyk D F. Laboratory sediment toxicity tests, sediment chemistry and distribution of benthic macroinvertebrates in sediments from the Keweenaw Waterway, Michigan [J]. Environmental Toxicology and Chemistry, 1984. 3 (2): 233-242.

[12] 张丽洁. 近海沉积物重金属研究及环境意义 [J]. 海洋地质动态，2003, 19 (3): 6-9.

[13] Cairns M A, Nebeker A V, Gakstatte J H, et al. Toxicity of copper-spiked sediments to freshwater invertebrates [J]. Environmental Toxicology and Chemistry, 1984. 3 (3): 435-445.

[14] Hyne R V, Everett D A. Application of a benthic euryhaline amphipod, *Corophium* sp., as a sediment toxicity testing organism for both freshwater and estuarine systems [J]. Archives of Environmental Contamination and Toxicology, 1998. 34 (1): 26-33.

［15］ McGreer E R. Factors affecting the distribution of the bivalve, *Macoma balthicea* (L.) on a mudflat receiving sewage effluent, Fraser River Estuary, British Columbia ［J］. Marine Environmental Research, 1982. 7 (2): 131-149.

［16］ Lee G F, Mariani G M. Evaluation of the significance of waterway sediment-associated contaminants on water quality at the dredged material disposal site ［J］. Aquatic Toxicology and Hazard Evaluation, ASTM STP, 1977. 634: 196-213.

［17］ 郭永灿, 周青山, 谢锦云, 等. 底泥中重金属对水生生物的影响 I. 铅的不同形态对鱼类的毒性 ［J］. 水生生物学报, 1991. 15 (3): 234-242.

［18］ US Environmental Protection Agency. Comparative toxicity testing of selected benthic andepibenthic organisms for the development of sediment quality test protocols (EPA/600/R-99/011) ［R］. Washington DC: Office of Research and Development, 1999.

［19］ Chapman KK, Benton M J, Brinkhurst R O, et al. Use of the aquatic oligochaetes *Lumbriculus variegatus* and *Tubifex tubifex* for assessing the toxicity of copper and cadmium in a spiked-artificial-sediment toxicity test ［J］. Environmental Toxicology, 1999. 14 (2): 271-278.

［20］ Nowierski M, Dixon D G, Borman U. Effects of water chemistry on the bioavailability of metals in sediment to *Hyalella azteca*: Implications for sediment quality guidelines ［J］. Archives Environmental Contamination and Toxicology, 2005. 49 (3): 322-332.

［21］ Sae-Ma B, Meier P G, Landrum P F. Effect of extended storage time on the toxicity of sediment-associated cadmium on midge larvae (*Chironomus tentans*) ［J］. Ecotoxicology, 1998. 7 (3): 133-139.

［22］ Araújo C V M, Diz F R, Tornero V, et al. Ranking sediment samples from three Spanish estuaries in relation to its toxicity for two benthic specie: The microalga *Cylindrotheca closterium* and the copepod *Tisbe battagliai* ［J］. Environmental Toxicology and Chemistry, 2010. 29 (2): 393-400.

［23］ 马陶武, 周科, 朱程, 等. 铜锈环棱螺对镉污染沉积物慢性胁迫的生物标志物响应 ［J］. 环境科学学报, 2009. 29 (8): 1750-1756.

［24］ USEPA. Development of bioassay procedures for defining pollution of harbor sediments (EPA-600/S3-81-025) ［R］. Duluth MN: Environmental Research Laboratory, 1981.

［25］ 王飞越. 中国东部河流颗粒物–重金属环境地球化学 ［D］. 北京: 北京大学, 1994.

［26］ Stanley J K, Kennedy A J, Farrar J D, et al. Evaluation of reduced sediment volume procedures for acute toxicity tests using the estuarine amphipod *Leptocheirus Plumulosus* ［J］. Environmental Toxicology and Chemistry, 2010. 29 (12): 2769-2776.

［27］ Bat L, Akbulut M. Studies on sediment toxicity bioassays using *Chironomus thummi* K., 1911 larvae ［J］. Turkish Journal of Zoology, 2001. 25 (2): 87-93.

［28］ Zagatto P A, Gherardi-Goldstein E, Bertoletti E, et al. Bioassays with aquatic organisms: Toxicity of water and sediment from Cubatao River Basin ［J］. Water Science and Technology, 1987. 19 (11): 95-106.

［29］ 范文宏, 陈静生. 沉积物中重金属生物毒性评价的研究进展 ［J］. 环境科学与技术, 2002. 25 (1): 36-39.

［30］ 洪松, 陈静生. 黄河水系悬浮物和沉积物重金属质量基准研究 ［J］. 武汉理工大学学报, 2006. 28 (12): 61-65.

［31］ Ingersoll C G, Nelson M K. Testing sediment toxicity with *Hyalella azteca* (amphipoda) and *Chironomus riparius* (diptera) ［J］. ASTM Special Technical Publication, 1990 (1096): 93-109.

[32] BurtonJr G A, Neguyen L T H, Janssen C, et al. Field validation of sediment zinc toxicity [J]. Environmental Toxicology and Chemistry, 2005. 24 (3): 541-553.

[33] 郭明新, 林玉环. 利用微生态系统研究底泥重金属的生物有效性 [J]. 环境科学学报, 1998. 18 (3): 325-330.

5.8 营养物基准–云贵湖区

5.8.1 云贵湖区营养物基准参照状态

以云贵湖区湖泊为研究对象,采用参照湖泊法、湖泊群体分布法（总体、分湖泊类型和分水期）、三分法、压力–响应模型法建立云贵湖区 TP、TN、叶绿素 a 和透明度（SD）的参照状态,确定各方法在该湖区选择营养物参照状态的适用性,数据来源于 1988～2010 年的常规监测数据和项目研究的调查数据。

5.8.1.1 参照湖泊法建立云贵湖区营养物参照状态

按照参照湖泊的综合评估方法,通过查阅文献资料,利用地理信息系统（GIS）、遥感图像和地图等工具,在满足无污水和污染物排放系统、没有已知的泄漏或其他污染事件、人口密度低、农业活动少、道路和公路密度低,以及面源污染问题极小的区域内,共筛选出 13 个湖泊为参照湖泊,其中 9 个参照湖泊有历史监测数据,满足营养物基准制定要求。经统计检验,参照湖泊和非参照湖泊在水生态和物理化学参数方面总体上无明显差别（$P>0.05$）,说明参照湖泊代表性良好。统计分析结果见表 5-54。

表 5-54 云贵湖区参照湖泊法统计分析表

指标	百分位数/%										
	5	15	25	30	40	50	60	70	75	85	95
TP/(mg/L)	0.001	0.001	0.005	0.005	0.006	0.007	0.009	0.010	0.010	0.010	0.010
TN/(mg/L)	0.10	0.10	0.10	0.10	0.147	0.160	0.166	0.173	0.175	0.184	0.20
叶绿素 a/(mg/m)	0.001	0.0014	0.75	0.93	1.00	1.34	1.60	2.00	2.20	2.73	3.51
SD/m	3.00	4.50	5.50	6.00	7.00	7.50	8.28	9.81	10.7	12.3	14.0

选择频数分布上 25% 点位对应的值为参照状态,得到 TP 浓度为 0.010mg/L, TN 浓度为 0.175mg/L, 叶绿素 a 浓度为 2.20mg/m, SD 为 5.5m（下 25% 点位）。

5.8.1.2 群体分布法建立云贵湖区营养物参照状态

(1) 群体分布法（总体）
云贵湖区数据库中全体湖泊和水库的统计分析结果见表 5-55。

表 5-55　云贵湖区湖泊群体分布法统计分析表

指标	百分位数/%										
	5	15	25	30	40	50	60	70	75	85	95
TP/(mg/L)	0.005	0.010	0.010	0.014	0.019	0.020	0.025	0.030	0.033	0.045	0.060
TN/(mg/L)	0.10	0.182	0.37	0.42	0.52	0.64	0.89	1.55	1.83	2.22	3.06
叶绿素 a/(mg/m)	0.545	1.00	2.00	2.67	4.65	7.01	11.0	16.0	18.7	25.9	39.2
SD/m	0.30	0.40	0.50	0.54	0.70	1.00	1.40	1.90	2.20	4.00	8.43

　　基于流域总体的开发和污染状况，选择频数分布下25%点位对应的值为参照状态，TP浓度0.010mg/L，TN浓度0.37mg/L，叶绿素a浓度2.00mg/m，SD为2.2m（上25%点位）。

（2）群体分布法（分湖泊类型）

　　将云贵湖区分为深水湖、浅水湖及人工水库三种类型，数据的统计分析结果见表5-56。数据分析表明，各类型湖泊TP、TN、叶绿素a浓度及SD差异较大。因此，采用群体分布法确定不同类型湖泊的参照状态。

表 5-56　云贵湖区湖泊分类统计分析结果

指标	类型	平均值	标准差	最小值	最大值	中间值	5%	25%	75%
TP	深水湖	0.023	0.012	0.005	0.076	0.023	0.005	0.012	0.026
	浅水湖	0.093	0.122	0.018	0.487	0.057	0.018	0.026	0.088
	人工水库	0.031	0.013	0.012	0.067	0.028	0.012	0.024	0.036
TN	深水湖	0.59	0.58	0.04	2.45	0.38	0.04	0.23	0.75
	浅水湖	2.17	1.96	0.28	6.02	1.63	0.28	0.50	3.63
	人工水库	0.87	0.74	0.18	3.49	0.62	0.31	0.47	1.04
Chl a	深水湖	9.4	17.9	1.2	70.4	4.3	1.15	2.2	7.2
	浅水湖	33.4	26.2	2.8	96.1	26.4	2.8	18.8	41.0
	人工水库	4.1	4.5	0.59	11.9	2.1	0.37	1.3	7.5
SD	深水湖	3.06	2.48	0.92	9.62	2.35	9.62	5.50	1.47
	浅水湖	0.73	0.39	0.11	1.43	0.66	1.43	1.09	0.50
	人工水库	1.48	0.59	0.76	3.08	1.35	3.08	1.77	1.04

　　结果表明，深水湖在总体上受人类活动影响较小，水质较佳，取其下25%点位作为参照状态，即TP=0.012mg/L、TN=0.23mg/L、叶绿素a=2.2mg/m³、SD=5.5m。

　　浅水湖所处流域人类开发程度大，水质受人类活动影响很大，水体污染严重，下25%点位对应的营养物浓度作为受影响很小的状态已不合适。因此，为保证最大限度地保护云贵湖区浅水湖的自然营养状态，将5%点位作为参照状态的安全边界较为合适，即TP=0.018mg/L、TN=0.28mg/L、叶绿素a=2.8mg/m³、SD=1.43m。

总体上，水库受污染程度处于深水湖和浅水湖之间，可选择 5%～25% 点位作为水库的参照状态，即 TP = 0.012～0.024mg/L、TN = 0.31～0.47mg/L、叶绿素 a = 0.37～1.3mg/m³、SD = 1.77～3.08m。综上，深水湖 TP 的参照浓度与未分类所得结果一致（均为 0.010mg/L），浅水湖和水库对应的 TP 参照浓度相对较高（约为 0.018mg/L）；深水湖 TN 的参照浓度最低，水库最高，但大都在未分类所得结果的范围内；水库的叶绿素 a 参照浓度最低，深水湖的叶绿素 a 参照浓度略低于浅水湖，与未分类所得的参照值非常接近；深水湖透明度大于浅水湖，水库处于二者之间。

（3）群体分布法（分水期）

基于云贵湖区湖泊水质监测的特点（分水期监测），采用分水期的方式建立参照状态。根据湖泊的历史资料，6 月、7 月、8 月前后为丰水期，10 月、11 月、12 月左右为平水期，2 月、3 月、4 月左右为枯水期。丰、平、枯三个水期的统计分析结果见表 5-57。

表 5-57　云贵湖区群体分布法（分水期）统计分析

水期	指标	百分位数/%										
		5	15	25	30	40	50	60	70	75	85	95
丰水期	TP/(mg/L)	0.004	0.010	0.013	0.017	0.020	0.023	0.028	0.032	0.037	0.048	0.065
	TN/(mg/L)	0.108	0.181	0.37	0.43	0.56	0.70	0.88	1.42	1.74	2.145	2.90
丰水期	叶绿素 a/(mg/m³)	0.47	1.00	2.00	2.75	6.00	10.3	14.8	20.7	23.8	32.6	48.0
	SD/m	0.26	0.39	0.47	0.50	0.60	0.89	1.20	1.60	1.80	3.56	8.00
平水期	TP/(mg/L)	0.005	0.010	0.010	0.013	0.018	0.020	0.026	0.031	0.036	0.047	0.064
	TN/(mg/L)	0.100	0.185	0.39	0.46	0.52	0.63	0.92	1.59	1.84	2.27	3.09
	叶绿素 a/(mg/m³)	0.67	1.21	2.00	2.64	5.40	10.0	16.0	22.5	28.7	48.2	66.3
	SD/m	0.30	0.40	0.50	0.53	0.68	0.90	1.40	1.90	2.20	4.00	9.00
枯水期	TP/(mg/L)	0.004	0.009	0.010	0.013	0.017	0.020	0.021	0.026	0.030	0.036	0.050
	TN/(mg/L)	0.10	0.18	0.34	0.40	0.49	0.60	0.87	1.60	1.91	2.25	3.10
	叶绿素 a/(mg/m³)	0.163	1.05	2.00	2.77	4.00	5.10	6.69	8.10	9.70	13.0	19.0
	SD/m	0.30	0.44	0.54	0.60	0.80	1.20	1.70	2.10	2.50	4.10	8.00

可选择各水期下 25% 点位对应的值为湖泊不同水期的参照状态，TP 浓度依次为 0.013mg/L、0.010mg/L、0.010mg/L，TN 浓度依次为 0.37mg/L、0.39mg/L、0.34mg/L，叶绿素 a 浓度依次为 2.00mg/m³、2.00mg/m³、2.00mg/m³，SD 上 25% 点位对应的值分别为 1.80、2.20、2。结果表明不同水期得到不同变量的参照值大小接近，不存在显著的差异性。因此，取 25% 点位对应各水期各指标的中位数作为云贵湖区湖泊的参照状态，分别为 TP = 0.010mg/L、TN = 0.37mg/L、叶绿素 a = 2.00mg/m³、SD = 2.2m。

5.8.1.3　三分法建立云贵湖区营养物参照状态

对 TP、TN、叶绿素 a 三项指标的所有监测数据分别进行排序，其中最好的三分之一数据的统计分析结果见表 5-58。

表 5-58 三分法云贵湖区统计分析表

指标	百分位数/%										
	10	20	30	40	45	50	55	60	70	80	90
TP/（mg/L）	0.003	0.007	0.009	0.010	0.010	0.010	0.011	0.013	0.015	0.017	0.019
TN/（mg/L）	0.100	0.143	0.166	0.18	0.19	0.21	0.26	0.3	0.37	0.40	0.45
叶绿素 a/（mg/m³）	0.154	0.93	1.00	1.11	1.36	1.59	2.00	2.00	2.40	3.00	4.00
SD/m	1.90	2.00	2.40	2.80	3.20	3.50	4.00	4.20	5.50	7.00	10.5

选择频数分布的 50% 点位对应的值为参照状态，TP 浓度为 0.010mg/L，TN 浓度为 0.21mg/L，叶绿素 a 浓度为 1.59mg/m³，SD 为 3.5m。

5.8.1.4 压力-响应模型法建立云贵湖区营养物参照状态

（1）单一线性关系模型

通常来说，多个测量值的平均化可以降低压力变量和响应变量的变异性，进而改变预计的压力-响应关系。因此利用云贵湖区常规收集的叶绿素 a、TP 和 TN 指标的数据的平均值建立单一线性回归模型，如图 5-13 所示。

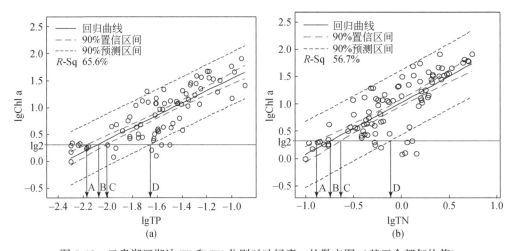

图 5-13 云贵湖区湖泊 TP 和 TN 分别对叶绿素 a 的散点图（基于全部年均值）

由图 5-13 中可以看出，年均叶绿素 a 浓度与 TP 和 TN 的浓度分别具有显著的相关性。模型的显著性概率值（p）均小于 0.01，标准残差 P-P 图显示标准残差符合正态分布，说明回归方程满足线性和方差齐次的假设且拟合效果良好，建立的压力-响应关系能够有效模拟并准确预测未来的状态。

根据年均值数据建立的回归曲线，预测得到 TP 的参照值为 0.0083mg/L，TN 的参照值为 0.173mg/L（图 5-13 箭头 B）；而下 90% 预测区间给出的参照值分别为 0.0369mg/L 和 0.735mg/L（图 5-13 箭头 D）。与利用预测区间得到参照值的可能范围相比，置信区间得到参照值的范围较窄（TP 为 0.0069~0.0094mg/L，平均参照值为 0.0083mg/L；TN 为 0.151~0.192mg/L，平均参照值为 0.173mg/L）（图 5-13）。

水深是影响藻类生长的重要因素，水体中营养物的浓度表现出显著的季节性变化，而且季节模式对湖泊中藻类的生长有重要影响，因此，为了更好地评价模型的准确性并消除混淆因素（如水深和季节）对压力–响应关系的影响，采用不同湖泊类型和季节的数据进行压力–响应关系的分析。协方差分析表明，对叶绿素 a 没有显著的季节性差异（$p>0.05$），而湖泊类型对叶绿素 a 具有显著的影响（$p<0.05$）。而删除人工水库的数据可以降低可能的混淆因素。在删除人工水库的数据后，协方差分析显示湖泊类型对叶绿素 a 不再具有显著的影响（$p>0.05$）。缺乏季节和湖泊类型的影响表明不同季节、不同湖泊类型（浅水湖和深水湖）的数据可以合并进行回归分析。对不含人工水库年均值数据的分析表明：lgTP、lgTN 与 lgChl a 的相关性系数分别为 0.764 和 0.615，回归模型的预测能力显著提高，推断得到 TP 和 TN 的参照浓度分别为 0.008mg/L 和 0.178mg/L。

（2）多元线性关系模型

利用预测变量 TP 和 TN 的浓度建立多元回归模型来预测叶绿素 a 浓度，并采用不同季节、深水湖和浅水湖的年平均数据进行多元回归分析。分析表明残差的分布基本满足正态分布，对所有预测的叶绿素 a 值残差变化的大小是恒定的。这表明多元回归关系模型能有效模拟并准确预测未来的状态。建立的回归方程为

$$\lg(\text{Chl a}) = 0.673 \times \lg(\text{TP}) + 0.478 \times \lg(\text{TN}) + 2.056, R^2 = 0.806, p < 0.01$$

两个预测变量与叶绿素 a 浓度具有显著的相关性，且该模型解释了整个变异性的 80.6%。基于浅水湖和深水湖数据得到的 TP 和 TN 与叶绿素 a 的模拟关系如图 5-14 所示。

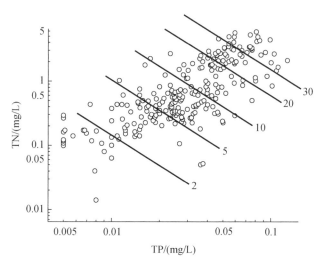

图 5-14　浅水湖和深水湖中 TP 和 TN 与叶绿素 a 的模拟关系

圆圈表示年均 TN 和 TP 的观察值；等高线表示特定 TN 和 TP 对应的叶绿素 a 的模拟均值

从图 5-14 可以看出，为了得到想要的叶绿素 a 浓度，需要指定 TN 和 TP 的参照浓度。为了使平均的叶绿素 a 浓度维持在 2μg/L，指定 TP 的参照浓度为 0.010mg/L，则可以推断 TN 的参照浓度为 0.14mg/L。要保持平均叶绿素 a 的浓度不变，较低的 TN 参照值需要较高的 TP 参照值与其相对应。

（3）MEI 模型

云贵高原湖区湖泊数量众多、深水湖比例较大，且有相当一部分流域几乎处于原始未开发状态，湖泊及其周边保护良好，因此可采用 MEI 指数来推断未受干扰时湖泊的 TP 浓度，即 TP 的参照状态。

采用参照湖泊 1988~2010 年 TP 和叶绿素 a 浓度的年均值建立模型，用于推断 TP 和叶绿素 a 浓度的两个 MEI 模型如图 5-15 和表 5-59 所示。方差分析表明，回归方程显著性概率值（p）均小于 0.01，即拒绝总体回归系数为 0 的原假设；标准残差 P-P 图显示标准残差符合正态分布，说明回归方程满足线性和方差齐次的假设并具有较好的拟合效果。

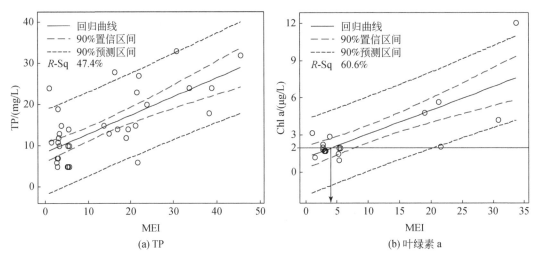

(a) TP (b) 叶绿素 a

图 5-15　TP 和叶绿素 a 浓度与 MEI 指数（由深水湖电导率计算得到）的关系

表 5-59　TP 和叶绿素 a 的 MEI_{cond} 模型

模型	F	R^2	p	预测变量	预测值
$TP = 0.452MEI_{cond} + 8.333$	32	0.474	<0.001	TP	10.275
$Chl\ a = 0.189MEI_{cond} + 1.188$	25	0.606	<0.001	MEI_{cond}	4.296

注：TP、Chl a 为年均浓度，单位均为 μg/L。

直接采用 TP、Chl a 与 MEI_{cond} 建立的线性关系比经对数转换后的关系更为显著。为了维持平均叶绿素 a 浓度为 2 μg/L，叶绿素 a 与 MEI_{cond} 在 $MEI_{cond} = 4.296$ 的位置相交。根据 TP-MEI_{cond} 的关系模型，推断 TP 的参照状态为 10.275 μg/L。

5.8.1.5 云贵湖区参照状态分析

对不同方法得到的结果进行相互验证非常重要，以确保估计出的参照值更为可信。总体来说，以上方法或途径建立的参照状态较为接近（表 5-60）。其中，群体分布法是否分水期计算，其结果相同；通过方差分析和 Kruskal-Wallis test 检验和验证不同水期的 TP、TN、叶绿素 a、SD 之间无显著差异。

表 5-60 统计学方法建立的云贵湖区营养物参照状态

指标	参照湖泊法	群体分布法		三分法	压力–响应关系		
		总体	分水期		简单线性关系模型	多元线性关系模型	MEI 法
TP/(mg/L)	0.010	0.010	0.010	0.010	0.008	0.010	0.010
TN/(mg/L)	0.175	0.370	0.370	0.210	0.178	0.140	—
叶绿素 a/(mg/m³)	2.20	2.00	2.00	1.59	—	—	—
SD/m	5.5	2.2	2.2	3.5	—	—	—

前三种描述统计方法所得 TP 参照状态均为 0.010mg/L；关于 TN 的参照状态，群体分布法的值高于三分法和参照湖泊法得到的结果；参照湖泊法和群体分布法所得叶绿素 a 的参照状态值非常一致，三分法的结果则略低；关于 SD 的结果相差较大，参照湖泊法最高，三分法次之，群体分布法最低，最大相差约。其中，透明度出现差异较大的原因，主要是云贵湖区存在一定数量的深水湖，其深度和透明度与浅水湖均相差较大，而且水质长期稳定良好的湖泊（参照湖泊）多为深水湖，导致参照湖泊法得到的结果偏高。

压力–响应模型结果会受到数据库中一些偏差的影响，如 MEI 模型的主要基本假设是在未受损湖泊中 TP 和叶绿素 a 年均浓度与 MEI 指数有联系（即磷负荷近似等于自然本底负荷）。同时，收集的数据虽然主要来源于省监测总站，但最终来自各个地方监测站，监测过程中不同的取样和分析方法的精确性难免存在差异，亦会导致模型参数的相关变化。尽管如此，压力–响应模型推断的结果良好，且与频数分析得到的参照状态浓度基本一致。对照湖泊富营养化发生程度（叶绿素 a）的分级区间和 Vollenweider 等关于贫营养型和中营养型湖泊的划分边界，判断云贵湖区的营养物参照状态处于贫营养状态或中营养状态的下限。

5.8.2 云贵湖区营养物基准值确定

参照状态的信息，在相应的历史数据和客观情况下，可以作为候选基准。在确定基准值时，根据历史记录的审查、应用模型（如结构方程模型）技术方法、考虑专家判断进行统筹考虑，对参照状态值进行适当修改，实现湖泊营养物基准值的确定。

5.8.2.1 候选基准值拟定

参照湖泊法、湖泊群体分布法、三分法及回归推断法等统计学方法确定的云贵湖区营养物参照状态范围：TP 浓度为 0.008～0.010mg/L，TN 浓度为 0.14～0.37mg/L，中值为 0.21mg/L；叶绿素 a 浓度为 1.59～2.2mg/m³，主要集中在 2.0mg/m³ 左右；SD 为 2.2～5.5m，中值约为 3.5m。

在可测定的范围内，通过参照状态推导并经适当的检查和校准得出的基准具有科学依据。云贵湖区湖泊营养物参照状态各项指标的范围显示，该水平下湖泊所处的营养状态为贫营养与中营养的过渡区间，可以作为该湖区湖泊水质的可接受状态，因此可将该湖区湖泊营养物基准初步确定在参照状态对应的范围内。综上，云贵湖区候选基准拟定为：TP 浓度 0.010mg/L，TN 浓度 0.20mg/L，叶绿素 a 浓度 2.2mg/m³，SD 为 3.5m。

5.8.2.2 可达性分析

为验证候选基准的合理性与可达性，对云贵湖区内湖泊及其周边生态保持完好的若干湖泊进行实地调查和数据收集。结合近 20 年来部分参照湖泊历史数据分析，表明云贵湖区湖泊营养物候选基准是合理且可达的。

(1) 参照湖泊历年变化状况

对参照湖泊如抚仙湖与泸沽湖 1988～2008 年的 TP 和 TN 数据进行统计。如图 5-16 所示，抚仙湖和泸沽湖 TP 浓度多年保持稳定，在 0.010mg/L 上下波动，最高不超过 0.020mg/L；TN 浓度基本稳定在 0.10～0.20mg/L。

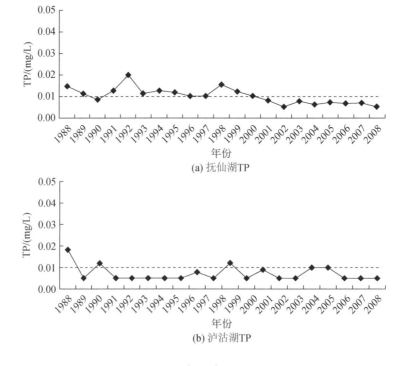

(a) 抚仙湖TP

(b) 泸沽湖TP

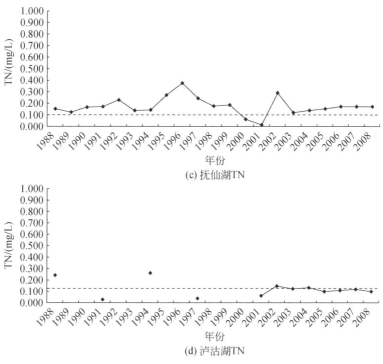

(c) 抚仙湖TN

(d) 泸沽湖TN

图 5-16　抚仙湖和泸沽湖历年 TP 和 TN 浓度

（2）保持自然状态的湖泊的水质现状

流域内长期以来几乎无人类活动、水质良好的湖泊进行现状调查的结果（表 5-61）表明 TP 的浓度在 0.007～0.033mg/L 范围之间波动，TN 的浓度为 0.13～1.02mg/L，叶绿素 a 的浓度为 0.75～12.02mg/m³，较少湖泊具有透明度的数据。鉴于这些湖泊所处流域几乎未经开发，湖泊保持其自然原始的状态，其营养物浓度代表了云贵湖区受影响最小的自然浓度，是云贵湖区可达到的湖泊状态。因此，可接受范围内的营养物浓度作为云贵湖区营养物候选基准。

表 5-61　云贵湖区部分湖泊水质现状

水域	TP/（mg/L）	TN/（mg/L）	叶绿素 a/（mg/m³）	SD/m
彝海	0.015	0.752	2.87	
马湖	0.011	1.018	1.21	
邛海	0.012	0.604	4.80	
属都湖	0.024	0.310	12.02	
碧塔海	0.033	0.405	4.21	
泸沽湖	0.010	0.131	0.75	11.2
抚仙湖	0.007	0.162	1.92	5.90
大桥水库	0.012	0.534	1.77	

5.8.2.3　基准值确定

一般湖泊营养物基准应反映其对生物群落多样性、生产力和稳定性等湖泊健康状况的影响。以候选基准为基础，按照实现生态完整性和维持最佳用途的要求确定基准。首先，构建影响生态完整性和维持最佳用途的变量（指标）的概念模型，初步评价/推导出候选基准水平下能实现最佳用途和生态完整性的概率，作为新的反应变量进入下一步；然后，利用合适的结构方程模型（SEM）确定已选用的变量和初步推导出的"实现最佳用途和生态完整性概率"之间的关系，得出最能指示生态完整性达到的变量/指标，完成对概念模型的验证；计算和评估在候选基准水平下指定用途能够实现的概率，如果得出的概率低于80%，应当对候选基准进行适当调整，使其更为严格，重新计算和评估，最终得出能够保证最佳用途和生态完整性实现的基准值。

通常经专家评价和审议后，初步确定的基准能够保证湖泊水生态系统的完整性，可以满足云贵高原湖区在没有人为影响的情况下湖泊水质能够达到最佳营养状态。其中，考虑湖泊深度直接影响可达到的透明度大小，结合该湖区中湖泊深度的特点，决定将透明度基准值分类（深水湖和浅水湖）确定。最终确定云贵湖区的营养物基准的推荐值为 TP=0.010mg/L、TN=0.20mg/L、叶绿素 a=2.0mg/m³，SD=5.5m（深水湖）和 2.2m（浅水湖）。

5.9　镉–人体健康水质基准

5.9.1　危害鉴别和剂量反应关系

5.9.1.1　参考剂量

人体健康水质基准领域，参考剂量（reference dose，RfD）是一个估值，一般指正常人群（包括敏感亚群）慢性周期（长达一生）每日经口或身体暴露，终生没有可见不良健康效应的风险。由实验动物给药试验的无可见不良效应水平（NOAEL），最低可见不良效应水平（LOAEL），或基准剂量（benchmark dose）可以推导 RfD。如使用镉的 RfD 为 0.3mg/(kg·d)（USEPA，2009），镉（Cd）浓度为 200μg/gm 湿人肾皮质是与蛋白尿明显无关的最高水平（USEPA，1985），假设人体吸收的 Cd，2.5% 来自食品，5% 来自饮用水，毒代动力学模型预测来自食品和水的慢性镉暴露的 NOAEL 分别为 0.005 和 0.01mg/d，分别会导致 200μg/gm 湿重人肾皮质的水平。因此，基于估计饮用水中镉的 NOAEL 0.005mg/(kg·d) 和人类种间不确定性系数 10，计算水中镉 Cd 的 RfD 为 0.0005mg/(kg·d)；食品中镉 Cd 为 0.001mg Cd/(kg·d)。

5.9.1.2　相关源贡献

计算人体健康水质基准时，对于有阈值的非致癌物和非线性致癌物，如果存在其他潜在暴露源，可以应用相关源贡献（relative source contribution，RSC）参数，以 RfD

的百分数表征来自环境水体、淡水和河口鱼类消费暴露量。RSC 表征水质基准 WQC 相关的 RfD 部分（USEPA，2000）。其余的 RfD 分配给污染物的其他来源。这种方法的基本原理是，对于有阈值效应的污染物，WQC 旨在确保所有源的个体总暴露量不超过阈值水平。RSC 以外的风险包括但不限于，来自海洋鱼类消费（不包括在鱼类消费量中）、非鱼类食物消费（水果、蔬菜和谷物消费）、皮肤接触和呼吸暴露。其他来源的 RfD 暴露百分数等于 100% 减去 RSC。

在缺乏科学数据的情况下，计算制定保护人体健康的水质基准时，使用 RSC 默认值 20%，以保护目标水体的指定用途。对于关注的污染物，如果有科学数据表明，除了饮用水和淡水/河口鱼类暴露途径，预期没有其他暴露源和暴露途径，可以基于本土数据特征，适当提高 RSC 的水平（USEPA，2000）。如成年人的水体金属镉暴露分别来自饮食、呼吸途径。WHO 饮用水卫生导则认为人体镉暴露中来自饮用水部分的分配系数为 10，而 USEPA 认为 25% 的镉暴露与水体有关。我国人群食用鱼、虾类地表淡水水生生物，其中骨骼镉含量较高，一般可设定 RSC 为 25%。

5.9.2 基准推导–分析

表 5-62 总结了用于推导金属镉的人体健康水质基准的模型输入参数。Cd 的人体健康水质基准推算结果与美国 EPA 的基准比较分析见表 5-63。根据 USEPA 2000 年发布的相关基准阈值和我国人群暴露假设的暴露参数，推导计算我国流域淡水水环境中金属镉的人体健康水质基准建议值。金属镉的人体健康水环境质量基准为 0.6μg/L（水和生物）、0.7μg/L（仅生物）、5μg/L（仅水）（表 5-63）。

表 5-62　镉的人体健康水环境质量基准输入参数汇总

指标		数值	来源	输入参数的描述
RfD		0.0005mg/(kg·d)	USEPA，2000 年	不确定因子=10（敏感人群10）
RSC		0.25	USEPA，2000 年	默认值
BW		60kg 60.6kg	WHO，2011 年 环境保护部，2013 年	发展中国家成人体重假设 美国成年人平均体重（≥21 岁）（80kg）
DI		2.50L/d 1.85L/d	环境保护部，2013 年	上：我国成年人饮水量的第 90% 分位数推导值 下：我国成年人饮水量的第 50% 分位数官方数据 美国成年人饮水量的第 90% 分位数（≥21 岁） (3L/d)
FCR	TL2	0.0069kg/d 0.0066kg/d	我国十部委，2002 年 本书推导	上：我国成年人淡水鱼类摄入量的第 90% 分位数推导值 下：我国成年人鱼类平均摄入量（2002） 美国成年人鱼类摄入量的第 90% 分位数（≥21 岁）
	TL3	0.0207kg/d 0.0188kg/d		
	TL4	0.0030kg/d 0.0029kg/d		

指标		数值	来源	输入参数的描述
BAF	TL2	366L/kg	美国加州环保局，2000 年	2000 年美国加州环保局调查镉 BCF 值
	TL3	366L/kg		
	TL4	366L/kg		

表 5-63　金属镉人体健康的水环境质量基准　（单位：μg/L）

地区	美国人体健康 WQC	我国人体健康 WQC	
特征	2009 年	保守数据	推荐数据
仅摄入饮用水	5	3.0000	4.9046
摄入水和水生生物	—	0.5475	0.6024
仅摄入水生生物	—	0.6697	0.7064
WHO 饮用水导则	3		
《地表水环境质量标准》和《生活饮用卫生标准》			5

　　WQC 旨在针对金属镉慢性长期经口暴露设定每日经口允许暴露量百分数（RSC），保护一般人群的人体健康。

5.10　邻苯二甲酸乙基己基酯–人体健康水质基准

5.10.1　危害鉴别和剂量反应关系

　　1986 年和 1993 年的 USEPA 致癌风险评估导则中邻苯二甲酸乙基己基酯分类为 B2 级可能的人类致癌物。癌症斜率因子（CSF）是一种化学物质终身经口暴露，在增长的癌症风险的上限，接近 95% 的置信限。邻苯二甲酸乙基己基酯的 CSF 是 0.014mg/(kg·d)，1993 年，USEPA 选择国家毒理学计划（National Toxicology Program）1982 年的机理研究成果，用于计算癌症斜率因子。基于邻苯二甲酸乙基己基酯的经口暴露，可能导致动物的肝细胞癌和腺瘤及其潜在人体健康危害效应研究，同时考虑我国实际流域水环境中较普遍典型存在的现状，开展我国流域水环境中邻苯二甲酸酯类有机物的人体健康水质基准阈值的推导研究

5.10.2　基准推导–分析

　　表 5-64 总结了用于推导邻苯二甲酸乙基己基酯人体健康水环境质量基准（AWQC）的模型输入参数。基准计算如下。

表 5-64　邻苯二甲酸乙基己基酯人体健康 AWQC 输入参数汇总

指标		数值	来源	输入参数的描述
CSF		0.014mg/(kg·d)	USEPA，1993 年	一种化学物质终身经口暴露癌症风险增量的上限值；接近 95% 置信限
BW		60kg 60.6kg	WHO，2011 年 环境保护部，2013 年	发展中国家成人体重假设 * 美国成年人平均体重（≥21 岁）（80kg）
DI		2.50L/d 1.85L/d	环境保护部，2013 年	上：我国成年人饮水量的第 90% 分位数推导值 下：我国成年人饮水量的第 50% 分位数官方数据 美国成年人饮水量的第 90% 分位数（≥21 岁）（3L/d）
FCR	TL2	0.0069kg/d 0.0066kg/d	本书推导	上：我国成年人淡水鱼类摄入量的第 90% 分位数推导值 下：我国成年人鱼类平均摄入量（2002 年数据） 美国成年人鱼类摄入量的第 90% 分位数（≥21 岁）
	TL3	0.0207kg/d 0.0188kg/d		
	TL4	0.0030kg/d 0.0029kg/d		
BAF	TL2	710L/kg 17 370L/kg	USEPA，2012 年	上：EPA 实验室实测 BCF 数据 下：EPI Suite K_{ow} 模型估算的非离子态有机化学物质在三个营养级的静态 BAF 值
	TL3	710L/kg 6 120L/kg		
	TL4	710L/kg 1 040L/kg		

　　* 采用非致癌效应，TDI 为 25μg/kg BW，基于大鼠肝脏的 NOAEL，采用种间和种内变异采用不确定性系数 100。饮用水分配系数（allocation to water）为 1% TDI，成年人体重 60kg，饮用水摄入量为 2L/d。

　　邻苯二甲酸乙基己基酯的人体健康水环境质量基准在 10^{-6} 风险水平上是 0.018μg/L（水和生物）和 0.019μg/L（仅生物）（表 5-65）。

表 5-65　邻苯二甲酸乙基己基酯人体健康水环境质量基准值

地区	美国 AWQC		中国 AWQC	
特征	2009 年	2015 年	保守数据	官方数据
仅摄入水			1.71	2.34
摄入水和水生生物	1.2	0.32	0.1769	0.1973
仅摄入水生生物	2.2	0.37	0.1973	0.2154
WHO 饮用水导则 RSC 10%	8		6.0	8.1
现行集中式生活饮用水地表水源地特定项目标准值				8

　　邻苯二甲酸乙基己基酯的人体健康水质基准旨在保护一般成年人暴露引起的在 10^{-6} 或百万分之一水平下的增量癌症风险。人体健康 WQC 的 10^{-6} 风险水平代表暴露于特定污染物预计将导致个体终身癌症风险不超过百万分之一的浓度，不考虑由其他由

于其他来源暴露产生的附加终生癌症风险。

5.11 应急水质基准/标准-重金属

5.11.1 引言

重金属对水生态系统具有严重潜在威胁，近期国内连续发生多起重金属水环境污染事故，对区域水环境安全和人体健康造成了严重危害，我国政府非常重视流域水环境的重金属突发性风险防范。水质标准是保护水环境的重要依据，可分为日常水质标准和应急水质标准，其中应急水质标准主要基于水生生物的急性毒性效应制定，美国对应急水质标准关注较早，早在 1968 年发布的水质基准《绿皮书》中，就提出了关注急性暴露的基准最大浓度（CMC）。近年来，各国也加强了对应急水质标准的研究，如加拿大环境部在 2007 年修订的保护水生生物的水质指导值技术指南中，提出了关注短期暴露的应急水质基准，用于防止在突发性事件中大多数物种面临的致死效应。荷兰在 2007 年颁布了修订版"环境风险限值推导指南"，在指南中，提出生态系统最大可接受浓度的概念，保护水生态系统免受短期高浓度暴露导致的急性毒性效应。

我国经过几十年的发展，参照发达国家的水质基准和标准限值，建立了相关的水质标准体系，但这些水质标准都属于日常水质标准，其标准值相当于慢性基准（CCC），主要关注污染物长期暴露的慢性效应，对于污染物的短期急性暴露影响的控制管理考虑较少。本书推荐方法选择了 6 种重金属，镉、铜、铅、锌、无机汞和六价铬，在广泛搜集有效急性生态毒性数据的基础上，并通过相关课题开展的对我国本土水生物种的校验性毒性测试研究，主要采用水生生物基准推导的物种敏感性（SSD）方法原理，基本构建了我国地表淡水环境中重金属的应急水质标准方法，推导提出了相关应急水质标准建议值，为制定国家流域水环境污染物的应急水质标准提供技术支持。

5.11.2 应急水质标准推导

5.11.2.1 六种重金属的生态毒性数据搜集

基于基准数据筛选原则，搜集了镉、铜、铅、锌、无机汞和六价铬的有效急性毒性数据，数据来源为实验室测试数据、毒性数据库 ECOTOX、TOXNET 毒性数据库、Web of Science 数据库、中国知网文献及相关课题组的检验数据。

共筛选获得 23 种我国流域本土水生生物对镉的有效合格毒性数据、54 种生物的铜的合格毒性数据、26 种生物的锌的合格毒性数据、26 种生物的铅的合格毒性数据、47 种生物的无机汞的合格毒性数据和 22 种生物的六价铬的合格毒性数据，镉和六价铬的毒性数据参见本章"流域典型污染物水环境质量基准阈值"，其他四种重金属数据见表 5-66 ~ 表 5-69。

表 5-66 铜对我国淡水生物的急性毒性

物种	拉丁名	$LC_{50}/EC_{50}/(\mu g/L)$	$SMAV/(\mu g/L)$	文献
镰形钉冠溞	*Acroperus harpae*	14.4	12.87	[1]
镰形钉冠溞	*Acroperus harpae*	11.5		[2]
方形尖额溞	*Alona quadrangularis*	28.2	28.2	[1]
长额象鼻溞	*Bosmina longirostris*	9.2	9.2	[1]
网纹水溞	*Ceriodaphnia dubia*	1.6	4.61	[3]
网纹水溞	*Ceriodaphnia dubia*	1.6		[4]
网纹水溞	*Ceriodaphnia dubia*	11.8		[2]
网纹水溞	*Ceriodaphnia dubia*	1.9		[5]
网纹水溞	*Ceriodaphnia dubia*	12		[6]
网纹水溞	*Ceriodaphnia dubia*	14		[7]
美弧网纹溞	*Ceriodaphnia pulchella*	12	4.52	[1]
美弧网纹溞	*Ceriodaphnia pulchella*	1.7		[8]
方形网纹溞	*Ceriodaphnia quadrangula*	34.6	34.6	[9]
棘爪网纹溞	*Ceriodaphnia reticulata*	13.3	10.75	[1]
棘爪网纹溞	*Ceriodaphnia reticulata*	5.5		[8]
棘爪网纹溞	*Ceriodaphnia reticulata*	17		[10]
卵形盘肠溞	*Chydorus ovalis*	33.4	17.91	[1]
卵形盘肠溞	*Chydorus ovalis*	9.6		[8]
圆形盘肠溞	*Chydorus sphaericus*	14.1	15.39	[1]
圆形盘肠溞	*Chydorus sphaericus*	11.2		[8]
圆形盘肠溞	*Chydorus sphaericus*	23.1		[2]
盔形溞	*Daphnia galeata*	22.6	8.5	[1]
盔形溞	*Daphnia galeata*	3.2		[8]
长刺溞	*Daphnia longispina*	9.89	6.11	[1]
长刺溞	*Daphnia longispina*	2.1		[8]
长刺溞	*Daphnia longispina*	11		[9]
大型溞	*Daphnia magna*	30	44.99	[1]
大型溞	*Daphnia magna*	66.8		[11]
大型溞	*Daphnia magna*	26.8		[2]
大型溞	*Daphnia magna*	31.8		[12]
大型溞	*Daphnia magna*	36		[13]
大型溞	*Daphnia magna*	33		[14]
大型溞	*Daphnia magna*	54		[10]
大型溞	*Daphnia magna*	82		[15]
大型溞	*Daphnia magna*	84		[15]

物种	拉丁名	LC$_{50}$/EC$_{50}$/(μg/L)	SMAV/(μg/L)	文献
短钝溞	*Daphnia obtusa*	17	17	[16]
蚤状溞	*Daphnia pulex*	37	44.28	[17]
蚤状溞	*Daphnia pulex*	53		[10]
吻状异尖额溞	*Disparalona rostrata*	43.3	43.3	[1]
薄片宽尾溞	*Eurycercus lamellatus*	12.9	17.71	[9]
薄片宽尾溞	*Eurycercus lamellatus*	24.3		[2]
平突船卵溞	*Scapholeberis mucronata*	5.3	5.3	[1]
棘爪低额溞	*Simocephalus exspinosus*	16.6	8.74	[1]
棘爪低额溞	*Simocephalus exspinosus*	4.6		[8]
隆线溞	*Daphnia carinata*	21	24.55	[18]
隆线溞	*Daphnia carinata*	28.7		[19]
淡水钩虾	*Gammarus lacustris*	212	212	[20]
蚤状钩虾	*Gammarus pulex*	37	37	[21]
普通水螅	*Hydra vulgaris*	42	42	[22]
月形腔轮虫	*Lecane luna*	60	60	[23]
萼花臂尾轮虫	*Brachionus calyciflorus*	26	19.79	[24]
萼花臂尾轮虫	*Brachionus calyciflorus*	15.07		[25]
羽摇蚊幼虫	*Chironomus plumosus*	530	530	[26]
东亚三角头涡虫	*Dugesia japonica*	779	779	[27]
介形虫	*Cypris subglobosa*	277.3	277.3	[28]
正颤蚓	*Tubifex tubifex*	0.16	0.16	[29]
铜锈环棱螺	*Bellamya aeruginasa*	240	240	[30]
梨形环棱螺	*Bellamya purificata*	382	382	[31]
青虾	*Macrobrachium nipponense*	362	362	[32]
河南华溪蟹	*Sinopotamon henanense*	28 610	28 610	[33]
无齿相手蟹	*Sesarma dehaani*	14 180	14 180	[34]
中华绒螯蟹	*Eriocheir sinensis*	220	220	[35]
鲤鱼	*Cyprinus carpio*	300	144.22	[36]
鲤鱼	*Cyprinus carpio*	50		[37]
鲤鱼	*Cyprinus carpio*	200		[38]
鳙鱼	*Aristichthys nobilis*	100	100	[39]
鲫鱼	*Carassius auratus*	90	90	[40]
草鱼	*Ctenopharyngodon idellus*	39	39	[41]
鲢鱼	*Hypophtalnichthy molitrix*	31	31	[41]
厚颌鲂	*Megalobrama pellegrini*	230	230	[42]

物种	拉丁名	$LC_{50}/EC_{50}/(\mu g/L)$	$SMAV/(\mu g/L)$	文献
中华鳑鲏	*Rhodens sinensis*	236	236	[43]
高体鳑鲏	*Rhodeus ocellatus*	723.8	723.8	[44]
中华鲟	*Acipenser sinensis*	21.7	38.97	[45]
中华鲟	*Acipenser sinensis*	70		[46]
瓯江彩鲤	*Cyprinus carpiovar*	80	152.32	[47]
瓯江彩鲤	*Cyprinus carpiovar*	290		[48]
麦穗鱼	*Pseudorasbora parva*	18	18	[49]
中国倒刺鲃	*Spinibarbus sinensis*	534	369.01	[50]
中国倒刺鲃	*Spinibarbus sinensis*	255		[51]
唐鱼	*Tanichthys albonubes*	39	39	[52]
大鳞泥鳅	*Misgurnus mizolepis*	18	18.49	[41]
大鳞泥鳅	*Misgurnus mizolepis*	19		[53]
双带河溪螈	*Eurycea bislineata*	1 120	1 120	[17]
中华大蟾蜍蝌蚪	*Bufo bufogargarizans*	285	273.31	[54]
中华大蟾蜍蝌蚪	*Bufo bufogargarizans*	262.1		[55]
中国林蛙蝌蚪	*Rana chensinensis*	2 170	2 170	[56]
日本林蛙蝌蚪	*Rana japonica*	101.53	101.53	[57]
泽蛙蝌蚪	*Rana Limnocharis*	118	207.86	[58]
泽蛙蝌蚪	*Rana Limnocharis*	177		[59]
泽蛙蝌蚪	*Rana limnocharis*	430		[60]
黑斑蛙蝌蚪	*Rana Nigromaculata*	26	26	[61]

表 5-67　铅对我国淡水生物的急性毒性

物种	拉丁名	$LC_{50}/EC_{50}/(\mu g/L)$	$SMAV/(\mu g/L)$	文献
模糊网纹溞	*Ceriodaphnia dubia*	120	63.75	[62]
模糊网纹溞	*Ceriodaphnia dubia*	280		[63]
模糊网纹溞	*Ceriodaphnia dubia*	300		[64]
模糊网纹溞	*Ceriodaphnia dubia*	248		[65]
模糊网纹溞	*Ceriodaphnia dubia*	105		[66]
模糊网纹溞	*Ceriodaphnia dubia*	128.2		[66]
模糊网纹溞	*Ceriodaphnia dubia*	187		[66]
模糊网纹溞	*Ceriodaphnia dubia*	26.4		[66]
模糊网纹溞	*Ceriodaphnia dubia*	29.1		[66]
模糊网纹溞	*Ceriodaphnia dubia*	29.4		[66]
模糊网纹溞	*Ceriodaphnia dubia*	46.1		[66]

物种	拉丁名	LC$_{50}$/EC$_{50}$/(μg/L)	SMAV/(μg/L)	文献
模糊网纹溞	*Ceriodaphnia dubia*	80.9		[66]
模糊网纹溞	*Ceriodaphnia dubia*	208.8		[67]
模糊网纹溞	*Ceriodaphnia dubia*	1.24		[68]
模糊网纹溞	*Ceriodaphnia dubia*	8.5		[68]
棘爪网纹溞	*Ceriodaphnia reticulata*	1 878	1 318	[69]
棘爪网纹溞	*Ceriodaphnia reticulata*	530		[10]
棘爪网纹溞	*Ceriodaphnia reticulata*	2 300		[70]
隆线溞	*Daphnia carinata*	444	444	[67]
透明溞	*Daphnia hyalina*	600	600	[71]
大型溞	*Daphnia magna*	392	256.6	[72]
大型溞	*Daphnia magna*	168		[72]
蚤状溞	*Daphnia pulex*	2 003	1 745	[69]
蚤状溞	*Daphnia pulex*	5 100		[10]
蚤状溞	*Daphnia pulex*	520		[73]
多刺裸腹溞	*Moina macrocopa*	755	755	[74]
拟寡水螅	*Hydra pseudoligactis*	10 130	10 130	[75]
栉水虱	*Asellus aquaticus*	64 100	64 100	[76]
夹杂带丝蚓	*Lumbriculus variegatus*	8 000	8 000	[63]
正颤蚓	*Tubifex tubifex*	14 620	14 620	[77]
中华绒螯蟹	*Eriocheir sinensis*	36 930	36 930	[78]
河南华溪蟹	*Sinopotamon henanense*	692 090	692 090	[33]
蚤状钩虾	*Gammarus pulex*	175	175	[79]
鲫鱼	*Carassius auratus*	273 900	273 900	[80]
鲫鱼	*Carassius auratus*	40 000	40 000	[81]
泥鳅	*Misgurnus anguil licaudatus*	294 500	294 500	[80]
鳙鱼	*Aristichthys nobilis*	630	630	[39]
草鱼	*Ctenopharyngodon idellus*	576 412	576 412	[82]
黑龙江茴鱼	*Thymallus arcticus*	320	320	[83]
鲤鱼	*Cyprinus carpio*	170	170	[84]
鲤鱼	*Cyprinus carpio*	440	440	[85]
高体鳑鲏	*Rhodeus ocellatus*	13 228.2	13 228.2	[44]
囊鳃鲇	*Heteropneustes fossilis*	105 000	105 000	[86]
线鳢	*Channa striata*	58 400	58 400	[87]
六趾蛙	*Rana hexadactyla*	33 280	33 280	[88]

表 5-68 锌对我国淡水生物的急性毒性

物种	拉丁名	LC$_{50}$/EC$_{50}$/(μg/L)	SMAV/(μg/L)	文献
网纹水蚤	*Ceriodaphnia dubia*	416	123.7	[89]
网纹水蚤	*Ceriodaphnia dubia*	70		[3]
网纹水蚤	*Ceriodaphnia dubia*	65		[7]
棘爪网纹溞	*Ceriodaphnia reticulata*	96	85.42	[90]
棘爪网纹溞	*Ceriodaphnia reticulata*	76		[10]
羽摇蚊幼虫	*Chironomus plumosus*	9 500	9 500	[91]
卵形盘肠溞	*Chydorus ovalis*	1 627	1 627	[89]
圆形盘肠溞	*Chydorus sphaericus*	1 326	1 326	[89]
盔形溞	*Daphnia galeata*	1 001	1 001	[89]
长刺溞	*Daphnia longispina*	375	375	[89]
大型溞	*Daphnia magna*	354	192.46	[92]
大型溞	*Daphnia magna*	100		[14]
大型溞	*Daphnia magna*	68		[10]
大型溞	*Daphnia magna*	570		[93]
蚤状溞	*Daphnia pulex*	107	107	[10]
隆线溞	*Daphnia carinata*	1 000	1 000	[94]
多刺裸腹溞	*Moina macrocopa*	356.8	356.8	[95]
棘爪低额溞	*Simocephalus exspinosus*	911	911	[89]
近亲真宽水蚤	*Eurytemora affinis*	4 090	4 090	[96]
淡水钩虾	*Gammarus lacustris*	2 240	2 240	[20]
绿水螅	*Hydra viridissima*	11 000	11 000	[22]
普通水螅	*Hydra vulgaris*	13 000	13 000	[22]
萼花臂尾轮虫	*Brachionus calyciflorus*	260	260	[97]
鲫鱼	*Carassius auratus*	37 406	32 131	[98]
鲫鱼	*Carassius auratus*	27 600		[80]
泥鳅	*Misgurnus anguil licaudatus*	30 800	30 800	[80]
草鱼	*Ctenopharyngodon idellus*	5 730	13 780	[99]
草鱼	*Ctenopharyngodon idellus*	33 140		[100]
鲤鱼	*Cyprinus carpio*	450	450	[36]
中华倒刺鲃	*Spinibarbus sinensis*	10 130	10 130	[50]
高体鳑鲏	*Rhodeus ocellatus*	17 860.8	17 861	[101]
泽蛙蝌蚪	*Rana limnocharis Boie*	46 500	46 500	[60]
中华大蟾蜍蝌蚪	*Bufo bufogargarizans*	30 760	30 760	[102]
牛蛙	*Rana catesbeiana*	70 000	70 000	[103]

表 5-69　无机汞对我国淡水生物的急性毒性

物种	拉丁名	$LC_{50}/EC_{50}/(\mu g/L)$	$SMAV/(\mu g/L)$	文献
东亚三角头涡虫	Dugesia japonica	647	647	[27]
网纹水蚤	Ceriodaphnia dubia	8.8	8.80	[65]
棘爪网纹溞	Ceriodaphnia reticulata	2.9	2.90	[69]
圆形盘肠溞	Chydorus sphaericus	22	43.17	[104]
圆形盘肠溞	Chydorus sphaericus	59		[104]
圆形盘肠溞	Chydorus sphaericus	62		[104]
僧帽溞	Daphnia cucullata	2.3	2.35	[105]
僧帽溞	Daphnia cucullata	2.4		[105]
透明溞	Daphnia hyalina	5.5	5.50	[71]
大型溞	Daphnia magna	12	5.48	[106]
大型溞	Daphnia magna	1.5		[107]
大型溞	Daphnia magna	10.1		[107]
大型溞	Daphnia magna	11.3		[107]
大型溞	Daphnia magna	12		[108]
大型溞	Daphnia magna	17		[108]
大型溞	Daphnia magna	20		[108]
大型溞	Daphnia magna	6		[108]
大型溞	Daphnia magna	7		[108]
大型溞	Daphnia magna	10		[109]
大型溞	Daphnia magna	5.2		[110]
大型溞	Daphnia magna	9.6		[69]
大型溞	Daphnia magna	5		[111]
大型溞	Daphnia magna	3.8		[112]
大型溞	Daphnia magna	5.2		[112]
大型溞	Daphnia magna	1.3		[105]
大型溞	Daphnia japonica	1.6		[105]
大型溞	Daphnia magna	2.1		[105]
大型溞	Daphnia magna	2.3		[105]
大型溞	Daphnia magna	3.2		[105]
大型溞	Daphnia magnica	4		[113]
大型溞	Daphnia magna	8		[114]
短钝溞	Daphnia obtusa	2.8	2.80	[16]

物种	拉丁名	LC$_{50}$/EC$_{50}$/（μg/L）	SMAV/（μg/L）	文献
蚤状溞	*Daphnia pulex*	24.56	24.56	[115]
粉红溞	*Daphnia rosea*	28	36.28	[116]
粉红溞	*Daphnia rosea*	47		[116]
模糊裸腹溞	*Moina dubia*	27	27	[117]
多刺裸腹溞	*Moina macrocopa*	1	1	[74]
淡色库蚊幼虫	*Culex pipiens*	1 400	1 400	[118]
埃及伊蚊幼虫	*Aedes aegypti*	290	290	[119]
小蜉	*Ephemerella subvaria*	2 000	2 000	[120]
栉水虱	*Asellus aquaticus*	199	199	[121]
苏氏尾鳃蚓	*Branchiura sowerbyi*	80	80	[122]
霍甫水丝蚓	*Limnodrilus hoffmeisteri*	180	180	[122]
夹杂带丝蚓	*Lumbriculus variegatus*	100	100	[123]
正颤蚓	*Tubifex tubifex*	1 250	418.33	[122]
正颤蚓	*Tubifex tubifex*	140		[122]
尼氏癞颤蚓	*Spirosperma nikolskyi*	500	500	[122]
普通仙女虫	*Nais communis*	160	160	[124]
羽摇蚊幼虫	*Chironomus plumosus*	2 640	3 057	[125]
羽摇蚊幼虫	*Chironomus plumosus*	3 540		[126]
青虾	*Macrobrachium nipponense*	13.1	13.1	[127]
中华绒螯蟹	*Eriocheir sinensis*	442.3	442.3	[128]
龟壳攀鲈	*Anabas testudineus*	641	641	[129]
鲫鱼	*Carassius auratus*	0.7	0.70	[130]
蟾胡鲶	*Clarias batrachus*	380	380	[131]
鲤鱼	*Cyprinus carpio*	160	527.72	[85]
鲤鱼	*Cyprinus carpio*	570		[85]
鲤鱼	*Cyprinus carpio*	620		[85]
鲤鱼	*Cyprinus carpio*	770		[85]
鲤鱼	*Cyprinus carpio*	940		[85]
茴鱼	*Thymallus arcticus*	124	164.41	[132]
茴鱼	*Thymallus arcticus*	218		[132]
囊鳃鲇	*Heteropneustes fossilis*	180	188.17	[133]
囊鳃鲇	*Heteropneustes fossilis*	99		[134]

物种	拉丁名	LC$_{50}$/EC$_{50}$/(μg/L)	SMAV/(μg/L)	文献
囊鳃鲇	*Heteropneustes fossilis*	270.6		[135]
囊鳃鲇	*Heteropneustes fossilis*	260		[136]
河鲶	*Ictalurus punctatus*	0.3	0.3	[130]
唐鱼	*Tanichthys albonubes*	75	75	[137]
草鱼	*Ctenopharyngodon idellus*	362	362	[82]
泥鳅	*Oriental weatherfish*	692.8	692.8	[138]
中华鳑鲏鱼	*Rhodens sinensis*	193	193	[43]
麦穗鱼	*Pseudorasbora parva*	244	244	[139]
高体鳑鲏	*Rhodeus ocellatus*	362.1	362.1	[101]
黄鳝	*Monopterus albus*	670	670	[140]
中国倒刺鲃	*Spinibarbus sinensis*	141	141	[50]
饰纹姬蛙蝌蚪	*Microhyla ornata*	1 120	365.15	[141]
饰纹姬蛙蝌蚪	*Microhyla ornata*	1 430		[141]
饰纹姬蛙蝌蚪	*Microhyla ornata*	126.4		[142]
饰纹姬蛙蝌蚪	*Microhyla ornata*	87.82		[142]
六趾蛙蝌蚪	*Rana hexadactyla*	51	51	[88]
虎纹蛙蝌蚪	*Rana tigrina*	16 100	17 165	[143]
虎纹蛙蝌蚪	*Rana tigrina*	18 300		[143]
黑眶蟾蜍蝌蚪	*Bufo melanostictus*	185	89.81	[117]
黑眶蟾蜍蝌蚪	*Bufo melanostictus*	43.6		[144]
中国林蛙蝌蚪	*Rana chensinensis*	488	488	[145]
绿蟾蜍蝌蚪	*Bufo viridis*	700	700	[146]
泽蛙蝌蚪	*Rana limnocharis*	103	103	[147]

5.11.2.2 应急水质标准推导技术方法

基于物种敏感性分布（SSD）原理，首先在数据分析的基础上获得 HC$_5$，该值可以通过基于不同的拟合函数的 SSD 方法获得。本方法推荐使用 SSD-AU 法（澳大利亚）作为基本方法，综合考虑美国 EPA 的物种敏感性分布排序（SSD-R）法、SSD-RIVM 法（荷兰）、SSD-EU 法（欧盟）3 种 SSD 原理方法的计算结果制定应急水质标准，实际应用中 SSD-EU 法采用基于 log-logistic 原理的公式：$y=1/\{1+e^{[(\alpha-x)/\beta]}(\alpha-x)/\beta)\}$ 推算，澳大利亚与荷兰的 SSD 方法推荐采用国际共享软件计算。相关下载网址，SSD-AU 法（BurrlizO，版本 1.0.14）：http://www.cmis.csiro.au/envir/burrlioz/；SSD-RIVM 法（ETX 2.0）：http://www.rivm.nl/rvs/Risicobeoordeling/Modellen_voor_risicobeoordeling/

ETX_2_0。

生物受胁迫的比例不同时，污染物引起的生态风险也不同，荷兰在水环境生态风险评估中，设定水生生物受胁迫的比例达到50%时，为严重风险。而一般认为，水环境中95%的水生生物受到保护时，水体基本无生态风险。参照以上标准，本书依据水生生物受胁迫的不同比例而设定4级生态风险分别对应于4级应急水质标准，如图5-17所示，分别为"Ⅳ级""有严重风险"（50%水生生物受胁迫）、"Ⅲ级""有明显风险"（30%水生生物可能受胁迫，保护70%的生物）、"Ⅱ级""有一定风险"（15%水生生物可能受胁迫，保护85%的生物）和"Ⅰ级""基本无显著风险"（5%的水生生物可能受胁迫，保护95%的生物）。另外，应急水质标准等于HC除以矫正因子，根据美国及荷兰等制定的技术导则，矫正因子一般取值为1~10。因水体中污染物浓度越大时，风险的不确定性越大，本书设定在计算标准时，从Ⅳ级到Ⅰ级标准矫正因子依次最大取值为10、8、5和2。

应急水质标准推导方法具体步骤如下：

第1步，按照数据规范搜集污染物对水生生物的急性毒性数据；

第2步，分别采用SSD-R、SSD-EU、SSD-RIVM和SSD-AU方法计算HC_5；

第3步，计算HC_5的算术平均值：$HC_{5,v}$；

第4步，计算SSD-AU方法的HC_5与$HC_{5,v}$的差异率：$d\%$；

第5步，采用SSD-AU方法，结合AF矫正计算HC_x，计算过程中HC_{50}、HC_{30}、HC_{15}和HC_5的AF最大分别可选用10、8、5和2；

第6步，分级水质标准等于$HC_x \times (1-d\%)$；

第7步，最终应急水质标准主要以美国EPA的水生生物基准方法敏感物种分布排序（SSD-R或SSR）法的CMC为一（Ⅰ）级标准，其他Ⅱ~Ⅳ级标准值依次按比例调整，得到相应标准值。

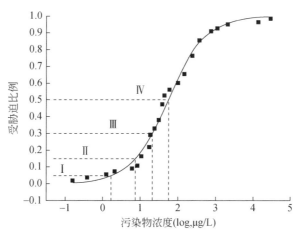

图5-17　SSD曲线示意图

图中Ⅰ，Ⅱ，Ⅲ，Ⅳ依次分别代表受胁迫的生物比例分别为5%，15%，30%和50%时（Y轴），对应的4级应急水质标准限值（X轴）："Ⅰ级""无显著风险"，"Ⅱ级""有一定风险"，"Ⅲ级""有明显风险"和"Ⅳ级""有严重风险"

5.11.2.3 重金属应急水质标准建议值推算

采用上述技术方法，经过数据分析，得出镉的四级应急水质标准分别为5.52μg/L、26.4μg/L、82.9μg/L和233μg/L；铜的四级应急水质标准分别为1.52μg/L、6.70μg/L、16.2μg/L和40.1μg/L；铅的四级应急水质标准分别为77.3μg/L、92.6μg/L、174μg/L和524μg/L；锌的四级应急水质标准分别为55.9μg/L、111μg/L、162μg/L和365μg/L；无机汞的四级应急水质标准分别为0.30μg/L、1.16μg/L、3.13μg/L和7.80μg/L；六价铬的四级应急水质标准分别为13.7μg/L、157μg/L、814μg/L和3084μg/L。在应急标准推算过程中，铜的AF选择1，其他重金属选择最大AF值应用。此外，考虑评估因子的不确定性，锌的Ⅰ级标准值未应用AF值，由锌的Ⅱ级标准值除以2得出，而后最终标准值再根据CMC值统一调整分析，得出我国流域地表6种水重金属的应急水质标准。实际应用时，建议以一级应急水质标准为主进行监管应用，以Ⅱ～Ⅳ级标准值作为风险评估评判依据，开展相关流域水环境污染事故的风险评估应用。

参 考 文 献

[1] Bossuyt B T A, Muyssen B T A, Janssen C R. Relevance of generic and site-specific species sensitivity sistributions in the current risk assessment procedures for copper and zinc [J]. Environmental toxicology and chemistry, 2005. 24 (2): 470-478.

[2] Bossuyt B T A, Janssen C R. Copper toxicity to different field-collected cladoceran species: intra- and inter-species sensitivity [J]. Environmental Pollution, 2005. 136 (1): 145-154.

[3] Hyne R V, Pablo F, Julli M, et al. Influence of water chemistry on the acute toxicity of copper and zinc to the cladoceran *Ceriodaphnia dubia* [J]. Environmental toxicology and chemistry, 2005. 24 (7): 1667-1675.

[4] Markich S J, Batley G E, Stauber J L, et al. Hardness corrections for copper are inappropriate for protecting sensitive freshwater biota [J]. Chemosphere, 2005. 60: 1-8.

[5] Apte S C, Batley G E, Bowles K C, et al. A comparison of copper speciation measurements with the toxic responses of three sensitive freshwater organisms [J]. Environmental Chemistry, 2005. 2 (1): 320-330.

[6] Banks K E, Wood S H, Matthews C, et al. Joint acute toxicity of diazinon and copper to *Ceriodaphnia dubia* [J]. Environmental toxicology and chemistry, 2003. 22 (7): 1562-1567.

[7] Belanger S E, Cherry D S. Interacting effects of pH aclimation, pH, and heavy metals on acute and chronic toxicity to *Ceriodaphnia dubia* (cladocera) [J]. Journal of Crustaceology Biology., 1990. 10 (2): 225-235.

[8] De Schamphelaere K A C, Bossuyt B T A, Janssen C R. Variability of the protective effect of sodium on the acute toxicity of copper to freshwater cladocerans [J]. Environmental toxicology and chemistry, 2007. 26 (3): 535-542.

[9] Bossuyt B T A, Schamphelaere K A C D, Janssen C R. Using the biotic ligand model for predicting the acute sensitivity of cladoceran dominated communities to copper in natural surface waters [J]. Environmental science andtechnology, 2004. 38 (19): 5030-5037.

[10] Mount D I, Norberg T J. A seven-day life-cycle cladocean toxicity test [J]. Environmental toxicology

and chemistry, 1984. 3 (3): 425-434.

[11] De Schamphelaere K A C, Unamuno V I R, Tack F M G, et al. Reverse osmosis sampling does not affect the protective effect of dissolved organic matter on copper and zinc toxicity to freshwater organisms [J]. Chemosphere, 2005. 58 (8): 653-658.

[12] Borgmann U, Ralph K M. Complexion and toxicity of copper and the free metal bioassay technique [J]. Water Research, 1983. 17 (11): 1697-1703.

[13] Borgmann U, Charlton CC. Copper complexation and toxicity to daphnia in natural waters [J]. Journal of Great Lakes Research, 1984. 10 (4): 393-398.

[14] De la Torre A I, Jimqnez J A, Carballo M, et al. Ecotoxicological evaluation of pig slurry [J]. Chemosphere, 2000. 41 (10): 1629-1635.

[15] Winner R. Food type related to copper sensitivity of daphnids. In: int. conf. on heavy metals in the environment, abstracts, institute for environmental studies [D]. University of Toronto, Ontario, Canada, 1975.

[16] Rossini G D B, Ronco A E. Acute toxicity bioassay using *Daphnia obtusa* as a test organism [J]. Environmental Toxicology and Water Quality, 1996. 11 (3): 255-258.

[17] Dobbs M G, Farris J L, Reash R J, et al. Evaluation of the resident-species procedure for developing site-specific water quality criteria for copper in Blaine Creek, Kentucky [J]. Environmental toxicology and chemistry, 1994. 13 (6): 963-971.

[18] 吴永贵, 熊焱, 林初夏. 铜对隆线溞趋光行为的抑制作用及其致死效应 [J]. 云南农业大学学报, 2006. 21 (5): 657-662.

[19] 王良韬, 吴永贵, 廖芬, 等. Cu^{2+}对水生食物链关键环节生物的毒性效应 [J]. 贵州农业科学, 2011. 39 (5): 226-230.

[20] De March B G E. Acute toxicity of binary mixtures of five cations (Cu^{2+}, Cd^{2+}, Zn^{2+}, Mg^{2+}, and K^+) to the freshwater amphipod *Gammarus lacustris* (Sars): alternative descriptive models [J]. Canadian Journal of Fisheries and Aquatic Sciences, 1988. 45 (4): 625-633.

[21] Taylor E J, Maund S J, Pascoe D. Toxicity of four common pollutants to the freshwater macroinvertebrates *Chironomus riparius* meigen (insecta: diptera) and *Gammarus pulex* (L.) [J]. Archives of Environmental Contamination and Toxicology, 1991. 21: 371-376.

[22] Karntanut W, Pascoe D. The toxicity of copper, cadmium and zinc to four different hydra (cnidaria: hydrozoa) [J]. Chemosphere, 2002. 47 (10): 1059-1064.

[23] Perez-Legaspi I A, Rico-Martinez R. Acute toxicity tests on three species of the genus Lecane (*rotifera: monogononta*) [J]. Hydrobiologia, 2001. 446-447: 375-381.

[24] Snell T W, Moffat B D. A 2-d Life cycle test with the rotifer *Brachionus calyciflorus* [J]. Environmental Toxicology and Chemistry, 1992. 11 (9): 1249-1257.

[25] 赵含英, 杨家新, 陆正和, 等. Cu^{2+}对萼花臂尾轮虫的毒性影响 [J]. 南京师大学报 (自然科学版), 2002. 25 (4): 81-85, 90.

[26] Hooftman R N, Adema D M M, Bommel J K-V. Developing a set of test methods for the toxicological analysis of the pollution degree of waterbottoms [M]. Rep. No. 16105, Netherlands Organization for Applied Scientific Research: 68 p., 1989.

[27] 赵江沙, 曾兆. 铜、汞、铅对涡虫的急性毒性作用 [J]. 应用与环境生物学报, 2004. 10 (6): 750-753.

[28] Vardia H K, Rao P S, Durve V S. Effect of copper, cadmium and zinc on fish-food organisms,

Daphnia lumholtzi and *Cypris subglobosu* [J]. Proceedings of the Indian Academy of SciencesAnimal Science, 1988. 97 (2): 175-180.

[29] Das S S M, Smith V R P, Padma O P B, et al. Effect of copper and retting toxicity on *Tubifex tubifex* [J]. Frontiers in Ecology and the Environment, 1993. 11 (1): 128-129.

[30] 徐亮, 丁红秀, 王仙子, 等. 重金属 Zn、Pb、Cu 对铜锈环棱螺 (*Bellamya aeruginosa*) 的急性毒性及在铜锈环棱螺体内的积累. 第五届广东、湖南、江西、湖北四省动物学学术研讨会 [C]. 2008. 中国广东广州.

[31] 张清顺. 铜、福对梨形环棱螺毒理效应的研究 [D]. 华中农业大学, 2008.

[32] 刘伟, 吴孝兵, 赵娟. 重金属 Cu^{2+} 对锦鲫和日本沼虾的急性毒性研究 [J]. 资源开发与市场, 2008. 24 (10): 868-870.

[33] 米静洁, 袁慧, 王兰. 铜、镉、铬、铅对河南华溪蟹的急性毒性作用 [J]. 安徽农业科学, 2008. 36 (17): 7273-7274, 7321.

[34] 崔丽丽. 水体 Cu^{2+} 对无齿相手蟹 (*Sesarma dehaani*) 毒性作用机制的研究 [D]. 华东师范大学, 2008.

[35] 杨志彪. 水体 Cu^{2+} 对中华绒螯蟹 (*Eriocheir sinensis*) 毒性作用机制的研究 [D]. 华东师范大学, 2005.

[36] Alam M K, Maughan O E. Acute toxicity of heavy metals to common carp (*Cyprinus carpio*). J. Environ. Sci. Health. Part A, Environ. Sci. Eng [J]. Toxic Hazard Substance Control, 1995. 30 (8): 1807-1816.

[37] Lam K L, Ko P W, Wong J K Y, et al. Chan. Metal toxicity and metallothionein gene expression studies in common carp and tilapia [J]. Marine Environmental Research, 1998. 46 (1- 5): 563-566.

[38] 周辉明, 吴志强, 袁乐洋, 等. 三种重金属对鲤鱼幼鱼的毒性和积累 [J]. 南昌大学学报 (理科版), 2005. 29 (3): 292-295.

[39] 叶素兰, 余治平. Cu^{2+}、Pb^{2+}、Cd^{2+}、Cr^{6+} 对鳙胚胎和仔鱼的急性致毒效应 [J]. 水产科学, 2009. 28 (5): 263-267.

[40] 杨丽华. 重金属 (镉、铜、锌和铬) 对鲫鱼的生物毒性研究 [D]. 华南师范大学, 2003.

[41] 周永欣, 周仁珍, 尹伊伟. 在不同水硬度下铜对草鱼、鲢和大鳞泥鳅的急性毒性 [J]. 暨南大学学报 (自然科学), 1992. 13 (3): 62-67.

[42] 程霄玲, 郑永华, 唐洪玉, 等. Cu^{2+}、Zn^{2+}、Cd^{2+} 对厚颌鲂幼鱼的联合致毒效应研究 [J]. 淡水渔业, 2009. 39 (2): 54-59.

[43] 杨建华, 宋维彦. 3 种重金属离子对中华鳑鲏鱼的急性毒性及安全浓度研究 [J]. 安徽农业科学, 2010. 38 (23): 12481-12482, 12485.

[44] 陈万光, 屈菊平, 邓平平, 等. Cu^{2+}、Pb^{2+} 对高体鳑鲏幼鱼的急性毒性研究 [J]. 江苏农业科学, 2010 (4): 243-244.

[45] 姚志峰, 章龙珍, 庄平, 等. 铜对中华鲟幼鱼的急性毒性及对肝脏抗氧化酶活性的影响 [J]. 中国水产科学, 2010. 17 (4): 731-738.

[46] 杜浩, 危起伟, 刘鉴毅, 等. 苯酚、Cu^{2+}、亚硝酸盐和总氨氮对中华鲟稚鱼的急性毒性 [J]. 大连水产学院学报, 2007. 22 (2): 118-122.

[47] 刘晓旭, 施蔡雷, 贾秀英. Cu^{2+}、Cd^{2+} 对瓯江彩鲤的急性毒性研究 [J]. 杭州师范大学学报 (自然科学版), 2009. 8 (4): 304-307.

[48] 刘晓旭, 施蔡雷, 曹慧, 等. 铜和阿特拉津对瓯江彩鲤的联合毒性研究 [J]. 杭州师范大学学

报（自然科学版），2010.9（4）：263-267.

[49] 黄斌，别立洁．铜（Cu²⁺）对麦穗鱼苗的急性毒性与非生物因子的相关性研究［J］．淡水渔业，2006.36（2）：34-38.

[50] 何志强．重金属（铜、锌和汞）对中华倒刺鲃生物毒性效应的研究［D］．西南大学，2008.

[51] 孙翰昌，丁诗华，陈大庆，等．Cu²⁺对中华倒刺鲃抗氧化功能的毒理效应［J］．农业环境科学学报，2006.25（1）：69-72.

[52] 王瑞龙，马广智，方展强．铜、镉、锌对唐鱼的急性毒性及安全浓度评价［J］．水产科学，2006.25（3）：117-120.

[53] 周永欣，周仁珍，徐立红．铜对大鳞泥鳅幼鱼的毒性［J］．水生生物学报，1993.17（3）：240-245.

[54] 金叶飞，祝尧荣，韩丽．SDS，Cu²⁺污染对蟾蜍蝌蚪的急性毒性及肝脏Na⁺-K⁺-ATPase活性的影响［J］．浙江农业学报，2010.22（1）：81-86.

[55] 杨再福．铜（Cu²⁺）对中华大蟾蜍蝌蚪的毒性试验［J］．环境保护科学，2000.26（101）：37-38.

[56] 王寿兵，郭锐，屈云芳，等．Cu对中国林蛙蝌蚪的急性毒性［J］．应用生态学报，1998.9（3）：309-312.

[57] 姚丹，万琳燕，耿宝荣，等．Cu²⁺对日本林蛙蝌蚪的急性毒性研究［J］．福建师范大学学报（自然科学版），2004.20（4）：117-120.

[58] 杨再福．铜和镉对蝌蚪的联合毒性研究［J］．上海环境科学，2001.20（9）：420-421.

[59] 黄帆，郭正元，徐珍，等．霸螨灵与Cu²⁺对蝌蚪的急性毒性试验研究［J］．云南环境科学，2006.25（2）：1-3.

[60] 贾秀英，董爱华，杨亚琴．铜、锌和三唑磷对泽蛙蝌蚪的毒性研究［J］．环境科学研究，2005.18（5）：26-29，48.

[61] 黄斌，李杰，刘新浩．铜（Ⅱ）对蝌蚪的急性毒性研究［J］．信阳师范学院学报（自然科学版）2005.18（4）：407-409，481.

[62] Bitton G, Rhodes K, Koopman B. CerioFAST：An acute toxicity test based on *Ceriodaphnia dubia* feeding behavior［J］. Environmental Toxicology and Chemistry, 1996.15（2）：123-125.

[63] Schubauer-Berigan M K, Dierkes J R, Monson P D, et al. pH-dependent toxicity of Cd, Cu, Ni, Pb and Zn to *Ceriodaphnia dubia*, *Pimephales promelas*, *Hyalella azteca* and *Lumbriculus variegatus*［J］. Environmental Toxicology and Chemistry, 1993.12：1261-1266.

[64] Tsui M T, Wang W X, Chu L M. Influence of glyphosate and its formulation（roundup）on the toxicity and bioavailability of metals to *Ceriodaphnia dubia*［J］. Environmental Pollution, 2005.138（1）：59-68.

[65] Spehar R L, Fiandt J T. Acute and chronic effects of water quality criteria-based metal mixtures on three aquatic species［J］. Environmental Toxicology and Chemistry, 1986.5：917-931.

[66] Diamond J M, Koplish D E, McMahon J I, et al. Evaluation of the water-effect ratio procedure for metals in a riverine system［J］. Environmental Toxicology and Chemistry, 1997.16（3）：509-520.

[67] Cooper N L, Bidwell J R, Kumar A. Toxicity of copper, lead, and zinc mixtures to *Ceriodaphnia dubia* and *Daphnia carinata*［J］. Ecotoxicology and Environmental Safety, 2009.72（5）：1523-1528.

[68] Hockett J R, Mount D R. Use of metal chelating agents to differentiate among sources of acute aquatic toxicity［J］. Environmental Toxicology and Chemistry, 1996.15（10）：1687-1693.

［69］ Elnabarawy M T, Welter A N, Robidcau R R. Relative sensitivity of three daphnid species to selected organic and inorganic chemicals ［J］. Environmental Toxicology and Chemistry, 1986. 5：393-398.

［70］ Sharma M S, Selvaraj C S. Zinc, lead and cadmium toxicity to selected freshwater zooplankters ［J］. Pollutants Research., 1994. 13（2）：191-201.

［71］ Baudouin M F, Scoppa P. Acute toxicity of various metals to freshwater zooplankton ［J］. Bulletin of Environmental Contamination and Toxicology, 1974. 12（6）：745-751.

［72］ Erten-Unal M, Wixson B G, Gale N, et al. Evaluation of toxicity, bioavailability and speciation of lead, zinc and cadmium in mine/mill wastewaters ［J］. Chemical speciation and bioavailability, 1998. 10（2）：37-46.

［73］ Lee D R. Development of an invertebrate bioassay to screen petroleum refinery effluents discharged into freshwater ［D］. Ph. D. Thesis, VA Polytech. Inst., 1976.

［74］ Pokethitiyook P, Upatham E S, Leelhaphunt O. Acute toxicity of various metals to *Moina macrocopa* ［J］. Natural History Bulletin of the Siam Society, 1987. 35（1-2）：47-56.

［75］ 吴本富, Cd^{2+}和Pb^{2+}重金属离子对4种水生动物的毒性研究 ［D］. 安徽师范大学, 2007.

［76］ Martin T R, Holdich D M. The acute lethal toxicity of heavy metals to peracarid crustaceans（with particular reference to fresh-water asellids and gammarids）［J］. Water Research, 1986. 20（9）：1137-1147.

［77］ Fargasova A. Toxicity of metals on *Daphnia magna* and *Tubifex tubifex* ［J］. Ecotoxicology and Environmental Safety, 1994. 27：210-213.

［78］ 于丰军, 铅和镉两种重金属对中华绒螯蟹的毒性效应研究 ［D］. 华东师范大学, 2005.

［79］ Bascombe A D, Ellis J B, Revitt D M, et al. The development of ecotoxicological criteria in urban catchments ［J］. Water Science and Technology, 1990. 22（10-11）：173-179.

［80］ 王银秋, 张迎梅, 赵东芹. 重金属镉、铅、锌对鲫鱼和泥鳅的毒性 ［J］. 甘肃科学学报, 2003. 15（1）：35-38.

［81］ Fantin A M, Franchini A, Trevisan P, et al. Histomorphological and cytochemical changes induced in the liver of goldfish *Carassius carassius var. auratus* by short-term exposure to lead ［J］. Acta Histochemistry, 1992. 92（2）：228-235.

［82］ 温茹淑, 郑清梅, 方展强, 等. 汞、铅对草鱼的急性毒性及安全浓度评价 ［J］. 安徽农业科学, 2007. 35（16）：4863-4864, 4914.

［83］ Buhl K J, Hamilton S J. Comparative toxicity of inorganic contaminants released by placer mining to early life stages of salmonids ［J］. Ecotoxicology and Environmental Safety, 1990. 20（3）：325-342.

［84］ Rao T S, Rao M S, Prasad S B S K. Median tolerance limits of some chemicals to the fresh water fish "*Cyprinus carpio*" ［J］. Indian Journal of Environmental Health, 1975. 17（2）：140-146.

［85］ Alam M K, Maughan O E. The Effect of malathion, diazinon, and various concentrations of zinc, copper, nickel, lead, iron, and mercury on fish ［J］. Biological Trace Element Research, 1992. 34（3）：225-236.

［86］ Shrivastava S, Jain S K. Zeolite mediated lead accumulation in fish tissues ［J］. Journal of Zoological Systematics and Evolutionary Research, 2000. 14（1）：65-68.

［87］ Gopal V, Devi K M. Influence of nutritional status on the median tolerance limits（LC$_{50}$）of ophiocephalus striatus for certain heavy metal and pesticide toxicants ［J］. Indian Journal of Environmental Health, 1991. 33（3）：393-394.

［88］ Khangarot B S, Sehgal A, Bhasin MK. "Man and biosphere" - studies on the sikkim himalayas. Part 5：

acute toxicity of selected heavy metals on the tadpoles of R*ana hexadactyla* [J]. Acta Hydrochim Hydrobiol, 1985. 13 (2): 259-263.

[89] Muyssen B T, Bossuyt B T, Janssen C R. Inter- and intra-species variation in acute zinc tolerance of field-collected cladoceran populations [J]. Chemosphere, 2005. 61 (8): 1159-1167.

[90] Carlson A R, Roush T H. Site-specific water quality studies of the straight river, minnesota: complex effluent toxicity, zinc toxicity, and biological survey relationships [R]. EPA/600/3-85/005, U. S. EPA, Duluth, MN: 60 p., 1985.

[91] Vedamanikam V J, Shazilli N A M. The Effect of multi-generational exposure to metals and resultant change in median lethal toxicity tests values over subsequent generations [J]. Bulletin of Environmental Contamination and Toxicology, 2008. 80 (1): 63-67.

[92] De Schamphelaere K A C, Lofts S, Janssen C R. Bioavailability models for predicting acute and chronic toxicity of zinc to algae, daphnids, and fish in natural surface waters [J]. Environmental Toxicology and Chemistry, 2005. 24 (5): 1190-1197.

[93] Kazlauskiene N, Burba A, Svecevicius G. Acute toxicity of five galvanic heavy metals to hydrobionts [J]. Ekologija, 1994. 1: 33-36.

[94] 杨静. 三唑磷、五氯酚钠、锌、镉对隆线溞生物毒性的影响 [D]. 西南大学, 2006.

[95] 徐善良, 王丹丽, 叶静娜, 等. 4 种重金属离子对多刺裸腹溞的联合毒性效应 [J]. 生物学杂志, 2011. 28 (3): 21-25.

[96] Gentile S, Cardin J. Unpublished Laboratory Data [R]. USEPA, Narragansett, 1982.

[97] 赵含英. 金属离子、农药对萼花臂尾轮虫毒性影响的研究 [D]. 南京师范大学, 2006.

[98] 胡超. 锌对鲫鱼的急性毒性及安全浓度评价 [J]. 孝感学院学报, 2008 (S1): 113-115.

[99] 侯丽萍, 马广智. 镉与锌对草鱼种的急性毒性和联合毒性研究 [J]. 淡水渔业, 2002. 32 (3): 44-46.

[100] 华涛, 周启星. Cd-Zn 对草鱼 (*Ctenopharyngodon idellus*) 的联合毒性及对肝脏超氧化物歧化酶 (SOD) 活性的影响 [J]. 环境科学学报, 2009. 29 (3): 600-606.

[101] 陈万光, 郭志君, 邓平平, 等. 3 种重金属离子对高体鳑鲏鱼苗的急性毒性试验 [J]. 水产科学, 2010. 29 (2): 109-111.

[102] 杨亚琴, 贾秀英. Cu^{2+}、Zn^{2+} 和 Cd^{2+} 对蟾蜍蝌蚪的联合毒性 [J]. 应用与环境生物学报, 2006. 12 (3): 356-359.

[103] Zang W, Xu X, Dai X, et al. Acute toxicity and accumulation of zn^{2+} on young freshwater grouper (*Cichlasoma managuense*) and bullfrog (*Rana catesbeiana*) tadpole [J]. Freshwater Fish. (Danshui Yuye), 1992. 6: 12-14.

[104] Lalande M, Pinel-Alloul B. Acute toxicity of cadmium, copper, mercury and zinc to *Chydorus sphaericus* (cladocera) from three Quebec Lakes [J]. Water Pollution Research Journal of Canada, 1983. 18: 103-113.

[105] Canton J H, Adema D M M. Reproducibility of short-term and reproduction toxicity experiments with *Daphnia magna* and comparison of the sensitivity of *Daphnia magna* with *Daphnia pulex* and *Daphnia cucullata* in short-term experiments [J]. International Review of Hydrobiology, 1978. 59: 135-148

[106] Adams W J, Heidolph B B. Short-Cut chronic toxicity Estimates using *Daphnia magna* [J]. Cardwell R D, Purdy R, Bahner R C. Aquatic Toxicology and Hazard Assessment: Seventh Symposium, ASTM STP 854, Philadelphia, PA: 87-103, 1985.

[107] Guilhermino L, Diamantino T C, Ribeiro R, et al. Suitability of test media containing EDTA for the

evaluation of acute metal toxicity to *Daphnia magna* straus [J]. Ecotoxicology and Environmental Safety, 1997. 38 (3): 292-295.

[108] Barera Y, Adams W J. Resolving some practical questions about daphnia acute toxicity tests [J]. Bishop W E (Ed.), Aquatic Toxicology and Hazard Assessment, 6th Symposium, ASTM STP 802, Philadelphia, PA: 509-518, 1983.

[109] Janssen C R, Persoone G. Rapid toxicity screening tests for aquatic biota. 1. methodology and experiments with *Daphnia magna* [J]. Environmental Toxicology and Chemistry, 1993. 12: 711-717.

[110] Khangarot B S, Ray P K. Investigation of correlation between physicochemical properties of metals and their toxicity to the water flea *Daphnia magna* Straus [J]. Ecotoxicology and Environmental Safety, 1989. 18 (2): 109-120.

[111] Biesinger K E, Christensen G M. Effects of various metals on survival, growth, reproduction and metabolism of *Daphnia magna* [J]. Fisheries Research Board of Canada, Biological Station, Nanaimo, British Columbia, 1972. 29 (12): 1691-1700.

[112] Khangarot B S, Ray P K, Chandra H. *Daphnia magna* as a model to assess heavy metal toxicity: comparative assessment with mouse system [J]. Acta Hydrochim Hydrobiol, 1987. 15 (4): 427-432.

[113] Ziegenfuss P S, Renaudette W J, Adams W J. Methodology for assessing the acute toxicity of chemicals sorbed to sediments: testing the equilibrium partitioning theory [J]. Poston T M, Purdy R. Aquatic Toxicology and Environmental Fate, 9th Volume, ASTM STP 921, Philadelphia, PA: 479-493, 1986.

[114] Oikari A, Kukkonen J, Virtanen V. Acute toxicity of chemicals to *daphnia magna* in humic waters [J]. Science of the Total Environment, 1992. 117-118: 367-377.

[115] Jindal R, Verma A. Heavy metal toxicity to *Daphnia pulex* [J]. Indian journal of Environmental Health, 1996. 32 (3): 289-292.

[116] Lalande M, Pinel-Alloul B. Heavy metals toxicity on planktonic crustacea of the quebec Lakes [J]. Science Technology Eau, 1984. 17 (3): 253-259.

[117] Paulose P V. Comparative study of inorganic and rrganic mercury poisoning on selected freshwater organisms [J]. Journal of Environmental Biology, 1988. 9 (2): 203-206.

[118] Slooff W, Canton J H, Hermens J L M. Comparison of the susceptibility of 22 freshwater species to 15 chemical compounds. I. (Sub) acute toxicity tests [J]. Aquatic Toxicology, 1983. 4 (2): 113-128.

[119] Abbasi S A, Nipaney P C, Soni R. Studies on environmental management of mercury (II), chromium (VI) and zinc (II) with respect to the impact on some arthropods and protozoans - toxicity of zinc (II) [J]. Institute of Environmental Studies, 1988. 32: 181-187.

[120] Warnick S L, Bell H L. The acute toxicity of some heavy metals to different species of aquatic insects [J]. Journay of the Water Pollution Control Federation, 1969. 41 (2 Pt. 1): 280-284.

[121] Martin T R, Holdich D M. The acute lethal toxicity of heavy metals to peracarid crustaceans (with particular reference to fresh-water asellids and gammarids) [J]. Water Research, 1986. 20 (9): 1137-1147.

[122] Chapman P M, Farrell M A, Brinkhurst R O. Relative tolerances of selected aquatic oligochaetes to individual pollutants and environmental factors [J]. Aquatic Toxicology, 1982. 2 (1): 47-67.

[123] Bailey H C, Liu D H W. *Lumbriculus variegatus*, a benthic oligochaete, as a bioassay organism [J].

Eaton J C, Parrish P R, Hendricks A C. Aquatic Toxicology and Hazard Assessment, 3rd Symposium, ASTM STP 707, Philadelphia, PA: 205-215, 1980.

[124] Chapman P M, Mitchell D G. Acute tolerance tests with the *oligochaetes nais* communis (naididae) and *ilyodrilus frantzi* (tubificidae) [J]. Hydrobiologia, 1986. 137 (1): 61-64.

[125] 闫宾萍, 宋志慧. Ni^{2+}、Hg^{2+}和五氯酚对羽摇蚊 (*Chironomus plumosus*) 幼虫的毒性和生物浓缩 [J]. 青岛科技大学学报, 2006. 27 (5): 411-414.

[126] 闫宾萍. 镍、汞和五氯酚对摇蚊幼虫的毒性作用 [D]. 青岛科技大学, 2006.

[127] 吕耀平, 李小玲, 贾秀英. Cr^{6+}、Mn^{7+}和 Hg^{2+}对青虾的毒性和联合毒性研究 [J]. 上海水产大学学报, 2007. 16 (6): 549-554.

[128] 赵艳民. 水体 Hg^{2+}对中华绒螯蟹毒性作用研究 [J]. 南开大学, 2009.

[129] Sinha T K P, Kumar K. Acute toxicity of mercuric chloride to *Anabas testudineus* (bloch) [J]. Frontiers in Ecology and the Environment, 1992. 10 (3): 720-722.

[130] Birge W J, Black J A, Westerman A G, et al. The effects of mercury on reproduction of fish and amphibians [J]. In: O. Nriagu (Ed.), The Biogeochemistry of Mercury in the Environment, Chapter 23, Elsevier/North-Holland Biomedical Press: 629-655, 1979.

[131] Kirubagaran R, Joy K P. Toxic effects of three mercurial compounds on survival, and histology of the kidney of the catfish *Clarias batrachus* (L.) [J]. Ecotoxicology and Environmental Safety, 1988. 15 (2): 171-179.

[132] Buhl K J, Hamilton S J. Relative sensitivity of early life stages of arctic grayling, coho salmon, and rainbow trout to nine inorganics [J]. Ecotoxicology and Environmental Safety, 1991. 22: 184-197.

[133] James R, Sampath K, Sivakumar V, et al. Toxic effects of copper and mercury on food intake, growth and proximate chemical composition in H *eteropneustes fossilis* [J]. Journal of Environmental Biology, 1995. 16 (1): 1-6.

[134] James R, Pattu V J, Devakiamma G, et al. Impact of sublethal levels of mercury on glycogen and selected respiratory enzymes in *Heteropneustes fossilis* and role of water hyacinth in reduction [J]. Indian Journal of Fisheries., 1991. 38 (4): 249-252.

[135] Rajan M T, Banerjee T K. Histopathological changes in the respiratory epithelium of the air-breathing organ (B*ranchial diverteculum*) of the live fish *Heteropneustes fossilis* [J]. Journal of Freshwater Biology, 1993. 5 (3): 269-275.

[136] Das K K, Dastidar S G, Chakrabarty S, et al. Toxicity of mercury: a comparative study in air-breathing and non air-breathing fish [J]. Hydrobiologia, 1980. 68 (3): 225-229.

[137] 林爱薇, 管文帅, 方展强. 汞、铬和镍对唐鱼的急性毒性及安全浓度评价 [J]. 安徽农业科学, 2009. 37 (2): 627-629.

[138] 高晓莉, 齐凤生, 罗胡英, 等. 铜、汞、铬对泥鳅的急性毒性和联合毒性实验 [J]. 水利渔业, 2003. 23 (2): 63-64.

[139] 宋维彦, 辛荣, 李慷均. Hg^{2+}对 3 种水生生物的急性毒性作用研究 [J]. 现代农业科技, 2009 (18): 264-265.

[140] 陈细香, 谢嘉华, 卢昌义, 等. 汞和铬对黄鳝的急性毒性研究 [J]. 水利渔业, 2008. 28 (2): 103-104.

[141] Rao I J, Madhyastha M N. Toxicities of some heavy metals to the tadpoles of frog, *microhyla ornata* (dumeril & bibron) [J]. Toxicology Letters, 1987. 36 (2): 205-208.

[142] Ghate H V, Mulherkar L. Effect of mercuric chloride on embryonic development of the frog *microhyla*

ornata [J]. Indian journal of experimental biology, 1980. 18 (10): 1094-1096.

[143] Mudgall C F, Patil S S. Toxicity of lead and mercury to frogs *Rana cyanophlyctis* and *Rana tigerina* [J]. Frontiers in Ecology and the Environment, 1988. 6 (2): 506-507.

[144] Khangarot B S, Ray P K. Sensitivity of *toad tadpoles*, *bufo melanostictus* (schneider), to heavy metals [J]. Bulletin of Environmental Contamination and Toxicology, 1987. 38 (3): 523-527.

[145] 徐纪芸, 潘奕陶, 池振新, 等. 汞对中国林蛙蝌蚪的毒性效应 [J]. 东北师大学报 (自然科学版), 2010. 42 (4): 138-143.

[146] 王爱民. 四种重金属对绿蟾蜍蝌蚪的急性毒性研究 [J]. 新疆大学学报, 1990. 7 (1): 60-64.

[147] 杨再福. 铜和汞对蝌蚪联合毒性的影响 [J]. 农业环境保护, 2001. 20 (5): 370-371.

6

水环境质量基准向标准转化

6.1 水质基准向标准转化技术

6.1.1 技术概况

为贯彻落实环境保护法中关于"国家鼓励开展环境基准研究"的规定和《国家环境保护"十三五"科技发展规划纲要》中关于"进一步完善环境基准理论、技术与方法，以及支撑平台，建立国家环境基准体系"的要求，生态环境部组织中国环境科学研究院、环境基准与风险评估国家重点实验室及相关领域的大学与科研单位开展环境基准的研究制定工作。在水环境基准方面，特别在国家重大科技水专项等研究项目课题的支持下，主要针对我国流域水体中保护水生生物、水生态学完整性、底泥沉积物安全及人群健康用水等目标，研究制定保护流域地表水体的水生生物基准、水生态学基准及相关营养物基准、沉积物质量基准、人体健康水质基准等水环境环境质量基准方法技术体系；现阶段，就我国流域水环境质量基准转化为水环境质量标准的技术方法原则，本书提出水环境基准向水环境标准转化的技术指南建议。

环境标准是环境管理的依据，同时也是环境质量评价、环境风险控制、应急事故管理及整个环境管理体系的基础，是国家环境保护和环境管理的基石与根本。水质基准是制订水环境质量标准的基础，水质基准制定后，需开展水质基准向水质标准的转化研究，才能更好地为环境管理提供技术支撑。近年来，国家高度重视环境基准研究，早在 2005 年《关于落实科学发展观加强环境保护的决定》（国发〔2005〕39 号）明确提出了"科学确定基准"的国家目标。环境基准按照环境介质的不同可分为水环境基准、土壤环境基准和空气环境基准。其中水环境基准根据保护对象的不同，一般可分为保护水生态水质基准和保护人体健康水质基准两大类；其中，保护水生态水质基准按照保护对象又可分为水生生物基准、底泥沉积物基准、水生态学（完整性）基准及含营养物基准等，而保护人体健康水质基准可有：人体饮水及食用水产品水质基准（主要）、娱乐用水基准及病原微生物基准、人体感官水质基准等。考虑到我国国情特点，水质基准转化为水质标准才具有法律效力。因此，环境基准制定后，需进一步开展环境基准向环境标准转化的技术研究，本书建议主要针对我国流域地表水环境基准方法体系主要涉及的水生生物水质基准、水生态学基准、水体沉积物基准和人体健康等水质基准向水环境标准转化的技术方法原则进行表述。

水质基准是制订水环境质量标准的基础，水质标准也是水质基准的最终归趋。水质标准是水环境质量评价、环境风险评价、环境损害鉴定评估、水环境管理和相关政策、法律法规的重要依据。我国现行的《地表水环境质量标准》（GB 3838—2002）主要按水体的社会行业使用功能来分类，采取的是高使用功能水体的水质标准严于低使用功能水体水质标准的原则。该标准制定当时便于操作管理，发挥了积极作用，但由于尚未有基于我国地表水环境特征的本土水质基准的研究支撑，对自然水生态系统的基本功能特性保护不足，对实际流域水体的本土生物及人群暴露等保护对象不明确，且实际管理中不同使用功能水体的水质标准并不能完全相互涵盖。如地表水环境质量标准侧重于对自然保护区、饮用水水源地和工业、渔业、农业等水体不同使用功能用水的保护，对水生态系统完整性的水体基本客观功能保护不足，且我国地域特征差异显著不同的流域水体实施一种水环境质量标准，较易导致水环境标准管理中的"过保护"或"缺保护"问题。

目前我国的水质基准研究工作主要是借鉴国外发达国家相对成熟的研究方法或指南文件，这些发达国家或组织主要包括美国、欧盟、OECD 国家、加拿大及澳大利亚等。这些发达国家由于水质基准研究工作开展的相对较早，已形成了较成功实践的水质基准与标准技术指导性方法。我国参考发达国家相关水质基准文件，目前虽然开始颁布了部分用于指导水质基准工作的技术导则或指南，如《淡水水生生物水质基准制定指南》（HJ 831—2017）、《人体健康水质基准制定技术指南》（HJ 837—2017）等，但我国现行的《地表水环境质量标准》（GB 3838—2002）中的基本项目及饮用水地表水源地标准限值、《生活饮用水卫生标准》（GB 5749—2006）中水质项目等主要参照了美国、欧盟、世界卫生组织（WHO）及俄罗斯、日本等国家或组织的现行水质标准资料。由于现行标准直接采用了国外资料，基本缺少我国本土特征的水生生物、水生态学、水体沉积物及流域人体健康水质基准的研究数据供科学检验支持，且一般发达国家发布的水质标准不分高低级别，实施的水质标准限值与水质基准值基本上是同一数值，相当于我国现行水质标准的一类水体标准，其基本理念是对地表水体生态系统中全部水生物物种及相关人群的安全饮用水与食用鱼贝类等水产品的全面保护（保护95% 物种安全，风险小于 5%）。我国现行的《地表水环境质量标准》共计 109 项，包括基本项目 24 项、水源地补充项目 5 项和特定项目 80 项；其中基本项目按水体使用功能的高低依次划分为五类，I 类水质项目的标准值直接参照采用发达国家（美国）的水质基准值，II ~ V 类水质项目的标准值则在 I 类标准值的基础上，经部门及专家商量而逐类放宽而确定。由于我国较长时期以来缺乏本土环境质量基准和标准领域的系统实验研究，如何依据刚开始建立的本土水环境质量基准为我国水环境质量标准的制修订提供科学支撑还有待研究完善。由于我国水环境条件具有一定的流域地域性，且人群的生活习惯和饮水饮食结构与欧美等发达国家有较明显差异；因此，直接参照发达国家的水质标准限值不能完全反映我国保护水生态与人群水环境暴露的安全要求，尤其是在具体流域或区域水体中水生生物、沉积物、水生态学完整性及人体健康等水质基准指标转化为相应的水质标准时，应结合考虑我国水生态环境管理部门确定的水环境保护目标、经济技术条件、水环境监管技术水平等因素，科学制定基于水质基准的我国特色的水环境质量标准。

6.1.2 编制依据原则

6.1.2.1 适用范围

技术指南适用于我国流域或区域地表水环境质量基准向水环境质量标准转化的研究与制订。由于我国国情、流域区域水生态特征及人群水环境暴露特点的不同，可能导则水质基准值的差异；因此，基于水质基准的科学依据转化的水质标准一般也相应有国家或区域的适用性差异。技术指南建议主要提出我国流域水体的保护水生生物、沉积物、水生态学完整性及人体健康等水质基准向水质标准转化的方法与技术要求，适用于我国水环境的基准向标准的转化。

6.1.2.2 编制依据

主要参照能够指导或用于水质基准向水质标准转化的相关法律法规及指南，包括《中华人民共和国环境保护法》、《中华人民共和国水污染防治法》、《中华人民共和国水法》、《地表水环境质量标准》（GB 3838—2002）、《淡水水生生物水质基准制定技术指南》（HJ 831—2017）、《人体健康水质基准制定技术指南》（HJ 837—2017）、《生活饮用水卫生标准》、《化学品 生物富集半静态式鱼类试验》、《化学品 生物富集流水式鱼类试验》、《湖泊和水库采样技术指导》、《地表水和污水监测技术规范》（HJ/T 91—2002）、《淡水生物调查技术规范》（DB43/T 432—2009）、《海洋调查规范》（GB/T 12763—2007）、《海洋监测规范》（GB/T 17378—1998）等。本规范引用下列文件或其中的条款，凡未注日期的引用文件，或所引用的文件发生修订更新，以最新有效版本为准。

6.1.2.3 术语和定义

文件中对水生生物水质基准、水生生物水质标准、基准最大浓度、基准连续浓度、本土物种、生物效应比、水效应比、人体健康水质基准、人体健康水质标准、生物累积系数、生物富集系数、基线生物累积系数、食物链倍增系数、辛醇-水分配系数、环境质量基准、环境质量标准、水生态完整性、水生态学基准、水生态学标准、指定用途、反降级、参照状态、压力源等关键术语进行了定义。

6.1.2.4 编制原则

技术指南编制主要遵循以下原则。

1）遵守相关法律、法规和标准，主要以《中华人民共和国环境保护法》《中华人民共和国水污染防治法》《水污染防治行动计划》及我国现行的环境保护法规、政策、条例、标准等相关规定和要求为依据。对国内、外水质基准与标准相关的技术现状及发展趋势等调研分析，在水环境质量基准与标准转化制定过程中充分借鉴国内外成果，使我国的水质基准、标准的相关制定工作能适应我国水环境质量管理要求，提供水环境标准管理水平。

2）充分借鉴国内外水环境质量标准技术先进经验，如 USEPA 的《推导保护水生生物及其用途的定量化国家水质基准指南》、欧盟发布的《水框架指令》、荷兰公共健康与环境研究院（RIVM）发布的《推导环境风险限值指南》等文件及我国环境保护、农业、国家海洋局等发布的相关技术导则标准等，对于较为成熟的共性技术可引进或等效采用；对于当前尚不完善适用的技术方法，可依据实际研究适用性，经适当补充、检验校正后应用，形成水质基准向标准转化的内容框架。

3）围绕环境管理工作的高质量需要，服务水环境质量改善的总体目标，明确水质标准制定工作程序，确保我国水环境质量基准与标准的科学性与适用性。充分吸收我国本土水环境质量基准研究成果，主要考虑采用已提出的水生生物基准、沉积物基准、水生态学基准及人体健康水质基准等水环境质量基准技术方法向相应的水质标准转化。基于水质基准的科学支撑，兼顾技术经济的合理性与管理协作的可操作性，建立健全我国水环境质量标准的制定技术指南规范，为水环境质量管理服务。

6.1.3 国内外研究进展

国际上，发达国家代表如美国开展水环境质量基准的研究始于 20 世纪初，20 世纪 60 年代美国首先发布了国家水环境质量基准文件，随着相关学科如环境地球化学、生态毒理学、环境生物学、环境医学及污染生态学的不断发展，水环境质量基准及标准的理论方法学与推导技术也不断更新。水环境质量基准与标准的发展历程是伴随着一系列水环境基准与标准的学术论文、研究报告、专著及政府或国际组织发布的相关技术文件等形式展现；如美国、加拿大、澳大利亚、日本、欧盟及 OECD 等发达国家或国际组织的水环境管理技术体系在各具国家特色的基础上基本一致，其主要的保护水生生物基准与保护人体健康水质基准的方法原理均是基于水体生态风险评估方法技术展开，发展至今已基本建立了相对完善的水质基准方法体系。

我国的水环境质量基准技术体系研究，基本开始于 21 世纪初的"十一五"期间，虽较发达国家起步较晚，但在充分吸收国外水质基准研究的成果经验基础上，结合实际国情，近十年来从无到有，获得了较显著的研究成果，基本构建了我国流域水环境质量基准方法技术框架体系，并逐渐进入快速发展阶段。

6.1.3.1 国外水质基准与标准进展

（1）美国水质标准体系

美国的水质标准体系分为基准和标准两个层次，其中关于水生生物、人体健康和水生态营养物的水质基准由 USEPA 公布，相应的水质标准一般由各州环保局参照水质基准和本州的水体功能实际状况校验制定。美国清洁水法（CWA）中规定水质标准由指定用途、水质基准和反降级政策三部分组成，美国政府部门开展水质基准的应用管理工作始于 20 世纪 50 年代，国家层面相继出台了《绿皮书》（1968 年）、《蓝皮书》（1973 年）、《红皮书》（1976 年）和《金皮书》（1986 年），此后每隔 3～5 年 USEPA 以政府部门文件（白皮书）的方式发布国家水质基准修订版。1980 年，美国环保局初步制定发布了获取水质基准的技术指南文件，并于 1983 年和 1985 年进行了修订；现阶段 USEPA 共提出了约 165～190 种水体污染物质项目的水质基准，主要包括保护水生生物水质基准、保护人体健康水质基准、保护沉积物基准、保护水生态学完整性基准（生物基准）及相关预防水体富营养化的营养物水质基准等，其中涉及的污染项目包括：合成有机化学物（106 项）、农药（30 项）、金属（17 项）、无机物（7 项）、水质物理化学特性（4 项）和病原细菌（1 项）等。根据保护目标的不同，水质基准一般分两大类，即保护水生态安全基准和保护人体健康基准，主要基于环境与生态毒理学实验、水生态与人群污染暴露调查、污染物生态与健康风险评估等研究基础上，通过数理统计分析推导制定相关水质基准。根据表述方式的不同，水质基准还可分为数值型基准和叙述型基准，其中数值型水质基准因便于管理实施而成为最普遍发布的形式，在无法推导或不便采用数值型基准时，可使用叙述型基准。

美国水质基准和标准的制定发布过程中具有充分的可操作适用性，根据《清洁水法》304（a）的要求，USEPA 定期制定发布指导性规范建议（指南）来帮助各州及地方授权部落来建立水质标准；允许各州及保护地制定各自的水质基准或标准以保护当地指定功能用途或代表性状况的水体生态系统；可用不同方法制定基准，只要方法具有保护性和科学依据；当指定功能用途与生态区域特征之间有矛盾之处时，进行功能可达性分析并斟酌指定的功能用途；各州可采用数值型基准保护指定用途，也可采用合适的方法和程序解释叙述型基准，以保护水体达到指定功能的水质，水质基准作为水质标准的组成部分。因此，USEPA，以及各州与保护地可制定适用于相应管理范畴的水体指定功能的水质基准或标准，各州与保护地应以 USEPA 发布的水质基准为基本指导，制定的水质标准应获 USEPA 审核批准。

清洁水法要求各州和被授权的原住民保护地详细规定水体的适当功能用途，即必须指定管辖区域内各水体的功能特性并制定相关水环境标准。如考虑公众生活供水、保护鱼、贝类等野生水生生物与自然水生态系统、用于人群的娱乐、农业、工业和航行等活动来确定水体的合理功能。各州和保护地为某一水体指定功能特性时，可根据水体的物理、化学和生物特征、生态地理与风景及社会经济状况等因素评估其是否适合于这些功能用途。一般无须为每一个具体的水体指定功能用途，只需确定支持某种功能的水体应有的特性，进而将具有这些特性的水体作为支持该功能用途的群体归为同类。

若某水体的水质标准所保护的功能少于实际指定的水体功能的，州和保护地应根据实际水体功能用途进行水质标准制修订。如原水体的指定功能中若不包括清洁水法 101（a）（2）所规定的可钓鱼/可游泳用途的水体，一般应每 3 年进行一次水体功能的检验评估，以判断是否需要对某水体进行水质标准的修订；如果新评估表明，原水体的水质已达到可钓鱼/可游泳的功能特性，则应将该水体的新功能列入水体的指定功能用途，并进行实际水体的水质标准制修订。反降级政策［CWA303（d）］作为一项调整性政策，是水质标准体系重要组成部分，是为保护水体和参照状态的持续良好改善，并防止良好水体的水质恶化而制定；其主要目的是防止新的或增加的污染源排放，引起水体水质不必要的降级，以及其他对水质有负面影响或威胁地表水体指定功能的活动，维持或提高现有水体的水质，以保证自然水体的有益功能得以充分保护。原则上，对于所有自然水体，应确保维护现有水生态功能所需的水质水平；要明确对水环境污染源的控制，确保水质达到基准阈值，应保护河流下游水体的全部自然水生态功能，并应避免由于污染物排放引起水体的水质降低；对于高品质水体，应防止不合理的人类活动而导致的水质降低；对于国家战略水资源水体，应通过发布适当的控制污染源水质标准来确保水质得以维持与保护，有时可准许短期或暂时（数周和数月）的水体水质降低的情况发生，并在允许任何水质降低发生之前，必须通过反降级评审与公众参与的程序。美国水质标准规章（40CFR.131.12）中规定的反降级计划分为3级，并制定了详细的实施框架；在40CFR132.1的反降级标准中，补充了水体指定功能受损的地方，不得降低水体水质的要求。反降级计划中，Ⅰ级要求保护"现有功能用途"水体，不准许任何忽略、阻止或降低水质的行为活动，禁止可能使水质降低至低于保持现有水体功能所需水质要求的活动。在确定了自然水体现有功能的地方，即使不属于指定功能也必须加以保护，即适用于所有水体。Ⅱ级要求维护高品质水体（HOWs），包括水质超过清洁水法101（a）（2）章保护适合钓鱼和游泳等功能水体，应避免任何超过标准的水质降低；在为适应重要的社会或经济发展而不得不水质降级的地方，允许高质量的水体存在有限的降级，但是不得低于保护现有功能所必需的水平，并应达到所有点源污染控制的法令规章要求，实现非点源污染开展的经济合理的最佳管理；当允许高品质水域水质降低时，必须证明该行为是必需的、其产生的益处大于环境代价，并满足所有水质标准并保护水体有益功能用途，对濒危水生物种无负面影响；同时需通过反降级评审及公众参与评审程序。Ⅲ级要求严格保护显著的国家水资源（ONRWs）水体，即全国范围内战略性高品质水体，如国家公园、州公园、野生物种保护区、著名自然渔场水域及其他具有独特娱乐或生态价值的水体；对于这些水体的水质不允许降级，或仅允许水质暂时性降低，禁止任何可能导致永久性降低这类地表水水质的人群活动和新增污染物的排放。

USEPA要求各州须依此框架指导，实施有效的反降级政策及方法，使各地的地表水状况得以持续改善；USEPA以发布的国家水质基准为水体保护基本依据，帮助、指导及督促各州及保护地根据各地的实际情况，由州或部落辖区制定发布各自的水环境标准。在国家规定的3级反降级政策之外，容许州设定额外等级以满足和适应其实际情况与需要。如艾奥瓦州与堪萨斯州设定了2.5级，以保护州内重要水域；印第安纳州将州战略水资源定义为2.9级，执行要求严于2级、略松于3级，由于比国家反降级政策的2级条款更加严格，USEPA承认这类额外等级；密西西比州的水质基准陈述与USEPA规章要求一致；俄勒冈州规定只要轮流放牧的牧场、农业轮作、维持捕捞等的发生频率、强度、持续时间或地理面积不增加，一些多发性人类活动新增的污染排放可不予考虑，无须反降级评审；肯塔基州和俄克拉何马州发布有关已改善的水体条款，规定任何已改善的水体，其水质均不得降级。

（2）澳大利亚水质标准体系

与美国水环境管理类似，澳大利亚的水环境管理技术框架体系相对较关注适用于本国的管理实践，以"国家水环境质量管理技术战略"为例，澳大利亚并不采用严格法律效力的水环境标准体系，其水质基准向水质标准转化过程，主要通过水环境管理的统筹安排和分工管理得以体现。其水环境管理程序由五部分构成。①定义水体初级管理目标，包括环境价值，管理目标和保护程度；②制定本地水体适用的水质基准或标准；③指定水质管理目标，在必要的情况下考虑社会、文化、经济等因素；④建立基于水质目标的监测分析方法；⑤适当分配水环境管理责任。

为实现这一管理程序，澳大利亚设立了三级水质管理体系。①国家层面：通过保护和改善水环境质量，实现水资源可持续利用与经济社会发展的协调统一的目标，同时为保护水环境的最低质量建立国家水质基准；②州或地区层面：在州或区域范围内实施对自然水体的水质保护计划和相关政策程序，提供包括基于国家水质基准而制定的本地水环境质量管理目标的技术框架；③地区或流域河段层面：通过利益相关者参与河段管理目标的制订与实施，对水质目标计划进行补充。

澳大利亚的水质基准由国家环境保护部门负责制订发布，州或地区环境保护部门负责结合当地水生态条件，检验确定地方性水质基准和管理目标；同时，注重社会利益相关者如公众、企业及管理者等在水环境管理各阶段的参与，是澳大利亚水环境管理的主要特点。

（3）欧盟水质标准体系

欧盟成员国在环境基准和标准研究方面开展了大量工作，如欧盟水环境质量基准标准体系、英国与荷兰等的土壤环境基准研究、荷兰与德国等的水质基准研究等。以欧盟水环境政策为例，1996年颁布的污染防治综合指令（IPPC指令，96/61/EC）和2000年颁布的水框架指令（WFD，2000/60/EC）为代表的环境政策指令，对各成员国水环境质量标准的制订起到了督促作用。自1995年开始，欧盟委员会及欧洲理事会环境理事国就水环境管理政策改革达成共识，认为地表水环境管理应实施流域水体综合性管理，要整合成员国共性的涉水政策、设定污染物排放限值、明确水质标准、突出公众参与，要将这些方面及水质保护目标综合集成到一个简约的水环境管理技术政策框架中，并在该框架内开发综合、可持续、一致性的水环境管理政策。按照这种理念，欧盟制定并于2000年颁布实施了水框架指令。

目前，欧盟国家涉及水环境管理政策制定主要集中在水框架（WFD）指令的配套管理技术上。欧洲委员会于2002年开始对《游泳水指令》进行修订，并已基本完成建议方案；2003年启动了地下水新指令的制定；2005年提出了优先控制污染物质指令建议案；2006年提出了《饮用水指令》修订建议案。为进一步完善欧盟的水政策，欧洲委员会还于2005年提出了海洋环境保护的主体战略，包括WFD指令等所有涉水环境立法及现有国际海洋保护协定的要求。WFD指令主要包含26项条款和11个附件，明确了欧盟国家的水资源及水环境保护的目标，规定了目标任务及完成期限，对相关措施的实施方法给出了基础指导性解释，为水环境及水资源的管理提供了基本技术框架，并要求各成员国及技术指导组报告不同阶段指令的实施结果，各成员国以 WFD 为指导原则，各自发布水环境基准或标准，基本构成了欧盟国家的水环境标准管理体系。该框架涵盖了流域或区域水体保护、水环境管理机制、水质监测、水污染防治技术、经济技术分析等多方面条款，该指令提出不应仅注重单一污染物质的控制，应关注对所有水生态风险胁迫因子的综合影响评估，以水体的"良好生态状态"为目标，规定所有成员国在 2015 年达到目标；为协调各成员国完成水质目标，水框架指令还提供了豁免政策，并针对该政策的执行范围、条件等制定了实施导则。如德国水质目标管理的三项原则是：预防为主、谁污染谁付费治理、通力合作。其中，预防为主的原则是：水环境政策的实施不仅限于制止具有威胁性的危险和消除已经发生的危害，而要把大自然看作一个有机整体，它的生态平衡须得到保护，以便长期维持自然水体生态系统的结构完整与功能正常；谁污染谁付费的原则意旨防止、消除或补偿环境压力的费用应当由造成这种压力的单位负担；通力合作的原则主要指任何环境政策的制订与实施，必须与所有利益相关者共同承担责任。

6.1.3.2 我国水质基准与标准进展

从"十一五"时期开始，我国开展了系列有关流域水质基准技术的系统研究。通过近 10 年来开展的如国家水污染控制与治理重大科技专项课题"流域水环境质量基准与标准技术研究"、"重点流域优控污染物水环境质量基准研究"、"流域水环境基准及标准制定方法技术集成"、国家 973 项目"湖泊水环境质量演变与基准研究"及环保公益项目"我国环境基准技术框架与典型案例预研究"等较系统的我国水质基准领域的重要项目课题的研究工作，从无到有，构建了我国流域水环境质量基准的"制定-校验-转化"方法技术框架体系，基本建立了包括水生生物基准、水生态学基准、营养物基准、沉积物基准、人体健康水质基准等基准研制技术平台，获得了包括重金属、有机化合物、农药及氨氮、总氮、总磷等一批典型污染物的我国流域水质基准建议值，为科学制修订我国地表水环境质量标准奠定了一定基础。相对水质基准研究历史较长发达国家来说，我国的水环境质量基准研究工作还较薄弱，但在多方面力量的合作努力下，我国环境保护部门在 2017 年发布了《淡水水生生物水质基准制定技术指南》、《人体健康水质基准制定技术指南》及《湖泊营养物基准制定技术指南》等文件，对我国流域地表水体中保护水生生物基准、水体沉积物基准、水生态学基准及相关营养物基准、人体健康水质基准等的制定及相应水质标准的制修订工作起到了较好的技术支持作用。

相对于水质基准取得的成果，我国在水质基准向水质标准转化方面的研究仍然处于起步阶段。水质基准给出了保护水生生物、水生态学、水体沉积物和人体健康的相关水体中污染物质的基本控制阈值，但对于实施该基准阈值的社会、经济及技术影响因素基本未考虑，其与现行水质标准的管理衔接适用性也应统筹考虑。因此，现阶段需要在借鉴发达国家水质基准或标准体系的成功经验基础上，考虑我国的实际国情，综合社会、经济、技术等因素，提出适合我国的水质基准向水质标准转化的技术指南规范。

6.1.4 技术经济分析

依据现行法规管理体制，主要针对水质基准要转为有实际法律效应的水质标准时，对可能将要作为水质标准发布的水质基准，进行管辖区域内的社会技术与经济效应的可行性分析，评估该水质标准若发布执行的技术经济适用性，从社会技术经济角度，确定该水质基准是否可转作水质标准发布执行。现阶段主要推荐采用二级评估方法（包括初级和二级评估），来科学评估实施保护流域水体的水生生物水质标准的技术经济可行性。其中，初级评估主要考虑目标区域若实施可能的水质标准，其对区域内的国民生产总值及通货膨胀率进行评估分析，计算污染物削减成本指数；二级评估可分三个主体进行分析，即政府部门投资主体、企业投资主体、个人投资主体。其中，政府投资主要是大型公共支出包括：区域水环境治理、水生态修复等，企业投资主要是技术改进、设备更换及排污处理收费等，个人投资主要指水费支付等；公共资金投入评估可采用费用效益分析法，居民经济承受力评估可用矩阵叠加法，企业承受力评估可采用盈利能力测试评估法开展技术经济效应评估。

6.1.4.1 流域或区域污染物总量核算及环境容量计算

采用调查与统计分析等方法，计算一定年份时期，从管辖区域的外部进入及内部工农业行业等产生的污染物主要类别与总量；实际区域水体中污染物总量控制主要依据水体允许的污染负荷量来核算，其技术要点为：①建立区域水体中污染物浓度与其污染效应之间的定量关系。②确定区域水体的污染物水质标准和水环境容量核算模型。③计算区域水体中主要污染物的允许负荷量。根据研究对象不同，一般采用有无机化学物容量模型和有机污染物容量模型。如依据现阶段水质模型研究现状和相关基础数据的获得情况，对于湖库水体中氮、磷等无机盐污染物为主的水环境容量的分析计算，可采用世界经合与发展组织（OECD）提出的混合条件下湖库水体中污染物浓度和水环境容量模型进行分析推导。

6.1.4.2 技术经济评估方法

（1）削减量确定

水体中污染物应削减负荷量一般指为达一定的水质目标，目标水体中至少应削减的污染物负荷量。其表达式为

$$X = P - W$$

式中，X 为污染物应削减量（t/a）；P 为污染物流入区域水体和区域水体本身产生的量（t/a）；W 为区域水体中污染物的环境容量（t/a）。

如假设现阶段以我国地表水氨氮Ⅱ类水质标准为太湖水质管理目标，采用 OECD 模型获得的夏秋季氨氮环境容量为 3.196 ~ 3.497g/（m²·a），冬春季为 12.785 ~ 13.990g/（m²·a），太湖湖区面积约为 2338 km²，计算获得太湖水体的氨氮负荷夏秋

季为 0.383 ~ 0.462 万 t，冬春季为 1.505 ~ 1.848 万 t。考虑氨氮入湖负荷，2007 ~ 2014 年波动范围 0.943 ~ 1.829 万 t，结合考虑夏秋季入湖负荷高于太湖氨氮负荷，分析保守应削减量为 1.829−0.383 = 1.446 万 t。

（2）技术经济评估

技术经济可行性分析主要是为了评估水质标准的实施是否符合管辖地区的技术经济管理水平的适用性，以及是否能够以最恰当的技术措施和最少的经济代价有效控制和预防污染，以达到环境、经济和社会效益的统一，实现可持续发展。

Ⅰ. 污染物削减成本核算评估

水环境污染物的来源一般可分为点源污染和面源污染两类。对于点源污染物而言，要进行消减，需要强化处理工艺技术；各种污染物的处理方法不同，相应的处理成本也不同；污染物的削减成本主要根据污水处理厂的工艺成本进行核算。对于面源污染，需要考虑污染物的主要类别来源，通过调整产业结构，压缩或彻底淘汰部分落后工艺及生产方式，或可考虑替代产品、生产工艺及方式的生产成本等，有时需综合考虑区域内生产总量、进出口产品需求及国际关系及价格的波动对社会民众经济承受力的影响等因素。

Ⅱ. 标准运行的核算成本评估

要科学选取技术经济评估中的变量因素，主要用于评估若新的水质标准实施后，可能产生的环境效益是否大于降低污染物的成本，对企业发展和居民生活产生的影响经济上是否可以接受。

居民实质性影响评估指标主要可用初级评估指标和二级评估指标表述。一级评估主要以污染物削减成本指数为指标，其计算公式为

$$污染物削减成本指数 = \frac{水体污染物削减成本}{区域国民生产总值} \times 100\%$$

一般当污染物控制成本指数大于 2.5% 时，需用污染物控制的人均成本和支付能力指数进一步评估。其计算公式为

$$污染物削减的人均成本 = \frac{水体污染物削减成本}{区域人口总数}$$

$$支付能力指数 = \frac{污染物削减人均成本}{区域人均收入} \times 100\%$$

如假设以太湖湖区水体中氨氮削减对居民生活影响进行评估为例：太湖地区（2013 年）人口约 6000 万，国内生产总值约 5.8 万亿元，为达到 Ⅱ 类水质标准要求，预计湖区水体所需氨氮削减成本 6.73 亿元，推算出太湖湖区水体氨氮削减成本指数约为 0.013%，小于 1%，故预计对湖区居民的经济生活影响很小，而水环境质量将有较大的提高。

6.1.5 基准向标准转化方法原理

水环境质量基准所确定的是水体中污染物质与特定保护生物物种之间的剂量（浓度）-效应关系的客观阈值，是以保护人群水环境暴露健康和水生态系统物种完整性为

目的,用科学试验依据表征的水环境中污染因子的无有害作用(效应)浓度水平,它只是说明当某物质或因素不超过一定的浓度或水平时,可以保护水生态系统完整及相关人群健康,或特定水生态功能正常。环境质量标准是基于环境质量基准,并结合社会管理、经济水平、技术能力及环境质量现状,以保护环境为目的,主要针对环境中各类人为有害物质或因素的浓度或强度水平制定的限度。一般环境基准值本身是科学实验结果,环境标准具有法律效力,环境质量基准可以为环境质量标准的制定提供科学依据。

借鉴当前一些发达国家在水环境基准与标准管理领域的实践经验,水环境质量基准向水环境质量标准转化的主要作用特征可以是:国家环境保护部门负责组织制订满足水体生态功能与人群暴露健康基本需要的国家水质基准技术指导文件,并可发布相应的基本型国家水质标准;省或自治区等地方主管部门主要以国家水质基准为指导,是制订和实施能反映本地区水生态环境特征的水质标准的主体,国家环境主管部门主要负责技术帮助、指导和行政督促地方相关部门制定和实施相应的地方水环境标准;建议现阶段我国地表水质基准或标准所涉及的水体生态保护类型可分河流、湖库、沿海河口三种;同时,我国水环境质量基准向水环境质量标准转化的方法原理目前主要涉及四类水质基准构成的水环境基准方法框架体系,即:保护水生生物水质基准、保护人体健康水质基准、保护水生态学水质基准(含营养物基准)、保护水体沉积物基准等分别向相应水质标准的转化校验与评估;通常污染物质的综合性水质标准可按照以其最敏感的水质基准类型为依据确定保护阈值,以便最大限度地保护水生态系统与人体暴露的安全,并关注公众参与是科学制定环境标准的重要环节。

6.1.6 基准向标准转化途径

我国地理范围较广大,自然环境、经济和技术管理等因素的区域差异较明显,自然水生态系统及人群习惯暴露特征等客观因素对水质基准的确定及相应水质标准的转化发布起主要作用,而社会经济技术因素则是在环境标准制订过程中应评估考虑的影响要素。

建议我国特色的水环境标准制订的主要途径为:确定环境保护目标、选择适用于区域性水环境保护目标的水环境质量基准、直接采用或对水质基准进行流域区域性检验校正或评估,制修订区域或地方性水质标准;以环境质量标准为基础,可进一步制订区域性水体的污染物排放标准等其他相关的水环境监控标准。

环境质量基准向环境质量标准转化所涉及的影响因素主要有:①科学技术因素,包括科学技术的发展是否提升了对环境污染风险的认识水平,如何处理环境质量基准理论与技术研究中存在的不确定性,生态污染现状、环境背景值等对环境基准及标准的影响,及现有环境监测技术能否达到环境基准或新的标准实施的要求等;②社会管理因素,主要考虑指社会利益方,如管理部门、生产企业与社会公众等对公共环境质量的良好期望与实施水平,形成的对环境管理标准的影响;③经济效益因素,包括基于区域性社会经济费用–效应分析、经济发展水平及产业结构变化计划等等对环境管理标准的影响评估。

水质基准向标准转化的指南文件一般包括的主要内容有：前言说明、适用范围、规范性引用文件、术语和定义、编制转化原则、转化方法与途径、经济技术评估与审核及应用附录等。建议的水环境质量基准向水环境质量标准的转化制定主要途径如图 6-1。

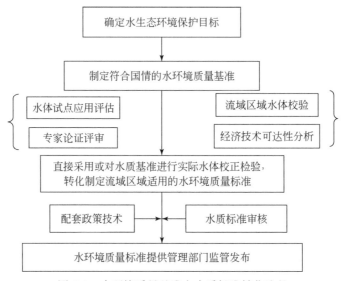

图 6-1　水环境质量基准向水质标准转化途径

6.2　水生生物基准向标准转化技术

6.2.1　适用范围

技术规范建议适用于指导流域或区域地表水体保护水生生物基准向标准的转化研究与制订。对于具体流域区域水体中水生生物的保护，需要充分考虑实际流域或区域水体的水环境保护功能目标、代表性水生生物与水质水文特征、流域社会经济条件及地方水环境管理水平等因素，应综合衡量。

6.2.2　主要引用文件

技术规范建议主要引用下列文件条款：《中华人民共和国环境保护法》、《中华人民共和国水污染防治法》、《中华人民共和国水法》、《地表水环境质量标准》（GB 3838—2002）、《淡水水生生物水质基准制定指南》（HJ 831—2017）、《污水综合排放标准》（GB 8978—96）、《城镇污水处理厂污染物排放标准》（GB 18918—2002）等，如所引用的文件发生修订更新，以最新有效版本为准。

6.2.3 术语定义

水生生物基准（aquatic life criteria，ALC）：水生生物基准是指流域水体中污染物质对水生生物不产生有害影响的最大剂量（或称无有害效应剂量）或浓度，它通常以保护目标水生态系统中至少95%的水生生物物种安全为目的，用科学的试验或调查分析结果表示的目标水体中指定的受控污染物质的安全浓度或阈值水平。它仅说明目标水体中当某一物质或因素不超过一定浓度或限值水平时，将会保护水体中绝大多数（≥95%）水生生物物种的生存安全。保护水生生物的水质基准一般是通过水体中受控污染物同代表性水生物种之间的剂量-毒性效应关系分析，如物种（毒性）敏感性分布（SSD）关系分析，推导确定的安全阈值，它是科学试验或调查研究结果的客观记录和科学推论，一般不考虑人为管理因素而不具法律效力，但它能为环境管理部门制订水质标准、评价水体生态质量及开展水环境质量管理提供科学依据。

水生生物标准（aquatic life standards，ALS）：保护水生生物的水质标准通常以指定受控污染物质的水生生物基准为指导依据，在考虑自然水生态特征和行政区域的社会管理、经济及技术水平等因素基础上，经综合分析评审，由国家相关管理部门颁布的具有法律效力的水环境质量限值或限制水平，是国家或地方部门进行水环境评价、水环境监控和水环境质量管理的执法技术依据。

基准最大浓度（criteria maximum concentration，CMC）：通常基准最大浓度是指短期暴露不会对本地水体中水生生物产生不良影响的最高浓度值，亦即不对水生生物产生急性毒性的最高浓度值，也称急性短期基准。主要是为了防止高浓度污染物的短期急性毒作用对目标水体中水生生物物种造成危害。一般可通过对水体中代表性水生生物的急性毒性分析研究，推导确定保护水生生物的基准最大浓度（急性基准）。该浓度的具体含义是：指定受控污染物在目标水体中一小时的暴露平均浓度，3年内平均超标次数不超过一次。

基准连续浓度（criterion continuous concentration，CCC）：通常基准连续浓度是指长期暴露不会对水生生物的繁殖、生长等生命期产生慢性毒性效应的最大浓度，也称慢性长期基准。一般可通过对水体中代表性水生生物的慢性毒性分析研究，推导确定保护水生生物的基准连续浓度（慢性基准）。该浓度的具体含义是：指定受控污染物在目标水体中4天的连续暴露平均浓度，3年内平均超标次数不超过一次。

生物效应比（biological effect ratio，BER）：针对目标物质（污染物），基于生物物种毒性敏感性分布差异原理，认为本地与外地或中国与外国等不同区域的生态物种毒理学敏感性差异是水质基准产生差异的重要原因，提出的基准外推公式为，中国（本地）水质基准=国外（外地）水质基准×BER；其中，BER值可通过生物学同科的本外地共有物种、本地物种、外地物种的相同毒性终点值的比值分析获得，可通过计算生物效应比对外地或国外水质基准进行制修订，外推产生筛选性的本地或我国基准。

水效应比值（water-effect ratio, WER）：水效应比值是指针对目标物质（污染物），用受试生物物种在研究区域的野外原水和实验室配制水中进行平行毒性试验，然后采用该目标物质在原水中的毒性终点值除以其在配制水中的同一毒性终点值，得到的比值。

水质参数（water quality parameters）：水质参数通常是用以表示目标水体的水质量优劣程度及变化趋势的综合性特征指标，包括物理、化学、生物的水质参数，如水的温度、pH、电导率、硬度、色度、浊度、透明度、水速、嗅度、盐度、溶解氧（DO）、生物需氧量（BOD）、化学需氧量（COD）、细菌总数等。

物种敏感度分布法（species sensitivity distribution, SSD）：是指在结构复杂的生态系统中，不同的生物物种对某一外来胁迫因素（污染物）的毒性敏感程度服从一定的（累积）概率分布，可以通过概率或者经验分布函数来描述不同物种样本对该胁迫因素（污染物）的敏感度差异。

物种敏感度排序法（species sensitivity rank, SSR）：由 USEPA 于 1985 年提出的水质基准制定方法，即基于物种敏感度分布法（SSD）原理，结合暴露时间和暴露频率的考虑，对具体的目标物质（污染物）经 SSD 排序数理推导，可制定两个值：基准最大浓度（CMC）和基准连续浓度（CCC）。为充分考虑生物多样性，用于推导 CMC 和 CCC 的急慢性毒性数据至少涉及 3 个门、6～8 个科的生物，须有较好的代表性，即要为大多数生物（95%）提供适当的保护。

预测无效应浓度（predicted no effect concentration, PNEC）：一般也可称无效应浓度（no observe effect concentration, NOEC），或无可见负效应浓度（no observe adverse effect concentration, NOAEC）；有时实际应用数值或意思基本相近或类似的常有，最高可接受毒物浓度（maximum acceptable toxicant concentiation, MATC）、最低可见效应浓度（lowest-observed-effect concentration, LOEC）、最低可见负效应水平（lowest-observed-adverse-effect level, LOAEL）或安全参考浓度（reference concentration, RF）等。早期用经验性安全外推系数法可简单表述为 $PNEC = LC_{50}/A$，LC_{50} 为生物半致死浓度，A 为安全外推系数，一般取 10～1000。

最终急性值（final acute value, FAV）：主要指水生动物如鱼类、无脊椎动物、两栖类等的急性毒性属内均值排序百分数 5% 处所对应的浓度。

最终慢性值（final chronic value, FCV）：主要是指水生动物的慢性毒性属内均值排序 5% 处对应的浓度值。

最终植物值（final plant value, FPV）：是指目标受控物质（污染物）对浮游藻类或维管束等水生植物毒性试验中的最小（慢性）毒性值。

最终残留值（final residue value, FRV）：目标受控物质（污染物）残留终值通常是残留值的最小值，残留值是目标物质在水生生物的组织或体内的最大允许浓度（maximum permissible tissue concentration, MPTC）与生物浓缩系数（bioconcentration factor, BCF）或生物积累系数（bioaccumulation factor, BAF）的比值。

6.2.4 基准校验制定

6.2.4.1 拟制订水生生物基准的目标物质要求

拟制订水生生物基准的目标物质一般应满足以下要求。

第一，在多数自然水体中不能明显电离的单一化学物质（单质及化合物），但分子式类似的同族有机物（同分异构体）除外，因为这类物质常以混合物形式存在，且具有明显类似的生物、化学、物理和毒理学特性。

第二，对于在多数天然水体中以离子态存在的化学物质，如某些酚类、有机酸及其盐类、大部分无机盐和金属配体络合物等，其本身在物理–化学作用平衡时的所有形式均视为一种物质。如就金属而言，以不同的离子型氧化价态或有机络合共价态形成的不同价态的有机金属化合物也可视为一种物质。

第三，在确定化学物质特性时，应考虑该物质的分析化学性质及其环境归宿。

6.2.4.2 毒性数据筛选原则

作为推导水质基准可采用的毒性数据，一般要求所有化学物质的本土水生物种的毒性数据都应有明确的毒性终点、有符合毒理学基本原则的剂量–效应关系、毒性测试阶段或指标有详细描述、毒性数据结果可重复比对；对于同一个物种或同一个终点有多个毒性值可用时，建议使用几何平均值，随着检测技术不断提高，毒性数据也在不断更新，因此尽量选择较新的有效毒性数据，并包括物种生活周期敏感阶段的毒性值；基于保护水体生态系统物种多样性原则，可尽量多选择区域水体中一些代表性敏感物种的毒性值进行基准值的分析推导，同时我国流域地表水保护水生生物基准的推导中，可实行的基准推导最少物种毒性数据需求（MTDR）原则是采用我国"三门六科"本土水生生物的毒性数据，以便得出的水质基准能为流域水体中水生生物提供较全面的保护。

对水质基准推导采用的有效毒性数据的评估和分析需要运用专业性强、公认度高的数据质量评估方法规范，以确保试验终点效应的一致可靠性。一般较认可的毒性数据评估重点关注可靠性、相关性和实用性，数据可分 4 类。

第 1 类，无限制可信数据（reliable without restriction）：文献或报告描述的研究过程符合或者在一定程度上依据国内外公开发布的试验方法准则，实验室最好经过良好实验室规范认可（good laboratory practice，GLP），或者研究中的所有参数能与发布的方法准则密切相关。

第 2 类，限制性可信数据（reliable with restrictions）：当文献报告所描述的研究方法没有完全按照 GLP 认可，或者试验参数没有完全遵循试验方法准则指南，但能有充足的依据证明这些试验结果可被重复检验有效、能够科学接受的数据。

第 3 类，不可靠数据（not reliable）：试验报告中包括了与试验方法准则相矛盾的试验过程或内容而产生的数据，如在数据分析检测、试验步骤内容、试验生物及效应识别、试验体系设计与选择等方面产生的可信度不高的数据。

第4类，不可使用数据（not assignable）：文献报告中的数据研究过程没有提供足够的试验过程、非本土化（如国外物种）或非目标水生态类型（如淡、海水）的生物毒性数据、仅列在摘要或次级文献中无法科学溯源、非实验的经验模型推测数据、数据分析方法不确定或数据无法实验或调查重复检验而不能被接受。

根据上述分类，在收集筛选毒性数据时，应优先选用第1、2类数据，即无限制可信数据和限制性的可选数据，谨慎选用第3类数据，不使用第4类数据。

科学制订国家或区域适用的保护水生生物基准，需建立在采用本土生物大量毒性试验数据的基础上，对所需数据的有效性收集范围应符合以下原则。

1）收集与指定受控物质相关的基准制定可用资料：包括指定物质对目标水体中本土水生生物的毒性及其水环境风险评估安全阈值，以及水生态食物链中较高营养级物种的慢性摄食试验与长期野外调查研究结果。

2）对于所有使用的试验数据均应来源于注明日期和署名的公开文件（出版物、会议文稿、科研报告、政府文件、备忘录、知识产权等），同时应有足够的信息证明试验程序的合理性和试验结果的可靠性。

3）一般避免使用可疑数据。如试验报告中没有对照或重复试验数据，实验方法过程明显偏离标准规范且无合理解释说明，试验对照组生物死亡过多或显示出试验过程的质量控制有问题等不良影响。

4）在适当情况下可以使用工业级纯度物质的试验数据，避免使用配方为混合物的试验数据。

5）对于易挥发、环境中易水解或降解的物质，可使用流水式毒性试验结果，并建议采用合理的分析方法对受试物质的浓度变化进行合理监控。

6）不应使用已受到目标物质或其他物质较高浓度暴露污染的水生生物，来进行毒性试验获得数据。

7）有时可疑数据、混合物及其乳状浓缩物的试验数据、采用曾经受到较高浓度暴露污染的生物而获得的数据、模型计算数据等可用来提供一些辅助风险评估信息，但是不应直接用来推导水质基准。

8）为保证保护水生物物基准推导的科学性和有效性，减少毒理学效应终点及技术方法产生的不确定性，通常不采用单细胞生物（可光合作用的藻类单细胞植物除外）、生物个体水平以下或体外试验终点的数据，一般也不应采用仅依据经验模式计算获得的不可试验重复检验的推测性毒性数据。对于大尺度实验数据，如中宇宙试验等现场数据主要在基准向标准转化与校验评估过程中采纳。

6.2.4.3 推导水质基准所需的最少物种毒性数据

为科学推导检验保护淡水水生生物的水质基准，一般需获得下列数据。

第一，合理的急慢性毒性试验结果：应至少选用以下3个门6个科的水生动物作为水生生物基准推导的毒性试验的受试物种。包括硬骨鱼纲鲤科；硬骨鱼纲非鲤科的物种；脊索动物门中的其他一个科（硬骨鱼纲或两栖纲）；甲壳类的1个科（如浮游甲壳枝角类、桡足类及等）；昆虫纲的 1 个科（如摇蚊、蜉蝣、蜻蜓等）；节肢动物门和脊索动物门之外的一个门中的一个科（如轮虫纲、环节动物门、底栖软体动物门等）。

第二，至少三个水生物种的急-慢性毒性效应比，水生生物应满足的要求包括以下三方面，至少一种是鱼类；至少一种是无脊椎动物；至少一种是对急性暴露极其敏感的淡水物种。

第三，至少有一种淡水藻类或维管束植物的有效毒性试验结果数据。如果该植物属于对受试物质最为敏感的水生生物，则应有另一个门的植物毒性试验结果。

第四，当指定受控污染物的最大允许生物组织的积累浓度可检测时，可以合适的淡水物种试验来确定目标污染物的生物富集系数。

上述规定为制订本土水质基准所需的最少数据信息，如果现有本土物种的毒理学数据不能满足上述要求，则应补充进行相关的水生物毒理学试验。

6.2.4.4　基准及标准转化的毒性试验校验要求

第一，毒性数据校正方法分为两大类：生物效应比值法和水效应比值法。毒性数据校正分为三个步骤：一般性生物校验、针对性生物校验和土著敏感生物校验。一般性生物校验是指在生物分类学的主要三个门的水生生物中各选一种生物进行毒性测定校验；针对性生物校验是指根据生物毒性敏感性排序，选择特定生物进行毒性测定校验；土著敏感生物校验是指选择研究区域（特定区域）水体中具有代表性的敏感本地物种进行毒性检验性测定和数据校正。

第二，毒性数据校验要考虑到目标水体的主要水质参数因素，如水温、电导率、盐度、pH、浊度、叶绿素、溶解氧等。要求采用新鲜的原水（简单吸附过滤等物理操作）进行毒性校验试验，一般不采用存放时间过久及二次曝气的原水进行实验。取得目标区域的原水，应进行粗过滤：用尼龙网对取得的原水进行初步过滤，去掉原水中枯枝败叶、大型生物等较大体积的试验干扰物体。对于含较多污染物的原水，可以采用活性炭过滤的方式去除一般污染物。方法如下：制备活性炭（60~120 目）填充的玻璃过滤管，对粗过滤获得的原水进一步进行去除部分有机物过滤。经活性炭过滤后的水样，水中主要污染物含量需达到我国现行地表水的Ⅰ~Ⅱ类标准限值，如果原水取自水源地，则可以经过粗过滤后直接使用；若粗过滤水中的污染物浓度超出Ⅰ~Ⅱ类水质标准限值，则需对柱中的活性炭进行更换再处理；若因实际区域水体的背景值原因导致滤出水中某种污染物浓度超过地表水Ⅲ类标准，则需在校验报告中特别说明，在不降低实际水体的现有自然水生态功能的条件下，可依据实际水体背景状况校验调整地区性水质基准或标准。

第三，毒性校验采用的受试生物应提前在实际水体的原水或实验室配制水中进行驯养，要求在连续曝气的水中至少驯养一周，一般在生物驯养期观察到的个体死亡数应小于饲养生物总数的 10%，该批生物方可用于毒性试验；且急性毒性试验前 24h 停止喂食，实验过程每天清除食物残渣及粪便。实验采用的生物个体必须选自同一驯养池且龄期大小规格一致，无明显疾病及畸残现象。

第四，在正式校验实验前有时可依据实际校验目的进行限度试验，即以受试生物在试验液中的最大溶解度作为限度试验浓度，有些毒性风险评估的试验方法容许若当受试物质的最大水溶解度大于100mg/L时，则以100～500mg/L作为试验浓度，如果受试生物的致死率低于10%，则可评价判断该物质属低毒性而不需进一步的毒性终点剂量的确定试验，否则按照分析步骤进行完整试验。由于推导水质基准的物种毒性数据通常需要明确的定量毒性终点浓度，故不建议采用限度试验的方法仅获得定性毒性，来开展水质基准或标准转化的毒性校验试验。

第五，一般先进行预实验才开展正式毒性实验。预实验的目的在于确定受试物的大致毒性浓度范围，预实验时污染物浓度间距可宽一些（如0.1mg/L、1mg/L、10mg/L），设3～5个浓度，每个浓度的试验容器置5个单位生物，通过预实验找出受试物质的100%生物致死浓度和最大耐受浓度（约5%受损）的范围，然后在此范围内设计出正式试验的浓度梯度。在预实验中，应及时关注受试物的稳定性状况及pH、硬度等水质参数的改变对毒性效应的影响，以便科学设计正式实验的过程方案。

第六，根据预实验的结果确定正式试验的浓度范围，一般按几何级数的浓度系列（等比级数间距）设计5～10个浓度，每个试验容器置生物10～100个单位（单细胞藻类浓度可设1×10^7～1×10^8个/mL），每个浓度设3个平行样。通常以不添加受试物的溶剂空白作为对照样，试验开始后，急性试验通常于24h、48h、72h和96h，亚慢性或慢性试验可于7天、14天、21～28天或3～12月定期观察，记录每个容器中能活动的生物数，并取出死亡生物个体，测定0～100%生物致死的浓度范围，并记录实验过程中的生物个体行为供试验报告分析说明；一般要求至少在实验开始与结束时须测定受试物质浓度，实测浓度与配制浓度的相对偏差应小于20%。

第七，同一物种获得的同样急性或慢性毒性终点值若相差10倍以上，则需要将边界外的值剔除，如果无法确定哪个值是边界外值，则该物种的所有数据都不应该用于推导基准，需要对受试物进行比对性重复校验试验来确定毒性值。

第八，针对区域物种的保护，可采用生物效应比值法进行毒性数据的校正，以加强对区域本地代表物种、特有物种，以及重要经济或娱乐物种的保护。针对区域水质特征，采用水效应比法进行毒性数据的校正，能够制定适用于区域水环境特征的地方区域性水环境基准或标准。应关注校验试验获得的急性和慢性毒性终点值要与国际或国家等上一级模式或代表性物种的同样毒性终点值进行对比分析。如果区域性本地物种的毒性值均大于上一级基准或标准值，则在区域内可直接采用上一级水质基准或标准值，也可根据实际情况重新计算水质基准阈值；若区域物种的毒性值小于上一级基准或标准值时，则应注意搜集目标污染物的本土物种毒性数据，将其与测试获得的区域物种毒性数据合并，可采用物种敏感性排序（SSD-R）法计算短期和长期的区域性水环境基准并依据实际情况可转化为水质标准。

第九，建议校验试验优先使用实际水体的原水和当地生物物种的组合，次之可选择利用原水和标准测试生物，或当地生物和实验室配置水的组合来进行校验试验；在采用当地生物进行原水试验的同时，进行实验室配置水的平行毒性校验试验对比分析则可能效果更好。

6.2.4.5　基准校验技术审核

水质基准或标准的技术审核，主要是对基准值校验推导过程中使用的区域性水生生物试验或调查数据及基准推导步骤进行校验评估，以确定获得的相关水质基准值的科学适用性。通常在没有其他数据证明有更低数值可以使用的情况下，基准连续浓度（CCC）等于最终动物慢性值、最终植物毒性值和最终生物残留值中的最小值，也就是取 FCV、FPV 和 FRV 中的最低值作为 CCC；如果毒性与水质特性有关，可在最终动物慢性值、最终植物毒性值和最终生物残留值中选择一个或综合均值得出 CCC；如有足够的校验试验结果表明区域性水生生物基准值应在国家基准的基础上增高或降低，则应作适当的审核调整。并可依据实际水体管理需求，将 CCC 或 CMC 转化作为相应的水质常态标准或应急标准。

6.2.5　标准转化方法原则

6.2.5.1　标准建议值转化定值途径方法

基于保护水生生物的水质基准转化为相应的水质标准的定值技术途径主要有：实际流域区域水体中水质基准校验并转化为相应标准建议值、专家评审、区域地方性水质标准值确定等三部分。①针对实际区域水体，开展水生生物基准的校验试验分析，进行基准向标准建议值转化的试点应用研究，说明制定的水质基准或标准建议值与达到水体指定功能目标之间的适用性关系；②通过专家评估审核经校验提出的水质基准或标准建议值的示范性应用，判断能反映实际水体指定功能用途的相关水质标准推荐值的适用性；③在对实际监测的水质指标数据所能代表的水体功能状态评审说明基础上，确定区域性水质标准值。水生生物基准向标准转化技术途径框架见图 6-2。

（1）水质基准适用性试点校验

针对实际区域水体的指定水生态功能用途，选择适当的现有水体功能代表性示范点开展基准适用性校验应用研究。流域或区域的代表性水体选择主要应考虑示范点的自然水生态系统功能完整性、本土水生物种丰富度及相关水域的水量、水质等因素。一般水生生物基准值在选定的实际区域性水体的示范点至少观测或校验试验应用 6 个月，收集与校验相关的水质监测数据和主要水质指标数据供经济技术可行性评估和专家评审使用。其中供试点校验评估的数据选择应该遵循以下原则：在所收集的区域水体的主要水质监测数据中，可根据目标试点水体的实际水域大小状况，一般可选择10~100个或更多完整的监测数据，尽量考虑保证分析数据的客观有效性和充分必要性，并使数据涵盖整个区域水体的监测范围，能够代表研究区域水体的水质状况；选择可能与保护水生生物标准直接相关的水质因子，如主要包括温度、pH、硬度、盐度等进行相关基准校验试验研究；可建立监测数据与校验的水质基准或转化的水质标准之间的相关性数据信息表，充分比较分析基准校验值或可能的标准转化值在实际水体中的应用适用性。

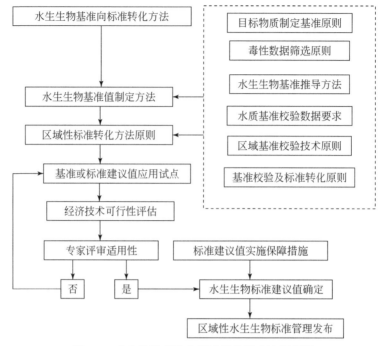

图 6-2 水生生物基准向标准转化技术途径框架

（2）适用性专家评审

Ⅰ. 监测数据采集

依据实际流域特点，采集专家评估比较分析所需的水质监测特征参数与数据量。建议实际水体具体某个评估河段或水域的水质评估比较的监测项目及数据量不少于10个，可根据现有流域的水质基准校验示范点对目标污染物的监测数据情况适当增减，数据应有代表性，覆盖示范点水域监测的整个范围，并尽量保证数据的客观分布性，应包括流域或区域不同季节数据。

Ⅱ. 专家评估

选择长期从事水质基准或标准研究，并对研究区域水体的生态与水环境污染特征熟悉的专家，针对水质基准校验转化的相应水质标准建议值进行流域区域水体功能保护的适用性评估审核，以确定水质基准经实际区域性水质及水生生物校验后，转化为区域性水质标准的科学有效性。

（3）标准建议值确定

将经过专家评估的区域水质标准建议值，进行管理区域内水质标准的经济技术可行性评估，也可考虑同时将标准建议值在示范点水体开展应用评估，最终由主管部门审核确定目标区域水体的水质标准建议值供发布施行；一般省市等管理部门确定的地方区域性水质标准应上报国家主管部门审批备案才可实施。

6.2.5.2 经济技术可行性分析

推荐经济技术可行性分析采用二级评估的方法，分为初级评估和二级评估两个部分，对研发的保护水生生物水质标准建议值的技术经济可行性进行评估。

（1）初级评估

某种受控污染物的水生生物水质标准的实施，可能会造成目标区域内国民生产总值（GDP）的变化，一般 GDP 是用来衡量区域或地方性经济发展综合水平的通用指标。可以通过评估实施水质标准的成本占区域国民生产总值的比例大小，来衡量水质标准变化导致受控污染物削减成本改变，而由此产生的对当地国民经济发展的影响，以及受控污染物削减是否达到应有的预期控制效果。一般受控污染物的消减成本指数可表征为

$$污染物削减成本指数 = \frac{污染物削减成本}{研究区域国民生产总值} \times 100\%$$

通过对需控制污染物的水质标准实施，水环境质量得以保护和改善，主要将污染物消减成本指数与国家环保公共投资指数比较，如果该指数小于国家环保投资指数，可认为标准实施可能对区域经济没有较大影响；如果该指数大于国家环保投资指数，可认为该标准的实施可能会对区域经济有较大影响，但目标水体的水质可能有较好的控制。

（2）二级评估

推荐分三个主体进行评估，即政府公共资金投资主体、个人投资主体、企业投资主体。政府支付主要是大型公共支出，包括实际管理区域内公共水环境治理、水生态修复、水处理工厂建设等方式支付；个人支付主要通过用户的水费及水污染处理费用等方式支付；企业支付主要是通过企业自身的技术改进、设备更新及增加，以及排污收费治理等方式支付。

Ⅰ. 公共资金投入评估——费用效益分析法

费用效益分析法主要用来评估公共投入水质标准改变控制成本和其所产生的效益，其目的是在现有的经济技术条件下，以最少的费用取得最大的收益，其基本原则是效益应大于费用。

第一，费用。

费用既包括项目初始投入和维持运转费用，也包括项目实施的负效益，如水库建设项目因抬高水位而淹没了森林、农田等，就是水库建设项目的负效益，也应归入项目的费用之中。

第二，效益。

效益主要应包括社会、环境、经济效益 3 个方面。

$$B_t = CB_t + EB_t + SB_t$$

式中，B_t 为第 t 年产生的效益；CB_t 为第 t 年产生的环境效益；EB_t 为第 t 年产生的经济效益；SB_t 为第 t 年产生的社会效益。

环境效益计算。环境效益主要是指通过水质标准实施、水质保护改善，使目标区域内人群生活质量提高的效应。采用环境防护费用作为环境效益计算的主要指标，公式为

$$CB = \sum_{i=1}^{n} FB \times N$$

式中，CB 为总环境效益，FB 为防护费用单位成本，N 为水质标准变化值。

经济效益计算。经济效益是指通过水质的保护或改善所带来的直接经济有益影响，经济效益较为容易货币化，通常计算公式为

$$EB = \sum_{i=1}^{n} EB_i \times N$$

式中，EB 为总的经济效益，EB_i 为第 i 种效益由于水质下降产生的单位经济影响；N 为水质标准变化值。

社会效益计算。社会效益是指通过对污染物的削减，使区域内的水环境质量保护或改善从而带来的社会有益影响。一般社会效益属于间接效益，不产生直接的经济效益，可通过调查公众对社会管理的满意度或公共支付意愿，确定水质保护的潜在环境价值。社会效益的计算公式为

$$SB_t = P_t \times 365$$

式中，SB_t 为第 t 年产生的社会效益，P_t 为第 t 年区域居民对水质标准的支付意愿。

支付意愿是研究实际管理区域内，居民对于水质保护及改善愿意支付的费用成本；支付意愿主要用来确定某些没有公共定价的商品，在环境质量的评估中有较广泛应用，可采取问卷调查的形式对实际区域内公共支付意愿进行调查评估。

第三，费用效益分析评价指标。

经济内部收益率。经济内部收益率（EIRR）主要是指项目在执行期内各年度经济净效益流量的现值累计，相当于项目启动时的折现率，是反映项目对实际区域内国民经济贡献的相对指标，其判断标准是社会折现率。一般当经济内部收益率等于或大于社会折现率时，表示该项目对本区域国民经济的净贡献达到或超过了要求水平，这时应认为项目是可以考虑接受的，反之则可能经济效益不适当。主要公式为

$$\sum_{t=1}^{n} (CI - CO)_t (1 + EIRR)^{-t} = 0$$

式中，CI 为现金流入；CO 为现金流出；$(CI-CO)_t$ 为第 t 年的净现金流量；t 为发生现金流量的动态时点；n 为计算期。

经济净现值。经济净现值（RNPV）主要反映项目对实际区域国民经济所做贡献的绝对指标。一般当经济净现值大于零时，表示项目经济效益不仅达到社会折现率的水平，还带来超额净贡献；当净现值等于零时，表示项目的投资净收益或净贡献刚好满足社会折现率的要求；当净现值小于零时，则表示项目投资的贡献达不到社会折现率的合适要求。通常经济净现值大于或等于零的项目，其经济效应认为是可行的。经济净现值的计算公式为：

$$RNPV = \sum_{t=1}^{n} (CI - CO)_t (1 + i_s)^{-1}$$

式中，i_s 为社会折现率，$(CI-CO)_t$ 为第 t 年的净现金流量。

效费比。一般效费比指经济效益和费用之比，效费比是反映区域内的某环境项目对国民经济所做贡献的相对指标，效费比（α）的计算公式为

$$\alpha = \frac{项目净效益}{项目费用}$$

一般评价环境项目的经济效益的最基本判据是：效费比 $\alpha \geqslant 1$，即效益应大于成本费用（或代价），或效应与费用的比值至少等于1；否则，则经济上不合理。若 $\alpha \geqslant 1$，表示社会得到的效益可能大于该项目或方案的支出成本费用，项目或方案可行；若 $\alpha < 1$，表示该项目或方案的支出成本费用可能大于社会公共效益，则该项目或方案可能效应不合适而应放弃。

Ⅱ. 居民经济承受能力评估

实际管理区域内，水污染物治理对居民的经济效应影响评估的主要内容是当新的水质标准执行后，区域内居民需要额外支付的经济成本是否会对生活造成较大的不利影响。目前我国公共水环境污染防治以政府投资为主，居民承担部分费用，主要为污水处理费和自来水资源费。在水质标准实施适用性的技术经济效应评估中，可采用二级矩阵评估方法对居民的经济生活承受力进行评估，具体包括一级测试、二级测试、二级评估矩阵叠加三个步骤。

一级测试即家庭支付能力测试。通常一级测试是以居民家庭支付能力作为指标，即新的水质标准实施后，家庭可能需要支付的相关污染物防治费用占家庭总收入中值的比例；当人均年度污染控制成本低于家庭人均收入值的1%时，一般认为环境污染物的控制成本不会对居民产生实质性的经济影响，因此筛选值选择区域内家庭人均收入中值的1%。当年度污染控制成本和家庭人均收入的比值为1%~2%时，预计可能对本区域的居民家庭会产生中等经济影响；当人均年度污染控制成本超过2%的家庭人均收入值时，则表示该项目可能对实际区域内家庭造成较不合理的经济影响。

$$家庭支付能力指数 = \frac{每户平均年度治污成本}{家庭收入中值}$$

二级测试主要以受影响主体的经济状况为评估目标，采用累计二次平均得分来量化分值，即某一次调查测试值与实际区域或国家的平均水平值相比较，当比较结果弱则得分为1分，当比结果为中度则得分为2分，当显示为强则得分为3分，最后将所有二级测试指标的得分相加计算平均值，并在计算时不考虑各个评级指标的权重。二级测试一般提供两类测试共6个指标，见表6-1。

表6-1 二级测试指标

类别	指标	弱（1分）	中（2分）	强（3分）
社会经济测试	家庭收入中值	低于平均水平10%	平均水平10%浮动	高于平均水平10%
	失业率	高于平均水平1%	平均水平1%浮动	低于平均水平1%
	贫困发生率	发生率小于1%	1%~2.8%	发生率大于2.8%
家庭财务测试	家庭资产负债率	负债率大于50%	30%~50%	负债小于30%
	人均可支配收入	低于平均水平10%	平均水平10%浮动	高于平均水平10%
	居民消费价格指数	高于平均水平1%	平均水平1%浮动	低于平均水平1%

通过上述分析，可以得到一级测试家庭支付能力的百分比及二级测试的得分值，并采用二级评估矩阵叠加法可得到相关新标准实施后对居民可能的经济影响，具体见表6-2。

表 6-2　二级评估矩阵叠加

二级测试分数 （按照指标得分计）	一级测试指标		
	<1.0%	1.0%~2.0%	>2.0%
<1.5	?	×	×
1.5~2.5	√	?	×
>2.5	√	√	?

注：表中，"√"表示新的水质标准实施，可能对于实际区域内居民的经济活动影响较小，是可以接受的；"?"表示新标准的实施对于区域内居民经济活动的影响不确定，可考虑进一步综合判断新标准实施的可行性；"×"表示新标准的实施对于区域内居民经济活动的影响可能较大，需要考虑暂不实施新标准建议值，或者也可考虑通过补贴政策等减小居民经济影响，来综合判断实施新标准的可行性。

Ⅲ. 企业承受能力评估

企业发展承受力评估主要是用来评估新的水环境标准实施后，实际管理区域内是否会给企业带来额外经济成本而导致企业盈利能力不利改变，或影响企业的正常运营和发展等。一般在企业发展承受力评估中，最关注的是企业是否能继续盈利生产，如果不能继续盈利，则可能会导致企业无法继续在该区域开展经济活动，或企业可能会采取搬迁、裁员等手段保证企业可继续经营发展，这可能对实际区域的经济发展及社会就业率等会产生一定影响。企业的利润测试计算式为

$$利润测试 = \frac{需评估企业收入}{该地区同类型企业收入}$$

利润测试需要计算企业中有水污染物控制标准的成本和没有污染物控制标准的成本两种情况。第一种情况，假设企业最近一年的年度施行污染物控制标准的成本（包括设备、人员的运行维护费用），采用评估企业的收入减去污染物控制成本后的实际利润计算；第二种情况，假设按照原有水质标准管理，企业不需支付新增污染物标准的额外污染物控制成本，采用评估企业的实际利润计算。

（3）标准建议值应用评估

通过标准建议值的经济技术可行性评估结果，经过专家研讨和评估来调整标准推荐值的数值，然后把调整后的标准推荐值再次在实际区域的示范点应用并进行相关经济技术评估，再确定修订的实际流域区域的水生生物标准值。

（4）实施保障措施

为保障提出水环境质量标准的有效实施，可依据实际技术管理需求，制订相关配套的技术措施；主要措施可有一般性保障措施及水质反降级政策等。

Ⅰ. 一般性保障措施

建议一般性保障措施主要应该包括以下几方面：健全实际管理区域内地表水体污染防治的管理机制，明确水污染防治的责任和任务的分工；严格执行管理区域内水体污染物排放标准，完善相关法律法规；提高对水体污染源的监管、监控能力，加强监督执法；加强实际区域水体的典型断面水质监控，及时反馈河流及湖泊水环境综合整治效果；制订水体污染物应急处置预案，强化突发性水污染事故的应急处置能力；拓

宽水环境污染治理项目的融资渠道，加大投入力度；加强科技攻关，研究水体污染防治的适用技术；提高社会公众参与度，充分发挥管理者、企业、公众三者的联合作用。

Ⅱ．水质反降级政策

水环境质量的反降级政策分为3级，促进区域地表水体的水质持续改善。

1级要求：对于所有水体，应确保维护现有水体功能所需的水质水平。

2级要求：对于良好水质的水体（包括适合钓鱼和游泳的水体），应确保无不合理的人类活动而导致的水质下降，避免已达良好标准的水体水质降低。

3级要求：国家或实际区域内战略性自然水资源，如国家公园、野生物种保护区及自然渔场及其他具有独特娱乐或生态价值的水体，应严格控制人类活动可能产生的水污染，防止可能导致这类水体水质永久性降低的活动及新增污染物的排放，确保水质得以维持和保护。

一般不允许区域内地表水体的水质降级，或仅允许水质暂时性短期（数周或数月）降低的情况发生。

6.2.6 说明事项

6.2.6.1 转化说明

水环境基准向标准的转化根据标准种类、应用区域，以及污染物种类的不同有不同的方法，指南性技术对于国家级水质标准的转化，当毒性数据较为充足，如数据多于10个物种的SMAV或SMCV时，建议采用物种敏感性分布（SSD）技术，对水生生物基准进行相应的水质标准转化；对于实际流域区域水体的水环境标准的转化，如果目标受控污染物的毒性受到具体水质参数或本地物种的影响显著，可以根据区域性特征水质参数或本地典型水生物对保护水生生物的水质标准进行校验转化，即对于具体区域性水质基准向水质标准的转化，可采用水效应比（WER）及生物相应比（BER）技术对基准值进行校验，并经评估审核，依据实际管理需要，可分类、分级转化为标准建议值。

6.2.6.2 注意事项

通常水质标准建议值确定后，一般需重点关注的事项有以下5个方面。

1）如有新公布或发表的可能影响水体中受控污染物基准的毒性数据，应考虑检验修正。

2）试点水域的水生生物是否对提出的目标污染物的水质标准值敏感，或存在对目标污染物的高生物富集效应，如是则应及时检验校正标准值。

3）新标准试点水域是否存在同类型的污染物毒性叠加作用，如有机烃酚类、有机磷类农药等的叠加作用，则可能对实际水体中水生生物产生毒性叠加效应，应依据实际水体校验状况，修正水质标准值。

4）随着社会经济结构的调整，流域区域水体功能可能发生变化，如新设立饮用水源地保护区、珍稀水生生物保护区等，则相关水质标准值应及时校验修订。

5）当国内、外新研究成果表明，受控污染物的毒性或水环境风险降低或提高时，应及时检验校正相关水质标准，以免水质标准"过保护"或"欠保护"。

6.3 水生态学基准向标准转化技术

6.3.1 适用范围

本技术规范建议规定了基于自然水生态系统的水生态学基准值向相应水生态学水质标准转化的原则要求，主要适用于我国流域区域性地表水体如河流、湖泊（水库）及河口区水生态学基准向水质标准的转化校验。

6.3.2 引用文件

本技术规范建议主要引用下列文件条款：《湖泊和水库采样技术指导》（GB/T 14581—93）、《地表水和污水监测技术规范》（HJ/T 91—2002）、《淡水生物调查技术规范》（DB43/T 432—2009）、《海洋调查规范》（GB/T 12763—2007）、《海洋监测规范》（GB/T 17378—1998）、水质采样技术指导（GB/T 12998—91）等。如所引用的文件发生修订更新，以最新有效版本为准。

6.3.3 术语定义

生物学基准（biological criteria）：指用于描述满足维持正常自然水体生态系统功能所涉及的生物物种、种群及群落的自身平衡、保持结构完整和适应水环境变化的能力，具有水生态完整性的生物系统的结构和功能的描述型语言或数值，也称水生态学基准。

水生物调查（biological survey, biosurvey）：通过收集、处理和分析具有代表性水生生物群落以确定其结构和功能特征。

水生态完整性（water ecology integrity）：通过化学、物理和生物属性的度量，来表征正常未受损水体的自然生态系统的正常状态；主要包括水生态系统中生物物种、种群及群落所具有的维持自身平衡、保持水生态系统结构完整和功能健全的能力。

水生态学基准（water ecological criteria, WEC）：指用于描述满足维持正常水生态功能，保护生物、物理、化学完整性的水生态系统结构和功能的描述型语言或数值，包括自然水体中影响水生物种、种群及群落等食物链营养级结构变化的营养盐物质的营养物水质基准；也称生物学基准。

水生态学标准（water ecological standard, WES）：以水生态学基准为依据，并考虑国家或区域的社会与经济技术等因素，经过综合分析评审，发布的具有法律效力，保护水体生态系统功能完整性的受控物质的水质标准限值。

水生态功能区（water ecoregion）：具有相似的气候、地貌、水生态特征、水文水质或其他生态相关变量的同质水生态系统区域。

生态完整性指数（ecological integrity index，EII）：通过对目标生态系统的化学、物理和生物因子的完整性度量数值分析，来表征该生态系统未受损的程度或状态的指数。

参考状态（参照点）（reference condition，RC）：通常指某水体的生态系统基本处于未受外来污染物质损害或受影响极小的自然状态，且对该类水体的生态学结构与功能的完整性表征具有代表性价值的具体水生态区域或点位。

综合指数法（comprehensive index method，CI）：基于生态参照状态，将多个数值型指标（indicators）和描述性指标（metric）参数融合成一个数值型指标来表征生态学基准的一种方法。

频数分布法（frequency distribution method，FD）：对调查总数据按某种规则进行分类或分组，统计分析各个类别内含个体的个数，再将各个类别及其相应的频数列出并排序的方法。

三分法：（trisection method）：一般指将水生态系统参照点的分布区间经验性划分三部分，分别赋值1、3、5，表征水体具有"差、中、好"的水生态完整性。

压力源（Stressors）：主要指对水生生物或生态系统造成不利影响的物理与化学的因素。

6.3.4　基准向标准转化原则

6.3.4.1　总体原则

以水生态系统的结构与功能完整性保护为目标，流域或区域水环境生态学基准就是以保护流域地表水体的生态系统完整性为目的，用于描述满足指定水体生态功能用途，具有正常水生态系统物种、种群及群落结构和功能的描述型语言或数值。而相应的水环境生态学水质标准则是以水生态学基准为依据，结合考虑国家或实际区域性社会、经济及技术等因素，经过综合检验评估审核，发布的具有法律强制性的水质限值。

6.3.4.2　水生态功能分类确定

对水体的生态分类或分区可以在地理区域、生境特征等不同的空间尺度上进行。可以根据气候、地貌等特征将水体划分为不同的地理区域，在此基础上考虑水文、地质等特征划分不同的区域，最后可以基于具体的生境特征将流域划分为不同的水体类型。在分类过程中可以根据水体的水文特征（潮汐、盐度、深度等）、水环境特征（温度、pH、透明度、溶解氧、浊度、营养元素、污染物等）等对水体进行分类。对已经确定的分类可以进行统计学检验，分类的单因素检验包括所有两个或更多组之间的标准统计学检验如：t检验、方差分析、符号检验等。这些方法是用来检验各组间的明显差异，从而确定或拒绝分类。

一般流域或区域性水环境生态学基准向标准的转化，主要应关注实际区域水体生态功能特征的差异性。如现阶段我国流域水生态功能分区方案中，一级、二级分区主要根据地理气候指标划分，反映流域的水生态系统的生境特征，侧重为水环境管理提供水生态生境信息；三级、四级分区主要根据水体的生态功能指标划分，体现水体的生态功能类型差异，着重为水环境管理中水体功能目标的制定提供支持。当前我国地表水体的生态功能类型区划主要包括：自然保护区、饮用水源地、鱼类繁育区、娱乐用水区及相关的航运、工农业生产用水等，水环境生态学水质标准的转化确定，应能满足保护实际水体生态功能完整性对水质的基本要求。

6.3.4.3 水生态参考状态选择

针对实际水体生态类型，需要选择合适的水生态参考状态。生境参考状态的确定一般有四种方法：①历史数据估计法；②参照点调查采样法；③模型预测法；④专家咨询法。每种方法各有优缺点，比较见表6-3；需依据实际情况综合使用。

表6-3 建立参考状态的四种方法比较

特征	历史数据	调查数据	模型预测	专家咨询
优点	反映生境的历史状态信息	当前状态的最佳描述，适用于生态物种或群落现状分析	适用于较少调查数据量，适合于水质风险预测	适用于生物集合的分类，融入经验判断
缺点	历史数据调查，目的或侧重点可能不同，需客观分析采用	所有位点均人类干扰较多，退化的参考点可能导致得到的生态基准适用性低	水生态系统模型的不确定度较大，外推结果可靠性低	专家主观判断性较大，一般为定性描述

一般水生态参照点位被用来确定水体的代表性参考状态，从而研制出水体的生态学基准值。因此代表水生态系统类型的生境参照点的选择应谨慎考虑，参照点应选择区域水体中最接近正常自然状态的位点。水生态参照位点的选择应遵循的原则有：①受人类干扰小，参照点应选取未受或尽量少受人为活动干扰的地点；②具有生态代表性，参照位点应代表实际区域水体的水生态特征状况。

应筛选合适的水生态系统特征变量来构建水生态学基准的指标体系，所选变量指标应符合敏感性压力−效应响应原则，即所选变量指标应该对人类的干扰做出明显的水生态学响应，并且指标数值上的变化可以反映人类的干扰程度的变化。

6.3.4.4 河口水域生态分类与参考状态选择

一般河口水体生境类型划分，根据景观特征可将河口生态系统划分为：平原海岸型、潟湖沙坝型、峡湾型、构造型等，主要辨析不同的地形地貌对于水体中营养物敏感度的影响；如基于水质物理特性分类，则河口水域可划分为：咸淡水混合型、层化环流型、水力时间型及考虑径流、潮汐及波浪等因素的影响等，可对不同影响因子作用下河口的营养物敏感性进行分析归类；还可根据地貌特征，将河口水域划分为：溺谷型河口、峡湾型河口、潮流型河口、三角洲河口、构造型河口、海岸泻湖河口等；如按水质盐度（S）可将河口水域划分为：感潮淡水区（$S<0.5$）、混合区（$0.5<S<25$）和海水区（$S>25$）。

6.3.5 标准校验转化方法

6.3.5.1 基于频数分布方法的标准定值

参见水生态学基准确定方法，在流域区域水体的生物调查数据相对较少的情况下，水生态学标准推荐值可以用相应的基准值经实际水体校验后转化确定。如直接采用频数分布法调查获得的水生态学基准值，经在实际区域水体或实验室的校验及示范点应用评估审核，可获得区域适用性水生态学水质标准建议值。频数分布法推导水质基准主要是对获得的水体中有关生物多样性组成与生态学功能指标数据进行分组，统计出各个分类组内所含物种及个体数量，再将物种类别及其检测频数进行发布排序分析的方法。一般推导水生态学标准的频数分布方法主要包括3部分：①计算水生态功能区内检测的生态学数据和参照点的频数分布百分率；②选取适宜标准指标的频数分布的百分点位作为参照状态，在示范参照点进行基准的校验性评估分析；③依据基准校验结果，结合区域性社会经济技术评审，确定实际水体的水生态学标准值。应用频数分布法进行标准值推导时，一般选取参照状态的上25%及10%频数数值，及实际流域水体全部参照点位的下25%及10%频数的数值，可两者合并作为相应的水质标准建议值。也可依据实际管理需要，同时考虑所属水生态功能分区的经济、技术和社会因素，增加5%、50%、75%或90%等频数值作为分级标准建议值。

6.3.5.2 基于压力-响应关系法的标准定值

水生态系统的经验性压力-响应关系法，推导水生态学基准属于统计推测方法。主要利用现有水生态调查数据，建立受控污染物（压力）与水生态系统完整性指标（响应）之间的相关性数理统计模型。实际水体的生物物种调查数据属于响应变量，可以根据水体生态功能分区类型，针对受控污染物的变化，采用代表性物种功能用途指标的响应值关系得到相应的生物完整性基准，再依据基准校验结果，结合区域性社会经济技术评审，确定实际水体的水生态学标准建议值。

6.3.5.3 区域水质标准转化方法流程

可在区域水体生态功能类型划分的基础上，先研制获得区域性水体的水生态学基准，再依据区域水质管理目标分析、相关经济技术效应评估及结合实际水体生态学基准试点校验等过程转化标准，是水生态学（包括营养物）基准向相应水环境质量标准转化的可行路径。在全面分析水环境现状等的基础上，可通过对水质标准转化的主要影响因子如区域水体的驱动与限制因子的校验分析，评审确定相关水生态学水质标准建议值。

一般水生态驱动因子主要有科学、和社会两类。科学驱动因子包括新的科学方法、测试技术等使得人群对水环境风险认识水平、污染控制技术等有显著提升或环境基准研究存在较多技术不确定性等；社会驱动因子，主要指公众对更好水环境质量标准的期望；水生态限制因子，主要指实际水体的水环境现状与相关水质控制技术，如实际水环境现状与水质控制技术无法实施新的水质标准，则可重新考虑实际水体功能目标的适用性。这是由水质基准转化制订相应的水质标准时，需要针对实际水体的特征响应因子开展试点校验评估的主要原因。流域区域性经济技术发展水平、政府管理意愿等评估则可通过费用–效益分析结果来综合影响水质基准向水质标准转化。如一般认为，引发河口水体富营养化效应的"藻华"或"赤潮"的主要污染因子是水体中氮、磷等营养物含量的不平衡增大所致，导致水体中藻类物种生长暴发而其他鱼贝类生物数量可能因缺氧抑制大量消减，可出现水体物种结构受损、水生态功能完整性受害、水质降级的现象；应依据实际水生态特性，校验评审确定河口水环境适用的氮磷营养物水质标准，科学实施水环境污染负荷消减方案。区域水环境基准向标准转化的方法流程框架见图6-3。

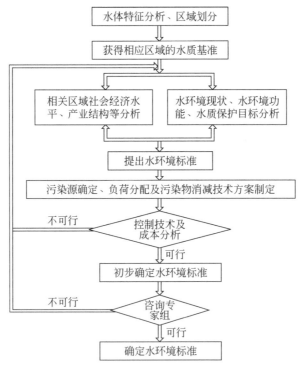

图6-3 区域水质基准向水环境质量标准转化方法流程框架

6.3.6 标准评审

水生态学基准向相应水质标准的转化制定需要综合考虑水质保护优、水生态功能完整性强、污染防治费用少、社会环境效益好等因素，主要水质理化指标分析可按照表 6-4 中所列相关方法开展。针对实际流域或区域水体的生态功能保护，基于水生态学基准的校验转化提出相关水质标准推荐值，一般需经主管部门组织领域专家进行综合评估、审核后提出标准值建议值，供政府部门发布实施相关水质标准。

表 6-4　主要水质理化指标分析方法

指标	分析方法	选择依据
pH（海水）	pH 计	《海洋调查规范　第 4 部分：海水化学要素调查》GB/T 12763.4—2007
pH（淡水）	玻璃电极法	《水质　pH 值的测定　玻璃电极法》GB/T 6920—1986
DO（海水）	碘量滴定法	《海洋调查规范　第 4 部分：海水化学要素调查》GB/T 12763.4—2007
DO（淡水）	电化学探头法	《水质　溶解氧的测定　电化学探头法》HJ 506—2009
盐度	盐度计	《海洋调查规范　第 4 部分：海水化学要素调查》GB/T 12763.4—2007
悬浮颗粒物（SPM）	重量法	《海洋调查规范　第 4 部分：海水化学要素调查》GB/T 12763.4—2007
COD（海水）	碱性高锰酸钾法	《海洋调查规范　第 4 部分：海水化学要素调查》GB/T 12763.4—2007
COD（淡水）	快速消解分光光度法	《水质　化学需氧量的测定　快速消解分光光度法》HJ/T 399—2007
亚硝酸盐（海水）	重氮偶氮法	Grasshoff et al.，1999、国标及 USEPA 方法
亚硝酸盐（淡水）	分光光度法	GB/T 7493—1987
氨氮（海水）	水杨酸钠法	Grasshoff et al.，1999、国标及 USEPA 相关方法
氨氮（淡水）	水杨酸分光光度法	《水质　溶解氧的测定　电化学探头法》HJ 536—2009
DON 或 TN	碱性过硫酸钾氧化法	Grasshoff et al.，1999 国标及 USEPA 相关方法
DOP 或 TP	碱性过硫酸钾氧化法	Grasshoff et al.，1999、国标及 USEPA 相关方法
藻类叶绿素	荧光法	《海洋调查规范　第 4 部分：海水化学要素调查》GB/T 12763.4，《淡水生物调查技术规范》DB43/T 432—2009
浮游植物参数	显微镜计数	《海洋调查规范　第 4 部分：海水化学要素调查》GB/T 12763.4，《淡水生物调查技术规范》DB43/T 432—2009
浮游动物参数	显微镜计数	《海洋调查规范　第 4 部分：海水化学要素调查》GB/T 12763.4，《淡水生物调查技术规范》DB43/T 432—2009
底栖动物参数	分拣鉴定	Barbour et al.，1999、国标及 USEPA 相关方法
鱼类参数	野外调查	Barbour et al.，1999、国标及 USEPA 相关方法

6.4 水体沉积物基准向标准转化技术

6.4.1 适用范围

技术规范提出了流域或区域水体中受控污染物的沉积物质量基准向标准转化的主要方法技术原则建议，主要适用我国流域地表淡水生态系统的沉积物基准向相应标准的转化。

6.4.2 引用文件

技术规范建议引用了水体底泥沉积物中污染物分析方法的相关国家和行业标准，凡未注日期的引用文件，或本导则所引用的文件日后发生修订更新，以最新有效版本为准。

6.4.3 术语定义

6.4.3.1 水环境沉积物质量基准

主要指地表水体生态系统的底泥沉积物中，受控污染物及底泥物理特性人为扰动对自然水体底栖生物不产生不良或有害影响的最大浓度水平或控制限度。

6.4.3.2 水水环境沉积物环境质量标准

主要指以水环境沉积物质量基准为依据，在经实际流域或区域水体中底泥沉积物的生物及理化特性试点校验分析、区域性社会效益及技术经济评估、部门及专家审核等主要转化过程，向主管部门提出并发布的水环境沉积物质量标准限值。

6.4.3.3 水分配系数

水分配系数（partition coefficient，PC）目标物质（污染物）在表层沉积物的固相与水相之间的平衡分配系数。

6.4.3.4 水相平衡分配法

水相平衡分配法（equilibrium partitioning approach，EqPA）一般指在沉积物基准值推导中，以热力学动态平衡分配理论为基础，充分利用经过大量毒理学实验所得的某目标物质（污染物）的水质基准值，将其包含的沉积物上覆水中的生物有效性信息考虑引入，获得的沉积物质量基准的方法；该方法主要适用于目标物质（如有机污染物）

可均匀地分布于如淤泥质匀相状态的沉积物。

6.4.3.5 水生物效应法

水生物效应法（biological effect approach，BEA）一般指在沉积物基准值推导中，以底栖生物的毒性试验数据为基础，通过分析沉积物中目标物质（污染物）含量及其生物效应数据，推导确定沉积物中引起底栖生物负面效应的目标物质的浓度限制阈值的方法；是目前制定沉积物基准阈值的主流方法。

6.4.4 方法原理

通常水环境质量基准主要确定的是受控污染物与特定保护对象之间的剂量或浓度水平与有害效应关系的客观阈值，是以保护水体生态系统功能健全和人群健康饮用水及食用水产品为目的，用科学实验调查资料表示的水环境中受控污染物质的无有害作用效应的浓度水平。水环境质量标准是基于环水境质量基准，综合考虑实际流域或区域水体生态及人群特征的试点校验适用性分析、区域社会技术经济评估及水环境质量管理目标的实施等因素，经管理部门组织专家审核并确定发布的针对水环境中受控污染物及相关水质因素的浓度或程度水平的限值。

一般水环境沉积物质量基准向相应的标准转化的基本方法原则为，根据水体生态类型功能确定底泥沉积物质量保护目标，以实际区域水体沉积物质量基准为基础，综合考虑管辖区域的社会管理、经济技术发展及水体生态功能特征现状，在对实际水体的沉积物质量基准试点校验适用性及相关技术经济效益评估的基础上，经相关部门及领域专家评审，可将经区域水体校验确定的沉积物基准转化为相应的保护区域水体维持指定生态功能所要达到的水环境沉积物质量标准。通常水环境基准向相应水环境标准转化过程的特征为，由国家环境部门负责组织制订并发布环境基准信息，地方部门是制订和实施实际区域性水环境标准的主体并接受国家相关部门指导督促，依据水环境质量标准制定区域性水环境污染物排放标准限值，应关注公众与企业参与环境标准的制修订。

6.4.5 过程步骤

6.4.5.1 标准转化步骤

我国流域水体的水环境特征、区域性经济技术条件等差异较为显著，其中实际水体的自然生态特征对受控物质的环境基准的校验确定有重要影响，经济和技术条件则是环境标准转化确定过程中的主要影响因素。

水环境标准制订的一般途径为，确定流域或区域水体的生态功能目标，选择适用于水体功能目标的水环境质量基准，经实际区域水体试点校验评审将水质基准直接采用转化或校正修订转化为相应的水环境质量标准，并可以水质标准为依据，研究制订相关的水体污染物排放限度标准等其他相关的水环境管理标准。

水环境沉积物质量基准向相应的沉积物质量标准转化所涉及的主要影响因素包括：①水环境因子，考虑实际区域水体的底泥沉积物生态学特征、受控污染物特性及相关水环境背景值对环境标准转化的影响，主要通过基准适用性检验校正试验研究进行相应标准值的实际水体应用性转化；②经济技术因子，主要开展包括基于水环境沉积物质量标准实施的经济费用-效益分析，评估确定区域内实施相关水环境沉积物标准的经济适用性；③社会管理因子，主要考虑区域内公众及环境管理对保护自然水体底泥沉积物生态功能的期望利益分析，对水环境沉积物质量标准进行评估确认。依据水环境沉积物质量基准转化为相应水环境标准的主要方法流程如图6-4所示。

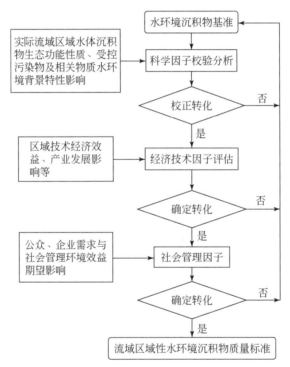

图 6-4　水环境沉积物基准向标准转化主要方法流程

6.4.5.2　沉积物功能类型及标准分级转化

根据我国流域地表水体实际情况，建议可将淡水沉积物分为三种水生态功能类型：一类区，以保护人体健康用水和代表性敏感水生生物为主要目标，适用于自然保护区、自然珍稀水生生物繁育区、饮用水源及人体可能直接接触沉积物的娱乐水域。二类区，以保护水体95%的水生物种为主要目标，适用于一般产业及人群生活用水水域。三类区，以保护75%的水生物物种为目标，适用于港口航运水域、特殊用途作业等水区。研究实际区域水体功能保护目标需求，对应水体的三种生态功能类型，建议可将流域水体的沉积物质量标准分三级进行管理：一级标准，低于该浓度限值，一般不会产生对底栖生物的有害效应；二级标准，低于该浓度限值，一般很少产生对底栖生物的有害效应；三级标准，高于该浓度限值，经常可发生对底栖生物的有害效应。建议一般可采用的流域水环境沉积物质量标准转化定值的方法为：一级标准，以评估因子法（AF）或物种敏感性分布法（SSD）进行受控污染物的水生态风险评估，得到保护95%以上水生物种的相关水环境沉积物质量基准值为基础；二级标准，以物种敏感性分布法（SSD）进行受控污染物的水体生态风险评估，得到保护95%物种的沉积物基准值为基础，或以受控污染物的底栖生物毒性效应数据库法得到的底栖生物临界效应浓度（TEL）的基准为基础；三级标准，以物种敏感性分布法（SSD）进行受控污染物的水生态风险评估，得到保护75%物种的沉积物基准值为基础，或以底栖生物毒性效应数据库法得到的可能效应浓度值（PEL）的基准为基础，开展相应的标准转化研究。

6.4.5.3 标准审核修订

通常流域水体沉积物质量标准的审核修订主要考虑的影响因素包括：科学因子，可考虑随着生态毒理学和生态风险评估技术的发展，对沉积物基准值进行更新研究，以及实际区域水体的沉积物自然生态特征、环境污染物背景值、环境监测技术等变化对沉积物质量标准的影响；经济因子，可考虑包括基于环境标准的实施可能导致的经济技术费用–效益分析评估影响；社会因子，主要可考虑社会公众、企业和政府管理部门对水环境沉积物质量标准实施的意愿及社会环境效益等影响。

6.4.6 发布实施

国家或地方性地表水环境沉积物质量标准，建议一般由相关国家或地方省级环境主管部门的科研单位主要负责起草提出，由国家主管部门负责审核备案并实施监管指导，由相应的国家或地方主管部门负责颁布实施。

6.5 人体健康水质基准向标准转化技术

6.5.1 适用范围

技术规范建议提出了我国流域地表水环境中人体健康水质基准向相应标准转化的技术流程、方法等原则指南，主要适用于我国流域或区域地表淡水水体的人群饮用水源及可供水产品功能的人体健康水质基准向相应水质标准的转化。

6.5.2 引用文件

技术规范建议主要引用下列文件或其中的条款：《化学品 生物富集半静态式鱼类试验》（GB/T 21858），《化学品 生物富集流水式鱼类试验》（GB/T 21800），《地表水环境质量标准》（GB 3838—2002），《生活饮用水卫生标准》（GB 5749—2006），《人体健康水质基准制定技术指南》（HJ 837—2017），《淡水水生生物水质基准制定技术指南》（HJ 831—2017）。

凡未注日期的引用文件，或本导则所引用的文件日后发生修订更新，以最新有效版本为准。

6.5.3 术语定义

6.5.3.1 人体健康水质基准

人体健康水质基准（water quality criteria for the protection of human health）指考虑在指定功能环境水体中的饮水和（或）食用其中的水产品，预期不会对暴露人群造成显著有害风险的受控物质限值水平。环境水体一般指河流、湖泊及溪流等地表自然水体。

6.5.3.2 人体健康水质标准

人体健康水质标准（water quality standard for the protection of human health）是国家法律规定，主要基于环境水体的指定功能（饮水和（或）食用水产品）的人体健康基准，考虑实际流域或区域性水体特性与相关人群水环境暴露特征、技术经济效益及社会环境影响分析，由主管部门发布有法律效力的相应人体健康水质基准转化的受控物质限值水平。

6.5.3.3 生物浓缩（富集）系数

生物浓缩（富集）系数（bioconcentration factor，BCF）主要指因暴露（不含摄食）导致生物体内受控物质的浓度与所在水体中该物质浓度达到平衡时的比值，浓度单位 mg/kg 或 mg/L。

6.5.3.4 生物累积系数

生物累积系数（bioaccumulation factor，BAF）主要指因暴露（含摄食）导致生物体内受控物质的浓度与所在水体中该物质浓度达到平衡时的比值，浓度单位 mg/kg 或 mg/L。

6.5.3.5 基线生物累积系数

基线生物累积系数（baseline BAF），指受控物质在水体中的自由溶解态浓度与其在生物脂肪组织中的脂质标准化浓度的比值，单位 L/kg。

6.5.3.6 食物链倍增系数

食物链倍增系数（food chain multiplier，FCM）主要指涉及水生态系统的食物链特定营养级生物的基线 BAF_l^{fd} 与基线 BCF_l^{fd} 的比值。如缺乏合适的 BAF 数据时，FCM 可用于从 BCF 估算 BAF；人体食用鱼贝类等水生生物，可看作水生态食物链的最高营养级。一般 FCM 适用于非离子型有机化学物质、某些具有类似脂质和有机烃类性质的离子型有机化学物质，对于无机物、有机金属化合物及某些有机烃类离子型化学物质，FCM 可基于化学物质在生物体中的全部浓度进行计算。

6.5.3.7 辛醇-水分配系数

辛醇-水分配系数（octanol-water partition coefficient，K_{ow}）一般指在辛醇-水两相平衡体系中，受控物质在正辛醇相中浓度与其在水相中浓度的比值；可以 $\lg K_{ow}$ 表示，指 10 为底的正辛醇-水分配系数的对数值。

6.5.3.8 最终营养级生物累积系数

最终营养级生物累积系数（final BAF for trophic level n，BAF_{TL_n}）主要指水生态系统中，受控物质在生态食物链某一营养级生物体中的总生物累积系数（BAF）。

6.5.4 人体健康水质基准校验方法

6.5.4.1 主要方法内容

水质基准是水质标准的科学基础，制定可靠的人体健康水质基准是制定人体健康水质标准的基础和前提。人体健康水质基准的科学制定一般包括两类：人体同时摄入或接触水（W）和食用安全的鱼虾贝类（F）等水产品的水质基准及仅摄入安全水产品（F）的水质基准；基准方法内容主要包括：针对目标受控物质，对实际区域水体的特征人群暴露参数、饮用水或食用水生生物的毒理学参数、特征食物链的生物累积系数等主要基准推导数据的科学适用性获取、筛选分析、评估校验及基准阈值的推导等。

6.5.4.2 人体健康水生态风险评估

涉及推导人体健康水质基准的受控物质的水生态风险评估，一般可优先选用受控物质的区域性流域人群流行病学调查数据；当缺乏区域性人群流行病学数据时，也可从水生或哺乳动物试验数据外推至人群。若以动物试验研究结果为起点，较常用的数据有：无可见负效应水平（NOAEL）、最小可见负效应水平（LOAEL）或 10% 效应风险水平剂量（95% 置信限）（LED_{10}）。通常受控化学物质的人体健康危害风险评估可定性分为致癌物和非致癌物，其中致癌物评估可分为线性致癌物和非线性致癌物危害。

（1）非致癌物效应评估

一般受控化学物质的人体非致癌性危害评估采用参考剂量（reference dose，RfD），可优先采用非致癌物 RfD 为人群流行病学调查的暴露数据；当缺乏人群暴露数据时，也可从动物试验的研究数据推导 RfD。

（2）致癌物效应评估

受控化学物质的人体致癌性风险评估应依据生物学、化学和物理学等方面的综合判断。一般需给出关键证据，针对哺乳动物或人体的肿瘤数据、有关作用模式信息及包括敏感生物亚群在内的人体健康危害、剂量–效应评价等方面进行分析评价；重点描述受控物质的水环境及生态食物链暴露途径、浓度及其与人群癌症的相关性。

（3）暴露评价

制定人体健康水质基准或标准的主要目标，是为了保护人群在水环境生态系统的受控物质暴露时，免于身体健康危害效应的发生。一般应采用指定区域水生态暴露成年人及终生水环境暴露相关的特征暴露参数值，进行健康暴露评估、基准值推导及相应标准转化分析。

Ⅰ．暴露参数的选择

人体健康暴露参数可依据区域性水环境质量保护目标做适当调整。一般流域或区域水体的人体健康水质基准值推导应优先选择实际目标流域或区域水体及人群的特征暴露参数，其次可采用全国性调查数据库的相关暴露参数。可根据人体健康水质基准设定的保护对象选择暴露参数，如当保护对象为儿童、育龄妇女、孕妇等特殊人群时，也可开展相关调研活动来获取特征暴露参数。如推导我国人体健康水质基准时，所采用的体重、饮用水摄入量、鱼虾贝类摄入量等暴露参数可根据《中国居民营养与健康状况调查报告之一：2002 综合报告》和《中国人群暴露参数手册（成人卷）》获得；也可依据水质保护目标需求，通过调查试验，推算获得实际区域的人群鱼类摄入量均值或采用第90%分位数来推导应用。

Ⅱ．相关水源贡献

对于非致癌物和非线性致癌物的水环境暴露评估，一般需要考虑来自饮用水、食物、呼吸和皮肤途径的暴露总量；有时也可用来自水源和鱼类摄入的部分暴露量占总暴露量的百分数，即相关水源贡献率进行相关说明。

（4）水生生物累积系数的校验推导

依据水环境中目标受控物质性质，选择合适的生物累积系数开展校验推导，主要推导校验程序见图 6-5。

通常实际区域水体中目标受控物质的生物累积系数经校验推导后，可依据以下顺序选择最终基线 BAF_i^{fd}：现场实测 BAF 推导的基线 BAF_i^{fd}；现场实测 BSAF 推导的预测基线 BAF_i^{fd}；实验室实测 BCF 和 FCM 预测的基线 BAF_i^{fd}；从 K_{ow} 和 FCM 预测基线 BAF_i^{fd}。

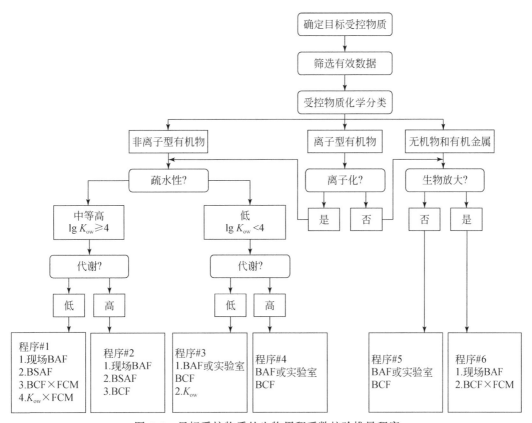

图 6-5　目标受控物质的生物累积系数校验推导程序

6.5.4.3　人体健康水质基准校验推导

（1）同时摄入饮用水和水产品鱼类（$W+F$）的人体健康水质基准

Ⅰ. 非致癌物的 $W+F$ 基准校验计算

$$\mathrm{WQC}_{W+F} = \mathrm{RfD} \times \mathrm{RSC} \times \frac{\mathrm{BW}}{\mathrm{DI} + \sum_{i=2}^{4}(\mathrm{FI}_i \times \mathrm{BAF}_i)} \times 1000 \tag{6-1}$$

式中，WQC_{W+F} 为我国水体同时摄入饮用水和鱼类（$W+F$）的人体健康水质基准，μg/L；RfD 为非致癌物参考剂量，mg/（kg·d）；BW 为我国成年人平均体重，60.6kg；DI 为我国成年人每日平均饮水量，1.85 L/d；FI_i 为我国成年人每日第 i 营养级鱼虾贝类平均摄入量，29.6g/d；BAF_i 为实际区域水体第 i 营养级鱼虾贝类生物累积系数，L/kg；RSC 为实际区域水体相关源贡献。

Ⅱ. 致癌物的 $W+F$ 基准计算

非线性致癌物

$$\mathrm{WQC}_{W+F} = \frac{\mathrm{POD}}{\mathrm{UF}} \times \frac{\mathrm{BW}}{\mathrm{DI} + \sum_{i=2}^{4}(\mathrm{FI}_i \times \mathrm{BAF}_i)} \times 1000 \tag{6-2}$$

线性致癌物

$$WQC_{W+F} = \frac{ILCR}{CSF} \times \frac{BW}{DI + \sum\limits_{i=2}^{4}(FI_i \times BAF_i)} \times 1000 \qquad (6\text{-}3)$$

式中，WQC_{W+F}、BW、DI、FI_i、BAF_i的参数含义见公式（6-1），POD 是致癌物质非线性低剂量外推法的起始点，通常为 LOAEL、NOAEL 或 LED_{10}，CSF 为实际区域人群癌症斜率因子，mg/（kg·d），ILCR 为区域性人群终身增量致癌风险，10^{-6}。

（2）仅摄入水产品鱼虾贝类（F）的人体健康水质基准

非致癌物的 F 基准计算

$$WQC_F = RfD \times RSC \times \frac{BW}{\sum\limits_{i=2}^{4}(FI_i \times BAF_i)} \times 1000 \qquad (6\text{-}4)$$

致癌物的 F 基准计算

非线性致癌物

$$WQC_F = \frac{POD}{UF} \times \frac{BW}{\sum\limits_{i=2}^{4}(FI_i \times BAF_i)} \times 1000 \qquad (6\text{-}5)$$

线性致癌物

$$WQC_F = \frac{ILCR}{CSF} \times \frac{BW}{\sum\limits_{i=2}^{4}(FI_i \times BAF_i)} \times 1000 \qquad (6\text{-}6)$$

式中，WQC_{W+F}、BW、DI、FI_i、BAF_i、POD、CSF、ILCR 的参数含义见公式（6-1）、式（6-2）、式（6-3）。

6.5.5 标准转化技术原则

通常采用保守型的水生态系统质量保护性的方法制定地表水质量标准，以充分保护人体健康和水体生态系统安全，也是人体健康水质基准向标准转化应遵循的原则。相关水质标准转化过程中主要应关注的关键技术要点有：

（1）人体健康风险可接受水平分析

人体健康水质标准的转化制定过程中，所采用的区域性水域相关人群非致癌物质与致癌物质的日参考剂量 Rfd 和相应的人体健康水质基准中采用的癌症风险水平均为 10^{-6}，是现阶段世界各国普遍采用的环境中污染物质不对人体产生额外健康风险的可接受水平。因此，在人体健康水质基准向标准转化中，一般不建议引入额外的转化因子来增加人体健康风险。

（2）水环境质量基准值类型敏感性分析

对于已经制定水环境质量基准值的水环境指定目标受控物质，人体健康水质基准向水质标准转化时应综合考虑水生生物水质基准值、水生态学基准值、人体感官基准值及沉积物质量基准值等其他水环境质量基准值的相互响应关系，通常以最敏感类型的基准值为标准转化优选基准值，进行实际管理适用性采用转化；如通常的非致癌性物质以保护水生生物水质基准为最敏感基准值，进行水质基准向标准的校验转化。

（3）环境化学监测技术与相关监管水平分析

对于已经制定人体健康水质基准的水环境受控物质，当推导的水质基准值低于实际环境监测技术要求的检测限时，为有效开展相关水质标准的环境监管，一般默认环境监测方法的实际可操作定量限（practical quantitation limit，PQL）为水质标准限值。

6.5.6 标准转化技术流程

6.5.6.1 饮用水源地水质基准向水质标准转化

在设定饮用水水源地的人体健康水质标准时，一般根据已制定的人体健康水质基准和相关生活饮用水卫生标准，可依据不同场景进行相应的实际区域水体的校验转化。

场景1（不食用饮用水源地水生生物）：目标受控物质属于《生活饮用水卫生标准》（GB 5749—2006）所规定的污染物质，并且水质基准值大于生活饮用水卫生标准所规定的污染物质浓度限值，则该受控物质的水质标准不应低于生活饮用水卫生标准/（1-各类集中、分散式供水设施对该污染物质的处理效率）。

场景2（不食用饮用水源地水生生物）：目标受控物质属于《生活饮用水卫生标准》（GB 5749—2006）所规定的污染物质，并且水质基准值小于或等于生活饮用水卫生标准所规定的污染物质浓度限值，则该受控物质的水质标准为相应实践区域水体的水质基准校验值/（1-各类集中、分散式供水设施对该污染物质的处理效率）。

场景3（不食用饮用水源地水生生物）：目标受控物质不属于《生活饮用水卫生标准》（GB 5749—2006）所规定的污染物质，则该受控物质的水质标准可直接采用实际区域水体的水质基准校验值。

场景4（食用饮用水源地水生生物）：水质标准可直接采用实际区域水体的 $W+F$ 人体健康水质基准校验值（当制定的 $W+F$ 人体健康水质基准值等于 F 人体健康基准值时，设定 $W+F$ 人体健康基准为水质标准）。

上述场景1、2、3、4，如果已有水生生物基准等其他水环境质量基准，应与其他类型的基准值进行比较，一般保护水生生物的长期水质基准小于 $W+F$ 人体健康基准时，建议采用实际区域水体的水生生物长期水质基准作为水质标准。相关饮用水源地水质标准转化制定的主要方法流程见图6-6。

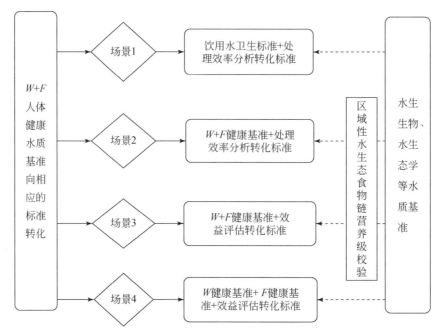

图 6-6　流域地表水（场景 1～场景 4）人体健康水质标准转化方法流程示意

6.5.6.2　普通地表水基准向标准转化

场景 5（食用水生生物+饮水）：对于普通用途地表水体的人体健康水质基准向相应水质标准的转化，目标受控物质的人体健康水质标准可直接采用实际区域水体的 $W+F$ 人体健康水质基准校验值；当经实际水体适用性校验的 $W+F$ 人体健康水质基准值等于 F 人体健康基准值时，则可评审确定 $W+F$ 人体健康基准校验值为区域水体的水质标准。如目标受控物质已制定了实际区域水体的水生生物基准、底泥沉积物基准等其他类型的水环境质量基准，建议应与该受控物质的其他类型的基准值进行比较分析，当水生生物长期水质基准小于 $W+F$ 人体健康基准值时，建议采用水生生物长期水质基准经校验转化作为水质标准。普通地表水（场景 5）人体健康水质标准转化主要方法流程示意见图 6-7。

场景 6（仅食用水生生物）：对于该类用途的地表水体，目标受控物质的人体健康水质标准可直接采用实际区域水体的 F 人体健康水质基准实用性校验值。如果目标受控物质已制定了水生生物基准、底泥沉积物基准等其他水环境质量基准，建议应与其他基准值进行比较分析，当水生生物长期水质基准小于 F 人体健康基准值时，建议采用水生生物长期水质基准经校验转化作为水质标准。普通地表水（场景 6）人体健康水质基准向相应水质标准转化主要方法流程示意见图 6-8。

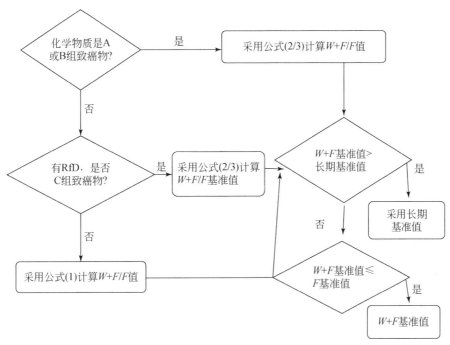

图 6-7　流域地表水（场景 5）人体健康水质标准转化方法流程示意

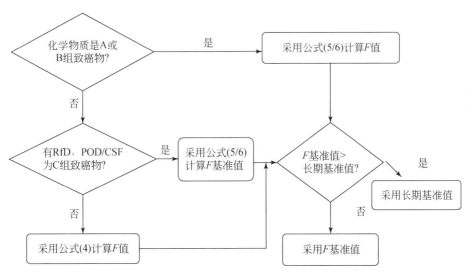

图 6-8　流域地表水（场景 6）人体健康水质标准转化方法流程示意

7

水环境基准支持技术

7.1 流域水环境基准优控污染物筛选方法技术

流域水环境基准优控污染物的筛选研究，是制定区域性河流、湖泊等地表淡水水体中需高关注或受控污染物的水质基准限值的基础性工作；主要目的是从流域水体众多可检测到的化学物质中，科学筛选出需优先控制的水环境污染物名单，有重点地针对优控污染物研究制定水质基准或标准控制阈值，从而更高效地监管流域水体主要污染物质的水环境风险。流域水环境优控污染物筛选对于准确制定水污染物控制方案、风险管理对策、保护水生态系统安全等具有重要意义。

水环境优控污染物筛选应与流域水体的环境污染特征调研相结合，应查明目标流域水环境中可能存在的主要人为排放的污染化学物质，在广泛开展实际流域水环境污染物的检测与排放监测分析的基础上，结合污染物的水生态危害风险特征评估分析等，提出目标流域水环境优控污染物初始名单；在对美国、欧盟、加拿大、澳大利亚等发达国家或地区组织有关水环境优控污染物筛选技术方法进行对比分析的基础上，再根据优先筛选应具备的重要紧迫性、普遍代表性、适用准确性等特点，综合考虑流域水体污染物的生态与健康毒性、环境持久性、暴露特征、生物蓄积及环境迁移归趋等因素，研究确定适用于水质基准研究的实际流域水环境优控污染物筛选名单，并可不断完善优控污染物筛选技术方法。

现阶段我国在流域水环境基准优控污染物筛选过程中，建议主要污染物可分三类即有机污染物类、无机重金属类和复合污染指标类。通常有机污染物类和无机重金属类的综合评估方法较类似，主要考虑毒性、暴露和生态效应三部分评估内容，主要作用效应或环境分析因子包括：水生生物毒性 EC_{50} 或 LC_{50}、鼠类 LD_{50}、致癌性、生物积累、环境持久性、环境暴露浓度（水体、沉积物、水生生物）、实际水体检出率等。污染物毒性效应得分评价参数包括：水生生物急性或慢性毒性、哺乳动物急性及慢性毒性、致癌性。风险分析时，可根据污染物的风险分级得分计算方法来确定该污染物的各相关毒性分级值，并获得毒性最终得分；污染物的水环境暴露因子得分包括：污染物实际检出频率得分和实际暴露浓度得分两部分；污染物的生态效应得分包括：环境持久性得分和生物累积性得分两部分。对于复合污染指标类污染物，可通过目标污染物的监测超标率和排放强度来反映污染物的环境负荷。一般可通过风险得分的分值比较来定量或定性判断受评估的目标化学物质是否为优控污染物。

7.1.1　适用范围

本方法原则上提出了流域水环境基准优控污染物筛选的程序、方法与技术要求，以适用于我国流域水环境基准优控污染物筛选及优控污染物名单的确定。

7.1.2　引用文件

本方法技术内容主要引用的文件条款有：《地表水和污水监测技术规范》（HJ/T 91—2002）、《水污染源在线监测系统验收技术规范（试行）》（HJ/T 354—2007）、《水污染源在线监测系统数据有效性判别技术规范（试行）》（HJ/T 356—2007）、《水污染源在线监测系统运行与考核技术规范（试行）》（HJ/T 355—2007）、《水质采样 样品的保存和管理技术规定》（HJ 493—2009）、《水质采样技术指导》（HJ 494—2009）、《水环境监测规范》（SL219—98）、《地表水环境质量标准》（GB 3838—2002）、《化学品鱼类急性毒性试验》（GB/T 27861—2011）、《化学品急性经口毒性试验方法》（GB/T 21603—2008）、《化学品急性吸入毒性试验方法》（GB/T21605—2008）、《化学品皮肤致敏试验方法》（GB/T 21608—2008）等，污染化学物质的毒理学风险评估测试技术建议也可采用国际或发达国家的成熟方法，如 USEPA、OECD 等颁布的相关化学品测试方法指南；如所引用的文件发生修订更新，以最新有效版本为准。

7.1.3　术语定义

流域水环境优控污染物（watershed priority pollutants）：流域水环境优控污染物主要指从流域水体存在的众多化学污染物中筛选出的一些量大、面广、毒性强，对人体健康和水生态平衡危害风险大的污染物，作为水环境污染物优先控制对象，可通过风险得分评估等方法分析筛选出实际流域水体中需重点关注的优先控制污染物名单。

半数致死浓度（medium lethal concentration，LC_{50}）：一般指毒理学研究生物毒性试验过程中，使受试生物半数死亡的化学物质浓度或剂量，可用 LC_{50} 或 LD_{50} 表示。

最小作用剂量（minimal effective dose，MED）：毒理学研究试验中，主要指在一定时间内，某种化学物质按一定暴露方式或途径与生物体接触，能使受试生物体的某项毒理学终点指标开始出现显著可观测的变化或使生物体开始出现损害作用时所需的最小剂量，也称中毒阈剂量；一般用使 5%～10% 的生物体产生有害效应浓度、致死浓度或剂量（EC/LC_{5-10} 或 LD_{5-10}）来表示。

致癌性（carcinogenicity）：主要关注人为产生的化学物质进入水环境，可能致使人体等哺乳动物因暴露接触或摄入而导致癌细胞产生的风险特性。

持久性（persistence）：主要指水环境中化学物质在一定条件下，保持性质恒定或维持某一特定状态的持续时间。

生物累积性（bioaccumulation）：主要是指水生态系统的食物链不同营养级的生物可通过食用或吸收水环境中的某些化学物质，该类物质可积蓄于生物体内，其浓度可经食物链营养级的食性关系逐级在更高营养级的生物体内累积放大的现象。

潜在危害指数（potential damage index，PDI）：一般指依据目标物质最基本的毒理学试验数据（如 LC_{50}、EC_{50}、LD_{50} 等），再按公式推算出来的估测性危害指数数据。

多介质环境目标值（multimedia environmental goals，MEG）：一般指目标物质（污染物）或其降解产物在环境介质中的含量及排放量的限定值。

周围环境目标值（ambient multimedia environmental goals，AMEG）：一般指目标物质（污染物）在环境介质中可以容许的最大浓度，即估计生物体与这种浓度的物质终生接触不会产生有害影响。

7.1.4　优控污染物筛选路线

流域水环境基准优控污染物的主要筛选技术路线步骤如图 7-1 所示。

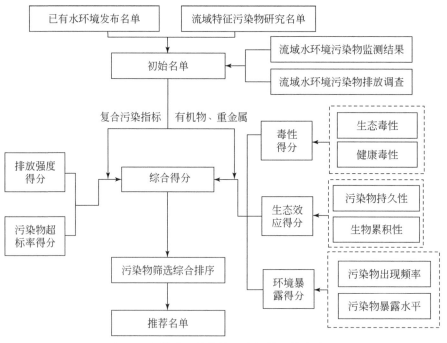

图 7-1　流域水环境优控污染物筛选技术路线

7.1.5　名单选择

水环境优控污染物名单选择包括以下 4 个步骤。

第 1 步，收集分析国际组织或发达国家相关水环境优控污染物名单，如 USEPA 发布的 129 种流域水环境优先控制污染物名单、美国毒物和疾病登记署（ATSDR）发布的 275 种有害物质优先名单、欧盟相关组织发布的 33 种水环境优先污染物名单及我国环保部门提出的中国水中优先控制污染物名单等。

第 2 步，结合实际流域水环境特点，对流域中涉污水排放的重点监控企业进行调查，分析可能进入水环境的主要污染物名单。

第 3 步，结合实际流域水污染调查的检测与监测结果及相关文献报道，综合分析流域水环境主要污染物种类名单。

第 4 步，对公开的实际流域水污染事件报告资料进行统计分析，归纳流域水体主要污染物名单。

7.1.6　筛选数据来源

一般流域水环境优控污染物的主要数据来源途径有以下 4 种：

第 1 种，流域水环境污染物调查监测数据。主要包括污染物在实际流域水环境各介质中的暴露状态、分布状况、浓度水平等特征。

第 2 种，化学污染物的生物毒性试验数据。主要指污染物的水生态及人体健康毒理学风险评估过程中涉及的多种理化指标和毒性终点数据，可以通过实验室开展本土生物毒性试验的检测调查获取，也可通过国内外一些公开且可靠性较高的数据库获得，如美国国家医学图书馆的 TOXNET 毒理学数据库、欧洲化学品信息系统（ESIS）数据库等查询获取。

第 3 种，公开的文献报道数据。主要从实际流域污染物调查相关的文献报道中分析筛选科学有效的数据，包括污染物种类、暴露量及本土生物的毒性数据。

第 4 种，模型计算推导数据。一般适用于实际流域水环境污染物评价数据库尚未建立或未见文献报道的参数数据。当试验性实测毒性数据缺乏时，有时为降低某些潜在高毒性污染物可能由于毒性数据缺乏而在风险评估得分排序过程中不适当的影响，在污染物风险评估初筛阶段，也可利用一些经验性预测模型（如定量构效相关模型 QSAR）的数据对风险评估进行补充分析，但需在数据分析报告中标注，为了保证数据的科学性，一般应对采集数据的可靠性进行评价说明。

通常采集环境与生态毒理学数据的可靠性判断依据主要包括：①是否使用国际或国家公布的标准测试方法和行业技术标准指南方法，操作过程是否遵循良好实验室规范（good laboratory practice，GLP）；②对于非标准测试方法的实验，所用实验方法过程的质量控制是否科学合理；③实验过程和实验结果的描述是否科学详细；④文献是否提供了可供索源比对或科学检验的数据。

7.1.7　综合评估得分计算

有机物、无机重金属综合评估得分（R）计算方法主要选用参数有 3 个，分别是：

污染物毒性效应得分 S_{Tox}、污染物环境暴露得分 S_{Exp}、污染物生态效应得分 S_{Eco}。设定这三个参数各自评估最高得分为 500 分，三者得分之和为该污染物的总分，总分高者优先顺序在前。

具体方法可通过以下三个部分的风险评估结果来确定。得分最高为 1500 分，污染物毒性效应得分 S_{Tox}（500 分）、污染物环境暴露得分 S_{Exp}（500 分）、污染物生态效应得分 S_{Eco}（500 分），三项之和为最终得分，即

最终得分（1500 分）= S_{Tox}（500 分）+ S_{Exp}（500 分）+ S_{Eco}（500 分）

（1）污染物毒性效应得分

一般水环境污染物与水生态及人体健康效应紧密相关的毒性评估得分因子主要有以下四项，即水生生物急性或慢性毒性、哺乳动物急性毒性、哺乳动物慢性毒性、致癌性，毒性作用终点与数据筛选条件如表7-1 所示。根据不同的分级计算方法确定目标污染物质四项因子的毒性分值（toxicity score，TS），然后以较小或最敏感的 TS 值作为最终的 TS_{min} 值，再通过 2/3 累积指数法对数据进行转化得到目标污染物的毒性效应得分 S_{Tox}（表7-2）；水生生物的急性毒性分级方法如表7-3 所示，哺乳动物急性毒性分级方法如表7-4 所示。

表 7-1 毒性作用终点与数据筛选条件

效应/参数	作用终点	数据筛选条件
水生生物急性毒性	鱼类 半数致死浓度（LC$_{50}$） 藻类 半数致死浓度（LC$_{50}$） 溞类 半数致死浓度（LC$_{50}$）	48～96 小时急性试验，优先选择敏感生物的流水式试验数据，若无可选择静态或半静态试验数据或 7～28 天慢性数据，受试生物优先选择流域本土生物，若无则以实验室常规试验鱼种毒性数据为基础确定毒性范围，以毒性范围最大值的 75% 作为最终水生生物急性毒性 LC$_{50}$ 值
哺乳动物急性毒性	大鼠 半数致死剂量（LD$_{50}$）	受试生物为大鼠，14d 急性毒性试验，以经口染毒作为唯一染毒途径，当存在多个毒性数据时，取保守值作为最终的毒性值
哺乳动物慢性毒性	最小作用剂量（MED）及其他可观测毒性效应	计算方法依据 TS 关于慢性毒性的计算，涵盖了慢性毒性、致突变性、致畸、生殖毒性等多项特殊毒性效应
致癌性	致癌性评级	基于 USEPA 和国际癌症研究机构（International Agency for Research on Cancer，IARC）的有关致癌物的分类方法

表 7-2 2/3 生物累积指数衰减法

TS	序号	累积指数	累积指数（2/3^{COR}）	S_{Tox}得分 2/3$^{COR} \times 500$
1	0	0	1.0000	500
10	1	1	0.6667	334
100	2	3	0.2963	148
1000	3	6	0.0878	47
5000	4	10	0.0173	9

表 7-3　水生生物急性毒性分级

类别	LC$_{50}$分级	TS
微毒	200mg/L≤LC$_{50}$<1000mg/L	5000
低毒	50mg/L≤LC$_{50}$<200mg/L	1000
中毒	5mg/L≤LC$_{50}$<50mg/L	100
高毒	0.1mg/L≤LC$_{50}$<5mg/L	10
剧毒	LC$_{50}$<0.1mg/L	1

表 7-4　哺乳动物急性毒性分级

类别	口试	皮肤	吸入	TS
微毒	200mg/kg≤LD$_{50}$<500mg/kg	40mg/kg≤LD$_{50}$<400mg/kg	400ppm≤LC$_{50}$<2000ppm	5000
低毒	50mg/kg≤LD$_{50}$<200mg/kg	4mg/kg≤LD$_{50}$<40mg/kg	40ppm≤LC$_{50}$<400ppm	1000
中毒	5mg/kg≤LD$_{50}$<50mg/kg	0.4mg/kg≤LD$_{50}$<4mg/kg	4ppm≤LC$_{50}$<40ppm	100
高毒	0.1mg/kg≤LD$_{50}$<5mg/kg	0.04mg/kg≤LD$_{50}$<0.4mg/kg	0.4ppm≤LC$_{50}$<4ppm	10
剧毒	LD$_{50}$<0.1mg/kg	LD$_{50}$<0.04mg/kg	LC$_{50}$<0.4ppm	1

注：1ppm＝10^{-6}。

慢性毒性作用基于两个主要特性：通过不断变化的环境介质所引起的最小作用剂量（MED）和其他具体作用类型（如肝坏死、致畸等）两部分。

目标污染物的哺乳动物慢性毒性 TS 值依据剂量等级值（rating value by dose，RVd）与效应等级值（rating value based on effect，RVe）的乘积分级确定，如表 7-5 所示。

表 7-5　哺乳动物慢性毒性分级

类别	综合得分（RVd×RVe）	TS
微毒	1～5	5000
低毒	6～20	1000
中毒	21～40	100
高毒	41～80	10
剧毒	81～100	1

为了保持数据的一致性，将哺乳动物毒性试验得到的 MEDs 通过人体与试验动物的体重比值可转化为人类的 MEDs，计算式为

$$人类的 MEDs = 动物的 MEDs \times \left(\frac{动物重量}{70kg}\right)^{2/3} \times 70kg$$

再根据人群 MEDs 与 RVd 的剂量效应关系曲线（图 7-2）得到 RVd 值。

转化为人群平均体重的 MEDs 时可按下式计算：

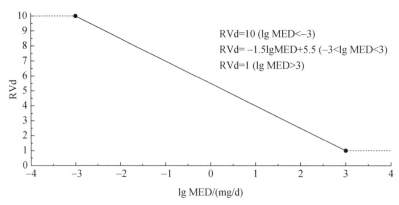

图 7-2　MEDs 与 RVd 的剂量效应关系曲线

动物的作用剂量为

$$\text{人类的 MEDs} = \text{动物的 MEDs} \times \left(\frac{70\text{kg}}{\text{动物重量}}\right)^{1/3}$$

动物的作用剂量为

$$\text{人类的 MEDs} = \text{动物的 MEDs} \times \left(\frac{\text{动物重量}}{70\text{kg}}\right)^{2/3} \times 70\text{kg}$$

当未明确表明目标污染化学物质的慢性毒性时，也可通过本土物种的生殖毒性、基因毒性或致畸、致突变等遗传毒性效应来评估其慢性毒性得分。其他特殊的风险评估得分可根据 RVe 值进行计算，RVe 值根据污染物的生物毒性效应的严重程度可分 10 个级别，如表 7-6 所示。

表 7-6　生物毒性效应分级

RVe 级别	作用效果
1	发生生物酶诱变和其他生化变化，但未发生病理及体重方面改变
2	发生酶诱变、亚细胞增殖或其他细胞器变化，但没有其他明显变化
3	发生增生、肥大或萎缩，但器官重量未发生变化
4	发生增生、肥大或萎缩，同时器官重量发生变化
5	发生可逆的细胞变化：混浊肿胀、水肿或者脂肪变化
6	发生细胞坏死或转化，但器官功能未发生明显变化。出现一些神经病变但未发生行为、感觉或生理活动的改变
7	发生坏死、萎缩、肥大或转化，同时可检测到器官功能的衰减，一些神经病变伴随着行为、感觉或生理活动的改变
8	坏死、萎缩或转化伴随明显的器官功能障碍，一些神经病变伴随行为、感觉和机动性能的总体改变，一些生殖能力衰减，一些胎儿毒性的证据
9	伴随严重器官功能障碍的明显病理变化，任何神经病变伴随行为和自主控制能力的丧失，感知能力的丧失，生殖功能障碍，一些母体毒性引起的致畸效应
10	死亡或明显的寿命缩短，非母体毒性引起的致畸效应

致癌性得分分级方法以 USEPA 或 IARC 分级方法作为评价标准，根据流行病学调查和本土动物试验，建立依据权重方法和 IARC 分级方法对目标污染物的致癌性进行分级，如表 7-7 所示。

表 7-7　哺乳动物致癌性分级

组别	潜在级别		
	1（极高）	2	3（极低）
A	高（1）	高（1）	中（10）
B	高（1）	中（10）	低（100）
C	中（10）	低（100）	低（100）
D	未进行危害排名，采用其他指标来确定其 TS 值		
E	未进行危害排名，采用其他指标来确定其 TS 值		

（2）污染物环境暴露得分

水环境污染物的环境暴露得分包括污染物实际水体的检出频率得分（S_{DF}）和污染物实际水体中暴露浓度得分（S_E）两部分，计算式为

$$环境暴露得分\ S_{Exp} = 0.3 S_{DF} + 0.7 S_E$$

Ⅰ. 污染物在实际流域水体中检出频率得分

污染物的水体检出频率得分是以污染物在水体各介质中的检出频率的算术平均值，再乘以 500 得到。

污染物在不同介质中的检出频率计算方法如下：

$$在水体中的\ D_W = \frac{污染物在检测点位水体中的出现频次}{水体的检测点位数}$$

$$在沉积物中的\ D_S = \frac{污染物在检测点位沉积物中的出现频次}{沉积物的检测点位数}$$

$$在生物体中的\ D_B = \frac{污染物在生物检测样本中的出现频次}{生物的检测样本数}$$

污染物检出频率得分：$S_{DF} = 0.3 \times 500 \times (D_W + D_S + D_B)/3$

Ⅱ. 污染物水环境暴露浓度得分

污染物的水环境暴露浓度以实际流域水体的各检测点位的检出浓度取其几何平均值，以减小极端值的影响，然后将在水体不同介质中测得的污染物浓度采用几何分级法分别进行分级，用等比级数定义分级标准，分 5 级再进行赋值。

计算公式为

$$a_n = a_1 q^n$$

式中，a_n 为平均暴露浓度最大值；$n = 5$；a_1 为平均暴露浓度最小值；q 为等比常数。

按上述公式，将水体和沉积物中定量检出的各种有机污染物的平均浓度值区间分为 5 个区间，浓度值从低到高赋值为 5000，1000，100，10，1。最后采用 2/3 累积指数衰减法确定其得分 S_E。本技术方法建议的流域水环境污染物暴露浓度分级赋值见表 7-8。

表 7-8　污染物暴露浓度分级赋值表

序号	浓度值范围	赋值	S_W、S_S、S_B
1	0.001 ~ 0.0143	5000	9
2	0.0143 ~ 0.2048	1000	47
3	0.2048 ~ 2.9302	100	148
4	2.9302 ~ 39.4907	10	334
5	39.4907 ~ 600	1	500

如某流域水体中污染物浓度范围为 0.001mg/L ~ 600mg/L，则 $a_n = 600$，$a_1 = 0.001$，$n = 5$，代入上式得 $q = 14.30969$。

污染物暴露浓度得分通过下式计算：

$$S_E = 0.7 \times 500 \times (S_W + S_S + S_B)/3$$

式中，S_W，S_S，S_B 分别为污染物在水体、沉积物和生物体中的暴露浓度得分。

（3）污染物生态效应得分

污染物生态效应得分包括污染物持久性得分（S_{HL}）和生物累积性得分两部分（S_{BCF}）。环境生态效应得分 $S_{Eco} = S_{HL}$（200 分）$+ S_{BCF}$（300 分）。

Ⅰ. 污染物持久性

污染物持久性得分以污染物在环境中的衰减速率进行分级，以环境介质半衰期进行评估。一般生物半衰期数据筛选时，受试生物的优先级可考虑：试验检测数据高于模型估算数据。当存在多个同一级别数据时，取半衰期最大值的 75% 作为污染物最终的半衰期；

未查到有效的生物半衰期试验数据时，可以一些模型方法如 PBT Profiler 模型估算的化学物质在水环境介质的半衰期进行评估。一般水生态系统介质半衰期的优先级为水、沉积物、土壤、空气。流域水生态系统主要介质中化学物质半衰期分级见表 7-9。

表 7-9　水生态系统介质中化学物质半衰期分级

类别	环境介质半衰期 水、沉积物、土壤、空气	S_{HL}
A	半衰期 ≤ 4 天	5
B	4 天 < 半衰期 ≤ 20 天	26.5
C	20 天 < 半衰期 ≤ 50 天	89
D	50 天 < 半衰期 ≤ 100 天	200
E	半衰期 > 100 天	300

Ⅱ. 污染物生物累积性

现阶段国际上还没有关于 BCF（bioconcentration factor）或 BAF（bioaccumulation factor）统一的评级标准，本技术方法中关于水环境污染物在生物体内的生物富集因子（BCF）的分级方法建议参考 Snyder 等提出的相关分级方法，对于未找到 BCF 值的化学物质，可以 $\lg K_{ow}$ 值替代。建议的水环境污染化学物生物富集因子得分见表 7-10。

由于当前可获得的我国流域水环境污染物的生物富集试验数据有限，数据的筛选：一般选择本土鱼类试验数据，试验周期≥28d，通常试验数据优先于模型估算数据，确定一数据范围后取最大值的 75% 作为最终的 BCF 值；一般无机重金属在水体中的持久性及生物累积性较强且影响较大，因此在优控污染物排序中，建议将无机重金属与有机污染物分别分类排序。

表 7-10   水环境污染化学物的生物富集因子得分

类别	BCF	$\lg K_{ow}$	S_{BCF}
A	BCF≤100（lgBCF≤1）	$\lg K_{ow}$<3 或分子量>700	5
B	100<BCF≤1 000（1<lgBCF≤2）	3≤$\lg K_{ow}$<4 且 分子量<700	26.5
C	1000<BCF≤10 000（2<lgBCF≤3）	4≤$\lg K_{ow}$<5 且 分子量<700	89
D	10 000<BCF≤100 000（3<lgBCF≤4）	$\lg K_{ow}$≥5 且 分子量<700	200
E	BCF>100 000（lgBCF>4）	无 $\lg K_{ow}$ 值 且 分子量<700	300

7.1.8   复合污染物综合评分方法

通常实际流域水环境污染物超标率和污染物排放强度，可较好反映污染物的水环境负荷。水环境中主要复合污染物指标及标准值见表 7-11。

本技术方法设定复合污染物指标为

总得分（1500分）＝污染物超标率得分（750分）＋污染物排放强度得分（750分）

表 7-11   水环境主要复合污染指标及标准值

序号	评价指标	I 类水标准/（mg/L）
1	化学需氧量	15
2	生化需氧量	3
3	高锰酸盐指数	2
4	氨氮	0.15
5	总磷	0.02（湖、库 0.01）
6	总氮	0.2
7	氰化物	0.005
8	挥发酚	0.002
9	石油类	0.05

注：I 类水标准采用《地表水环境质量标准》（GB 3838—2002）。

复合污染物指标超标率得分

本方法建议的流域水环境中复合污染物指标超标率评估得分如表 7-12 所示，复合污染指标源排放强度得分如表 7-13 所示。

流域水环境复合污染物指标超标率 = 超标次数/有效监测次数 × 100%

表 7-12　流域水环境复合污染指标超标率得分

级别	污染物超标率百分比分级	分值
1	>75.0%	900
2	50.1% ~ 75.0%	720
3	25.1% ~ 50.0%	540
4	10.0% ~ 25.0%	360
5	0 ~ 10.0%	180

表 7-13　流域水环境复合污染指标源排放强度得分

级别	污染物年度排放总量占排放总量的百分比	分值
1	>20.0%	900
2	10.0% ~ 20.0%	720
3	5.0% ~ 10.0%	540
4	1.0% ~ 5.0%	360
5	<1.0%	180

7.1.9　优控污染物名单确定

运用上述方法对流域污染物初选名单中所列污染物进行定量筛选及排序，然后根据下列原则将排序结果分析提出最终的流域水环境优先控制污染物名单。一般名单需依据实际情况，可持续获得研究更新。通常去除实际流域水体污染物的定性检测中，未检出且在文献中未见报道的污染物，并将排序靠后的污染物前移，然后根据以下污染物名单的确定原则，确定提出流域水环境基准优控污染物的最终名单。

1）已被严格限制或禁用的污染物如果排名较靠前，则应排除是否为沉积物二次污染引起，如不是，则可将该物质列入优先控制污染物名单。

2）若某污染物主要以副产物或代谢产物存在于水环境中，则该物质的源物质应列入名单。

3）若某新型污染物在实际流域区域产业中已被广泛使用，但水环境监测浓度数据不多且相对较低，而其毒性与生态效应得分相对较高，建议可列入优先控制名单。

4）若实际流域水体中已发生大范围的污染事件，并被公认为流域或区域水体中的典型检测污染物，则应列入优控污染物名单。

7.1.10 流域水环境优控污染物监测技术

自动监测的数据是否能代表某一局部区域的水环境质量状况，是否具有代表性，是在线监测的关键。具体参见《地表水和污水监测技术规范》（HJ/T 91—2002）、《水污染源在线监测系统验收技术规范（试行）》（HJ/T 354—2007）、《水污染源在线监测系统运行与考核技术规范（试行）》（HJ/T 355—2007）、《水污染源在线监测系统数据有效性判别技术规范（试行）》（HJ/T 356—2007）等技术方法。

通常水环境监测数据应满足以下基本要求：

1）选用国家或国际组织公开发布的监测分析方法，如因某种原因采用其他分析方法时，也应当用国家相关标准方法进行核对分析，以保证数据的科学可靠性。

2）分析人员测试资格控制，水环境分析测试人员应该了解污染物特性和排放情况，熟悉监测分析的基本原理和技能，使用质控合格的试验人员开展监测分析。

3）分析仪器管理与维护科学合规，为保证水环境污染物监测分析的质量，应重视检测仪器设备的计量检定校正，维护正常合规运行。

4）按实验规章管理各类记录，可持续检查试验分析过程中可能出现的异常因素，维护并持续改进良好的实验室测试数据质量水平。

7.1.11 流域水环境特征污染物筛选技术提要

7.1.11.1 概述

流域水环境特征污染物主要指从实际流域水环境众多化学污染物中筛选出的检测频率高、对流域水生态系统及人群健康污染危害大，或具较典型流域水环境污染风险的代表性污染物。与流域水环境基准研究相关的特征污染物筛选技术一般可根据实际流域水环境特征参数、水体功能用途、敏感生物保护及经济产业污染物排放调查等状况，结合现场水环境污染物检测分析，采用合适的统计推导方法，可筛选提出需重点关注的实际流域水环境特征污染物名单。

7.1.11.2 流域特征污染物筛选流程

筛选流域水环境特征污染物是科学管控流域水体中化学污染物风险的一项基础性工作，要从实际流域水体量大面广的化学污染物中筛选出水环境特征污染物名单，既要考虑化学污染物本身在流域水体中的理化性质、生物毒性、水生态效应等因素，又要考虑化学物质的生产使用现状、水环境暴露及潜在危险风险等因素。本技术建议的我国流域水环境特征污染物筛选技术主要流程见图7-3。

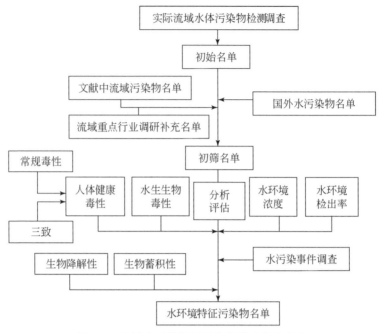

图 7-3 流域水环境特征污染物筛选技术流程

7.1.11.3 特征污染物筛选关键技术

（1）筛选方法

通常流域水环境污染物筛选的主要技术方法有综合评判法、综合评分法、模糊聚类法、密切值法、Hasse 图解法、潜在危害指数法等。现阶段我国相关研究较多采用的方法是依据 USEPA 提出的化学物质潜在危害性指数法，该技术是一种依据化学物质对环境的可能危害风险大小进行排序筛选分析的方法；其特点是采用化学物质对环境人群和生物体的毒性效应作为主要参数，通过毒性风险模式来估算化学污染物的潜在危害风险；具有统计简便、结果可比性强的特点，但潜在危害性指数的主要不足是未考虑目标化学污染物在水环境中的实际暴露状态，因此建议通过采用潜在危害指数与其他环境暴露条件相结合（如加权评分法）的方法，可以更合理地对实际流域水体中的特征污染物进行筛选。

联合采用加权评分法开展水环境特征污染物评估筛选，是对潜在危害指数法的改进。一般应在筛选前对选定的相关因子赋予一定的权重，可根据目标污染物质的各相关因子取值范围，按照一定的分类原则划定若干区间，各区间按从小到大的顺序依次赋予相应的分值；对各因子所取得的分值乘以该因子的权重，最后将各因子所得分值加和，就是该化学污染物在流域水环境中的风险评价得分，通过分值排序就可得到特征污染物的筛选结果。该方法的相关因子较少，一般包括潜在危害指数、地表水的平均检出浓度、检出率及底泥中平均检出浓度、检出率等，同时规定潜在危害性指数占的权重较大定义为 2，其他权重定义为 1。按照加权评分，评估得分值由高至低来分析确定实际流域水环境中特征污染物。

Ⅰ. 应用模式

水环境化学污染物风险评估的潜在危害性指数法的主要公式为

$$N = 2aa'A + 4bB$$

式中，N 为潜在危害性指数；A 为某化学物质的环境多介质效应目标值（AMEG）；B 为化学物质"三致"健康毒性效应的 AMEG；a，b，a' 为常数。建议的 A、B 值的确定方法值见表 7-14 所示。

表 7-14　建议的环境污染物风险评估危害性指数法 A、B 值

一般化学物质的 $AMEG_{AH}$ ／（$\mu g/m^3$）	A 值	潜在"三致"物质 $AMEG_{AC}$ ／（$\mu g/m^3$）	B 值
> 200	1	> 20	1
<200	2	<20	2
<40	3	<2	3
<2	4	<0.2	4
<0.02	5	<0.02	5

一般 a、a'、b 的确定原则为，可以找到 B 值时，$a = 1$；无 B 值时，$a = 2$；若某化学物质有蓄积或慢性毒性时，$a' = 1.25$；仅有急性毒性数据时，$a' = 1$；可找到 A 值时，$b = 1$，找不到 A 值时，$b = 1.5$。

潜在"三致"化学物质的 $AMEG_{AH}$ 计算模式有两种：①$AMEG_{AH}$（$\mu g/m^3$）= 阈限值（或推荐值）/420×10^3，式中阈限值为化学物质在车间空气中的允许浓度（mg/m^3，时间加权值）；推荐值为化学物质在车间空气中最高浓度推荐值（mg/m^3）。推荐值在没有阈限值或推荐值低于阈限值时使用。②$AMEG_{AH}$（$\mu g/m^3$）= 0.107 ×LD_{50}（mg/kg），这是在没有阈限值和推荐值时可使用的公式。LD_{50} 的数据主要以大白鼠经口给毒为依据。若没有大鼠经口给毒的 LD_{50}，也可用小鼠经口给毒的 LD_{50} 等其他毒理学数据来代替。

潜在"三致"化学物质的 $AMEG_{AC}$ 计算模式也有两种：①$AMEG_{AC}$（$\mu g/m^3$）= 阈限值（或推荐值）/420×10^3，其中，阈限值是"三致"物质或"三致"可疑物的车间空气中的允许浓度（mg/m^3）。②$AMEG_{AC}$（$\mu g/m^3$）= 10^3/（6 ×调整序码），其中，调整序码是反映化学物质"三致"潜力的指标，有时可能无法查到该值，则用①所述公式计算 $AMEG_{AC}$。

Ⅱ. 风险指数分级

化学污染物的潜在危害性指数的分级：一般将统计的危害性指数分值范围分成 5 个区间，第一至第五区间分别为 1、2、3、4、5 分。

实际流域水体平均检出浓度（CW）和沉积物平均检出浓度（CS）的分级：确定平均检出浓度的最大值和最小值，利用公式 $a_n = a_1 q^{n-1}$，其中，a_n 为平均检出浓度的最大值，a_1 为平均检出浓度的最小值，q 为等比常数，$n = 6$。确定平均检出浓度的区间，

第一区间至第五区间分别为1、2、3、4、5分。

实际流域水体总检出频次（F_W）和沉积物总检出频次（F_S）的分级：确定平均检出率的最高值和最低值，将此范围分为五个区间，第一至第五区间分别为1、2、3、4、5分，以此确定风险分级标准。一般设定：检出率 1 % ~20.0 %，分值为1；检出率 20.1 % ~40.0 %，分值为2；检出率 40.1 % ~60.0 %，分值为3；检出率 60.1 % ~80.0 %，分值为4；检出率大于80 %时，分值为5。

Ⅲ. 加权总分数（R）

根据上述风险分级原则，可将目标污染化学物质的相关信息归结为3类因子。在对每类因子进行分数组合时，应确定各因子的权重。对最重要的因子要指定最大的权重，使之在确定最后分值时能产生最大的影响。设定总分值（R）= $2N + C_W + F_W + C_S + F_S$，根据总分值（$R$）的大小确定特征污染物。有时目标污染物加权后的分值虽较低，但若该化学物质已经列入国内或国际水环境优先控制污染物名单，则应依据实际情况评估说明筛选列入流域水环境特征污染物的适用性。

（2）特征污染物测试技术

水环境污染物检测技术是确定流域特征污染物的基础，通过对水环境中污染物进行化学检测，从而有效筛选流域特征污染物。特征污染物主要包括：重金属、有机化合物、营养盐等，污染化学物质的相关毒理学测试技术建议采用国际/国内权威方法，如美国、OECD 等发达国家或国际组织颁布的相关化学品测试标准方法，及我国颁布的有关水质采样技术、污染物分析检测技术的国家标准、行业标准方法等。

7.1.11.4 典型流域特征污染物筛选举例

依据相关国家水专项课题研究结果报告，经 2010 ~ 2012 年调查研究，以辽河流域及太湖流域主要水体为例，其特征污染物筛选名单如表7-15 和表7-16 所示。

表7-15 辽河流域水环境特征污染物名单（61 种）

序号	类别	数量	化学物质
1	重金属	7	铁、锌、铬、镍、镉、铜、铅
2	取代苯类	12	甲苯、乙苯、异丙基苯、硝基苯、2，4-二硝基甲苯、2，6-二硝基甲苯、氯苯、邻二氯苯、间二氯苯、对二氯苯、1，2，4-三氯苯、六氯苯
3	酞酸酯类	4	邻苯二甲酸二甲酯、邻苯二甲酸二正丁酯、邻苯二甲酸二乙酯、邻苯二甲酸二（2-乙基己基）酯
4	酚类	10	2-硝基酚、4-硝基酚、2，4-二氯酚、五氯酚、苯酚、2-甲基苯酚、4-甲基苯酚、4-氯-3-甲基酚、2-甲基-4，6-二硝基酚、2，4-二甲基酚
5	多环芳烃	14	芴、萘、菲、蒽、荧蒽、芘、苯并 [a] 蒽、屈、苯并 [b] 荧蒽、苯并 [k] 荧蒽、苯并 [a] 芘、茚并 [123- cd] 芘、二苯并 [a, h] 蒽、苯并 [ghi] 芘
6	有机氯农药	8	α-六六六、β-六六六、γ-六六六、δ-六六六、p，p'-DDD、p，p'-DDE、p，p'-DDT、o，p'-DDT
7	其他	6	氨氮、N-亚硝基二丙胺、二苯呋喃、异氟尔酮、咔唑、双（2-氯乙基）醚

表 7-16 太湖流域水环境特征污染物名单（54 种）

序号	类别	数量	化学物质
1	重金属	11	铁、钡、锰、锌、铜、镍、铅、镉、铬、砷、汞
2	取代苯类	5	硝基苯、氯苯、邻二氯苯、间二氯苯、对二氯苯
3	酞酸酯类	5	邻苯二甲酸二甲酯、邻苯二甲酸二正丁酯、邻苯二甲酸二乙酯、邻苯二甲酸二正辛酯、邻苯二甲酸二（2-乙基己基）酯
4	酚类	8	2-硝基酚、2，4-二氯酚、4-氯-3-甲基酚、2，4，6-三氯酚、五氯酚、苯酚、2-甲基苯酚、4-甲基苯酚
5	多环芳烃	13	芴、菲、蒽、荧蒽、芘、苯并［a］蒽、屈、苯并［b］荧蒽、苯并［k］荧蒽、苯并［a］芘、茚并［123-cd］芘、二苯并［a，h］蒽、苯并［ghi］苝
6	有机氯农药	8	α-六六六、β-六六六、γ-六六六、δ-六六六、p，p′-DDD、p，p′-DDE、p，p′-DDT、o，p′-DDT
7	其他	4	氨氮、二苯呋喃、异氟尔酮、双（2-氯异丙基）醚

7.2 流域水生生物基准本土受试生物筛选技术

7.2.1 适用范围

流域水生生物基准本土受试生物筛选技术建议原则性规范了流域水环境中，受控物质的保护水生生物水质基准的毒理学受试生物物种的筛选方法，主要用于我国流域地表水水生生物基准研制的本土受试物种选择，以适用于我国流域水体中水生生物保护与相关水质基准制定的需求。

7.2.2 引用文件

本技术建议主要引用下列文件条款：《水质物质对溞类（大型溞）急性毒性测定方法》（GB/T 13266—1991）、《水质物质对淡水鱼（斑马鱼）急性毒性测定方法》（GB/T 13267—1991）、《化学品鱼类幼体生长试验》（GB/T 21806—2008）、《化学品鱼类延长毒性 14 天试验》（GB/T 21808—2008）、《化学品鱼类胚胎和卵黄囊仔鱼阶段的短期毒性试验》（GB/T 21807—2008）、《化学品鱼类早期生活阶段毒性试验》（GB/T 21854—2008）、《化学品大型溞繁殖试验》（GB/T 21828—2008）、《化学品藻类生长抑制试验》（GB/T 21805—2008）。凡未注日期的引用文件，或本标注所引用的文件日后发生修订更新，以最新有效版本为准。

7.2.3 术语定义

水生生物基准（aquatic life criteria，ALC）：主要指以保护自然水体中水生生物安全为目的，研究提出的水体中受控物质对水生生物不产生不良或有害影响的最大剂量（无作用剂量）或浓度的科学阈值。

急性毒性值（acute value，AV）：主要用于表征污染物短期暴露（一般为24～96h）对水生生物造成的毒性效应，通常可以半数致死浓度 LC_{50} 或半数毒性效应浓度 EC_{50} 表示。

慢性毒性值（chronic value，CV）：主要用于表征污染物长期暴露（一般为7～28d）对水生生物造成的毒性效应，通常可以受试生物半数致死浓度 LC_{50} 或半数毒性效应浓度 EC_{50} 表示。

中国本土物种（chinese native species）：主要因自然因素，栖息在中国水体或中国流域区域水体的水生物物种类群。

物种敏感度分布（species sensitivity distribution，SSD）：主要指描述流域水体中，多个代表性水生物种对水环境目标受控污染物的毒性敏感性相互关系的数据分布曲线，本技术建议采用受控物质的水生态毒性效应浓度与受试物种的累计概率之间的关系曲线来表示。

5%物种危害浓度（hazardous concentration for 5% of species，HC_5）：主要指受水体中目标污染物质影响，水生态系统中相应测试物种的毒性累积概率达到5%时的目标污染物质浓度，或可认为95%的水生物种能够得到保护的目标受控污染物质浓度。

水生生物区系：一般指一定区域水体中所有水生生物物种的总和，主要包括浮游动物、浮游植物、鱼类、底栖动物和水生植物等。

7.2.4　本土受试生物筛选要求

流域保护水生生物水质基准一般受地域生态学特性影响较大，在不同的水生态区域，其代表性物种及相关生态系统结构有所不同，导致其中的污染物质环境行为也可能有差异，因此不同流域区域的水质基准可能会有一定的差别。国际上发达国家大多依据各自实际情况规定了水质基准受试生物的种类，当前我国水质基准研究还处于开始发展阶段，若长期仅参照其他国家的受试生物选择会降低我国水质基准的科学性。我国水生生物种类繁多，现有资源不可能对所有的物种开展生态毒性试验，为更有效地保护我国流域水体中的水生生物，需根据我国水生生物区系特征，科学提出适用于水质基准研制的我国本土受试生物的筛选原则。本技术建议依据我国流域淡水生物区系特征，结合国际发达国家及组织如美国、欧盟等有关部门公布的水质基准推导的生物物种选择要求，研究提出我国水生生物水质基准推导所需本土受试生物筛选的技术原则要求，主要内容包括以下8个方面。

1）硬骨鱼纲中的鲤科，鱼类区系属温水型鱼类。如美国受试鱼类主要是冷水型经济鱼类鲑科，而我国淡水鱼类以温水型鲤科为主，特别是鲤科的四大家鱼（鲤、鳙、鲢、草）在我国流域水生态系统和经济渔业中占有重要地位，因此推导我国水质基准应包括代表性本土鲤科鱼类。

2）硬骨鱼纲中的另一科，应选在水生态学或经济上有本土鱼类的代表性意义。

3）两栖动物纲的一科，如蛙科或蟾蜍科。两栖动物种类多，分布广泛，与水生态食物链关系密切，一般对污染物质较敏感。

4）浮游动物中节肢动物门的一科。水生态系统中浮游节肢动物种类丰富，数量庞大，在水生态环境中具有重要的指示作用。

5）浮游动物中轮虫动物门的一科。水生态系统中轮虫分布广泛，且易大量实验室繁育，是大多数经济鱼类的饵料生物，在水生态系统的结构功能及生产力研究中具有重要；如臂尾轮科在水环境监测及生态毒理研究中被广泛采用。

6）底栖动物中节肢动物门的一科，如昆虫类摇蚊科幼虫等。一般节肢动物的世代周期短、种群数量多、对栖境扰动敏感。摇蚊科种类丰富，幼虫在水域生态平衡及作为鱼类饵料方面有较重要价值，也是水质监测的优良指示生物。

7）底栖动物中环节动物门的一科。

8）一种敏感的大型水生植物或浮游藻类植物。

由于水生态及物种生理特征的差异，不同生物物种对水环境污染化学物质的毒性敏感性也有较大差异，而一般生态系统生物的对目标污染物质的毒性承受能力大多取决于代表性敏感物种对污染物质的毒性敏感程度；因此，在水质基准受试种选择时应优先考虑对目标水域中代表性敏感物种的选择，通常可预设这些代表性物种能够较敏感地承受的污染物质暴露水平，即在目标污染物对敏感性生物的水环境安全暴露水平以内，能够保护水体中其他较不敏感物种免受目标污染物的环境暴露危害。本技术建议根据以上物种选择原则要求，分别按鱼类、两栖类、甲壳类、环节动物类、水生昆虫类、软体动物、腔肠动物、轮虫动物、扁形动物、藻类植物、大型水生植物本土敏感受试生物开展筛选研究，现阶段获得的我国流域水环境水生生物基准本土受试生物名单如表2-2所示。当然，尚有许多本土物种是我国水生生物的重要组成部分，由于当前试验数据缺乏，还不能对其毒性敏感性进行较科学的评价；但随着水生态污染效应和相关毒理学的研究发展，我国水质基准本土受试生物筛选名单也会得到持续的补充与修正完善。

7.2.5 本土受试生物筛选方法

我国水质基准本土受试生物筛选过程主要包括：首先，根据我国流域淡水水生生物物种目录资料的地理分布特点、水生态学代表性特征，结合生物毒性效应敏感性、实验操作合理性、生物驯养简便性与经济可用性等因数资料分析，提出代表性本土生物初筛名单；其次，依据搜集筛查公开的如美国的 ECOTOX、中国的 CNKI 等公共化学物质毒性数据库资料，结合国家主管部门实验室或相关研究单位的相应科学试验数据分析，研究得出生物毒性强（敏感性强）的目标污染物名单；再次，采用物种敏感性分布法（SSD），分析评估与强毒性污染物相对应的本土生物的毒性敏感性；最后，综合筛选提出我国本土敏感性受试生物作为水质基准研制适用的受试生物名单。

推荐的适合我国水生生物基准推导的本土受试生物筛选方法主要包括4个步骤，①代表性本土受试生物资料分析与名单初筛；②受试生物毒性数据的搜集获取与有效性筛选；③受试生物的强毒性污染物名单筛选研究；④采用物种敏感性分布法，分析评估本土生物的毒性敏感性，综合筛选提出水质基准适用的本土受试生物名单。

7.2.5.1 本土水生生物筛选

一般依据公开发表的文献资料，对我国流域水体中本土水生生物的分布或应用状况开展调研，主要参考资料包括：《中国动物志》、CNKI 数据库等。根据美国、欧盟等发达国家或地区相关推导水质基准的物种筛选范围及考虑因素经验，结合我国水生生物区系调查特征，建议一般本土受试水生生物的选择主要可遵循以下原则。

1）选择地理分布范围广泛、水生态适应性好的生物物种，如至少在我国 2 个流域以上或多各省份水域有分布的水生生物。

2）选择流域或区域水体中具有良好代表性的本土物种，包括具有重要生态学意义、经济价值或生态区域代表性的本土物种。

3）选择生物特性稳定、适合实验室驯养繁育及试验操作简便科学的本土物种。

4）选择毒性敏感性强、生态毒理学研究相对丰富的本土物种。为保证对物种敏感性做出正确评价，一般要求获取的有效毒性数据至少涉及 3 种污染物。

7.2.5.2 受试生物毒性数据筛选

一般地表淡水水生生物毒性数据主要包括以下 8 个来源。

1）国内外公开的化学物质毒性数据库，包括美国环保局（EPA）的 ECOTOX 毒性数据库、国家健康研究院（NIH）的 TOXNET 数据库等；

2）本土物种的国家主管部门实验室或相关科研单位的生态毒理学实测数据；

3）公开发表的文献或报告：如 Web of Science、中国知网 CNKI 等。

对收集得到的代表性本土生物进行毒性数据筛选分析，数据筛选的一般规则有：

4）要有明确的毒性测试终点、毒理学暴露剂量–效应关系、试验条件等的相关描述，急性毒性试验指标为 48 小时、96 小时 LC_{50} 或 EC_{50}；慢性试验一般为 7~28 天 LC_{50} 或 EC_{50}。

5）优先选择流水式试验结果，也可半静态或静态试验结果，一般应采用对受试物质有浓度监控且试验有质控说明的毒性数据；

6）目标化学物质的同一测试终点的多个报道的毒性数据如果差异过大（超出 1 个数量级），应判断为有疑点的数据而谨慎使用；

7）一些有问题或有疑点的数据，如试验没有设立对照组、受试生物曾暴露于污染物中及毒性试验设计不科学合理等，一般均不可采用；

8）所有毒性数据都要求有明确的测试终点、测试时间及对测试阶段或指标的描述，对于同一个物种或同一个终点有多个毒性值可用时，可使用几何平均值。

7.2.5.3 毒性敏感性污染物筛选

对筛选得到的合格毒性数据进行数理整理和污染物的毒性敏感性排序分析，识别对受试生物毒性敏感性强的污染物类别，主要步骤为，①对筛选得到的有效生物毒性数据进行统计分析，采用试验生物物种毒性值的几何平均值，可计算分析生物属平均急性值（SMAV）或属平均慢性值（SMCV）；②对于每种受试生物，分析获得各自的污染物毒性大小的排序，筛选出毒性排序前3位的物质，即是对该生物的毒性敏感性最强的污染物质类别。

7.2.5.4　本土基准受试生物筛选确定

可利用SSD法分析确定敏感性受试生物物种，主要过程包括以下步骤。

1）针对生物毒性敏感性强的污染物名单，选择对受试物种较敏感的同类别污染物，主要分析筛选各污染物的急性毒性数据。

2）对再次筛选得到的合格急性毒性数据进行分析排序，采用SSD法对同一物种的不同污染物的SMAV从小到大进行排序，获得受试生物对各污染物的毒性敏感性分布曲线状况，数据统计分析软件可采用Origin9.0。

3）根据各物种在对应的污染物的物种敏感性分布（SSD）曲线中的累积概率，进行生物毒性敏感性评价；根据水质基准制定的原则要求，一般能保护水体95%生物物种安全的受控物质的水体中浓度限值为水质基准值，即可认为该受控物质对水体生物基本无污染风险；因此，当目标水体中代表性受试生物的毒性敏感性排序在全部受试生物毒性敏感性的前5%以内，则可将该生物看作为强敏感类物种。本技术建议设定当受胁迫的生物物种分别超过目标水体中全部生物的15%和30%时，可将受控污染物引起的水生态风险定义为具有一定风险和明显风险，则可将物种敏感性排序达到此限值的生物分类为敏感类和较敏感类生物。此外，根据荷兰公共卫生和环境研究院（RIVM）的有关环境风险评估技术文件说明，当受污染物质危害的环境生物超过50%时，生态风险等级可为"严重"，则可将物种敏感性排序超过全体生物50%的物种定为不敏感类物种。建议选择毒性敏感性较高的生物，如SSD曲线的累积概率不超过15%的物种可作为基准受试生物。

4）确定对污染物相对敏感的生物类别，提出流域水质基准本土受试生物名单。

7.2.6　代表性本土受试生物

我国流域水生态结构复杂、生物种类丰富，尚有许多本土物种目前还不是生态毒理学试验物种，需持续研究开发本土受试生物资源。依据现阶段相关研究成果，举例推荐7种我国流域水生态特性代表性良好的本土受试生物物种。

（1）鳗鲡（*Anguilla japonica*）

分类：脊椎动物门硬骨鱼纲鳗鲡目鳗鲡亚目鳗鲡科鳗鲡属。

推荐理由：是一种江河性洄游鱼类，原产于海中，溯河到淡水内长大，后回到海中产卵；分布广泛，在黄河、长江、闽江、韩江及珠江等流域，海南岛、台湾和东北等地均有分布；区域代表性，长江、钱塘江、闽江等的河口地段尤多，江浙两省的鳗苗资源约占全国的一半以上。

（2）蛇鮈（*Saurogobio dabryi*）

分类：脊椎动物门硬骨鱼纲鲤形目鮈亚科蛇鮈属。

推荐理由：中下层小型鱼类，个体不大，但数量较多，体肥壮，味较美，食用鱼类，有一定经济价值；分布极广，从黑龙江向南直至珠江全国各主要水系均产此鱼。已有重金属对蛇鮈的急性毒性研究，易获得。

（3）乌鳢（*Ophiocephalus argus*）

分类：脊椎动物门硬骨鱼纲鳢形目鳢亚目乌鳢科鳢属。

推荐理由：中国的鳢科鱼类共有 7 个种，其中只有乌鳢是一个广布种，分布于全国各大水系，产量也最大，繁殖力强，食用鱼类，经济价值高。

（4）哲罗鲑（*Hucho taimen*）

分类：脊椎动物门硬骨鱼纲鲑形目鲑科哲罗鱼属。

推荐理由：为冷水性的纯淡水鱼类，我国鱼类以暖水性鱼类为主，但作为基准受试生物还应考虑冷水鱼类；分布于我国境内的黑龙江、图们江、额尔齐斯河等水系；哲罗鲑肉味鲜美，为珍贵鱼类，经济价值高；根据哲罗鲑的生活习性已有良好的养殖条件，易获得。

（5）中国林蛙（*Rana chensinensis*）

分类：脊索动物门两栖纲无尾目蛙科林蛙属。

推荐理由：分布范围广，包括黑龙江、吉林、辽宁、内蒙古、河北、山西、陕西、甘肃、青海、新疆、山东、江苏、四川、西藏；种群数量趋势稳定，无生存危机。

（6）中华大蟾蜍（*Bufo gargarizans*）

分类：脊索动物门两栖纲无尾目蟾蜍科蟾蜍属。

推荐理由：在我国分布广泛，分布于东北、华北、华东、华中、西北、西南年省区；是毒理试验中常用的物种，其药用价值很高；并且对环境条件的要求较高，适合作为推导水质基准的物种。

（7）泽蛙（*Rana limnocharis*）

分类：脊索动物门两栖纲无尾目蛙科蛙属。

推荐理由：是一种最习见的小型蛙类；数量多，分布于河北、山东、西藏、江苏、浙江、安徽、福建、江西、河南、湖北、湖南、广东、广西、海南、四川、云南、贵州、陕西、甘肃。

7.2.7 案例-本土鱼类基准受试生物筛选

鱼类作为水生生态系统中的消费者，在生态系统中扮演着重要的角色，也是环境污染物毒性效应研究的理想试验动物，美国、澳大利亚、欧盟等发达国家和地区的水质基准技术中均要求使用鱼类的毒性数据以加强对鱼类的保护。主要依据《中国脊椎动物大全》、《中国经济动物志—淡水鱼类》、各地方动物志（如《太湖鱼类志》）及公开发表的相关文献，对我国本土鱼类区系的分布进行梳理，当前我国共有淡水（包括沿海河口）鱼类约 1050 种。参照水生生物基准的数据筛选原则，筛查数据库及公开发表的文献中各类污染物对本土代表性鱼类的毒性数据。对每种鱼的急性毒性数据筛选排序，分别得到最敏感的 3 种污染物，毒性最大的污染物主要分为农药、氯酚类、重金属和氨氮；其中农药包括菊酯类、有机磷和有机氯农药等；重金属包括铜、镉和无机汞等。

经收集整理分析，筛选出 17 种鱼类毒性敏感性最强的 18 种污染物的急性毒性数据，绘制各污染物的鱼类物种敏感性分布曲线（图 7-4），根据设定的物种敏感度与累积概率关系，计算得出各受试鱼种对相应污染物的累积概率及鱼类毒性敏感度，计算结果及相关的鱼类毒性敏感性评估判断结果见表 7-17，通过鱼类敏感性分析，表中鲤鱼、草鱼、鲢鱼、鳙鱼、鲫鱼、麦穗鱼、黄颡鱼、鳜鱼、黄鳝、泥鳅等 10 种本土鱼类可作为相应受控物质的流域水质基准研究的受试生物物种。

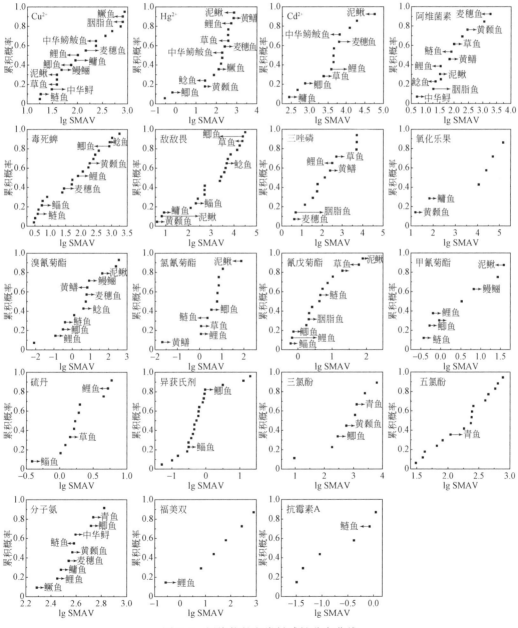

图 7-4　污染物的鱼类敏感性分布曲线

表 7-17　部分本土鱼类对污染物的毒性敏感性累积概率及敏感性

鱼类	毒性最强污染物	累积概率/%	物种敏感性
鲤鱼	硫丹	83.33	不敏感
	福美双	14.29	敏感
	氰戊菊酯	12.50	敏感
草鱼	氯氰菊酯	25.00	敏感
	硫丹	33.33	较不敏感
	溴氰菊酯	50	不敏感
鲢鱼	甲氰菊酯	12.50	敏感
	溴氰菊酯	28.57	较敏感
	抗霉素 A	71.43	不敏感
鳙鱼	敌敌畏	13.63	敏感
	氧化乐果	28.57	较敏感
	镉	7.14	敏感
鲫鱼	溴氰菊酯	21.42	较敏感
	甲氰菊酯	25.00	较敏感
	无机汞	11.76	敏感
麦穗鱼	三唑磷	7.14	敏感
	溴氰菊酯	57.14	不敏感
	毒死蜱	39.13	较不敏感
泥鳅	敌敌畏	9.09	敏感
	阿维菌素	30.77	较不敏感
	铜	30.00	较敏感
黄颡鱼	敌敌畏	4.55	非常敏感
	氧化乐果	14.29	敏感
	无机汞	17.65	较敏感
黄鳝	氯氰菊酯	8.33	敏感
	溴氰菊酯	64.33	不敏感
	阿维菌素	46.15	较不敏感
鳜鱼	氰戊菊酯	81.25	不敏感
	无机汞	35.29	较不敏感
	氨氮	9.09	敏感

7.3　水环境质量基准数据采集评估技术

7.3.1　适用范围

本技术建议原则上提出了水环境质量基准推导相关的生态效应与毒理学风险暴露

数据的有效采集的技术方法，主要适用于我国水质基准研究相关数据的采集与有效性分析评价。

7.3.2 引用文件

本技术建议主要引用下列文件：《地表水和污水监测技术规范》（HJ/T 91—2002）、《淡水生物调查技术规范》（DB43/T 432—2009）、《淡水监测规范》（SC/T9102.3—2007）、《海洋调查规范》（GB/T 12763—2007）、《海洋监测规范》（GB/T 17378—1998）、《湖泊和水库采样技术指导》（GB/T 14581—1993）、《水质物质对淡水鱼（斑马鱼）急性毒性测定方法》（GB/T 13267—1991）、《水质物质对溞类（大型溞）急性毒性测定方法》（GB/T 13266—1991）、《化学品鱼类幼体生长试验》（GB/T 21806—2008）、《化学品鱼类延长毒性 14 天试验》（GB/T 21808—2008）、《化学品鱼类胚胎和卵黄囊仔鱼阶段的短期毒性试验》（GB/T 21807—2008）、《化学品鱼类早期生活阶段毒性试验》（GB/T 21854—2008）、《化学品大型溞繁殖试验》（GB/T 21828—2008）、《化学品藻类生长抑制试验》（GB/T 21805—2008）、《中国水环境质量基准绿皮书》、*OECD Guidelines for the Testing of Chemicals*，*Test No.* 201，202，203，204，210，211，212，215，229，*Guidelines for deriving numerical national water quality criteria for the protection of aquatic organisms and their uses*，PB-85-227049（1985）、*Proposed Revisions to Aquatic Life Guidelines*，*Water-Based Criteria*，*Water-Based Criteria Subcommittee*、*Quality Criteria for Water* 等。凡未注日期的引用文件，或本标注所引用的文件日后发生修订更新，以最新有效版本为准。

7.3.3 术语定义

下列术语和定义适用于本书。

毒物（toxicant）：指在一定条件下，较小浓度或剂量就能引起生物机体功能性或器质性损伤的化学物质；或剂量虽微，但积累到一定的量，就能干扰或破坏生物机体正常生理功能，引起暂时或永久性的病理变化，甚至危及生命的化学物质。

半数效应浓度（median effective concentration，EC_{50}）：当试验不以死亡作为试验生物对毒物的反应指标，而是观察测定毒物对生物的某一影响，如鱼类失去平衡、畸形、酶活变化及藻类生长受抑制，常用有效浓度来表示毒物对试验生物的毒性。半数效应浓度是指在一定暴露时间内引起半数受试水生生物产生某一特定反应，或是某反应指标被抑制一半时的毒物浓度。

半数抑制浓度（median inhibition concentration，IC_{50}）：指在一定暴露时间内使受试水生生物的某种酶、细胞、细胞受体或微生物的反应（如酶催化反应、抗原抗体反应等）被抑制一半时的毒物浓度。

最低观察效应浓度（lowest observable effect concentration，LOEC）：指在一定时间内受试水生生物产生统计显著性有害效应的最低毒物浓度。

无观察效应浓度（no observable effect concentration，NOEC）：指在一定时间内受试水生生物没有产生统计显著性有害效应的最大毒物浓度。

10%毒性效应浓度（10% effective concentration，EC_{10}）：当试验不以死亡作为试验生物对毒物的反应指标，而是观察测定毒物对生物的某一影响，如鱼类失去平衡、畸形、酶活变化及藻类生长受抑制，常用有效浓度来表示毒物对试验生物的毒性。10%毒性效应浓度是指在一定暴露时间内引起10%受试水生生物产生某一特定反应，或是某反应指标被抑制10%时的毒物浓度。

最低观察效应剂量（lowest observed effect level，LOEL）：指在一定时间内，按一定方式或途径与机体接触，并使某项观察指标开始出现异常变化或机体开始出现损害作用的最低毒物剂量。

无观察效应剂量（no observed effect level，NOEL）：指一定时间内，按一定方式或途径与机体接触，根据目前的认识水平，用最灵敏的试验方法和观察指标，未能观察对机体造成任何损害作用或使机体出现异常反应的最高毒物剂量。

最大允许毒物浓度（maximum acceptable toxicant concentration，MATC）：指对试验生物无统计显著性有害效应的毒物最高浓度与邻近的对试验生物有统计显著性有害效应的毒物最低浓度之间的假定的毒物阈浓度。

急慢性毒性比值（acute to chronic ratios，ACR）：化学物质对同一物种的急性毒性半数致死浓度（LC_{50}）或半数效应浓度（EC_{50}）和相应慢性毒性最大可接受浓度（MATC）的比值。

急慢性比终值（final acute chronic ratio，FACR）：一般指至少3个科的生物急慢性毒性比值（ACR）的几何平均值；该3科生物需要有明确的生物分类学意义，且其中至少一种是鱼类，至少一种是无脊椎动物，至少一种是急性敏感的水生物种。

7.4 数据收集要求

7.4.1 数据收集

收集筛选流域水环境中受控污染物的有效生物毒性数据，为我国水环境基准研究提供基础支持。通常数据来源主要可通过 ECOTOX、TOXNET、PUBMED、Web of Science、中国知网等相关公开资料的数据库获得，也可参考国内外相关发布的水质基准文件及来源可靠的实验室研究报告、文献论文等。

7.4.2 数据质量评价

（1）质量要求

一般文献检索的环境化学物质的毒性数据的有效性确认属性有：受试生物为本土的淡水物种（FW）或河口区域水体的海水物种，试验暴露方式可为静态法（S）、半静态法（R）及流水式法（F），所有毒性数据都应有明确的测试终点、有毒理学剂量-效应关系及暴露测试过程或指标的描述，毒性效应测试方法应优选公认的技术方法，如 OECD、USEPA、ISO（国际标准化组织）及我国标准方法等，以利于对试验结果进行科学比对分析。

生物毒性数据可按急性和慢性测试终点指标分类整理，应分析弃用有问题、有疑点的数据，如非本土水生生物测试、实验设计不科学或质控不符合要求、对照组受试生物记录不正常，及受试生物曾暴露于目标测试污染物或未采用公认性测试方法的数据。为保证生物毒性数据采用的有效性，减少毒理学效应终点及技术方法产生的科学不确定性，通常不采用单细胞生物、个体细胞水平以下或体外试验终点的数据，也不采集仅依据主观经验性模式计算获得的推测性毒性数据。

（2）理化参数

为保证试验数据的可靠性和准确性，在筛选实验数据时应注意试验过程中相关试验体系的理化参数是否控制在规定范围内，主要包括以下数据。

试验温度：视受试物种而定，一般应采用受试生物的最适生长温度。

溶解氧：通常应维持在饱和浓度的 60% ~ 105%。

光照：一般正常情况，每天 12 ~ 16h 光照或满足 OECD、USEPA 等相关测试方法技术导则或我国相关标准试验方法中有关测试条件的要求。

pH：应满足国内外相关标准方法的有关测试条件的要求。

水质参数：试验用水的主要参数需保持相对稳定，一般如：颗粒物≤20mg/L，总有机碳≤5mg/L，COD_{Mn}≤5mg/L，非离子氨≤1μg/L，残留氯<3μg/L，总有机磷农药≤50ng/L，多氯联苯≤50ng/L，有机氯≤25ng/L 等。

（3）生态毒性参数

生态毒性参数包括以下数据。

1）水生动物急性毒性：包括半数致死浓度（LC_{50}）、半数效应浓度（EC_{50}）、半数抑制浓度（IC_{50}）、半数致死量（LD_{50}）等。

2）一般暴露试验时间：当受试物种为溞类或其他浮游枝角类动物时，可使用龄期小于 24h4 的生物进行试验；当受试物种为摇蚊幼虫时，可使用第 2 代或第 3 代幼虫进行试验；当受试物种为鱼类或其他物种时，建议优秀满足 OECD 或 USEPA 相关测试方法导则要求。

3）水生动物慢性毒性：包括最低观察效应浓度（LOEC）、无观察效应浓度（NOEC）、10% 毒性效应浓度（EC10）、最低观察效应剂量（LOEL）、无观察效应剂量（NOEL）、最大允许毒物浓度（MATC）等。一般暴露时间：当受试物种为溞类和糠虾时，可使用龄期小于 24 小时的幼体进行试验，暴露时间 14 ~ 21 天；当受试物种为鱼类或其他物种时，试验时间通常在 21 天至 1 ~ 3 个月或以上；一般水生生物的胚胎发育和幼鱼生长的早期生命阶段是鱼类动物对受试物质最敏感的生活阶段，可以通过早期生命阶段的短期亚慢性试验获取相关慢性毒性数据，试验暴露时间为 7 ~ 21 天，有时可替代1 ~ 3 个月或以上的慢性毒性试验的毒性数据；当慢性毒性数据较少时，有时可增加 7 天 LC_{50} 或 EC_{50} 毒性测试终点值作为保留数据。一般早期生命阶段的测试终点主要有繁殖、发育、生长抑制及死亡等。

4）水生植物毒性：一般水生植物的毒性数据，应能科学反映目标受控物质对本土受试生物的毒性终点效应；当受试物种为藻类时，暴露试验结果可以 48 ~ 96 小时的生物半数抑制浓度 IC_{50} 或 EC_{50} 表示；当受试物种为水生维管束植物时，试验结果也可用较长时间（1 ~ 3 个月）的 IC_{50} 或 EC_{50} 表示。

生物蓄积性：通常指标可用生物富集系数（BAF）、生物浓缩因子（BCF）等来表征，试验暴露时间一般为 7 ~ 21 天或以上。生物浓缩因子的测定可以选择浮游动物、浮游植物、鱼类、底栖动物等水生生物进行。

7.5 数据整理要求

数据整理可以用常规 SPSS、EXCEL 等软件进行整理分析汇总，水环境基准基础数据整编具体格式见表7-18。

表7-18 水环境基准基本数据格式

CAS 号	化学物	物种名称	拉丁名	体长（单位）	体重（单位）	生命阶段	试验方式	化学监控	试验介质

	暴露时间	效应指标	效应终点	毒性值	试验 pH	试验温度	碱度

	电导率	溶解氧	有机碳	生物富集 BCF	作者	题名	文献来源	出版时间

注：由于表格涵盖内容过多，无法在同一行显示，以三行进行示例。

每条数据的完整信息包括以下内容。

受试物信息：受试化学物质 CAS 号，受试物中文名。

受试生物信息：生物物种中文名、生物学名、物种拉丁名、受试生物体长及体重及度量单位、生物生命阶段等。

试验暴露信息：如静态、半静态和流水式试验，暴露时间、喂食状况、水质条件如温度、溶解氧、电导率、pH、硬度、有机碳、光照等；试验过程中进行受试化学物质浓度监控的以"M"表示，未监控以"U"表示；淡水物种的试验以"FW"表示，咸水物种的试验以"SW"表示；毒性效应指标：包括死亡率、孵化率、繁殖率、生物量、生长率及生物累积因子、降解率系数等，通常毒性效应终点可包括 LC_{50}、EC_{50}、IC_{50}、LD_{50}、LOEC、NOEC、EC10、LOEL、NOEL、MATC 等。

数据来源信息：一般包括作者、文献标题、文献来源、文献时间等。

7.6 基准数据入数据库技术要求

7.6.1 技术概述

水质基准建议值的推导需要大量水生态效应与毒理学数据的支撑，为保证流域水质基准值的科学有效性，使水生生物及生态系统得到全面保护，通常推导水质基准所需的数据量应满足所用的水质基准推导方法设定的最小数据集要求；如数据不足，但满足相对宽松的最小数据集要求，可先暂时推导过渡性基准指导值。建立水质基准推导相关的受控物质生态与毒性效应数据库时，一般数据入库前后需要经过采集、有效性筛选、规范化处理、基准值数理推导等过程，以及使有效数据符合输入的数据库技术要求。如水质基准推导所采用的数据，应根据国家主管部门发布的相关水质基准指南文件要求等来采集和获取，数据来源主要可分为文献数据和实验室试验数据两种。

7.6.2 毒性数据规范原则

用于我国水质基准值研制的受试生物应为我国流域水环境的本土生物物种，也可包括养殖及旅游观赏相关的重要经济物种。通常基准推导所用毒性数据大多采用单一化学物质与单一物种或多物种的水生态微/中宇宙试验的毒性测试结果，且在毒性测试中需要设置符合要求的对照组；应根据受控化学物质和受试水生生物的特性选择适当的毒性测试方式，如对于挥发性或易水解的化学物质应使用流水式或半静态换水式毒性试验，当化学物质的生物毒性与水体的硬度、pH、温度等水质参数相关时，应在最终毒性数据报告重说明试验水质条件对毒性的影响效果。有效的毒性数据筛选原则要求如下。

根据物种拉丁名和英文名等检索物种的中文名称和区域分布情况，剔除非中国本土物种的数据（如白鲑、美国旗鱼、黑呆头鲦等）。

毒性数据应有明确的测试终点、毒理学剂量-效应关系。

应用数据应有明确的试验暴露类型和数据来源出处。

研究报告不论是否公开发表，可疑的数据均不能用。如未设立对照组、对照组出现死亡或不正常、稀释用水不符合要求等，且同一物种的重复数据应剔除。

应将不符合质量控制要求的试验数据剔除，如包括实验设计不科学或不符合实际水生态要求的试验数据、同物种数据中的显著不敏感毒性值，同种或同属的急性毒性数据如差异过大，应判断为有疑点的数据要谨慎使用。

一般化学纯度90%以上的化学物质数据可以用，但复合物和乳剂混合物的数据不采用或说明慎用。

对于高挥发性，易水解或快降解的物质，应优选流水式试验且试验物质的浓度需经可信测定。

可疑的试验数据，如受试物质为复合制剂及混合乳剂、采用中国本土不存在或试验前已经被污染的受试生物获得的数据及经验性的化合物结构–效应相关初筛模型的预测数据（如 QSAR、Read-Across 等），有时可作为污染物风险评估的信息加以说明采用，但因其科学不确定性较大，通常不可用于水质基准的推导。

慢性毒性试验应优先选择生物整个生命周期的无可见效应浓度（NOEC），或至少生命周期的 1/10 以上时间的 NOEC。

同一物种毒性终点有多个数据时，用算术平均值；同属间用几何平均值。同种或同属的急性毒性数据如果差异过大，判断为有疑点的数据应谨慎使用。若相同种或属间的数据相差 10 倍以上，则可舍弃部分或全部不可靠数据。

一般不采用单细胞生物（藻类除外）或个体及细胞水平以下的测试指标的急性数据，如试验水溞的生长期不大于 24 小时，试验摇蚊幼虫应为 2~3 龄或期；急性毒性试验前 24h 停止喂食，试验期间不喂食。

水生生物急性毒性指标的数据一般为 24~96 小时 EC_{50} 或 LC_{50} 毒性测试终点值；当同一文献的同种生物有 2 个以上毒性数据可选择时，优选 96 小时的 EC_{50} 或 LC_{50} 为最恰当数据值，其他值可舍去。如溞类试验有 24 小时和 48 小时的毒性数据时，则保留 48 小时值。同种鱼类如有 96 小时数据，可弃用 24 小时、48 小时及 72 小时的数据。

慢性毒性指标的数据一般为 7~14 天以上的 EC_{50}、LC_{50} 或 NOEC、LOEC 等测试终点值。如大型溞有 21 天测试数据时，可弃用 14 天数据。

按急性和慢性毒性测试终点对数据进行分类筛选，并可按受试物种进行分类整理，去除相同物种测试终点值中的异常数据点，即偏离平均值 1~2 个数量级的离群数据；如相同物种的测试终点值有 3 个以上，其中 1 个大于其他数据 10 倍以上，则可剔除此数据。

当某个重要物种的种平均急性值（SMAV）比计算的终急性毒性值（FAV）还低，前者将替代后者数据以保护该物种。

为了使水质基准推导的不确定性最小化，通常选用符合相关质量标准的数据来推导基准，毒性和理化数据应来自依照公开的标准文件，如试验暴露方式、水体的温度、pH、硬度、盐度、固水分配系数 K_p、亨利常数、辛醇水分配系数 K_{ow} 等应符合相关公布的方法指南文件的要求；为增加数据的可靠性，建议每种物种的毒性数据最好来自三个以上实验室的数据。

7.6.3 毒性数据评估分级

在所获得的毒性数据中，由于不同毒性实验的操作过程、实验条件等不一致，可能导致目标化学物质对同种受试生物的毒性数据存在差异，为保证对化学物质有客观统一的评价规则，需要对毒性数据进行整理评估。一般可用完整性和适用性来分析毒性数据，主要包括数据的可靠性与风险评价内容，如采用的毒性试验方法、程序、记录的越详细，就越容易评估其可靠性。一般依据试验数据的可靠性的差异可将毒性资料分为 3 类，即一级数据、二级数据和三级数据，同时规定，一级数据可用于推导基准的最终指导值，而推导基准的过渡指导值可用一级数据或二级数据。推荐的一级数据需符合的条件如下。

毒性试验条件应符合通用的环境与生态毒理学实验方法要求，可以参照中国国家标准、OECD 化学品毒性测试技术导则、美国相关测试方法等规范性文件进行，并且遵守良好实验室规范（GLP）；一般由非标准毒性测试方法所得出的生物毒性数据，需经过比对分析，当其所有的参数和标准测试方法中的相关参数接近，可以考虑将其归类于一级数据。

符合前述毒性数据筛选原则要求，毒性试验前后应检测目标化学物质的浓度变化在设定值的 20% 之内，如采用换水式试验，换水周期为 24h 或更短时间。

一般需说明受试生物的具体信息，包括种类、世系、性别、龄期等，获取毒性数据的实验应设置空白或助溶剂对照组，对照组应控制受试生物死亡率或外表及行为显著不正常率不得超过 10%。

受试动物毒性试验的终点可为胚胎发育率、孵化率，早期幼体的存活率、成长率，成年体的繁殖率或存活率等。

毒性试验应监控水质因子，如温度、pH、硬度和溶解氧等，试验期间水温恒定在一定范围内（如设定温度±1~3℃），pH 稳定在实际流域水体正常 pH 范围内（如设定 pH±0.5），硬度基本为流域的均值（以 $CaCO_3$ 计），试验液中溶解氧不少于 4mg/L。

流域水质基准推导时，需通过查阅专著、文献、物种数据库及流域水生态调查资料、专家咨询及人员交流等多种方法，优先选择保护我国全流域的生物物种。

二级数据需符合的主要条件如下。

非通用性毒性试验标准方法所得到的毒性数据，可被科学接收和引证。

毒性试验终点，除前述的胚胎的发育率、孵化率，受试生物早期幼体的存活率、成长率，受试生物成体的繁殖率、存活率之外，也可包括受试生物生理、行为的变化。

允许毒性试验过程中目标有机化合物浓度发生一定的变化，波动在初始值的 30% 之内。

设置试验对照组，对照组受试生物的存活率在 10%~20%，或者受试生物的外表及行为明显不正常控制在 10%~20%。

监测毒性试验过程中相关水质因子的变化，且各因子变化范围在一级数据条件的 10% 以内。

三级数据需符合的基本条件如下。

不符合一级数据和二级数据相关要求的毒性数据为三级数据，可仅记录在数据库中作潜在的辅助参考，通常不应用于水质基准值的推导：①试验方法重要部分叙述不清楚或者不正确，不符合标准方法原理要求。②试验程序客观合理性不强，数据结果不确定性较大。③仅从文献摘要或者二次文献（如综述、表格、书刊引述等）获得的毒性数据，或采用经验性分子构效相关性模型（如 QSAR 等）预测获得的非测试毒性数据，试验比对不确定。④数据有文献报道但无明确的来源，或原始文献无法索源查阅及试验比对。

7.7　质量控制

7.7.1　数据分析

数据分析的质量控制，目的在于保证定量或定性分析的准确性，尽量减少不确定性误差。如所使用相关计算机软件应确保为正版软件；保护数据完整性，主要包括但不限于数据输入或采集、数据贮存、数据传输和数据处理的完整性；数据处理方法应保证对所获得的各类数据、资料和报告执行统一的技术标准。

7.7.2　入库参数要求

对于所获取筛选采集的有效数据，输入数据库时应符合数据库建立的技术要求，包括字段类型、长度和单位等基本入库参数的质量管控，推导相关水质基准所使用的主要指标应符合各自相关的技术原则要求，主要相关指标如表 7-19 所示。

表 7-19　流域水生生物毒性数据入库格式要求

	字段名称	字段类型	字段长度	单位	备注
物种指标	种类	字符	20		中英文名
	拉丁名	字符	20		
	生物区系	字符	20		
	是否土著种	字符	20		
	文献题名	字符	20		
	作者	字符	20		
	发布时间	数值	8		
	发表刊物	字符	20		
	文献信息	字符	20		
污染物毒性指标	化合物名称	字符	30		中英文名称
	CAS 号	数值	8		
	终点	字符	30		LC_{50}，EC_{50}，etc.
	暴露时间及单位	数值	8	d（h）	
	暴露类型	字符	20	无	静态/动态/野外等
	毒性值	数值	8（两位小数）	$\mu g/L$	
	数据来源（期刊等）	字符	30		期刊，卷（期）：xx-yy
	发表时间	数值	8（整数）	a	
	备注	字符	30		pH、温度、硬度等条件

8

我国水环境质量基准研究展望

环境基准研究是制定环境标准的重要基础，也是体现国家环境科技与管理发展水平的重要标志。在我国社会经济快速发展、环境污染形势相对严峻的今天，系统开展水环境质量基准与标准研究，对于建立具有我国特色的环境标准体系具有开拓性、示范性的战略意义。

依托"国家水体污染控制与治理重大科技专项"（水专项）等计划的实施，我国于"十一五"期间启动了系统的流域水环境质基准研究，实施至今取得了一些突破性的研究成果，在水环境质量基准技术方法体系构建、相关技术导则指南制定、典型污染物基准阈值研制及流域水环境优控污染物筛选等研究方面都有较大进展。同时，在与水质基准相关的水生态功能分区、水质控制单元技术、流域污染风险监控预警与风险评估等方面也取得了显著成果，基于生态文明环境保护新理念的我国水环境管理技术体系基本形成。但同时也应认识到我国水环境基准研究尚需大力推进和完善，我国环境基准与标准的建设任重而道远。

8.1 水环境质量基准展望

我国水环境基准的研究与发展应紧密结合国家水环境保护的重大需求，在充分借鉴国际水环境基准研究最新成果和先进经验的基础上，综合集成我国环境毒理学、污染生态学、环境化学与生物学，以及预防医学和风险评估等科研成果，全面开展我国地表水环境（河流、湖库、河口等水体）中本土生物区系及污染物特征调查研究，创新水环境基准理论方法与技术，初步提出了重点流域水环境优控污染物名单、水质基准本土受试生物名录，建立了相关毒理学及水生态学基准指标测试技术方法规范等，研究构建了相关水质基准基础数据库技术。今后要为进一步完善我国水环境质量基准/标准的政策法规体系，开拓水环境基准/标准体系创新机制及我国水环境的保护管理提供科技支撑。需发展完善的主要内容包括以下几个方面。

1）水质基准的保护目标为本土水生态系统及人体健康，因此我国环境基准值应基于本土的生物毒性数据、人群暴露参数及暴露特征，以保护我国生态环境安全与人体健康为基本目标，积极开展包括毒理模型等在内的水质基准方法学的理论与技术创新研究，建立完善我国水环境基准与标准方法技术体系。

2）由于我国水环境基准研究起步晚、基础薄弱，当前用于基准推导的有效本土数据十分匮乏，应加大系统化的实验性基础工作投入，大力推进规范化的本土基准数据库建设。在采用基准相关数据过程中，应加强数据质量控制，开展水环境基准的实验室及野外实地校验，规范有效数据产出，为水质基准研制多做贡献。

3）环境基准研究是一项长期的、不断完善的科研与管理相结合的工作，应从国家环境保护战略层面，基于分区、分类、分期、分级理念，系统设计布局，提升环境基准或标准研究与管理实施的科学适用性，形成具有我国特色的水环境基准/标准管理技术体系。

4）结合我国社会经济发展与环境保护管理的需求，加强我国特色的水质基准向标准转化的技术方法与相关法律、法规及政策等方面的研究，体现我国生态文明的"保护优先"、"在保护中发展，在发展中保护"理念，切实为国家水环境安全与人体健康保障提供技术支撑。

5）加强水质基准/标准的中长期宏观战略研究，在体制和机制方面保障基准/标准研发的可持续发展，培育和形成我国环境基准/标准研究的人才队伍和相关技术平台，促进我国环境基准/标准研究与应用达到国际先进水平。

8.2 现阶段我国地表水质标准制修订政策建议

8.2.1 概述

保护水环境质量安全是我国水生态环境管理的基本要求，是贯彻落实水污染防治行动计划和环保标准"十三五"发展规划的重点任务之一。管理保护好水体生态系统功能的完整安全，使自然水体免受人为污染是生态环保部门制定水环境质量标准的主要目标。现阶段，亟须开展能体现我国本土水环境特征，以保护水生态系统中水生生物和人群饮用水源安全为主要目标的水环境质量标准制修订工作。国务院印发的《水污染防治行动计划》中针对环境质量改善，提出了明确的国家目标和具体行动措施，要求健全环境质量标准、污染物排放（控制）标准、环境监测规范等各类环保标准及重点工作的支撑配套技术。新的《环境保护法》中明确指出"国家鼓励开展环境基准研究"，生态环境部在发布的《国家环境保护标准"十三五"发展规划》中明确提出：继续推动水环境质量标准修订。要求结合我国流域环境特征及最新科研成果，提高各功能水体与水质要求的相关性，将《地表水环境质量标准》（GB 3838—2002）列入修订计划。

近年来，我国在保护流域地表水环境质量的基准与标准的基础研究方面，经过以中国环境科学研究院为主要依托单位的多家科研部门联合攻关努力，通过近 10 年较系统的开展多项有关我国流域水质基准领域的重大科研项目课题的研究工作，从无到有，基本构建了我国流域水环境质量基准方法体系，主要包括水生生物基准、水生态学基准、营养物基准、底泥沉积物基准、人体健康水质基准等系列水质基准技术及相关实验平台，获得了一批我国重点流域水环境中典型污染物的本土水质基准数据，为制修订保护我国地表水生态系统完整性、保护水生生物安全和人体健康用水的水环境质量标准奠定了一定的科学基础。结合国家水专项实施以来有关我国水环境质量基准相关课题的研究成果，在对现有地表水环境质量标准的实施概况进行相关分析的基础上，提出现阶段我国流域地表水环境质量标准制修订的框架性技术建议。

8.2.2 现行水质标准及基准研究概况

我国地表水环境质量标准于 1983 年首次发布，历经 1988 年《地面水环境质量标准》（GB 3838—88）、1999 年《地表水环境质量标准》（GHZB 1—1999）和 2002 年三次修订，形成现行的《地表水环境质量标准》（GB 3838—2002）。尽管这些值的主要来源是参照发达国家的水质基准值，但在不同的历史发展时期，我国的《地表水环境质量标准》基本适应了当时的社会经济发展水平及环境水质管理的需求，在我国水环境质量标准管理方面发挥了积极作用。现行的《地表水环境质量标准》共计 109 项，包括基本项目 24 项、水源地补充项目 5 项和特定项目 80 项；其中基本项目按水体使用功能的高低依次划分为五类，Ⅰ类水质项目的标准值直接参照采用发达国家水质基准值，Ⅱ-Ⅴ类水质项目的标准值则在Ⅰ类标准值的基础上，经多部门协商逐类放宽而确定。

国际上，一些发达国家针对本国或本地区水体生态功能健全及人体暴露风险等特征，开展了包括保护水生生物、水生态系统、底泥沉积物、保护人体健康用水及食用水生物等水质基准的长期研究，并有效实施了基于水质基准的水质标准管理。如美国环保局发布了国家水环境质量基准值，在州或部落保护区的层面上，则大多直接采用国家水质基准值或经地方水环境特征参数校验后，制定发布地方性水质管理标准值。我国现阶段在地表水环境质量基准研究方面，主要通过近 10 余年来的研究工作，从无到有，构建了我国流域水环境质量基准的"制定–校验–转化"方法技术体系框架，基本建立了包括水生生物基准、水生态学基准、营养物基准、沉积物基准、人体健康水质基准等基准研制技术平台，获得了包括重金属、有机物、农药及氨氮、总氮、总磷等一批我国流域水质基准建议值，为科学制修订我国地表水环境质量标准奠定了一定的技术基础。

8.2.3 现行水质标准主要问题

8.2.3.1 水质标准对自然水生态功能完整性保护有待加强

我国现行水质标准的基本项目制定过程中，依据 21 世纪初我国所处的历史阶段情况，主要考虑对自然保护区、饮用水源地、渔业、工业和农业等社会行业的需求，人为将流域的自然水域分为 5 类功能区，该标准按水体的行业使用功能来划分自然水体质量的"高、低"，对保护水生态系统结构与功能健全的自然属性关注不足，可能对流域地表水体生态功能的完整性保护不强。由于不同行业或人群对同一水体可能有不同的使用功能要求,且一定时期人为划分的水体使用功能也会随社会发展而不断变动,如通常很难科学判断工业行业生产用水(现标准第 4 类)与农业行业生产用水(现标准第 5 类)的使用功能类别高低,而工、农业生产的产品又可能是人群接触的食品(现标准第 1~3 类);因此,可以保护流域水体生态功能完整健全的自然属性来划分水环境标准保护类别,对水生态环境质量的保护客观性可能更强。

8.2.3.2 本土基准对水质标准的科技支撑有待提高

我国现行的《地表水环境质量标准》,主要参照美国国家水质基准值,缺乏采用我国本土生物、人群特征及水生态特性参数研制的本土水质基准的科学实践支撑。我国流域地表水体特征、人群用水方式及食用水生物特性与国外可能存在显著差异,此外水体中污染物针对水生物种的生物习性、暴露方式等特异性均可产生不同的危害风险,导致水质基准阈值的明显差异。如水体中 pH、温度、硬度、盐度及生物饮水量、捕食量等特性均可影响污染物的毒性危害程度,导致基准阈值的差异性;因此,应依据我国流域水体特征参数来校验制定我国水环境的水质基准或标准限值。

8.2.3.3 现行标准体现流域水生态差异性有待完善

我国地域辽阔,不同流域的水生态类型差异性显著,现行水质标准实行全国统一的一种管理限值,可能产生标准实施的"过保护"或"缺保护"现象。如我国南北水生态差异显著的流域采用相同的标准值,导致不同地理流域的河流、湖库、河口等主要水生态类型的差异性特征体现不显著。例如,我国河流或湖泊中藻类暴发的"水华"现象,主要是具体水体的生态食物链物种、营养物及底泥、气候水文等因素共同作用的结果;但现行标准在全国湖泊实施单一的仅与藻类生长相关的总磷、总氮等营养物标准来管控,可能产生对植物藻类的"过保护"(富营养化),同时对动物鱼类等物种的"欠保护"(贫营养化);又如我国现行标准中氨氮标准未考虑具体流域水体的温度及 pH 差异,重金属镉的标准未考虑不同流域水体的水质硬度差异;农业用水标准(Ⅴ类水质)未充分考虑污染物可在农作物中富集,并通过食物链产生健康风险;因此,现行水质标准有待按实际流域水生态差异性保护需求进一步完善。

8.2.3.4 水质标准项目限值有待规范化制修订发展

我国地表水环境质量标准发布执行已近 20 年,部分项目或指标已不能满足当前对高质量水环境保护理念的需要;我国地表水环境质量标准项目的常规监控过多偏重无机离子及重金属,新型有毒物质及水生态学指标监管不够充分,亟待依托我国水环境优控污染物筛选及现有水质标准项目的评估研究,加强水质标准项目与限值的持续制修订发展更新。如化学需氧量(COD),其作用与高锰酸盐指数(COD$_{Mn}$)和 5 日生化需氧量(BOD$_5$)重叠较多;又如铜在Ⅱ类和Ⅲ类水体中的标准值都为1.0mg/L;近年来一些新型持久性有机污染物(POPs)在我国地表水体的调查评估中风险有所增加，但在水质标准项目中尚未体现，而现行标准项目中有少数农药如六六六、DDT 等已禁用多年，是否需仍按常规项目进行频繁监管可能需要持续评估改进。

8.2.4　政策建议

8.2.4.1　更新标准制修订理念，科学建立水质标准技术体系

建立以本土水质基准为依据，保护水生态功能与人体健康为主要目标的水质标准制修订理念。流域地表水质量标准的基本构架可包括：保护水生生物标准、饮用水源地标准或人体健康水质标准、水生态学质量标准、营养物水质标准、沉积物质量标准、应急水质标准等。新修订的水质标准在技术管理体系上可实行：①生态分类管理，可分河流、湖泊、河口三种主要水生态类型；②保护分级管理，水体生态安全等级可分 4~5 级，依据对水体物种及人群接触水体的保护程度，可对标准技术分级监管；③实施分期管理，可以分不同目标时期，实施国家与地方水质标准的反降级原则；④推行分区管理，全国可分不同的流域或行政区域，推行地方差异性标准。针对突发性水环境污染事件的科学评估与处置需求，依据现阶段我国地表水质量管理实践需要，制订国家或流域区域的应急性水质标准及相关配套的监测与监管技术规范。

8.2.4.2　体现区域特征差异性，加强水质基准对水质标准制修订支撑

在依据我国流域总体特征制定发布国家水质标准值的基础上，可根据流域或省市区域地表水体特征、人群暴露特性等研究制定地区性水质标准。例如，在针对太湖流域制修订重金属镉的水质标准时，考虑对太湖流域特征物种如白鱼、青虾、白鲢的保护及关注底栖甲壳类生物对镉基准的特有敏感性；在氮、磷等营养物标准修订时，要考虑营养物对水体中藻类、鱼类、底栖生物等水生态完整性的综合影响，依托水生态学基准制定营养物标准，科学防治水体藻类"水华"暴发。

8.2.4.3　规范标准制修订，定期发展水质标准项目与标准限值

现阶段，可根据我国水质基准优先控制污染物筛选名单与现有水质标准项目，研发修订国家水质控制物质标准阈值；根据实际流域水生态周期性调查评估结果，对施行的水质基准或标准做出相应的定期调整修订，可每隔 3~5 年定期对标准项目进行评估更新；对于实际意义不明显的水质标准项目可评估后做适当调整。如现行标准中 COD、COD_{Mn}、BOD_5 等较大重叠类指标可以进行整合修订，适当增加水生态学质量标准的项目如：浮游生物、底栖生物、鱼类多样性、物种营养级指数等指标，应持续科学监管评价水体生态系统功能的完整性，可优先在有条件的地区试行并推广。

8.2.4.4 构建水环境标准管理长效机制，实现水质标准高质量发展

为实现科学制定水环境标准的长效机制，应建立一支能长期稳定开展水质基准与标准研究的专业队伍和相应的技术平台，持续开展国家水质基准与标准的制修订工作，不断校验修订地方区域性水质标准，建立较完善的我国水环境标准管理技术体系。可以国家主管部门为主、省级地方部门为辅，研究制定国家水环境基准，校验修订流域或区域性水环境标准，不断探索适合我国国情的水环境标准高质量管理之路。

参 考 文 献

蔡靳，闫振广，何丽，等．2014．水质基准两栖类受试生物筛选［J］．环境科学研究，27（4）：349-355.

陈家长，孟顺龙，尤洋，等．2009．太湖五里湖浮游植物群落结构特征分析［J］．生态环境学报，18（4）：1358-1367.

陈润，钱磊，申金玉，等．2012.2007年水危机后太湖水质评价［J］．水电能源科学，（2）：32-34.

陈伟民，秦伯强．1998．太湖梅梁湾冬末春初浮游动物时空变化及其环境意义［J］．湖泊科学，1（4）：10-16.

陈晓秋．2006．水环境优先控制有机污染物的筛选方法探［J］．福建分析测试，15（1）：15-17.

陈云增，杨浩，张振克，等．2006．水体沉积物环境质量基准建立方法研究进展［J］．地球科学进展，21（1）：53-61.

程惠民，金洪钧，杨璇．1998．推导保护水生环境质量标准的方法研究［J］．上海环境科学，17（4）：10-13.

崔建升，徐富春，刘定，等．2009．优先污染物筛选方法进展［J］．中国环境科学学会学术年会论文集，（6）：831-834.

代影君，冯琳，闻绍珂．2011．农业灌溉期辽河水质演变分析［J］．水土保持应用技术，（1）：42-44.

董玉波，王轲，王林同．2011．氨氮对水生生物毒性的研究进展［J］．天津水产，（Z1）：6-11.

段梦，朱琳，冯剑丰，等．2012．基于浮游生物群落变化的生态学基准值计算方法初探［J］．环境科学研究，（2）：125-132.

冯承莲，吴丰昌，赵晓丽，等．2012．水质基准研究与进展［J］．中国科学：地球科学，42（5）：646-656.

郭明新，林玉环．1998．利用微生态系统研究底泥重金属的生物有效性［J］．环境科学学报，18（3）：325-330.

郭鹏然，仇荣亮，牟德海，等．2010．珠江口桂山岛沉积物中重金属生物毒性评价和同步萃取金属形态特征［J］．环境科学学报，30（5）：1079-10863.

郭永灿，周青山，谢锦云，等．1991．底泥中重金属对水生生物的影响 I. 铅的不同形态对鱼类的毒性［J］．水生生物学报，15（3）：234-242.

国家环保局．1993．水生生物监测手册［M］．南京：东南大学出版社．

国家环境保护总局．2009a. HJ 493—2009 水质采样样品的保存和管理技术规定［R］．北京：国家环境保护总局．

国家环境保护总局．2009b. HJ 494—2009 水质采样技术指导［R］．北京：国家环境保护总局．

国家环境保护总局．2002a. HJ/T 91—2002 地表水和污水监测技术规范［R］．北京：国家环境保护总局．

国家环境保护总局．2002b. GB 3838—2002. 地表水环境质量标准．北京：中国标准出版社．

韩磊，张恒东．2009．铅、镉的毒性及其危害［J］．职业卫生与病伤，24（3）：173-177.

洪松．2001．水体沉积物重金属基准研究［D］．北京：北京大学：56-66.

胡冠九．2007．环境优先污染物简易筛选法初探［J］．环境科学与管理，32（9）：47-49.

胡望钧．1993．常见有毒化学品环境事故应急处置技术与监测方法［M］．北京：中国环境科学出版社．

黄晓容，钟成华，邓春光，等．2008．苯胺·二甲苯和硝基苯对白鲢的急性毒性研究［J］．安徽农业科学，36（25）：10908-10909.

黄岳元，保宇编．2007．化工环境保护与安全技术概论［M］．高等教育出版社．

纪云晶．1991．实用毒理学手册［M］．北京：中国环境科学出版社．

姜雪，卢文喜，张蕾，等．2011．基于 WASP 模型的东辽河水质模拟研究．中国农村水利水电，（12）：26-30.

金小伟，雷炳莉，许宜平，等．2009．水生态基准方法学概述及建立我国水生态基准的探讨［J］．生态毒理学报，4（5）：609-616.

金小伟，王业耀，王子健．2014．淡水水生态基准方法学研究：数据筛选与模型计算［J］．生态毒理学报，9（1）：1-13.

况琪军，马沛明，胡征宇，等．2005．湖泊富营养化的藻类生物学评价与治理研究进展［J］．安全与环境学报，（2）：87-91.

况琪军，夏宜琤，惠阳．1996．重金属对藻类的致毒效应［J］．水生生物学报，20（3）：277-283.

李俊生，徐靖，罗建武，等．2009．硝基苯环境效应的研究综述［J］．生态环境学报，18（2）：771-776.

李森，丁贤荣，潘进，等．2012．基于主成分分析的太湖水质时空分布特征研究［J］．环境科技，25（3）：44-47.

李文杰，王冰．2012．地表水中氨氮和总氮的相关性分析［J］．环境保护科学，38（3）：79-81.

李雅琴，程兆第．1990．金德祥厦门港浮游硅藻生态的研究［J］．厦门大学学报：自然科学版，（3）：358-360.

李云．2008．不同时间尺度长江口及毗邻海域浮游生物群落变化过程的初步研究［D］．上海：华东师范大学．

李祚泳，张辉军．1993．我国若干湖泊水库的营养状态指数 TSI 及与各参数的关系［J］．环境科学学报，13（4）：391-397.

刘峰，秦樊鑫，胡继伟，等．2009．红枫湖沉积物中酸可挥发硫化物及重金属生物有效性［J］．环境科学学报，29（10）：2215-2223.

刘鸿亮．2011．湖泊富营养化控制［M］．北京：中国环境科学出版社．

刘祎男，范学铭，阚晓微，等．2008．苯、苯酚、硝基苯对水丝蚓的急性毒性及超氧化物歧化酶活性的影响［J］．水生生物学报，32（3）：420-423.

刘征涛，王晓楠，闫振广，等．2012．"三门六科"水质基准最少毒性数据需求原则［J］．环境科学研究，25（12）：1364-1369.

刘征涛．2014．中国水环境质量基准绿皮书［M］．北京：科学出版社．

刘征涛．2012．水环境质量基准方法与应用［M］．北京：科学出版社．

刘婷婷，郑欣，闫振广，等．2014．水生态基准大型水生植物受试生物筛选［J］．农业环境科学学报，33（11）：2204-2212.

刘娜，金小伟，王业耀，等．2016．生态毒理数据筛查与评价准则研究［J］．生态毒理学报，11（3）：1-18.

梁丽君, 闫振广, 王婉华, 等. 2012. 高水生植物毒性污染物的初步筛选 [J]. 环境科学研究, 25 (4): 467-473.

雷炳莉, 金小伟, 黄圣彪, 等. 2009. 太湖流域 3 种氯酚类化合物水质基准的探讨 [J]. 生态毒理学报, 4 (1): 40-49.

卢玲, 沈英娃. 2002. 酚类、烷基苯类、硝基苯类化合物和环境水样对剑尾鱼和稀有鮈鲫的急性毒性 [J]. 环境科学研究, 15: 57-59.

陆光华, 金琼贝, 王超. 2004. 硝基苯类化合物对隆线溞急性毒性的构效关系 [J]. 河海大学学报: 自然科学版, 32 (4): 372-375.

马陶武, 周科, 朱程, 等. 2009. 铜锈环棱螺对镉污染沉积物慢性胁迫的生物标志物响应 [J]. 环境科学学报, 29 (8): 1750-1756.

毛新伟, 陆铭锋, 高琦, 等. 2011. 三次样条插值方法在太湖水质评价中的应用 [J]. 水资源保护, 27 (4): 58-61.

孟顺龙, 陈家长, 胡庚东, 等. 2010. 2008 年太湖梅梁湾浮游植物群落周年变化 [J]. 湖泊科学, 22 (4): 577-584.

邱昌恩. 2006. 六种常见重金属对藻类的毒性效应概述 [J]. 重庆医科大学学报, 31 (5): 776-778.

宋艳. 2012. 齐齐哈尔嫩江段水中总氮与氨氮相关性分析 [J]. 黑龙江水利科技, 40 (7): 22-23.

苏丹, 王彤, 刘兰岚, 等. 2010. 辽河流域工业废水污染物排放的时空变化规律研究 [J]. 生态环境学报, 19 (12): 2953-2959

苏海磊, 吴丰昌, 李会仙, 等. 2012. 我国水生生物水质基准推导的物种选择 [J]. 环境科学研究, 25 (5): 506-511.

覃璐玫, 张亚辉, 曹莹, 等. 2014. 本土淡水软体动物水质基准受试生物筛选 [J]. 农业环境科学学报, 33 (9): 1791-1801.

谭啸, 孔繁翔, 曾庆飞, 等. 2009. 太湖微囊藻群落的季节变化 [J]. 生态与农村环境科学, 25 (1): 47-52.

王宏, 沈英娃, 卢玲, 等. 2003. 几种典型有害化学品对水生生物的急性毒性 [J]. 应用与环境生物学报, 9 (1): 49-52.

王吉昌, 刘鹏, 赵文阁, 等. 2009. 硝基苯对黑龙江林蛙蝌蚪生长发育的毒性效应 [J]. 中国农学通报, 25 (24): 472-475.

王荐. 2000. 太湖浮游植物与富营养化 [J]. 无锡教育学院学报, 20 (3): 90-92.

王金辉, 徐韧, 秦玉涛, 等. 2006. 长江口基础生物资源现状及年际变化趋势分析 [J]. 中国海洋大学学报 (自然科学版), 23 (1): 821-828.

王轲, 王林同, 牛海凤, 等. 2012. 低温下氨氮对淡水浮游藻生长及群落结构影响的生态模拟研究 [J]. 环境科学学报, 32 (3): 731-738.

王雅梅, 孙晓怡, 张翊峰, 等. 2001. 浑河源区水生生物与水质评价 [J]. 中国环境监测, 17 (3): 56-59.

王颖, 冯承莲, 黄文贤, 等. 2015. 物种敏感度分布的非参数核密度估计模型 [J]. 生态毒理学报, 10 (1): 215-224.

王伟莉, 闫振广, 何丽, 等. 2013. 五种底栖动物对优控污染物的敏感性评价 [J]. 中国环境科学, 33 (10): 1856-1862.

王伟莉, 闫振广, 刘征涛, 等. 2014. 水质基准本土环节动物与水生昆虫受试生物筛选 [J]. 环境科学研究, 27 (4): 365-372.

王晓南, 郑欣, 闫振广, 等 . 2014. 水质基准鱼类受试生物筛选 [J] . 环境科学研究, 27 (4): 341-348.

吴丰昌, 李会仙 . 2012. 水质基准理论与方法学及其案例研究 [M] . 北京: 科学出版社 .

吴丰昌, 冯承莲, 张瑞卿, 等 . 2012. 我国典型污染物水质基准研究 [J] . 中国科学: 地球科学, 42 (5): 665-672.

乌爱军, 杨晓波, 马力, 等 . 2007. 辽河流域人发中重金属元素分布特征 [J] . 岩矿测试, 26 (4): 305-308.

夏青, 陈艳卿, 刘宪兵 . 2004. 水质基准与水质标准 [M] . 北京: 中国标准出版社 .

夏青, 张旭辉 . 1990. 水质标准手册 [M] . 北京: 中国环境科学出版 .

谢进金, 许友勤, 陈寅山, 等 . 2005. 晋江流域水质污染与浮游动物四季群落结构的关系 [J] . 动物学杂志, 40 (5): 8-13.

徐宗仁 . 1981. 水质评价标准 [M] . 北京: 中国建筑工业出版社 .

闫振广, 孟伟, 刘征涛, 等 . 2010. 我国典型流域镉水质基准研究 [J] . 环境科学研究, 23 (10): 1221-1228.

闫振广, 刘征涛, 孟伟 . 2014. 水生生物水质基准理论与应用 [M] . 北京: 化学工业出版社 .

闫振广, 王一喆, 等 . 2015. 水环境重点污染物种敏感度分布评价 [M] . 北京: 化学工业出版社 .

闫振广, 余若祯, 焦聪颖, 等 . 2012. 水质基准方法学中若干关键技术探讨 [J] . 环境科学研究, 25 (4): 397-403.

姚恩亲, 张海燕, 徐云, 等 . 2010. 2008 年秋季南太湖入湖口浮游植物及营养现状评价 . 环境科学与技术, (S1): 418-422.

杨桂军, 潘洪凯, 刘正文, 等 . 2007. 太湖不同营养水平湖区轮虫季节变化的比较 [J] . 湖泊科学, 19 (6): 652-657.

杨桂军 . 2005. 太湖三个湖区浮游动物群落结构周年变化比较 [D] . 武汉: 华中农业大学 .

张红龄, 孙丽娜, 罗庆, 等 . 2011. 浑河流域水体污染的季节性变化及来源平 [J] . 生态学杂志, 30 (1): 119-125.

张婷, 钟文珏, 曾毅, 等 . 2012. 应用生物效应数据库法建立淡水水体沉积物重金属质量基准 [J] . 应用生态学报, 23 (9): 2587-2594.

张觉民, 何志辉 . 1991. 内陆水域渔业自然资源调查手册 [M] . 北京: 农业出版社 .

张瑞卿, 吴丰昌, 李会仙, 等 . 2012. 应用物种敏感度分布法研究中国无机汞的水生生物水质基准 [J] . 环境科学学报, 32 (2): 440-449.

张瑞卿, 吴丰昌, 李会仙, 等 . 2010. 中外水质基准发展趋势和存在的问题 [J] . 生态学杂志, 29 (10): 2049-2056.

张铃松, 王业耀, 孟凡生, 等 . 2014. 水生生物基准推导中物种选择方法研究 [J] . 环境科学, 35 (10): 3959-3969.

张彤, 金洪钧 . 1997. 丙烯腈水生态基准研究 [J] . 环境科学学报, 17 (1): 75-81.

张彤, 金洪钧 . 1996. 美国对水生态基准的研究 [J] . 上海环境科学, 15 (3): 7-9.

赵娜, 朱琳, 冯鸣凤 . 2010. 不同 pH 条件下 Cr^{6+} 对 3 种藻的毒性效应 [J] . 生态毒理学报, 5 (5): 657-665.

曾庆飞, 谷孝鸿, 周露洪, 等 . 2011. 东太湖水质污染特征研究 . 中国环境科学, 31 (8): 1355-1360.

郑欣, 闫振广, 刘征涛, 等 . 2015. 水生生物水质基准研究中轮虫、水螅、涡虫类受试生物的筛选 [J] . 生态毒理学报, 10 (1): 225-234.

郑欣，闫振广，王晓南，等.2014. 水质基准甲壳类受试生物筛选［J］. 环境科学研究，27（4）：356-364.

中国科学院动物研究所甲壳动物研究组.1979. 中国动物志 节肢动物门 甲壳纲 淡水桡足类［M］. 北京：科学出版社.

钟文珏，曾毅，祝凌燕.2011. 水体沉积物环境质量基准研究现状［J］. 生态毒理学报，8（3）：1673-5897.

周国泰.1997. 危险化学品安全技术全书［M］. 化学工业出版社.

周军英，葛峰.2014. 农药水生生物基准制定方法与技术［M］. 北京：科学出版社.

周群芳，傅建捷，孟海珍，等.2007. 水体硝基苯对日本青鳉和稀有鮈鲫的亚急性毒理学效应［J］. 中国科学B辑：化学，37（2）：197-206.

朱小燕，杨英利，李亚岚，等.2006. 4种淡水藻对硝基苯的抗性机制［J］. 华中师范大学学报（自然科学版），40（4）：570-573.

曾庆飞，谷孝鸿，周露洪，等.2011. 东太湖水质污染特征研究［J］. 中国环境科学，31（8）：1355-1360.

祝凌燕，邓保乐，刘楠楠，等.2009. 应用相平衡分配法建立污染物的沉积物质量基准［J］. 环境科学研究，22（7）：762-767.

Ankley G T, Mount D R, Berry W J, et al. 1996. Use of equilibrium partitioning to establish sediment quality criteria for nonionic chemicals: A reply to Lannuzzi, et al［J］. Environmental toxicology and chemistry, 15（7）：1019-1024.

Araújo C V M, Diz F R, Tornero V, et al. 2010. Ranking sediment samples from three Spanish estuaries in relation to its toxicity for two benthic specie: The microalga *Cylindrotheca closterium* and the copepod *Tisbe battagliai*［J］. Environmental toxicology and chemistry, 29（2）：393-400.

Australian and New Zealand environment and conservation council, agricultural and resource management council of Australia and New Zealand. 2000. Australian and New Zealand guidelines for fresh and marine water quality［R］. New South Wales: Australian water association.

Barbour M T, Gerritsen J, Griffith G E, et al. 1996. A framework for biological criteria for Florida streams using benthic macroinvertebrates［J］. Journal of the north American benthological society, 15（2）：185-211.

Bollman M A, Baune W K, Smith S, et al. 1989. Report on algal toxicity tests on selected office of toxic substances chemicals［R］. Oregon Corvallis: USEPA.

Buccafusco R J, Ells S J, LeBlanc G A. 1981. Acute toxicity of priority pollutants to *Bluegill*［J］. Bulletin of environmental contamination and toxicology, 26：446-452.

BurtonJr G A, Neguyen L T H, Janssen C, et al. 2005. Field validation of sediment zinc toxicity［J］. Environmental toxicology and chemistry, 24（3）：541-553.

BurtonJr G A. 2002. Sediment quality criteria in use around the world［J］. Limnology, 3（2）：65-76.

Cairns M A, Nebeker A V, Gakstatte J H, et al. 1984. Toxicity of copper-spiked sediments to freshwater invertebrates［J］. Environmental toxicology and chemistry, 3（3）：435-445.

Canton J H, Slooff W, Kool H J, et al. 1985. Toxicity, biodegradability and accumulation of a number of Cl/N-containing compounds for classification and establishing water quality criteria［J］. Regulatory toxicology and pharmacology, 5（2）：123-131.

Castano A, Cantarino M J, Castillo P, et al. 1996. Correlations between the RTG-2 cytotoxicity test EC_{50} and in vivo LC_{50} rainbow trout bioassay［J］. Chemosphere, 32：2141-2157.

CCME. 1999. A protocol for the derivation of water quality guidelines for the protection of aquatic Life [R]. Ottawa: Canadian council of ministers of the environment.

CCME. 2001. Canadian sediment quality guidelines for the protection of aquatic life [R]. Winnipeg: Canadian council of ministers of the environment.

CCME. 1999. Protocol for the derivation of Canadian sediment quality guidelines for the protection of aquatic life [R]. Winnipeg: Canadian council of ministers of the environment.

Chapman G A. 1987. Establishing sediment criteria for chemicals-regulatory perspectives in fate and effects of sediment-bound chemicals in aquatic systems [M]. New York: Pergamon press.

Chapman K K, Benton M J, Brinkhurst R O, et al. 1999. Use of the aquatic oligochaetes *Lumbriculus variegatus* and *Tubifex tubifex* for assessing the toxicity of copper and cadmium in a spiked-artificial-sediment toxicity test [J]. Environmental toxicology, 14 (2): 271-278.

Coonman de W, Florus M, Vangheluwe M, et al. 1999. Sediment characterization of rivers in Flanders: The triad approach [R]. Antwerpen: Proceedings CATS III congress, characterization and treatment of contaminated dredged material.

Davies S P, Jackson S K. 2006. The biological condition gradient: a descriptive model for interpreting change in aquatic ecosystems [J]. Ecological Applications, 16 (4): 1251-1266.

De Shon J E. 1995. Development and application of the invertebrate community index [J]. Biological assessment and criteria, 77: 217-243.

Di Toro D M, Zarba C S, Hansen D J, et al. 1991. Technical basis for establishing sediment quality criteria for non-ionic organic chemicals using equilibrium partitioning [J]. Environmental toxicology and chemistry, 10 (12): 1541-1583.

Dodds W K, Smith V H, Lohman K. 2002. Nitrogen and phosphorus relationships to benthic algal biomass in temperate streams [J]. Canadian Journal of Fisheries and Aquatic Sciences, 59 (5): 865-874.

Fore L S, Karr J R, Wisseman R W. 1996. Assessing invertebrate responses to human activities: Evaluating alternative approaches [J]. Journal of the north American benthological society, 15 (2): 212-231.

Gao X L, Song J M. 2005. Phytoplankton distributions and their relationship with the environment in the Changjiang Estuary, China [J]. Marine pollution, 3 (50): 327-335.

Holcombe G W, Phipps G L, Knuth M L, et al. 1984. The acute toxicity of selected substituted phenols, benzenes and benzoic acid esters to Fathead minnows (*Pimephales promelas*) [J]. Environmental pollution, 35 (4): 367-381.

Hughes R M, Kaufmann P R, Herlihy A T, et al. 1998. A process for developing and evaluating indices of fish assemblage integrity [J]. Canadian journal of fisheries and aquatic sciences, 55: 1618-1631.

Ingersoll C G, Haverland P S, Brunson E L, et al. 1996. Calculation and evaluation of sediment effect concentrations for the amphipod *Hyalella azteca* and the midge *Chironomus riparius* [J]. Journal great lakes research, 22 (3): 602-613.

Karr J R, K D Fausch, Angermeier P L, et al. 1986. Assessing biological integrity in running waters: A method and its rationale [M]. Champaign: Special publication illinois natural history survey.

Le Blanc G A. 1980. Acute toxicity of priority pollutants to water flea (*Daphnia magna*) [J]. Bulletin of environmental contamination and toxicology, 24 (5): 684-691.

Lee G F, Mariani G M. 1977. Evaluation of the significance of waterway sediment-associated contaminants on water quality at the dredged material disposal site [J]. Aquatic toxicology and hazard evaluation, 634: 196-213.

Long E R, Morgan L G. 1990. The potential for biological effects of sediment-sorbed contaminants tested in the national status and trends program [R]. Washington, DC: U S Department of commerce.

Maas-Diepeveen J L, Leeuwen C J V. 1986. Aquatic toxicity of aromatic nitro compounds and anilines to several freshwater species [R]. Laboratory for ecotoxicology, institute for inland water management and waste water treatment, 10: 86-42.

MacDonald D D, Carr R S, Calder F D, et al. 1996. Development and evaluation of sediment quality guidelines for Florida coastal waters [J]. Ecotoxicology, 5 (4): 253-278.

MacDonald D D, Ingersoll C, Berger T. 2000. Development and evaluation of consensus-based sediment quality guidelines for freshwater ecosystems [J]. Archives of environmental contamination and toxicology, 39 (1): 20-31.

MacDonald D D, Ingersoll C G, Smorong D E, et al. 2003. Development and evaluation of numerical sediment quality assessment guidelines for Florida Inland Waters [R]. Tallahassee: Florida department of environmental protection, office of water policy.

Maltby L, Blake N, Brock T C M, et al. 2005. Insecticide species sensitivity distribution: importance of test species selection and relevance to aquatic ecosystems [J]. Environmental toxicology and chemistry, 24: 379-388.

Malueg K W, Schuytema G S, Gakastatter J H, et al. 1984. Toxicity of sediment from three metal-contaminated areas [J]. Environmental toxicology and chemistry, 3 (2): 279-291.

Malueg KW, Schuytema G S, Krawczyk D F. 1984. Laboratory sediment toxicity tests, sediment chemistry and distribution of benthic macroinvertebrates in sediments from the Keweenaw Waterway, Michigan [J]. Environmental toxicology and chemistry, 3 (2): 233-242.

Marchini S, Hoglund M D, Borderius S J, et al. 1993. Comparison of the susceptibility of *Daphnids* and fish to benzene derivatives [J]. Science of the total environment, 134 (suppl): 799-808.

Marking L L, Dawson V K, Allen J L, et al. 1981. Biological activity and chemical characteristics of dredge material from 10 sites on the upper Mississippi River [R]. La Crosse: U. S. Fish and wildlife service.

McGreer E R. 1982. Factors affecting the distribution of the bivalve, *Macoma balfhicea* (L.) on a mudflat receiving sewage effluent, Fraser River Estuary, British Columbia [J]. Marine environmental research, 7 (2): 131-149.

Naito W, Miyamoto K I, Nakanishi J, et al. 2003. Evaluation of an ecosystem model in ecological risk assessment of chemical [J]. Chemosphere, 53: 363-375.

Nieuwenhuyse E E, Jones R J. 1996. Phosphorus chlorophyll relationship in temperate streams and its variation with stream catchment area [J]. Canadian Journal of Fisheries and Aquatic Sciences, 53 (1): 99-105

Nowierski M, Dixon D G, Borman U. 2005. Effects of water chemistry on the bioavailability of metals in sediment to *Hyalella azteca*: Implications for sediment quality guidelines [J]. Archives environmental contamination and toxicology, 49 (3): 322-332.

OECD. 1995. Guidance document for aquatic effect assessment [R]. Paris: Organization for economic cooperation and development.

Ohio EPA. 1992. Ohio water resource inventory [M]. Volume I: Summary, status and trends. Columbus: Ohio EPA.

PNEC. 2003. Technical guidance document on risk assessment, TGD [R]. European Union: European commission joint reserarch centre.

Prato E, Bigoniari N, Barghigiani C, et al. 2010. Comparison of amphipods *Corophium insidiosum* and *C. orientale* (Crustacea: Amphipoda) in sediment toxicity testing [J]. Environmental science and health, 2010, 45 (11): 1461-1467.

Qasim S R, Armstrong A T. 1980. Quality of water and bottom sediments in the Trinity River [J]. Water resources bulletin, 16 (3): 522-531.

Ramos E U, Vermeer C, Vaes W H J, et al. 1998. Acute toxicity of polar narcotics to three aquatic species (*Daphnia magna*, *Poecilia reticulata* and *Lymnaea stagnalis*) and its relation to hydrophobicity [J]. Chemosphere, 37: 633-650.

RIVM. 2001. Guidance document on deriving environmental risk limits in the Netherlands [R]. Amsterdam: National institute of public health and the environment.

Roderer G. 1990. Testung wassergefahrdender stoffe als grundlage fur wasserqualitatsstandards [M]. Testbericht: Wassergefahrdende stoffe, fraunhofer-institut fur umweltchemie und okotoxikologie, schmallenberg.

Roman Y E, De Schamphelaere K A C. 2007. Chronic toxicity of copper to five benthic invertebrates in laboratory-formulated sediment: Sensitivity comparison and preliminary risk assessment [J]. Science of the total environment, 387 (1-3): 128-140.

Sae-Ma B, Meier P G, Landrum P F. 1998. Effect of extended storage time on the toxicity of sediment-associated cadmium on midge larvae (*Chironomus tentans*) [J]. Ecotoxicology, 7 (3): 133-139.

Sánchez-Montoyaa M M, Arcea M I, Vidal-Abarcaa M R, et al. 2012. Establishing physico-chemical reference conditions in Mediterranean streams according to the European Water Framework Directive [J]. Water Research, 46 (7): 2257-2269.

Smith S L. 1996. A preliminary evaluation of sediment quality assessment values for fresh water ecosystems [J]. Journal great lakes research, 22 (3): 624-638.

Suedel B C, Deaver E, Rodgers J H. 1996. Experimental factors that may affect toxicity of aqueous and sediment-bound copper to freshwater organisms [J]. Archives of environmental contamination and toxicology, 30 (1): 40-46.

Tatem H E. 1986. Bioaccumulation of polychlorinated biphenyls and metals from contaminated sediment by freshwater prawns, *Macrobrachium rosenbergii* and clams, *Corbicula fluminea* [J]. Archives of environmental contamination and toxicology, 15 (2): 171-183.

Tamhane A C, Dunlop D D. 2000. Statistics and data analysis from elementary to intermediate [M]. London: Prentice Hall.

Ted R A, Mark S P, Terri M J, et al. 2009. Using stressor gradients to determine reference expectations for great river fish assemblages [J]. Ecological indicators, 9: 748-764.

Theodore J S, David G B. 2008. Nutrient and plankton dynamics in Narragansett Bay [J]. Springer series on environmental management: 431-484.

Tonogai Y, Ogawa S, Ito Y, et al. 1982. Actual survey on TLM (Median Tolerance Limit) values of environmental pollutants, especially on amines, nitriles, aromatic nitrogen compounds [J]. The journal of toxicological sciences, 7: 193-203.

USEPA. 1997. Biological monitoring and assessment: Using multimetric indexes effectively [R]. Washington D C: USEPA.

USEPA. 1999. Comparative toxicity testing of selected benthic and epibenthic organisms for the development of sediment quality test protocols [R]. Washington, DC: Office of research and development.

USEPA. 1981. Development of bioassay procedures for defining pollution of harbor sediments ［R］. Duluth Minnesota: Environmental research laboratory.

USEPA. 2000. Estuarine and coastal marine waters: Bioassessment and biocriteria technical guidance ［R］. EPA-822-B-00-024, Washington DC: Office of water.

USEPA. 1995. Great lakes water quality initiative technical support document for wildlife criteria ［R］. Washington, DC: Office of water.

USEPA. 1985. Guideline for deriving numerical national water quality criteria for the protection of aquatic organism and their uses ［R］. Washington DC: U S Environmental protection agency.

USEPA. 1985. Health and environmental effects profile for nitrobenzene ［R］. Cincinnati, Ohio: U. S. Environmental protection agency.

USEPA. 2013. National recommended water quality criteria ［R］. Washington DC: U S Environmental protection agency.

USEPA. 2001. The incidence and severity of sediment contamination in surface waters of the United States ［R］. Washington DC: Office of water.

USEPA. 2001. Nutrient criteria development: Notice of ecoregional nutrient criteria ［R］. Washington DC: USEPA.

USEPA. 2000. Nutrient criteria technical guidance manual lakes and reservoirs ［R］. Washington DC: Water quality criteria for the protection of human health, EPA-822-B01-001.

USEPA. 1998. Lake and reservoir bioassessment and biocriteria: technical guidance document ［R］. Washington DC: EPA 841-B-98-007.

USEPA. 2002. Biological assessments and criteria: Crucial components of water quality programs ［R］. Washington DC: EPA-822-F-02-006.

USEPA. 2010. Using stressor-response relationships to derive numeric nutrient criteria ［M］. Washington DC: Water quality criteria for the protection of human health, EPA-820-S-10-001.

USEPA. 1996. Biological criteria: Technical guidance for streams and small rivers, revised edition ［R］. Washington DC: EPA/822/B-96/001

USEPA. 2001. Nutrient criteria technical guidance manual: Estuarine and coastal marine waters ［R］. Washington DC: EPA-822-B01-003.

Vighi M, Chiaudani G. 1985. A simple method to estimate lake phosphorus concentrations resulting from natural, background, loadings ［J］. Water Research, 19: 987-991.

Yake B, Norton D, Stinson M. 1986. Application of the triad approach to freshwater sediment assessment: an initial investigation of sediment quality near gas works park ［R］. Olympia: Water quality investigations section washington department of ecology.

Yamaguchi A, Watanabe Y, Ishida H, et al. 2004. Latitudinal differences in the planktonic biomass and community structure down to the greater depths in the western north pacific ［J］. Journal of oceanography, 2004, 60 (4): 773-787.

Yan Z G, Zhang Z S, Wang H, et al. 2012. Development of aquatic life criteria for nitrobenzene in China ［J］. Environmental pollution, 162: 86-90.

Yen J H, Lin K H, Wang S. 2002. Acute lethal toxicity of environmental pollutants to aquatic organisms ［J］. Ecotoxicological and environmental safety, 52: 113-116.

Yoshioka Y, Ose Y, Sato T. 1986. Correlation of the five test methods to assess chemical toxicity and relation to physical properties ［J］. Ecotoxicology and environmental safety, 12: 15-21.